高等院校材料类创新型应用人才培养规划教材

材料科学概论

主　编　雷源源　张晓燕

参　编　杨　明　田　琴　马　瑞

万明攀　郝　智

内容简介

本书分为金属材料、陶瓷材料、高分子材料、复合材料及部分新材料五部分。以金属材料为基础介绍了材料的微观组织结构和宏观性能之间的关系，又从不同材料所具有的共性规律的角度阐述了其他材料，最后部分新材料中介绍了一些材料科学与工程的前沿研究。

本书将帮助非材料专业的学生及广大对材料科学感兴趣的读者从整体上理解和认识材料科学。

图书在版编目(CIP)数据

材料科学概论/雷源源，张晓燕主编. —北京：北京大学出版社，2013.12
(高等院校材料类创新型应用人才培养规划教材)
ISBN 978-7-301-23682-6

Ⅰ.①材… Ⅱ.①雷…②张… Ⅲ.①材料科学—高等学校—教材 Ⅳ.①TB3

中国版本图书馆 CIP 数据核字(2013)第 320484 号

书　　名：材料科学概论
著作责任者：雷源源　张晓燕　主编
策 划 编 辑：童君鑫　黄红珍
责 任 编 辑：黄红珍
标 准 书 号：ISBN 978-7-301-23682-6/TG·0049
出 版 发 行：北京大学出版社
地　　址：北京市海淀区成府路 205 号　100871
网　　址：http://www.pup.cn　新浪官方微博：@北京大学出版社
电 子 信 箱：pup_6@163.com
电　　话：邮购部 62752015　发行部 62750672　编辑部 62750667　出版部 62754962
印　刷　者：北京虎彩文化传播有限公司
经　销　者：新华书店
787 毫米×1092 毫米　16 开本　16.75 印张　387 千字
2013 年 12 月第 1 版　2021 年 1 月第 4 次印刷
定　　价：46.00 元

21世纪全国高等院校材料类创新型应用人才培养规划教材

编审指导与建设委员会

前　言

材料是人类一切生产和生活水平提高的物质基础，是人类进步的里程碑。某些新材料的出现，成功地推动了社会的进步，提高了人类的物质文明。同时，材料的不断创新和发展，也极大地推动了社会经济的发展。所以人类文明史，同时也是一部材料发展史。材料是支持人类生活，美化人类社会重要支柱的这一事实永远不会改变。让我们一起沿着人类文明的足迹，探索材料的昨天、今天和明天。对于新材料在当今新技术革命中的地位有所了解，将为以后的工作奠定基础。

本书是根据全校公选课程“材料科学概论”教学实际需要，结合多年来从事本门课程的教学实践和体会，本着反映材料科学的特点，突出科普性和趣味性的原则，注意理论联系实际，以体现材料学科发展前沿知识，反映现代科学技术的成就为宗旨编写的，主要供非材料专业的学生或对材料科学感兴趣的读者使用。

随着我国现代化建设的不断发展，材料科学的应用越来越广，已渗透到许多领域。未来科学技术的综合化趋势对人才培养提出了新的要求，非材料专业的学生除了熟悉自己专业之外，还需要了解一些材料的基础知识。为了建立更广的材料知识体系，本书以金属材料为主，在此基础上又介绍了陶瓷材料、高分子材料和复合材料，为了解各种材料提供了必要的知识。

本书对材料科学基本概念和各种材料特征及性能进行了深入浅出、通俗易懂的阐述，力求教材内容的科学性、简洁性和趣味性，尤其在章节安排上，注意了材料科学的系统性、先进性和适用性。本书内容由五部分组成：第 1 章为金属材料，主要包括晶体结构、晶体缺陷、形变、相图、金属热处理、有色金属等；第 2 章为陶瓷材料，主要包括陶瓷的结构、性能、制备工艺等；第 3 章为高分子材料，包括概述、高分子结构、性能和制备工艺等；第 4 章为复合材料，包括复合材料的基本结构、金属基复合材料、陶瓷基复合材料和聚合物基复合材料；第 5 章为部分新材料，包括纳米材料、超导材料、信息材料、磁性材料、智能材料和新型能源材料等新材料的应用及研究现状。

本书的编写者为贵州大学雷源源(第 1 章的第 1、4 节)，张晓燕(第 1 章的第 9 节和第 5 章的第 3、4、6 节)，马瑞(第 1 章的第 5 节、第 4 章和第 5 章的第 5 节)，郝智(第 3 章)，万明攀(第 1 章的第 2、3、7 节)，田琴(第 1 章的第 6、8 节和第 5 章的第 1、2 节)，杨明(第 2 章)。全书由雷源源、张晓燕主编。

由于编者水平有限，不当之处在所难免，恳请读者批评指正。

编　者

2013 年 8 月

目　录

第1章 金属材料

知识要点	掌握程度	相关知识
金属晶体结构	了解原子间的键合 了解14种布拉菲点阵 了解三种典型金属的晶体结构类型 了解合金相和中间相	原子间键合 晶体结构及空间点阵 三种典型金属晶体结构 合金相结构
位错	了解位错理论的起源 了解位错的基本类型 了解位错的运动过程	位错理论的提出 位错基本类型 位错运动过程
金属的塑性形变	了解金属的弹性形变实质及特征 了解金属的塑性形变实质及特征 了解位错对金属塑性形变的影响	弹性形变实质 塑性形变实质 位错对塑性形变的影响
钢的热处理	了解热处理的意义 了解钢加热时的变化 了解钢冷却时的变化 了解常用热处理工艺的作用	钢在加热时的转变 钢在冷却时的转变 常用热处理工艺
有色金属及合金	了解铝及铝合金的特点及应用 了解铜及铜合金的特点及应用 了解镁及镁合金的特点及应用 了解钛及钛合金的特点及应用	铝及铝合金 铜及铜合金 镁及镁合金 钛及钛合金

导入案例

金刚石与石墨

金刚石和石墨(图 1.01)都属于碳单质，它们是由相同元素构成的同素异形体。但由于它们内部结构不同，金刚石和石墨的性质有天壤之别。

金刚石呈正四面体空间网状立体结构，碳原子之间形成共价键。当切割或熔化金刚石时，需要克服碳原子之间的共价键。金刚石是自然界已经知道的物质中硬度最大的材料，它的熔点高。上等无瑕的金刚石晶莹剔透，折光性好，光彩夺目，是人们喜爱的钻石，也是尖端科技不可缺少的重要材料；颗粒较小、质量低劣的金刚石常用在普通工业方面，如用于制作仪器、仪表、轴承等精密元件、机械加工、地质钻探等。钻石在磨、锯、钻、抛光等加工工艺中，是切割石料、金属、陶瓷、玻璃等所不可缺少的；用金刚石钻头代替普通硬质合金钻头，可大大提高钻进速度，降低成本；镶嵌钻石的牙钻是牙科医生得心应手的工具；镶嵌钻石的眼科手术刀的刀口锋利光滑，即使用 1000 倍的显微镜也看不到一点缺陷，是治疗白内障普遍使用的利器。金刚石在机械、电子、光学、传热、军事、航天航空、医学和化学领域有着广泛的应用前景。

石墨是六边形层状结构，层内碳原子排列成平面六边形，每个碳原子以三个共价键与其他碳原子结合；同层中的离域电子可以在整层活动，层间碳原子以分子间作用力(范德华力)相结合。石墨是一种灰黑色、不透明、有金属光泽的晶体。天然石墨耐高温，热膨胀系数小，导热、导电性好，摩擦系数小。石墨被大量用来做电极、坩埚、电刷、润滑剂、铅笔等。

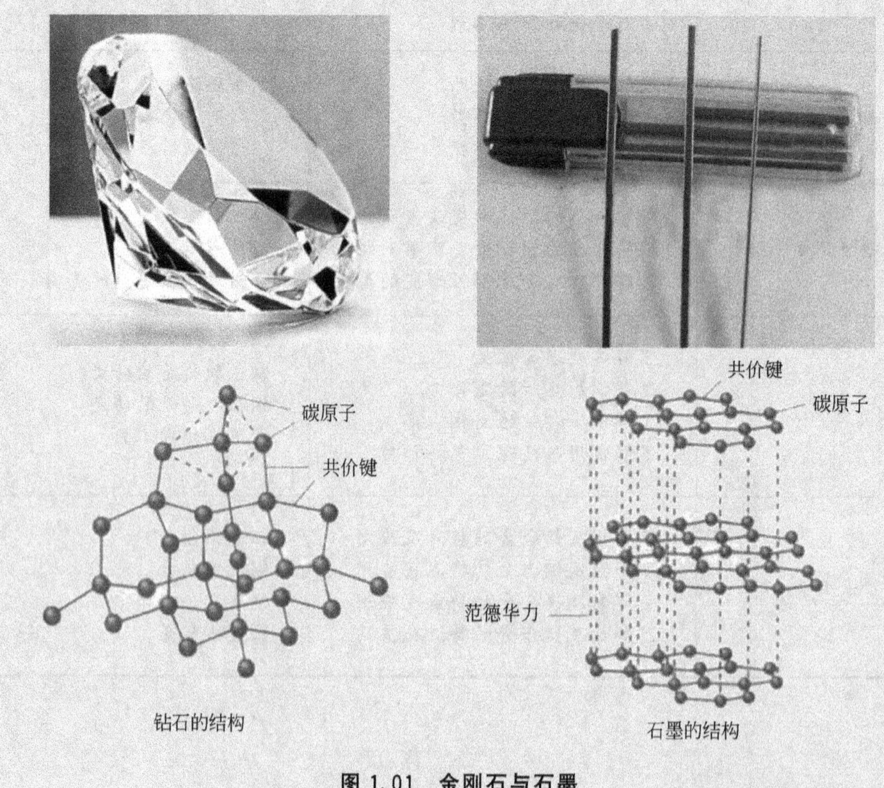

图 1.01　金刚石与石墨

在材料工业中，金属材料一直占绝对优势。这是因为金属材料(如钢铁)工业已经具有了一整套相当成熟的生产技术和较强的生产能力，并且质量稳定，供应方便，在性能价格比上也占有一定优势。在相当长时期内，金属材料的资源也是有保证的，且其可回收，可循环使用，材料本身对环境没有污染。当然，最重要和根本的原因还在于金属材料具有其他材料体系不能完全取代的独特的性质和使用性能。金属的许多性能都与晶体中原子(分子或离子)的排列方式有关。本章主要介绍金属的组织结构、加工工艺与性能之间的关系及其变化规律。

1.1 金属的晶体结构

材料的成分不同，其性能也不同。同一成分的材料，其内部结构和组织状态不同，性能也不同。因此，研究材料内部结构对了解材料性能非常重要。本节主要介绍金属的内部结构。

金属在固态下通常都是晶体。所谓晶体，是指其内部原子(分子或离子)在三维空间作有规则的周期性重复排列的物体。晶体中原子(分子或离子)在空间的具体排列方式称为晶体结构。金属的许多性能都与其微观排列方式有关，因此分析金属的晶体结构是研究金属材料的关键，其中包括晶体中原子是如何相互作用并结合起来的，原子的排列方式和规律，各种晶体的特点和差异等。

1.1.1 原子间的键合

材料的许多性能在很大程度上取决于原子结合键。例如，金刚石和石墨都是含碳的单质，但金刚石是无色坚硬的晶体，而石墨是黑色光滑的片状物，两者性能相差甚远。这是由于两种物质碳原子之间具有不同的键合方式。

根据结合力的强弱可以把结合键分为两大类：一类是结合力较强的主价键，包括离子键、共价键和金属键；另一类是结合力较弱的次价键，包括范德瓦尔斯键和氢键。

1. 离子键

金属元素特别是ⅠA、ⅡA族金属在满壳层外面，有1～2个价电子很容易脱离原子核，而ⅥA、ⅦA族的非金属元素原子的外壳层得到1～2个电子便可成为稳定的电子结构。当这两类元素结合时，金属元素的外层电子就会转移到非金属元素的外壳层上，使两者都形成稳定的电子结构，分别形成正离子和负离子。正负离子之间由于静电引力相互吸引，使原子结合在一起，形成了离子键。所以这种结合的特点是，以离子而不是以原子为结合单元。

氯化钠是典型的离子键结合，如图1.1所示，Na的最外层电子贡献给Cl，Na变为带正电的离子，内层电子数为8，是满层电子数；Cl接受1个电子，变为带负电的离子，并使外层电子数为8，也是满层电子数。故1个Na原子和1个Cl原子依靠正负离子间的吸引力而结合在一起。

一般离子晶体中正负离子静电引力较强，所以熔点较高。离子晶体如果发生相对移动，将失去电平衡，使离子键遭到破坏，故以离子键结合的材料是脆性的。此外，由于离

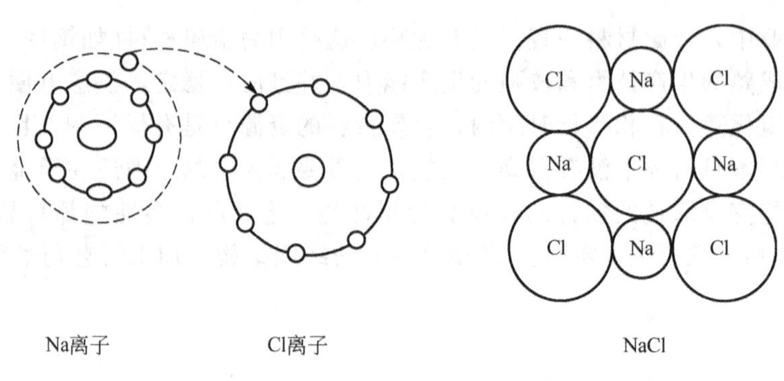

图 1.1　NaCl 的离子键

子晶体中很难产生可以自由运动的电子，因此，它们都是良好的电绝缘体。

2. 共价键

共价键是由两个或多个电负性相差不大的原子通过共用电子对形成的化学键。在元素周期表中的ⅣA 、ⅤA 族元素，其价电子数为 4、5，得失电子都较困难，因此不容易实现离子结合。在这种情况下，相邻原子通过共用电子对来实现稳定的电子结构。例如，金刚石是典型的共价键结合，如图 1.2 所示，碳的 4 个价电子分别与周围 4 个碳原子的电子组成 4 个共用电子对，达到 8 电子稳定结构。

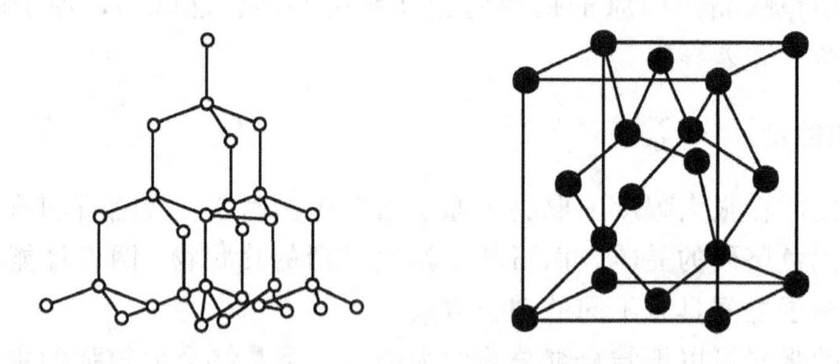

图 1.2　金刚石的原子结合(圆点代表 C 原子)

共价键的结合力很大，因此共价晶体结构比较稳定，具有硬度高、强度大、脆性大、熔点高等性质。

3. 金属键

典型金属原子的结构特点是，最外层电子数很少，容易失去外壳层电子而具有稳定的电子结构。当金属原子相互靠近时，其最外层电子脱离原子成为自由电子，并在整个晶体内运动，为整个金属所共有，即弥漫于金属正离子组成的晶格之中形成电子云。这种由金属中的自由电子和金属正离子之间相互作用所构成的键称为金属键。如图 1.3 所示，绝大多数金属以金属键方式结合，它的基本特点是电子的共有化。

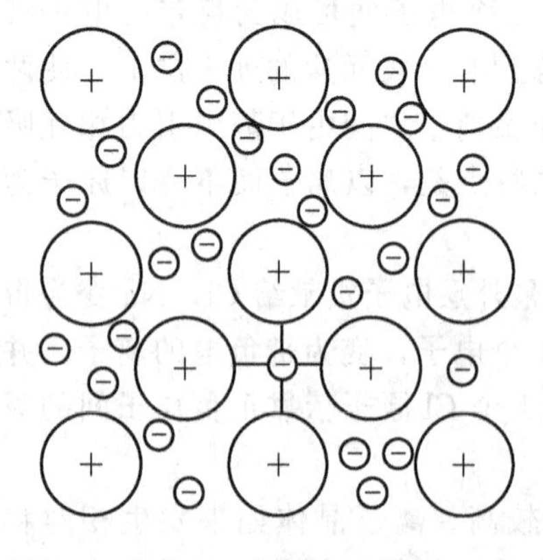

图 1.3　金属键示意图

此外，金属键无饱和性，也无方向性，因此每个原子有可能同更多的原子相结合。由于原子排列得越紧凑，体系的能量越低，晶体也就越稳定，所以金属晶体中的原子排列都比较紧密。

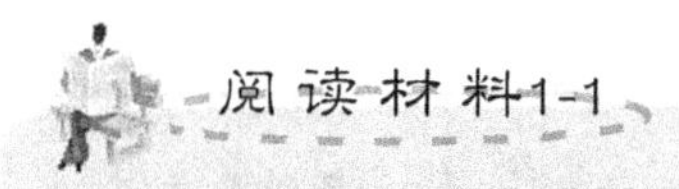

金属的特性

金属(图 1.4)具有金属光泽及良好的导电性、导热性、延展性，以及正的电阻温度系数。

这是由于金属晶体由金属键结合，因而具有上述一系列的金属特性。例如，金属中的自由电子在外电场作用下会沿着电场方向做定向运动，形成电流，从而显示良好的导电性。又因金属中正离子是以某一固定位置为中心做热振动的，对自由电子的流通就有阻碍作用，这就是金属具有电阻的原因。随着温度的升高，正离子振动的振幅加大，对自由电子通过的阻碍作用也加大，因而金属的电阻是随着温度的升高而增大的，即具有正的电阻温度系数。此外，由于自由电子的运动和正离子振动可以传递热能，因而使金属具有较好的导热性。当金属发生塑性变形(即晶体中原子发生了相对位移)后，正离子与自由电子间仍能保持金属键的结合，使金属显示出良好的延展性。因为金属晶体中的自由电子能吸收可见光的能量，故使金属具有不透明性。吸收能量而跃迁到较高能级的电子，当它重新回到原来的低能级时，就把所吸收的可见光的能量以电磁波的形式辐射出来，在宏观上就表现为金属的光泽。

图 1.4 金属制品

4. 范德瓦尔斯键

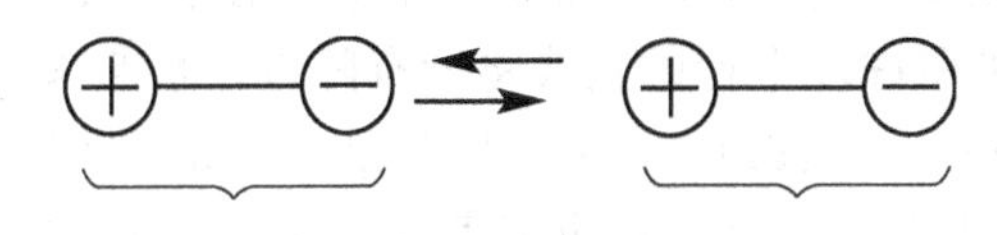
原子或分子偶极

图 1.5 极性分子间的范德瓦尔斯力示意图

原子或离子结构中的无序波动会引起核周围电子云的畸变，而这种波动可以由热振动或电磁振动引起。电子壳层的非对称移动引起动态偶极，偶极之间的相互作用产生弱的吸引力，范氏力就是借助这种微弱的、瞬时的电偶极矩的感应作用将原来具有稳定的原子结构的原子或分子结合为一体的，如图 1.5 所示。

由于范德瓦尔斯键很弱，分子晶体的结合力很小。在外力作用下，易产生滑动造成大的变形。因此，分子晶体的熔点很低，硬度也低。

5. 氢键

氢键是一种特殊的分子间作用力，它是由氢原子同时与两个电负性很大而原子半径很小的原子(O、F、N 等)相结合而产生。它比范德瓦尔斯键要强得多，但比化学键弱。

实际上，大部分材料的内部原子结合键往往是几种结合键的混合。例如，过渡族元素原子结合中除了金属键外，也会出现少量的共价键结合，这也是过渡族金属具有高熔点的原因。

以上简单讨论了结合键的类型和特征，表 1-1 比较了部分物质的键能和熔融温度。

表 1-1　部分物质的键能和熔融温度

物　质	键合类型	键能		熔融温度/℃
		kJ/mol	(eV/原子、离子、分子)	
Hg	金属键	68	0.7	−39
Al		324	3.4	660
Fe		406	4.2	1538
W		849	8.8	3410
NaCl	离子键	640	3.3	801
MgO		1000	5.2	2800
Si	共价键	450	4.7	1410
C(金刚石)		713	7.4	>3550
Ar	范德瓦尔斯键	7.7	0.08	−189
Cl_2		31	0.32	−101
NH_3	氢键	35	0.36	−78
H_2O		51	0.52	0

1.1.2　晶体学基础

1. 空间点阵

1）空间点阵的概念

实际晶体中的质点(原子、分子、离子等)在三维空间可以有无限多种排列形式。为了便于分析、研究晶体中质点的排列情况，可把它们抽象为规则排列于空间的无数个几何点，这些点可以是原子或分子的中心，也可以是彼此等同的原子群或分子群的中心，但各个点的周围环境都必须相同。这种点的空间排列就称为空间点阵。点阵中的点称为阵点或结点。在表达空间点阵的几何图形时，为了观察方便起见，可用许多平行的直线将所有阵点连接起来，构成一个三维几何格架，称为空间格子，如图 1.6 所示。注意，空间点阵只是表示原子或原子团分布规律的一种几何抽象，每个阵点不一定就代表一个原子，也就是说，每个阵点可能代表一群原子。但每个阵点都是等同的，周围环境都必须相同。

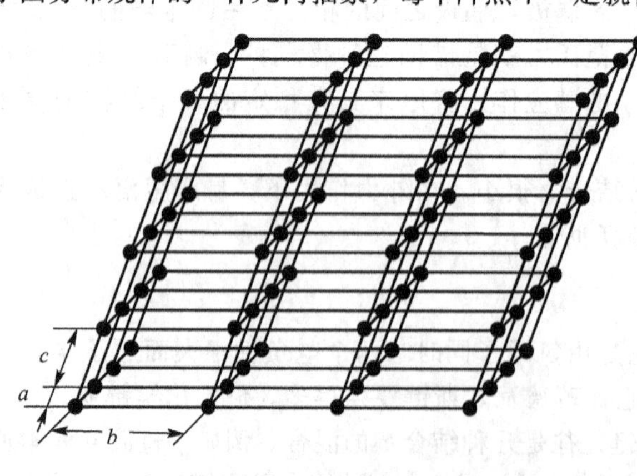

图 1.6　空间点阵的一部分

2）晶胞

由于各阵点的周围环境相同，空间点阵具有周期重复性。为了说明点阵排列的规律和特点，可在点阵中取出一个具有代表性的基本单元(通常是取一个最小的平行六面体)作为点阵的组成单元，称为晶胞。将晶胞作三维的重复堆砌就构成了空间点阵。可见，采用晶胞来反映晶体中原子

(分子或离子)排列的规律就更为简单明了。但需注意，同一空间点阵可因选取方式不同而得到不相同的晶胞，因此选取晶胞时要使选取出的晶胞尽量反映出点阵的高度对称性且尽可能是简单晶胞，即只在平行六面体的八个顶角上有阵点。有时，为了更好地表现出点阵的对称性，也可不选简单晶胞而使晶胞中心或面的中心也存在阵点，如体心(在平行六面体的中心有一阵点)、底心(在上下底面的中心各有一阵点)的晶胞。

如何描述晶胞的形状和大小呢？通过晶胞角上的某一阵点(往往取左下角后面一点)，沿其三个棱边作坐标轴 x、y、z(称为晶轴)，则此晶胞及所属点阵类型即可由三条棱边的边长 a、b、c(称为点阵常数)及棱间夹角 α、β、γ 6个参数来描述，如图1.7所示。

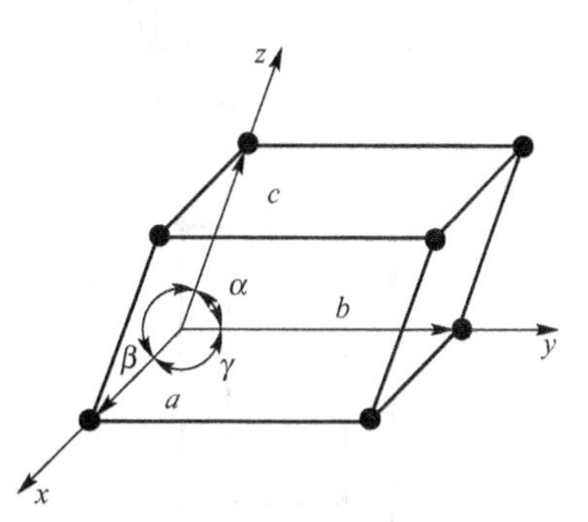

图1.7 晶胞、晶轴及点阵矢量

3) 晶系

根据6个点阵参数间的相互关系，可将全部空间点阵归属于7种类型，即7个晶系，见表1-2。所有的晶体均可归纳在这7个晶系中。

表1-2 晶 系

晶 系	棱边长度及夹角关系	举 例
三斜	$a\neq b\neq c$，$\alpha\neq\beta\neq\gamma\neq 90°$	K_2CrO_7
单斜	$a\neq b\neq c$，$\alpha=\gamma=90°\neq\beta$	β-S、$CaSO_4\cdot 2H_2O$
正交	$a\neq b\neq c$，$\alpha=\beta=\gamma=90°$	α-S、Ga、Fe_3C
六方	$a_1=a_2=a_3\neq c$，$\alpha=\beta=90°$，$\gamma=120°$	Zn、Cd、Mg、NiAs
菱方	$a=b=c$，$\alpha=\beta=\gamma\neq 90°$	As、Sb、Bi
四方	$a=b\neq c$，$\alpha=\beta=\gamma=90°$	β-Sn、TiO_2
立方	$a=b=c$，$\alpha=\beta=\gamma=90°$	Fe、Cr、Cu、Ag、Au

4) 布拉菲点阵

自然界中的晶体有很多种，它们都具有各自的晶体结构。按照“每个阵点的周围环境都相同”的要求，法国晶体学家布拉菲(Bravais)于1848年用数学方法证明空间点阵只能有14种，故这14种空间点阵叫做布拉菲点阵。它们分属7个晶系，见表1-3。它们的晶胞如图1.8所示。

表1-3 布拉菲点阵

布拉菲点阵	晶 系	布拉菲点阵	晶 系
简单三斜	三斜	简单六方	六方
简单单斜 底心单斜	单斜	简单菱方	菱方
简单正交 底心正交 体心正交 面心正交	正交	简单四方 体心四方	四方
		简单立方 体心立方 面心立方	立方

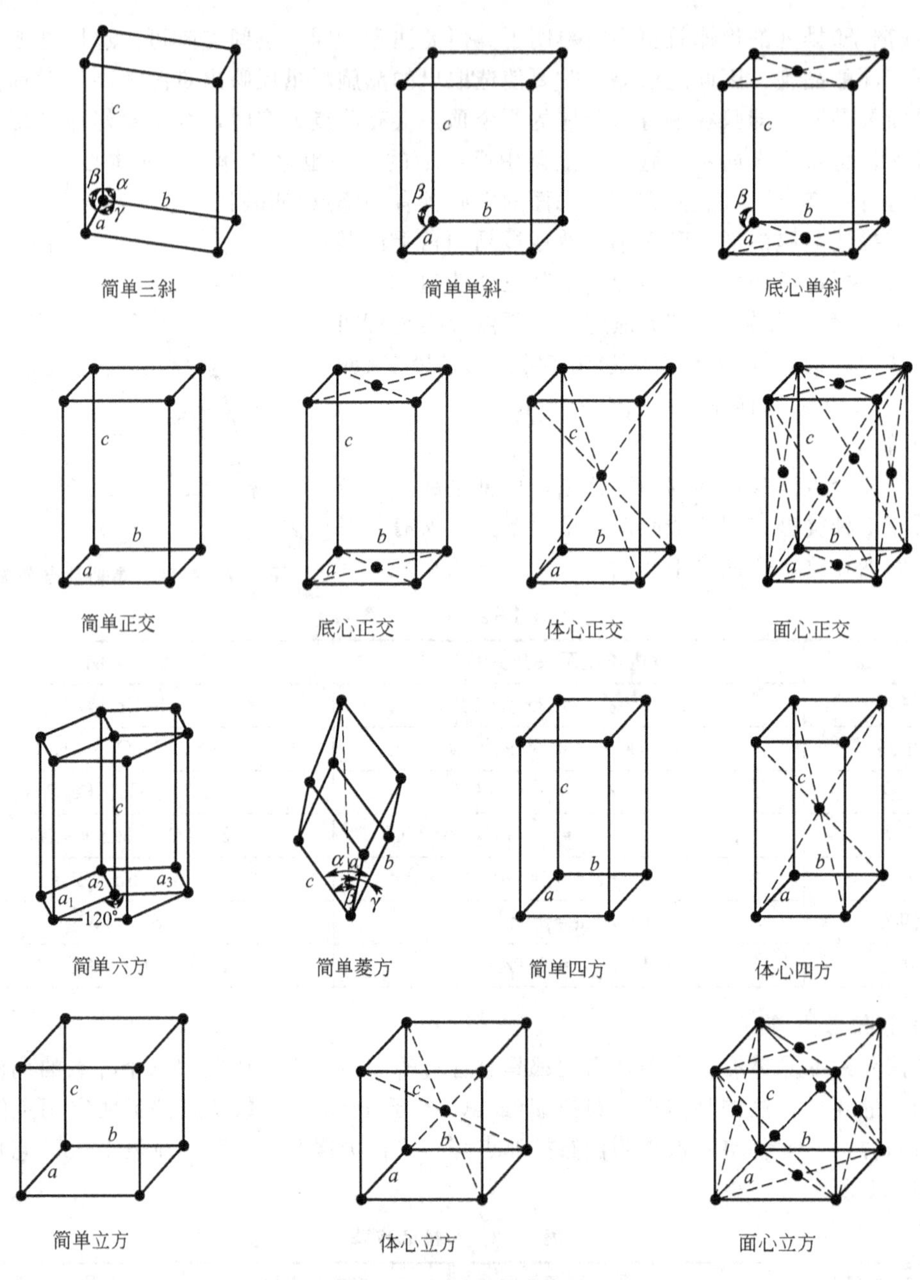

图 1.8　14 种布拉菲点阵

空间点阵用以描述和分析晶体结构的周期性和对称性，是晶体中质点排列的几何学抽象。由于各阵点必须等同且周围环境相同，它只能有 14 种类型。晶体结构是指晶体中实际质点(包括同类或异类的原子、分子或离子)的具体排列情况。实际质点能组成各种类型的排列，因此可能出现的晶体结构是无限的。但是各种晶体结构总能够按质点排列的周期性和对称性归属于 14 种空间点阵中的一种。

2. 晶向指数和晶面指数

在材料科学中，分析研究有关晶体的生长、变形、相变及性能等问题时，常需涉及晶体中的某些方向(称为晶向)和原子构成的平面(称为晶面)。为了便于表示和区别各种晶向和晶面，国际上通常用密勒(Miller)指数来统一标定晶向指数和晶面指数。

1) 晶向指数

晶向指数的确定步骤如下：

(1) 建立坐标系。以晶胞的某一阵点 O 为原点，三条棱边为坐标轴(x，y，z)，并以晶胞棱边的长度(即晶胞的点阵常数 a、b、c)分别作为坐标轴的长度单位。

(2) 过原点 O 作一直线 OP，使其平行于待定的晶向。

(3) 在直线 OP 上选取距原点 O 最近的一个阵点，并确定该点的 3 个坐标值。

(4) 将这三个坐标值化为最小整数 u、v、w，加上方括号，[uvw] 即为待定晶向的晶向指数。如果 [uvw] 中某个数值为负值，则将负号标注在这个数的上方，如 [$0\bar{1}2$]，[$1\bar{1}0$] 等。

图 1.9 中给出了正交晶系中的几个晶向的晶向指数。注意，一个晶向指数并不仅表示一个晶向，而是表示一组互相平行、方向一致的晶向。若所指的方向相反，则晶向指数的数字相同，但符号相反。由于晶体中的对称关系，原子排列情况相同、空间位向不同的一组晶向称为晶向族，用 <uvw> 来表示。例如，立方晶系中的 [100]、[010]、[001] 和 [$\bar{1}00$]、[$0\bar{1}0$]、[$00\bar{1}$] 六个晶向的原子排列情况完全相同，性质相同，可用晶向族 <100> 表示。注意，如果不是立方晶系，改变晶向指数的顺序，所表示的晶向可能不等同。例如，在正交晶系中由于 $a \neq b \neq c$，即 [100]、[010]、[001] 各晶向的原子间距并不相等，故不属于同一晶向族。

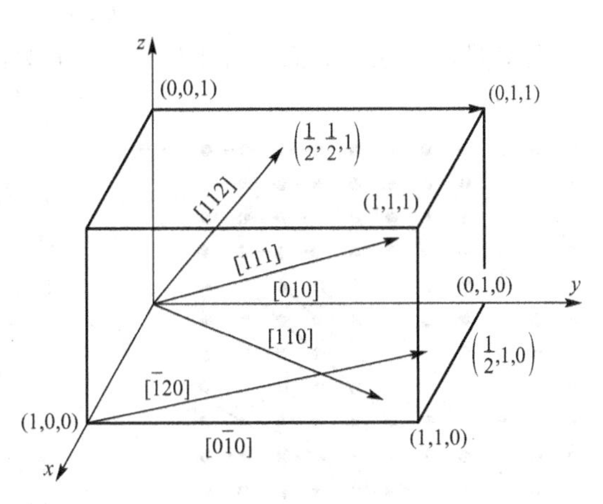

图 1.9 正交晶系中的部分晶向

2) 晶面指数

在晶体中，原子的排列构成了许多不同方位的晶面，用晶面指数来表示和区分这些晶面。晶面指数的确定步骤如下：

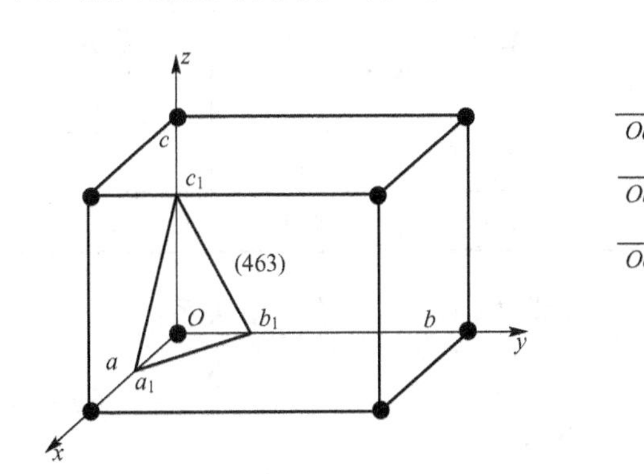

图 1.10 晶面指数的表示方法

(1) 建立如前所述的坐标系，但原点要定于待定晶面之外，避免出现零截距。

(2) 求出待定晶面在 3 个坐标轴上的截距，若该晶面和某坐标轴平行，则在此轴上的截距为∞。

(3) 取这些截距的倒数。

(4) 将上述倒数化为最小的简单整数，并加上圆括号，即表示该晶面的指数，记为(hkl)。

图 1.10 所标出的晶面，a_1、b_1、c_1在三个坐标轴上的截距为 1/2、1/3、2/3，其倒数为 2、3、3/2，化为简单整数为 4、6、3，所以晶面 a_1、b_1、c_1的晶面指数为(463)。如果所求晶面在坐标轴上的截距为负值，则在相应的指数上方加一负号，如$(10\bar{1})$、$(11\bar{2})$等。

晶面指数代表的不是某一晶面，而是一组相互平行的晶面。此外，在晶体中有些晶面原子排列情况相同，面间距也相同，只是空间位向不同，可归并于一个晶面族，用 $\{hkl\}$ 表示。在立方晶系中，具有相同指数的晶面和晶向相互垂直，如 [101] ⊥(101)，[121] ⊥(121)等。注意，这个关系不适用于其他晶系。

3）晶带

相交于同一直线的一组晶面组成一个晶带，这一组晶面叫做共带面，而该直线称为晶带轴。

晶带轴 $[uvw]$ 与该晶带中任一晶面(hkl)之间存在以下关系：

$$hu+kv+lw=0 \tag{1-1}$$

凡满足此关系的晶面都属于以 $[uvw]$ 为晶带轴的晶带。

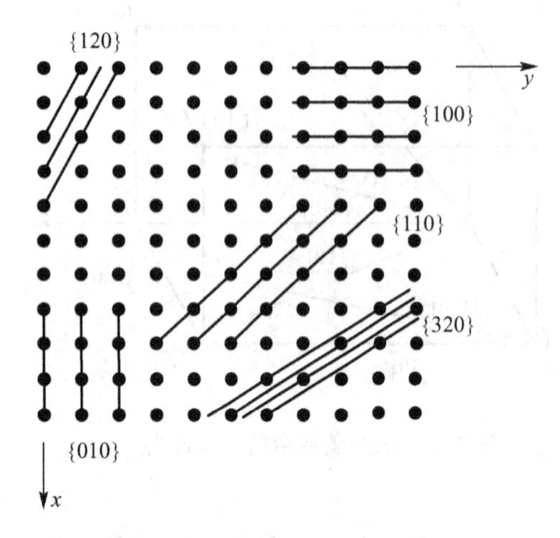

图 1.11　晶面间距

4）晶面间距与晶面夹角

晶面间距是指两个相邻的平行晶面的垂直距离。晶面族 $\{hkl\}$ 指数不同，其晶面间距也不同。通常，低指数的晶面其晶面间距较大，而高指数的晶面其晶面间距较小。如图 1.11 所示，{100} 面的晶面间距最大，{120} 面的晶面间距较小，而 {320} 面的晶面间距更小。当然，这还与点阵类型有关。例如，体心立方和面心立方点阵，它们的最大晶面间距的面分别为 {110} 或 {111}，而不是 {100}。

此外，晶面间距最大的晶面总是原子最密排的晶面，晶面间距越小，晶面上原子排列越稀疏。正是由于不同晶面和晶向原子的排列情况不同，使得单晶体表现为各向异性，见表 1-4。

表 1-4　单晶体的各向异性

金属	弹性模量/MPa		抗拉强度/MPa		延伸率/(%)	
	最大	最小	最大	最小	最大	最小
Cu	191000	66700	346	128	55	10
α-Fe	293000	125000	225	158	80	20
Mg	506000	42900	840	294	220	20

立方晶系的晶面间距 d_{hkl} 与晶面指数(hkl)、点阵常数$(a，b，c)$有如下关系：

$$d_{hkl}=\frac{a}{\sqrt{h^2+k^2+l^2}} \tag{1-2}$$

通过式(1-2)算出的晶面间距是对简单晶胞而言的，若是复杂点阵(如体心立方、面心立方等)，在计算时应考虑晶面层数增加的影响。例如，在体心立方或面心立方晶胞中，上下底面(001)之间还有一层同类型的晶面，故实际的晶面间距应为$\frac{1}{2}d_{001}$。

除了晶面间距可以通过上述方法和公式进行计算外，两个晶面$(h_1k_1l_1)$和$(h_2k_2l_2)$之间的夹角θ，也可通过类似的几何关系推出。对于立方晶系，

$$\theta=\cos^{-1}\left[\frac{h_1h_2+k_1k_2+l_1l_2}{\sqrt{h_1^2+k_1^2+l_1^2}\cdot\sqrt{h_2^2+k_2^2+l_2^2}}\right] \tag{1-3}$$

1.1.3 纯金属的晶体结构

金属在固态下一般都是晶体。决定晶体结构的内在因素是原子、离子或分子间结合键的类型和强弱。金属晶体中的结合键是金属键，由于金属键无饱和性、无方向性，所以大多数金属晶体都具有紧密排列、对称性高的简单晶体结构。

1. 典型的金属晶体结构

在元素周期表中，金属元素占80余种。工业上使用的金属也有三四十种，除少数具有复杂的晶体结构外，绝大多数具有比较简单的、高对称性的晶体结构。最常见的晶体结构有三种，即面心立方结构、体心立方结构和密排六方结构。若把金属原子看作刚性球，这三种晶体结构的晶胞分别如图1.12～图1.14所示。在常见的金属中，Al、Cu、Ni、Au、Ag、Pt、Pb、γ-Fe等具面心立方结构，该结构可用*fcc*或A_1来表示；α-Fe、δ-Fe、W、Mo、Ta、Nb、V、β-Ti等具有体心立方结构，该结构可用符号*bcc*或A_2来表示；Mg、Zn、Cd、α-Be、α-Ti、α-Zr、α-Co等具有密排六方结构，该结构可用符号*hcp*或A_3来表示。

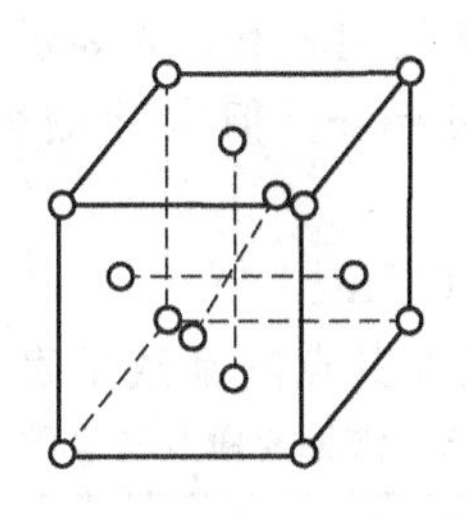

图1.12 面心立方结构

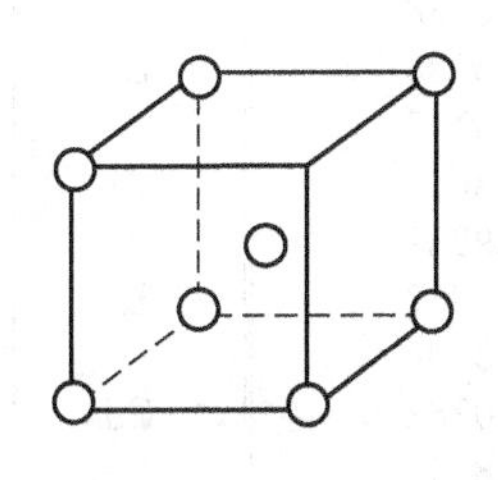

图1.13 体心立方结构

下面从几个方面来进一步分析它们的特征。

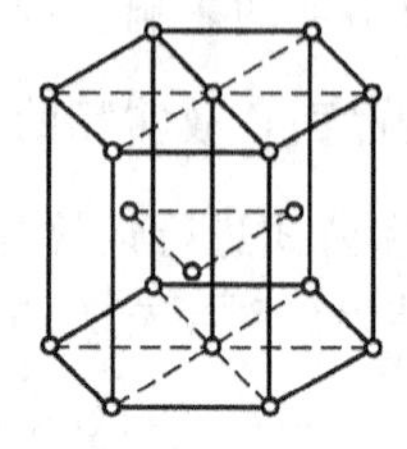
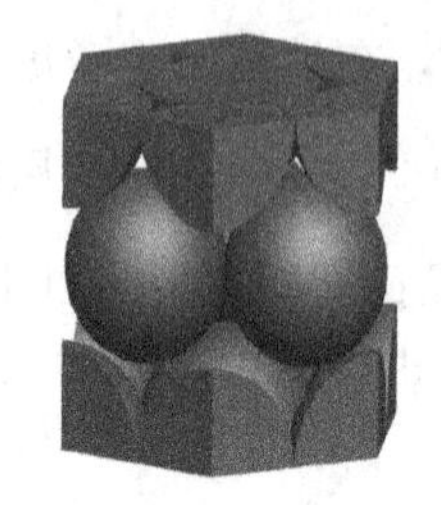

图 1.14 密排六方结构

1）晶胞中的原子数

晶体由大量晶胞堆砌而成。由图 1.11～1.13 可看出，处于晶胞顶角上的原子不是一个晶胞所独有，而是几个晶胞所共有，只有在晶胞体积内的原子才为一个晶胞所独有。故三种典型金属晶体结构中每个晶胞所拥有的原子数如下。

面心立方结构，$n=8\times1/8+6\times1/2=4$；

体心立方结构，$n=8\times1/8+1=2$；

密排六方结构，$n=12\times1/6+2\times1/2+3=6$。

2）点阵常数与原子半径的关系

如前所述，晶胞的棱边长度（a、b、c）称为点阵常数，它是表征晶体结构的一个重要基本参数。不同金属可以有相同的点阵类型，但不可能有相同的点阵常数，且点阵常数随温度而变化。

若把金属原子看做半径为 r 的刚性球，由几何学的知识可以求出点阵常数 a、b、c 与 r 之间的关系：

面心立方结构（$a=b=c$），$\sqrt{2}a=4r$；

体心立方结构（$a=b=c$），$\sqrt{3}a=4r$；

密排六方结构（$a=b\neq c$），点阵常数用 a 和 c 来表示。在理想情况下，即把原子看做等径刚球，此时，轴比 $c/a=1.633$，$a=2r$；但实际测得的轴比常常偏离此值，即 $c/a\neq1.633$，此时，$(a^2/3+c^2/4)^{1/2}=2R$。

点阵常数的单位是 nm，$1\text{nm}=10^{-9}\text{m}$。

三种典型晶体结构中的常见金属及其点阵常数见表 1-5。

表 1-5 常见金属及其点阵常数

金属	点阵类型	点阵常数	金属	点阵类型	点阵常数
			Mo	A_2	0.31468
Al	A_1	0.40466	W	A_2	0.31650
γ-Fe	A_1	0.36468			a 0.22856 c 0.35832
Ni	A_1	0.35236	Be	A_3	c/a 1.5677
Cu	A_1	0.36147			a 0.32094 c 0.52105
Rh	A_1	0.38044	Mg	A_3	c/a 1.6235
Pt	A_1	0.39239			a 0.26649 c 0.49468
Ag	A_1	0.40857	Zn	A_3	c/a 1.8563
Au	A_1	0.40788			a 0.29788 c 0.56167
V	A_2	0.30782	Cd	A_3	c/a 1.8858
Cr	A_2	0.28846			a 0.29444 c 0.46737
α-Fe	A_2	0.28664	α-Ti	A_3	c/a 1.5873
Nb	A_2	0.33007			a 0.2502 c 0.4601
			α-Co	A_3	c/a 1.623

3）配位数和致密度

晶体中原子排列的紧密程度与晶体结构类型有关。为了定量地表示原子排列的紧密程度，采用配位数和致密度两个参数。

配位数：晶体结构中任一原子周围最近邻且等距离的原子数。

致密度：晶体结构中原子体积占总体积的百分数，若以一个晶胞来计算，则致密度就是晶胞中原子体积与晶体体积之比，即

$$K=\frac{nv}{V} \tag{1-4}$$

式中，K 为致密度；n 为晶胞中的原子数；v 为一个原子的体积，这里将金属原子视为等径刚球，故 $v=\frac{4\pi}{3}r^3$；V 为晶胞体积。

三种典型金属晶体结构的配位数和致密度见表1-6。

表1-6 金属晶体结构的配位数和致密度

晶体结构	配位数	致密度
面心立方结构	12	0.74
体心立方结构	8	0.68
密排六方结构	12	0.74

注意，在密排六方结构中只有当轴比 $c/a=1.633$ 时，配位数才是12；若 $c/a\neq1.633$，则有6个最近邻原子(同一层的6个原子)和6个次近邻原子(上下层的各3个原子)，其配位数应记为6+6。

4）晶体结构中的间隙

从上面对晶体结构中致密度的分析可知，金属晶体中一定存在许多间隙，分析间隙的大小、数量及位置对了解金属的性能和合金相结构及金属在固态下的扩散、相变等过程都是很重要的。

金属的三种典型晶体结构的间隙，如图1.15～图1.17所示。其中，位于6个原子所组成的八面体中间的间隙称为八面体间隙，而位于4个原子所组成的四面体中间的间隙称为四面体间隙。图中，实心圆圈代表金属原子，令其半径为 r_A；空心圆圈代表间隙，令其半径为 r_B。r_B 实质上是表示能放入间隙内的小球的最大半径，如图1.18所示。

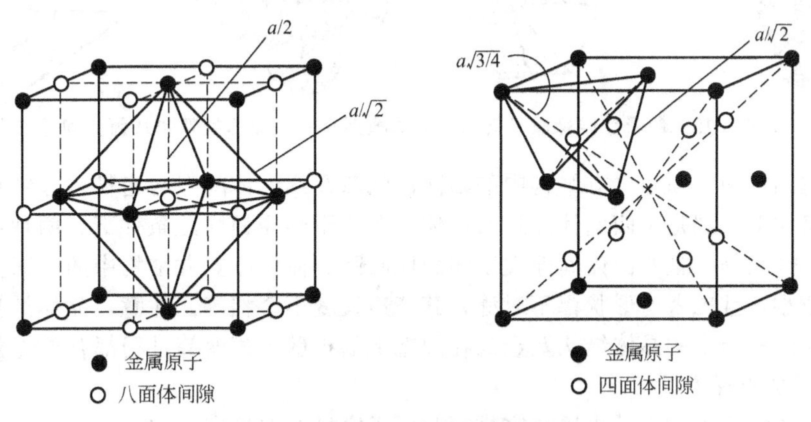

图1.15 面心立方点阵中的间隙

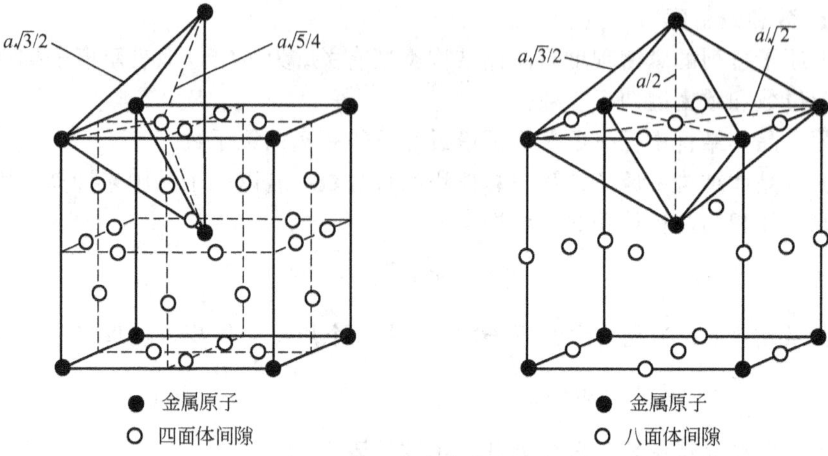

图 1.16　体心立方点阵中的间隙

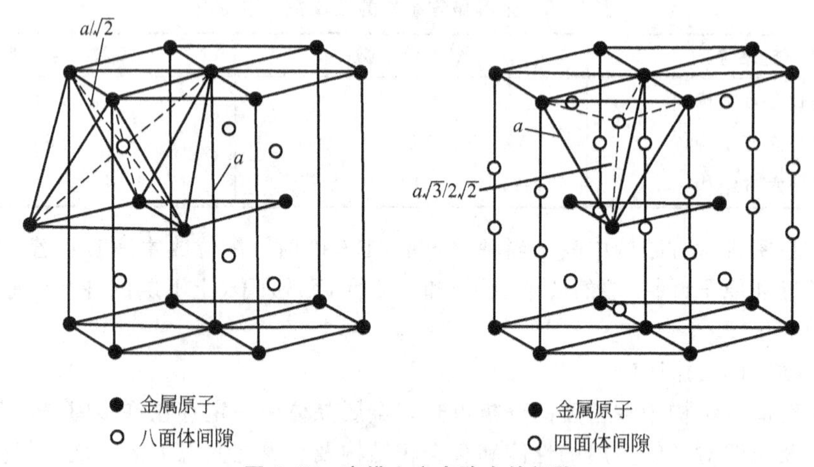

图 1.17　密排六方点阵中的间隙

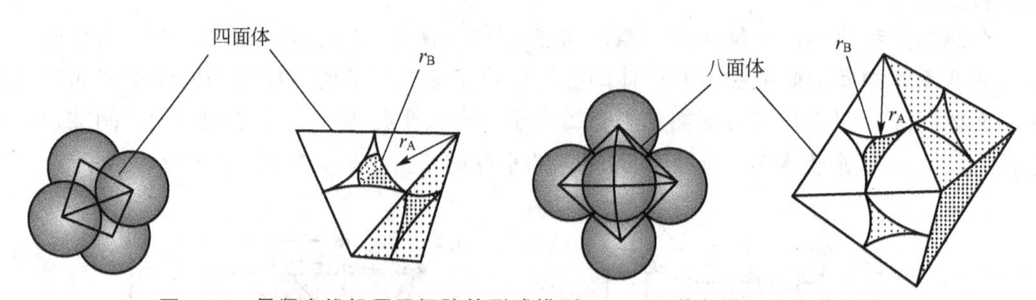

图 1.18　最紧密堆垛原子间隙的刚球模型——四面体间隙和八面体间隙

由上述图可知，面心立方结构中的四面体间隙及八面体间隙与密排六方结构中的同类间隙的形状相似，都是正四面体和正八面体，在原子半径相同的条件下，两种结构的同类间隙的大小也相等，且八面体间隙大于四面体间隙。而体心立方结构中的八面体间隙却比四面体间隙小，且二者的形状都不对称，其棱边长度不全相等。注意，晶体结构中的间隙对金属的性能和合金的晶体结构及金属在固态下的扩散、相变等过程都有重要影响。

5）原子的堆垛方式

三种晶体结构中均有一组原子密排面和原子密排方向见表 1-7。

表 1-7 晶体结构的原子密排面和密排方向

晶体结构	原子密排面	原子密排方向
面心立方结构	{111}	$\langle 110 \rangle$
体心立方结构	{110}	$\langle 111 \rangle$
密排六方结构	{0001}	$\langle 11\bar{2}0 \rangle$

这些原子密排面在空间沿其法线方向一层一层平行地堆垛起来就分别构成上述三种晶体结构。由上可知，面心立方和密排六方结构虽然晶体结构不同，但配位数与致密度却相同。为了弄清这个问题，就必须从晶体中原子的堆垛方式进行分析。

面心立方结构中的{111}晶面和密排六方结构中{0001}晶面上的原子排列情况完全相同，如图1.19所示。这两个都是等径原子球的最紧密排列原子面。假设这时原子所处的位置称为A位置，然后把这些原子密排面在空间沿其法线方向一层层堆垛，但在这种密排面上有两种间隙位置，如图1.20中标明的B位置和C位置。当在第一层原子上面排列第二层原子密排面时，可以排在这两种位置之一，在第二层原子面上堆垛第三层原子的时候，同样也可能排列在两个间隙位置中的任何一个位置。依此类推，这样不断堆垛的结果，就可能产生两种不同的情况：第一种情况是第三层原子的排列位置与第一层原子的位置重合，形成ABABAB…的堆垛顺序，这就构成了密排六方结构。第二种情况是第二层原子排在B位置，第三层原子排在C位置，第四层原子的位置才与第一层重合，形成ABCABC…堆垛顺序，这就是面心立方结构的堆垛方式。当沿面心立方晶胞的体对角线([111] 方向)观察时，就可以看到(111)面的这种堆垛方式(图1.21)。

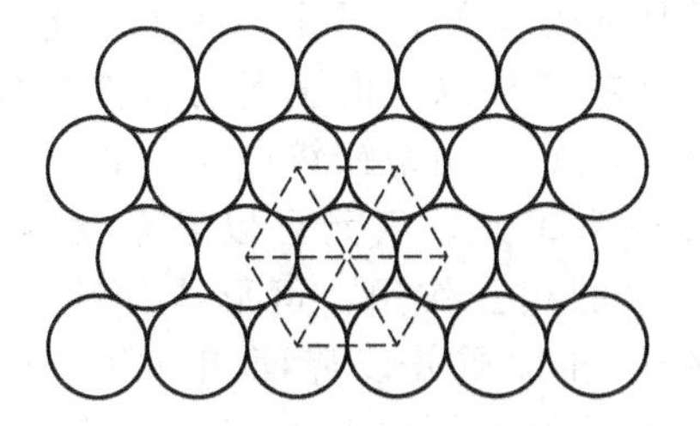
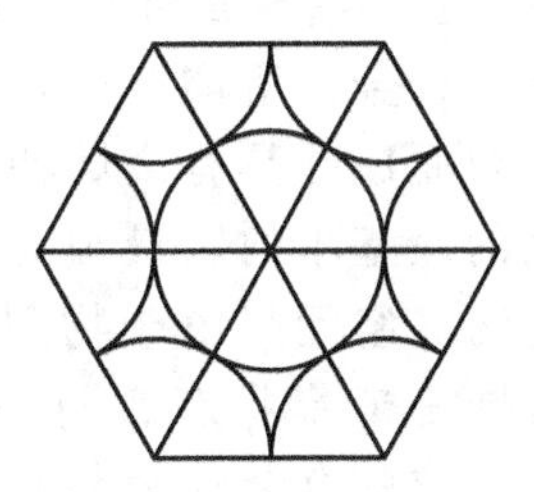

图 1.19 密排六方点阵和面心立方点阵中密排面上的原子排列

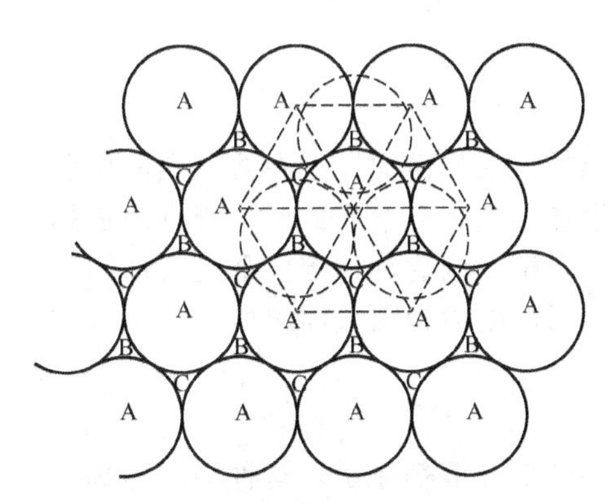

图 1.20 等径刚球在平面上最紧密的堆垛方式

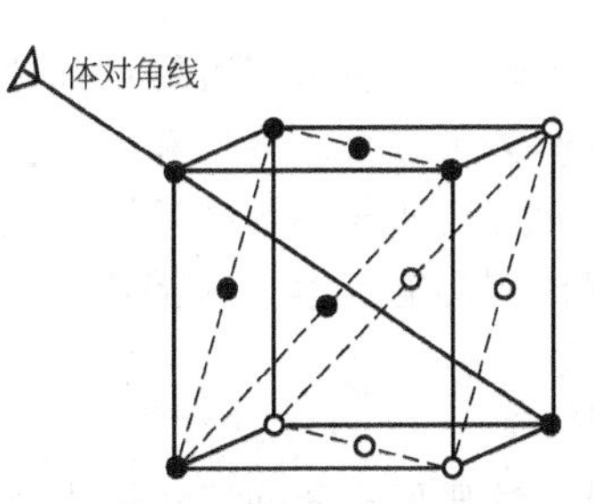

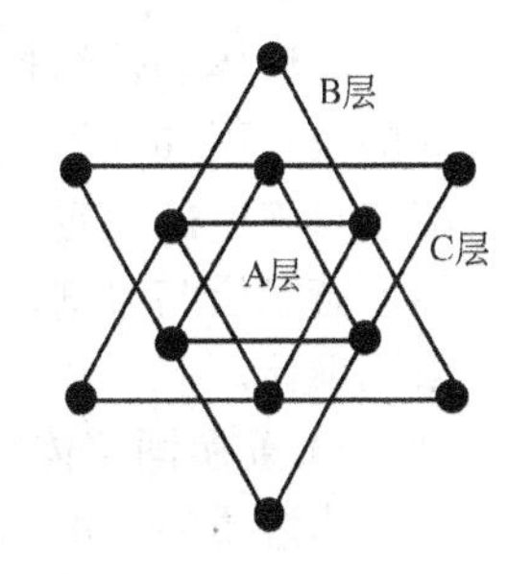

图 1.21 面心立方晶体中的密排面堆垛

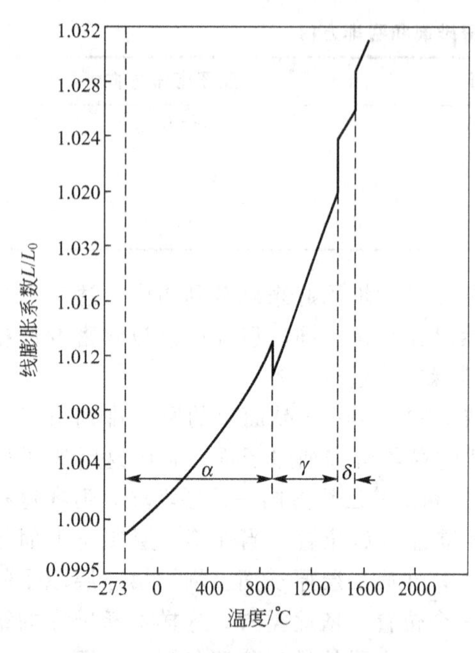

图 1.22　纯铁加热时的膨胀曲线

2. 金属的多晶型性

有些固态金属(如 Fe、Mn、Ti、Co、Sn、Zr、Pu 等)在不同温度或不同压力范围内具有不同的晶体结构，即有多晶型性。例如，在一个大气压下，铁在 912℃以下为体心立方结构，称为 α－Fe；在 912～1394℃之间为面心立方结构，称为 γ－Fe；而在 1394～1538℃(熔点)之间又是体心立方结构，称为 δ－Fe。把这种同一元素在固态下随温度或压力变化所发生的晶体结构的转变称为多晶型转变或同素异构转变。由于不同晶体结构的致密度不同，当金属由一种晶体结构转变为另一种晶体结构时，将伴随质量体积的跃变，即体积的突变。图 1.22 为实验测得的纯铁加热时的膨胀曲线，在 α－Fe 转变为 γ－Fe 及 γ－Fe 转变为 δ－Fe 时，均会因体积突变而使曲线上出现明显的转折点。钢铁材料能进行热处理的原因之一就是铁有同素异构转变。因此，可以通过多晶型转变来改变金属的性能。

1.1.4　合金相结构

纯金属在工业中有着重要的用途，但其强度偏低，因此，在工业上广泛使用的金属材料大部分是合金。所谓合金是指由两种或两种以上的金属与非金属经熔炼、烧结或其他方法组合而成并具有金属特性的物质，如黄铜是铜锌合金，钢、铸铁是铁碳合金。组成合金的最基本的、最独立的物质称为组元。组元可以是金属或非金属元素，也可以是化合物。组元间由于物理的和化学的相互作用，可形成各种“相”。所谓相是合金中具有同一聚集状态、同一晶体结构和性质并以界面相互隔开的均匀组成部分。由一种相组成的合金称为单相合金，由几种不同的相组成的合金称为多相合金。尽管合金中的组成相很多，但根据合金组成元素及其原子相互作用的不同，合金相可分为固溶体和中间相两大类。

1. 固溶体

固溶体晶体结构的最大特点是保持了溶剂的晶体结构。根据溶质原子在溶剂点阵中所处的位置不同，可将固溶体分为置换固溶体和间隙固溶体两类。若溶质原子有规则地占据溶剂点阵中的固定位置，而且溶质与溶剂的原子数之比一定，则这种固溶体称为有序固溶体。若溶质与溶剂以任何比例都能互溶，固溶度达 100%，则称为无限固溶体，否则为有限固溶体。

1）置换固溶体

当溶质溶入溶剂中时，溶质原子置换了溶剂点阵中的部分溶剂原子，这种固溶体称为置换固溶体。许多元素之间能形成置换固溶体，但溶解度差异很大，有些能无限溶解，有的只能部分溶解。影响溶解度的因素很多，大量实验证明主要受晶体结构类型、尺寸因素、电负性因素、电子浓度因素影响。若溶质与溶剂晶体结构相同，则溶解度较大，若晶体结构不同，则溶解度较小。晶体结构相同是形成无限固溶体的必要条件。原子半径差$\Delta r<15\%$时，有利于形成固溶度较大的固溶体；而当$\Delta r\geq 15\%$时，Δr越大，溶解度越小。显然$\Delta r<15\%$是形成无限固溶体的又一个必要条件。

2）间隙固溶体

溶质原子分布于溶剂晶格间隙而形成的固溶体称为间隙固溶体。如前所述，当溶质与溶剂原子半径差$\Delta r>30\%$时不易形成置换固溶体，而且当溶质原子半径很小，使$\Delta r>41\%$时，溶质原子就可能进入到溶剂晶格间隙中而形成间隙固溶体。由于间隙的尺寸很小，能够形成间隙固溶体的溶质元素只能是那些原子半径小于0.1nm的非金属元素，如H、O、N、C、B等(它们的原子半径分别为0.046nm，0.060nm，0.071nm，0.077nm，0.097nm。尽管它们的原子半径很小，但仍比溶剂晶格中的间隙大。当它们溶入溶剂时，都会使溶剂点阵畸变，点阵常数增大，畸变能增加。因此，间隙固溶体都是有限固溶体，而且溶解度很小。

间隙固溶体的溶解度不仅与溶质原子的大小有关，还与溶剂晶体结构中间隙的形状和大小等因素有关。

3）固溶体的结构特点

固溶体的最大特点是仍然保持溶剂的晶体结构。工业材料中大部分固溶体的溶剂元素都是金属，所以固溶体的晶体结构一般比较简单，如*fcc*、*bcc*、*hcp*。但和纯金属相比，由于溶质原子的溶入，导致固溶体会发生某些方面的变化。

(1) 晶格畸变和点阵常数变化。由于溶质原子和溶剂原子存在尺寸差，形成固溶体使原先溶剂原子排列的规则性在一定范围内受到干扰，产生点阵畸变，从而导致点阵常数的变化。对置换固溶体而言，当溶质原子半径大于溶剂原子半径时，溶质原子周围点阵膨胀，平均点阵常数增大；当溶质原子半径小于溶剂原子半径时，溶质原子周围点阵收缩，平均点阵常数减小。

对于间隙固溶体而言，随着溶质原子的加入，平均点阵常数总是增大的。

(2) 固溶强化。和纯金属相比，固溶体的一个很明显的变化是由于溶质原子的溶入，使固溶体的强度和硬度升高。这种变化称为固溶强化。有关强化机理将在后面章节中进一步讨论。

(3) 物理和化学性能的变化。固溶体合金随着固溶度的增加，点阵畸变增大，电阻率升高，电阻温度系数降低。例如，Si加入到$\alpha-Fe$中可以提高磁导率，因此质量分数w_{Si}为2%～4%的硅钢片是一种应用广泛的软磁材料。

2. 中间相

两组元A和B形成合金时，除了可形成以A为基或以B为基的固溶体(端际固溶体)外，还可能形成晶体结构与A、B均不同的新相。由于它们在相图上的位置总是处于中间，故通常把这些相称为中间相。

中间相可以是化合物，也可以是以化合物为基的固溶体(称为二次固溶体或第二类固溶体)，中间相可用化学分子式来表示。中间相中原子间的结合键是金属键并兼有离子键、共价键或范氏键。因此，中间相具有金属性质，故又称为金属间化合物。其晶体结构不同于其组成元素，通常具有较复杂的晶体结构，其熔点高，硬度高，脆性大，常常作为合金中的强化相。

中间相的种类很多，根据形成规律、结构特点将其分为正常价化合物、电子化合物与原子尺寸因素有关的化合物三类，下面分别一一介绍。

1）正常价化合物

正常价化合物是一种主要受电负性控制的中间相，它符合化合物的原子价规律，主要是由一些金属与电负性较强的ⅣA、ⅤA、ⅥA族的一些元素所形成，并可用化学分子式来表示。

正常价化合物的结构类型对应于同类分子式的离子化合物结构，如NaCl型、Ca_2F型、立方ZnS型、六方ZnS型等。

2）电子化合物

电子化合物是由ⅠB族或过渡族金属元素与ⅡB、ⅢA、ⅣA族金属元素形成的金属化合物。它不遵守化合价规则，而是按照一定电子浓度值形成，电子浓度不同，所形成化合物的晶体结构也不同。这类化合物的特点是，电子浓度是决定晶体结构的主要因素。

对大多数电子化合物来说，其晶体结构与电子浓度都有如下对应关系：电子浓度为$\frac{21}{14}$时，具有体心立方结构，称为β相；电子浓度为$\frac{21}{13}$时，具有复杂立方结构，称为γ相；电子浓度为$\frac{21}{12}$时，为密排六方结构，称为ε相。

电子化合物虽然可用化学分子式表示，但不符合化合价规则。实际上其成分是在一定范围内变化的，可把电子化合物看做以化合物为基的固溶体，其电子浓度也在一定范围内变化。

3）与原子尺寸因素有关的化合物

该类化合物主要受组元的原子尺寸因素控制，通常由过渡族金属与原子半径很小的非金属元素组成。当两种原子半径相差很大的元素形成化合物时，倾向于形成间隙相和间隙化合物，而相差不太大时，则倾向于形成拓扑密堆相。

1.2 金属的晶体缺陷

晶体中的原子在三维空间呈周期性的规则排列，这是晶体结构的理想状态。在实际晶体结构中，由于空位、位错、晶界的存在，而使其组成原子的排列具有微区不规则性和不完整性，常常称为晶体中的缺陷。这些晶体缺陷会对金属及合金的性能，特别是那些对结构敏感的性能，如强度、塑性、电阻等产生重大影响，而且还在扩散、相变、塑性变形和再结晶等过程中扮演着重要的角色。因此，研究晶体中的缺陷有重要的意义。

根据晶体缺陷的几何形态特征，可以将它们分为以下三类：

（1）点缺陷。其特征是三个方向上的尺寸都很小，相当于原子的尺寸，如空位、间隙原子等。

（2）线缺陷。其特征是在两个方向上的尺寸很小，另一个方向上的尺寸相对很大。属于这一类的主要是位错。

(3) 面缺陷。其特征是在一个方向上的尺寸很小，另外两个方向上的尺寸相对很大，如晶界、亚晶界等。

1.2.1 点缺陷

常见的点缺陷有三种，即空位、间隙原子和置换原子，如图 1.23 所示。

1. 空位

晶体点阵中的原子各自以其平衡结点为中心不停地进行热振动。随着温度增高，热振动的振幅相应增大，而振动能量则与振动频率有关；根据统计规律，在某一温度下的某一瞬间，总有一些原子具有足够高的能量，以克服周围的能垒，脱离开原来的平衡位置迁移到其他地方。通常，原子迁移到晶体的表面上所产生的空位叫肖脱基空位；原子迁移到晶格的间隙中所形成的空位叫弗兰克尔空位，如图 1.24 所示。原子迁移到其他空位处，虽然不产生新的空位，但可使空位变换位置。

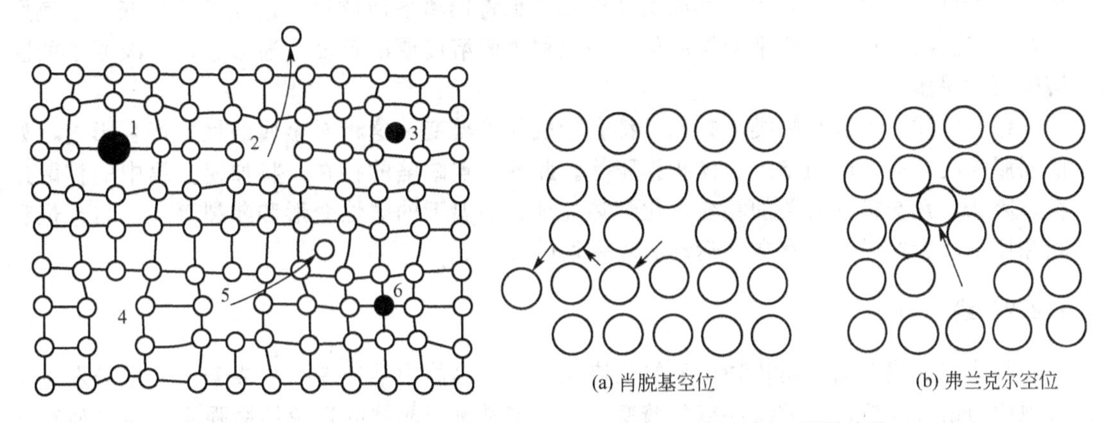

图 1.23 晶体中的各类缺陷

1—大的置换原子；2—肖脱基空位；3—异类间隙原子；
4—复合空位；5—弗兰克尔空位；6—小的置换原子

图 1.24 两种空位

空位是一种热平衡缺陷，即在一定温度下，空位有一定的平衡浓度。温度升高，则原子的振动能量提高，振幅增大，从而使脱离其平衡位置往别处迁移的原子数增多，空位浓度提高。温度降低，则空位的浓度随之减小。但是，空位在晶体中的位置不是固定不变的，而是处于运动、消失和形成的不断变化之中。一方面，周围原子可以与空位换位，使空位移动一个原子间距，如果周围原子不断与空位换位，就造成空位的运动；另一方面，空位迁移至晶体表面或与间隙原子相遇而消失，但在其他地方又会有新的空位形成。

由于空位的存在，其周围原子失去了一个近邻原子而使相互间的作用失去平衡，因而它们朝空位方向稍有移动，偏离其平衡位置。这就在空位的周围出现一个涉及几个原子间距范围的弹性畸变区，简称晶格畸变。与间隙原子相比，空位所引起的畸变程度较小。

金属在高温下的空位浓度随温度缓慢下降，随着空位的不断运动而相应减少，所以常温下的热力学平衡空位浓度很低。通过某些处理，如高能粒子辐照、从高温急冷及冷加工等，可使晶体中的空位浓度高于平衡浓度而处于过饱和状态。这种过饱和空位是不稳定的，当温度升高时，原子具有了较高的能量，空位浓度便大大下降。所以，金属晶体中点缺陷的浓度除取决于温度外，高温淬火和冷变形加工也对空位浓度有较大影响。

2. 间隙原子

处于晶格间隙中的原子，即间隙原子。从图 1.23 中可以看出，在形成弗兰克尔空位的同时，也形成一个间隙原子。此原子硬挤入很小的晶格间隙中后，会造成严重的晶格畸变。异类间隙原子大多是原子半径很小的原子，如钢中的氢、氮、碳、硼等，尽管原子半径很小，但比晶格中的间隙大得多，所以造成的晶格畸变远较空位严重。

间隙原子也是一种热平衡缺陷，在一定温度下有一平衡浓度。对于异类间隙原子来说，常将这一平衡浓度称为固溶度或溶解度。

3. 置换原子

占据在原来基体原子平衡位置上的异类原子称为置换原子。由于置换原子的大小与基体原子不可能完全相同，因此其周围邻近原子也将偏离平衡位置，造成晶格畸变。置换原子在一定温度下也有一个平衡浓度值，一般称为固溶度或溶解度，通常它比间隙原子的固溶度要大得多。

综上所述，不管是哪类点缺陷，都会造成晶格畸变。这将对金属的性能产生影响，如使屈服强度升高、电阻增大、体积膨胀等。此外，点缺陷的存在，将加速金属中的扩散过程。因此，凡与扩散有关的相变、化学热处理、高温下的塑性变形和断裂等，都与空位和间隙原子及置换原子的存在和运动有着密切的关系。

1.2.2 线缺陷

晶体中的线缺陷就是各种类型的位错。它是在晶体中某处有一列或若干列原子发生了有规律的错排现象，形成线性点阵畸变区。位错是解释晶体的理论屈服强度与实测值存在巨大差距时，由泰勒、波朗依和奥罗万 3 人于 20 世纪 30 年代几乎同时提出来的。当时，因未得到直接实验证实，曾引起巨大的怀疑和争论。直至 20 世纪 50 年代后，位错理论才逐渐得到公认，并迅速发展。虽然位错有多种类型，但其中最简单、最基本的类型有两种：一种是刃型位错，另一种是螺型位错。位错是一种极为重要的晶体缺陷，它对于金属的强度、断裂和塑性变形等起着决定性的作用。在金属中的扩散、相变等过程中也有较大的影响。

1. 刃型位错

刃型位错的模型如图 1.25 所以示。设有一简单立方晶体，其某一原子面在晶体内部中断，这个原子平面中断处的边缘是一个刃型位错，犹如一把刀切入晶体，沿切口硬插入一额外半原子面一样，将刃口处的原子列称为刃型位错线。由图 1.25 可以看出，位错线实际上是晶体已滑移区与未滑移区在滑移面上的交界线。

为了方便讨论，将刃型位错分为正刃型位错和负刃型位错，若额外半原子面位于晶体的上半部，则此处的位错线称为正刃型位错，以符号“⊥”表示。反之，若额外半原子面位于晶体的下半部，则称为负刃型位错，以符号“⊤”表示。

从图 1.26 可以看出，在位错线周围一个有限区域内，原子离开了原来的平衡位置，

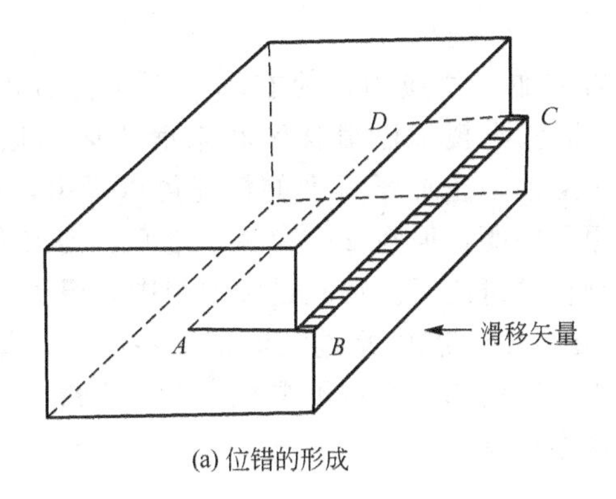

(a) 位错的形成

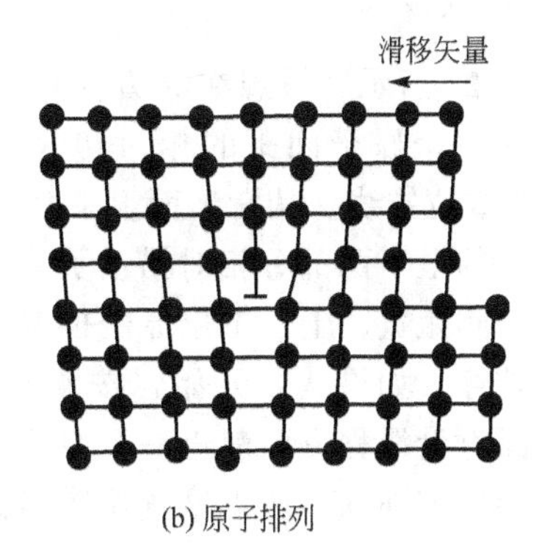

(b) 原子排列

图 1.25 刃型位错的形成过程及原子排列

即产生了晶格畸变。并且在额外半原子左右两边的畸变是对称的，就好像通过额外半原子面对周围原子施加一弹性应力，这些原子就产生一定的弹性应变一样，所以可以认为位错线周围的晶格畸变区存在一个弹性应力场。就正刃型位错而言，滑移面上边的原子显得拥挤，原子间距变小，晶格受到压应力；晶格下边的原子则显得稀疏，原子间距变大，晶格受到拉应力；而在滑移面上，晶格受到是切应力。在位错中心，即额外半原子面的边缘处，晶格畸变最大。随着距位错中心距离的增加，畸变程度逐渐减小。通常把晶格畸变程度大于其正常原子间距 1/4 的区域称为位错宽度，其值为 3～5 个原子间距。位错线的长度很长，一般为数百到数万个原子间距；相比之下，位错宽度显得非常小；所以把位错看成线缺陷。但事实上，位错是一条具有一定宽度的细长管道。

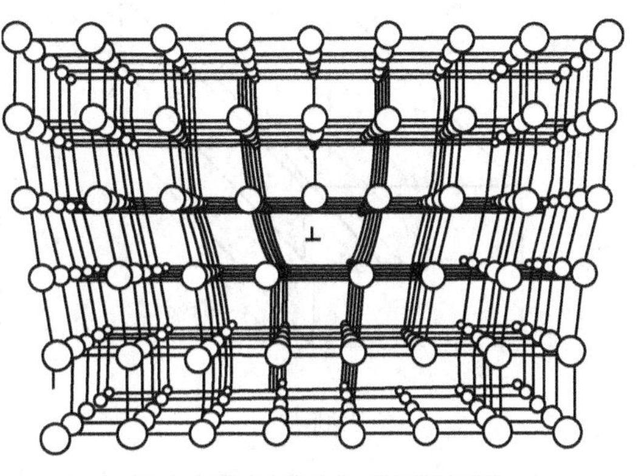

图 1.26 刃型位错的原子模型

刃型位错的应力场可以与间隙原子和置换原子发生弹性交互作用。各种间隙原子及尺寸较大的置换原子的应力场是压应力，与正刃型上半部分的应力相同，二者相互排斥；但与下半部分的应力相反，因而二者相互吸引。所以这些点缺陷大多易于被吸引而跑到正刃型位错的下半部分，或者在负刃型位错的上半部分聚集起来。尺寸较小的置换原子则易于聚集于刃型位错的另一半受压应力的地方。这样一来，就会使位错的晶格畸变降低，同时使位错难于运动，从而造成金属的强化。

从以上刃型位错中可以看出，其具有以下几个重要特征：

(1) 刃型位错有一额外半原子面。

(2) 位错线是一个具有一定宽度的细长晶格畸变管道，其中既有正应变，又有切应变。对于正刃型位错，滑移面之上晶格受到压应力，滑移面之下晶格受到拉应力。负刃型位错与此相反。

(3) 位错线与晶体滑移的方向相垂直，即位错线运动的方向垂直于位错线。

2. 螺型位错

如图 1.27 所示，设想在立方晶体右端施加一切应力，使右端上下两部分沿滑移面 $ABCD$ 发生一个原子间距的相对切变，于是就出现了已滑移区和未滑移区的边界 AD，AD 就是螺型位错线。从滑移面上下相邻两层晶面上原子排列的情况可以看出，在 aa' 的右侧，晶体的上下两部分相对错动了一个原子间距，但在 aa' 和 AD 之间，则出现了一个约几个原子间距宽，上、下层原子位置不吻合的过渡区。在此过渡地带中，原子的正常排列遭到了破坏。如果从 a 开始，按顺时针方向依次连接此过渡地带的各原子，每旋转一周，原子面就沿滑移方向前进一个原子间距，则犹如一个右旋螺纹。由于位错线附近的原子是按螺旋形排列的，所以这种位错叫做螺型位错。

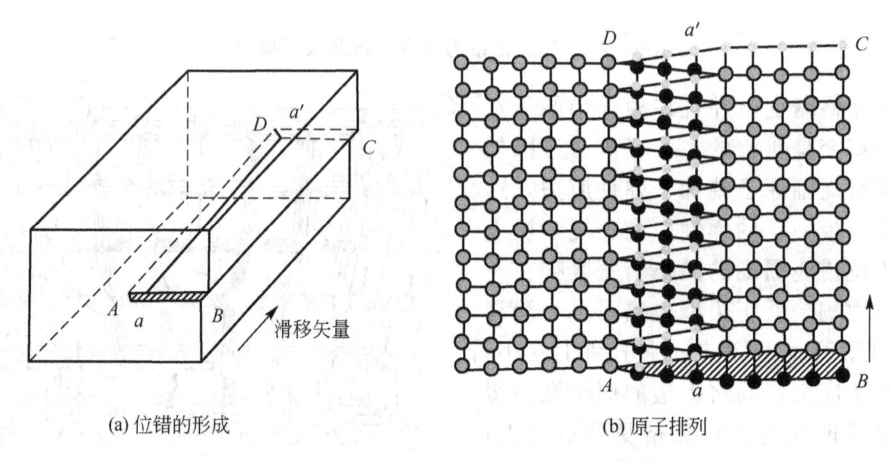

(a) 位错的形成　　(b) 原子排列

图 1.27　螺型位错的形成及原子排列

根据位错线附近呈螺旋形排列的原子的旋转方向的不同，螺型位错可分为左螺型位错和右螺型位错两种。通常用拇指代表螺旋的前进方向，而以其余四指代表螺旋的旋转方向。凡符合右手法则的称为右螺型位错，符合左手法则的称为左螺型位错。

螺型位错与刃型位错不同，它没有额外半原子面。在晶格畸变的细长管道中，只存在切应变，而无正应变，并且位错线周围的弹性应力场呈轴对称分布。此外，从螺型位错的模型中还可以看出，螺型位错线与晶体滑移方向平行，但位错线前进的方向与刃型位错相同，即与位错线相垂直。

综上所述，螺型位错具有以下重要特征：

(1) 螺型位错没有额外半原子面。

(2) 螺型位错线是一个具有一定宽度的细长晶格畸变管道，其中只有切应变，而无正应变。

(3) 位错线与晶体滑移的方向相平行，即位错线运动的方向垂直于位错线。

3. 混合位错

混合位错是存在于晶体中较为普遍的一种形式。如图 1.28 所示的简单立方晶体中，晶体的一部分在切应力作用下沿滑移面产生局部滑移。已滑移区与未滑移区的交线附近，原子排列失去正常规则，产生线性点阵畸变区，属于位错，其位错线附近的原子排列如图 1.28 所示。可以看出，其中 E 点与 F 点分别具有螺型位错与刃型位错的特征，而 EF 曲线之间则由这两个类型位错混合组成，故称为混合位错。

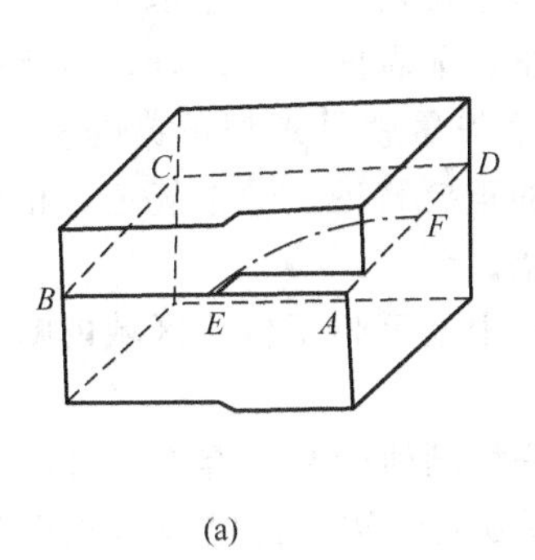

(a)

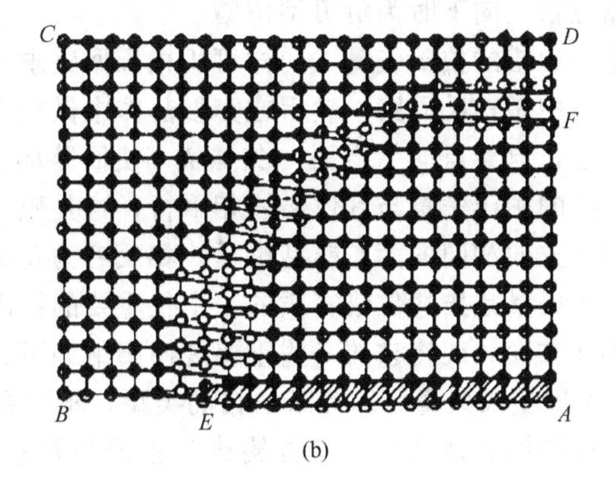

(b)

图 1.28 混合位错

1.2.3 柏氏矢量

从上面介绍的位错模型可知，在位错线附近的一定区域内，均发生了晶格畸变。位错的类型不同，则位错区域内的原子排列情况与晶格畸变的大小和方向都不相同。人们设想，能有一个参量，用它不但可以表示位错的性质，而且可以表示晶格畸变的大小和方向，从而使人们在研究位错时能够摆脱位错区域内原子排列具体细节的约束。1939年，柏格斯提出了一个可以确切地揭示位错的本质并描述位错各种行为的矢量，这就是柏氏矢量。

现以刃型位错为例，说明柏氏矢量的确定方法，如图 1.29 所示。

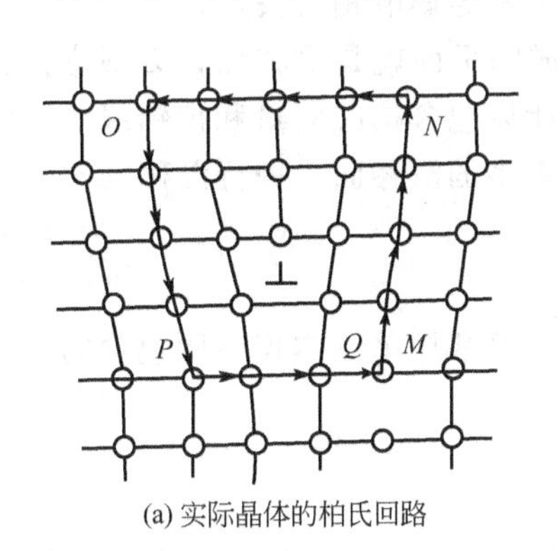

(a) 实际晶体的柏氏回路

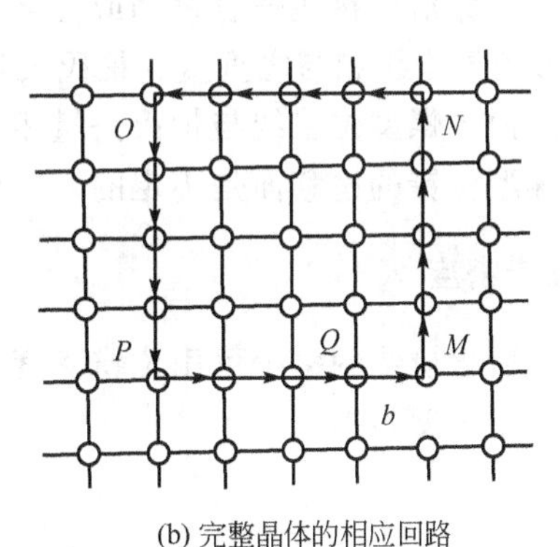

(b) 完整晶体的相应回路

图 1.29 刃型位错柏氏矢量的确定

(1) 在实际晶体中，从任一原子出发，避开位错线围绕位错沿逆时针方向以一定的步数做闭合回路，称为柏氏回路。

(2) 在完整晶体中以同样的方向和步数做相同的回路，此时的回路没有封闭。

(3) 由完整晶体的回路终点 Q 到始点 M 引一矢量 $\boldsymbol{b}$，使该回路闭合，这个矢量 $\boldsymbol{b}$ 即为这条位错线的柏氏矢量。

从柏氏回路可以看出，刃型位错的柏氏矢量与其位错线相垂直，这是刃型位错的一个重要特征。有了位错线和柏氏矢量，就可以确定位错线的正负。通常先人为地规定位错线的方向，然后用右手食指表示位错线的方向，中指表示柏氏矢量的方向。当拇指向上时为

正刃型位错，向下时为负刃型位错。

螺型位错的柏氏矢量，同样可用柏氏回路求出。与刃型位错一样，也是在含有螺型位错的晶体中做柏氏回路，然后在完整晶体中做相似的回路，前者的回路闭合，后者的回路则不闭合，自终点向始点引一矢量 **b**，使回路闭合，这个矢量就是螺型位错的柏氏矢量。螺型位错的柏氏矢量与其位错线相平行，这是螺型位错的重要特征。通常规定，柏氏矢量与位错线方向相同的为右螺型位错，相反者为左螺型位错。

柏氏矢量是描述位错实质的一个很重要的标志，它集中地反映了位错区域内畸变问题的大小和方向，现将它的一些重要规律归纳如下：

（1）用柏氏矢量可以判断位错的类型，不需要再去分析晶体中是否存在额外半原子面等原子排列的具体细节。若位错线与柏氏矢量垂直就是刃型位错，位错线与柏氏矢量平行，就是螺型位错。

（2）用柏氏矢量可以表示位错区域晶格畸变问题的大小。位错周围的所有原子都不同程度地偏离其平衡位置。位错中心的原子偏移量最大，离位错中心越远的原子，偏离量越小。通过柏氏回路将这些畸变迭加起来，畸变总量的大小即可由柏氏矢量表示出来。显然，柏氏矢量越大，位错周围的晶格畸变越严重。因此，柏氏矢量是一个反映位错引起的晶格畸变大小的物理量。

（3）用柏氏矢量可以表示晶体滑移的方向和大小。已知位错线是晶体在滑移面上已滑移区和未滑移区的边界线，位错线运动时扫过滑移面，晶体即发生滑移，其滑移量的大小即柏氏矢量 b，滑移的方向即柏氏矢量的方向。

（4）一条位错线的柏氏矢量是恒定不变的，它与柏氏回路的大小和回路在位错线上的位置无关，回路沿位错线任意移动或任意扩大，都不会影响柏氏矢量。

（5）刃型位错线和与之垂直的柏氏矢量所构成的平面就是滑移面，刃型位错的滑移面只有一个。由于螺型位错线与柏氏矢量相平行，所以包含柏氏矢量和位错线的平面可以有无限个。螺型位错的滑移面是不定的，它可以在更多的滑移面上进行滑移。

1.2.4　位错密度

晶体中所含位错的多少可用位错密度来表示。通常把单位体积中所包含的位错线的总长度称为位错密度，即：

$$\rho=\frac{L}{V}$$

式中，V 是晶体体积，L 为该晶体中位错线的总长度，ρ 的单位为 m^2。位错密度的另一个定义是：穿过单位截面积的位错线数目，单位也是 m^{-2}。一般在经过充分退火的多晶体金属中，位错密度达 $10^{10}\sim10^{12}m^{-2}$，而经剧烈冷塑性变形的金属，其位错密度高达 $10^{15}\sim10^{16}m^{-2}$，即在 $1cm^3$ 的金属内，含有上百万千米的位错线。

1.2.5　面缺陷

晶体的面缺陷包括晶体的外表面(表面或自由界面)和内界面两类，其中的内界面又有晶界、亚晶界、孪晶界、堆垛层错和相界等。这些界面通常有几个原子层厚，而界面面积远远大于其厚度，故称为面缺陷。晶体中的面缺陷对其力学、化学、物理等性能有重要的影响。

1. 晶体表面

晶体表面是指金属与真空或气体、液体等外部介质相接触的界面。处于这种界面上的原子，会同时受到晶体内部的自身原子和外部介质原子或分子的作用力。显然，这两个作用力不会平衡，内部原子对界面原子的作用力显著大于外部原子或分子的作用力。这样，表面原子就会偏离其正常平衡位置，并因而牵连到邻近的几层原子，造成表面层的晶格畸变，并伴之能量升高。通常将这种单位面积上升高的能量称为比表面能，简称表面能，它与表面张力同数值、同量纲，单位为 J/m^2 或 N/m。

影响表面能的因素主要有：

(1) 外部介质的性质。对同一种固态金属，外部介质不同，则表面能不同。外部介质的分子或原子对晶体界面原子的作用力与晶体内部原子对界面原子的作用力相差越悬殊，则表面能越大。

(2) 表面的原子密度。晶体中各晶面的原子排列密度各不相同，因而各个面的表面能也是不同的。当裸露的表面是密排晶面时，则表面能最小，非密排晶面的表面能则较大，因此晶体易使其密排晶面裸露在表面。

(3) 晶体表面的曲率。表面能的大小与表面的曲率有关，表面的曲率越大，则表面能越大。即表面的曲率半径越小，则表面能越高。

此外，表面能的大小还和晶体的性质有关，如晶体本身的结合能高，则表面能大。表面能的大小与晶体的熔点有关，熔点高，则结合能大，因而表面能也往往较高。表面能的这些性质对晶体生长，固态相变新相形核，特别是晶体的化学性能如吸附、催化、耐蚀性等有重要影响。

2. 晶界

在多晶体金属中，结构、成分相同但位向不同的相邻晶粒之间的界面称为晶界。它是金属材料中最常见并且对材料力学性能影响最大的面缺陷。根据相邻两晶粒之间的晶体位向差可将晶界分为小角晶界、大角晶界、孪晶界、亚晶界等。若相邻晶粒的位向差小于10°，称为小角度晶界；若位向差大于10°，称为大角度晶界。晶粒的位向差不同，则其晶界结构和性质也不同。现已查明，小角度晶界基本上由位错构成，大角度晶界的结构却十分复杂，目前尚不十分清楚，而多晶体金属材料中的晶界大都局限于大角度晶界。

1) 小角度晶界

小角度晶界的一种类型是对称倾侧晶界，它是由两个晶粒相互倾斜 $\theta/2$ 角($\theta<10°$)所构成。由图 1.30 可以看出，对称倾侧晶界是由一系列相隔一定距离的刃型位错所组成的，有时将这一列位错称为“位错墙”。

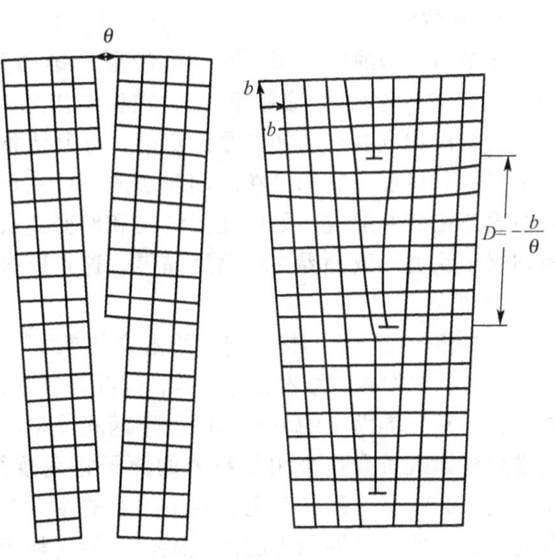

图 1.30 对称倾侧晶界

小角度晶界的另一种类型是扭转晶

界。图 1.31 所示为扭转晶界的形成模型，它是将一个晶体沿中间平面切开，然后使右半晶体沿垂直于切面的 Y 轴旋转 θ 角($\theta<10°$)，再与左半晶体会合在一起，结果使晶体的两部分之间形成了扭转晶界。该晶界上的原子排列如图 1.31(b)所示，它由互相交叉的螺型位错网络所组成。

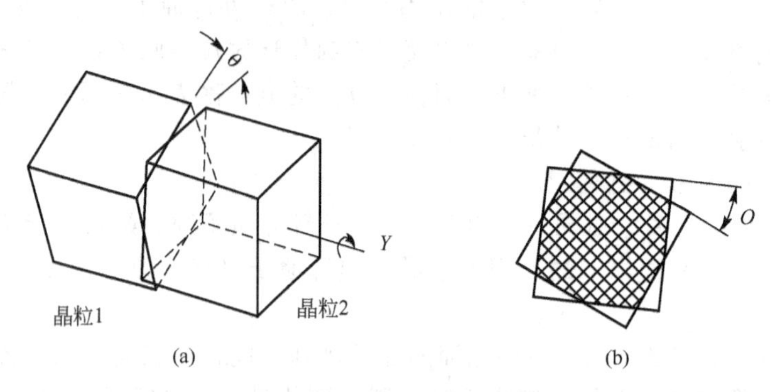

图 1.31　扭转晶界

对称倾侧晶界和扭转晶界是小角度晶界的两种简单型式。前者的晶界结构由刃型位错组成，后者的晶界结构由螺型位错组成。一般的小角度晶界则由刃型位错和螺型位错组合构成。

2) 大角度晶界

多晶体材料中各晶粒之间的晶界通常为大角度晶界。大角度晶界的结构较复杂，晶界两侧晶粒的取向差较大，但其过渡区却很窄(仅有十几纳米)，其中原子排列较不规则，很难用位错模型来描述。一般大角度晶界的界面能在 0.5～0.6J/m^2，与相邻晶粒的取向差无关。但也有些特殊取向的大角度晶界的界面能比其他任意取向的大角度晶界的界面能低。为了解释这些特殊晶界的性质，人们应用场离子显微镜研究晶界，提出了一系列晶界点阵结构模型，如重合位置点阵(CSL)模型、O 点阵模型、完整型位移点阵(DSC) 模型、结构单元模型、多面体单元模型等。

3) 亚晶界

在多晶体金属中，每个晶粒内的原子排列并不十分齐整，其中会出现位向差极小的(通常小于 1°)亚结构(或亚组织)，在亚结构之间就有亚晶界。

亚结构和亚晶界的涵义是广泛的，分别泛指尺寸比晶粒更小的所有细微组织和这些细微组织的分界面。它们可在凝固时形成，可在形变时形成，也可在回复再结晶时形成，还可在固态相变时形成，如形变亚结构和形变退火时(多边形化)形成的亚晶和它们之间的界面均属于此类。亚晶界为小角度晶界，这点已被大量实验结果所证明。

4) 相界

在多相合金中，结构不同的两相的交界面称为相界。根据相界面的原子与相邻两相点阵的匹配情况，相界的结构分为三类，即共格界面、半共格界面和非共格界面(图 1.32)。所谓共格界面是指界面上的原子同时位于两相晶格的结点上，为两种晶格所共有。界面上原子的排列规律既符合这个相晶粒内的原子排列规律，又符合另一个相晶粒内原子排列的规律。图 1.32a 是一种具有完全共格关系的相界，在相界上，两相原子匹配得很好，几乎没有畸变，虽然，这种相界的能量最低，但这种相界很少。但是由于两相点阵结构以及原子间距的差别，为保持共格关系，相界附近将发生一定的弹性畸变。界面两边原子排列相差越大，则弹性畸变越大。这时相界的能量提高，当相界的畸变能高至不能维持共格关系时，则共格关系破坏，变成一种非共格相界。介于共格与非共格之间的是半共格相界，界面上的两相原子部分地保持着对应关系。其特征是沿相界每隔一定距离即存在一个刃型位错。非共格界面的界面能最高，半共格界面的界面能次之，共格界面的界面能最低。

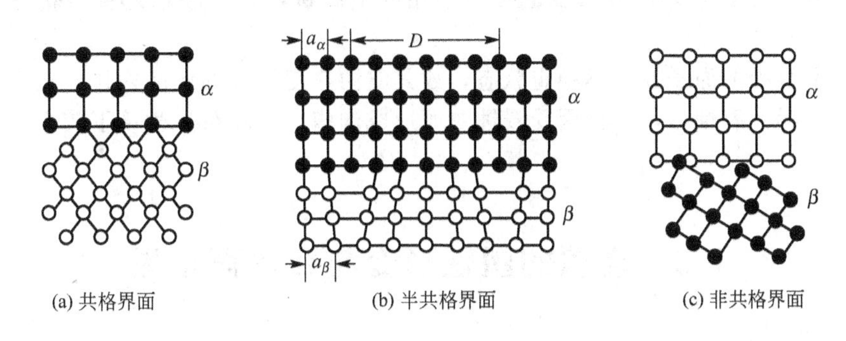

(a) 共格界面　(b) 半共格界面　(c) 非共格界面

图 1.32　各种类型的相界

5）堆垛层错

在实际晶体中，晶面堆垛顺序发生局部差错而产生的一种晶体缺陷称为堆垛层错，简称层错，它也是一种面缺陷。在前面讨论金属的晶体结构时曾经指出，晶体结构可以看成由许多密排晶面按一定顺序堆垛而成，如面心立方晶格是以密排面{111}按 ABC ABC …顺序堆垛的，密排六方晶格则是以密排面{0001}按 AB AB AB…顺序堆垛的。也可以用另一种符号表示堆垛顺序，如用△表示 AB BC CA …顺序，用▽表示 BA AC CB…顺序。于是，面心立方晶格的堆垛顺序为△△△△…，密排六方晶格的堆垛顺序为△▽ △▽…。如果晶体的堆垛顺序发生局部差错，如从面心立方晶格中抽掉一层 C，就变为：

ABC AB ABC

△△△△▽△△

这样一来，就破坏了晶体的周期性完整性，引起能量升高。通常把产生单位面积层错所需的能量称为层错能。金属的层错能越小，则层错出现的概率越大，如在奥氏体不锈钢和 α 黄铜中，可以看到大量的层错，而在铝中则根本看不到层错。

6）晶界特性

由于晶界的结构与晶粒内部有所不同，使晶界具有一系列不同于晶粒内部的特性。晶界的许多特性都是由晶界原子排列混乱导致能量较高造成的。首先，晶体中的晶粒总是具有自发长大和使界面平直化，以减小晶界的总面积的趋势，从而降低晶界的总能量。理论和实验结果都表明，大角度晶界的界面能远高于小角度晶界的界面能，所以大角度晶界的迁移速率较小角度晶界大。当然，晶界的迁移是原子的扩散过程，只有在比较高的温度下才有可能进行。其次，原子在晶界上的扩散速度远远高于晶内，因此晶界的熔点较低，金属的熔化总是首先从晶界处开始。另外，晶界能够提供相变时所需的能量起伏、成分起伏和结构起伏，故固态相变时，新相的形核往往先在晶界处形成。

由于界面能的存在，当金属中存在能降低界面能的异类原子时，这些原子就向晶界偏聚，这种现象称为内吸附。例如，往钢中加入微量的硼（$w_B=0.005\%$），即向晶界偏聚，这对钢的性能有重要影响。相反，凡是提高界面能的原子，将会在晶粒内部偏聚，这种现象叫做反内吸附。内吸附和反内吸附现象对金属与合金的性能及相变过程有着重要的影响。

由于晶界上存在着晶格畸变，因而在室温下对金属材料的塑性变形起着阻碍作用，在宏观上表现为使金属材料具有更高的强度和硬度。显然，晶粒越细，金属材料的强度和硬度便越高。因此，对于在较低温度下使用的金属材料，一般总是希望获得较细小的晶粒。

此外，晶界处的原子处于不稳定状态，故其腐蚀速度一般都比晶内快。在进行金相分析时，试样经抛光腐蚀后，晶界因受浸蚀快而形成沟槽，因此在显微镜下较容易观察到黑色的晶界。

1.3 金属的塑性形变与回复再结晶

1.3.1 金属的塑性形变

金属的铸态组织一般有晶粒粗大且不均匀、组织不致密和成分偏析等缺陷，所以金属材料经冶炼浇注后大多数要进行各种压力加工，制成一定型材和工件。金属材料在压力加工过程中，不仅改变了外形尺寸，而且也使内部组织和性能发生变化。例如，金属材料经冷变形后，金属的强度显著提高而塑性下降；经热加工后，强度的提高虽然不明显，但塑性和韧性较铸态时有明显的提高。

金属在外力作用下，将发生形变。根据形变的特点，可分为弹性形变、塑性形变和断裂三个阶段。当应力小于弹性极限时，金属处于弹性形变阶段，应力与应变成线性关系，即服从虎克定律。这时可以由双原子模型来解释。当应力超过弹性极限后，金属将产生塑性形变。也就是当外力除去后，永久残留的形变，称为塑性形变。塑性形变的基本方式有滑移和孪生两种，最常见的是滑移。

金属材料一般由许多位向不同的晶粒组成，当多晶体发生塑性形变时，其中每个晶粒均不同程度地参与形变过程。为了便于分析，首先介绍单晶体金属的塑性形变。

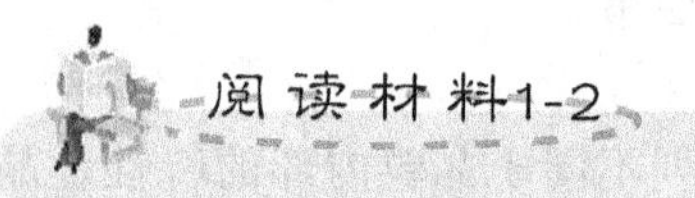

位错与材料塑性形变

在1930年以前，材料塑性力学行为的微观机理一直是严重困扰材料科学家的重大难题。1926年，苏联物理学家雅科夫·弗仑克尔(Jacov Frenkel)从理想完整晶体模型出发，假定材料发生塑性切变时，微观上对应着切变面两侧的两个最密排晶面(即相邻间距最大的晶面)发生整体同步滑移。根据该模型计算出的理论切变强度应为1000～10000MPa。然而在塑性形变试验中，测得的这些金属的屈服强度仅为0.5～10MPa，比理论强度低了整整3个数量级。这是一个令人困惑的巨大矛盾。

1934年，埃贡·欧罗万(Egon Orowan)、迈克尔·波拉尼(Michael Polanyi)和G. I.

泰勒(G. I. Taylor)三位科学家几乎同时提出了塑性形变的位错机制理论，解决了上述理论预测与实际测试结果相矛盾的问题。位错理论认为，之所以存在上述矛盾，是因为晶体的切变在微观上并非一侧相对于另一侧的整体刚性滑移，而是通过位错(图 1.33)的运动来实现的。与整体滑移所需的打断一个晶面上所有原子与相邻晶面原子的键合相比，位错滑移仅需打断位错线附近少数原子的键合，因此所需的外加剪应力大大降低。

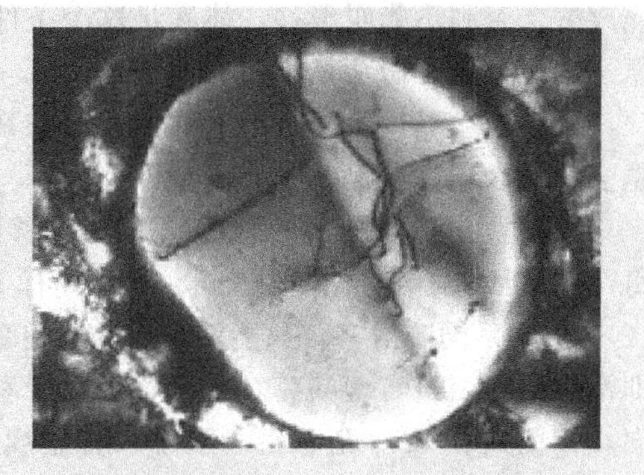

图 1.33 位错的透射电子显微镜照片

1. 单晶体的塑性形变

1) 滑移

滑移是指在切应力作用下晶体的一部分沿一定的晶面和晶向相对于另一部分产生滑动。所沿晶面和晶向称为滑移面和滑移方向。

经表面抛光的金属单晶体或晶粒粗大的多晶体试样，在拉伸(或压缩)塑性形变后放在光学显微镜下观察，在抛光的晶体表面上可见到许多互相平行的线条，称为滑移带，如图 1.34 所示。在高倍电子显微镜下观察，可以发现每条滑移带均是由许多密集在一起的相互平行的滑移线所组成，这些滑移线实际上是在塑性形变后在晶体表面产生的一个个小台阶，其高度约为 1000 个原子间距，滑移线间的距离约为 100 个原子间距。相互靠近的一组小台阶在宏观上的反映是一个大台阶，这就是滑移带，如图 1.35 所示。

图 1.34 滑移带的光学显微形貌

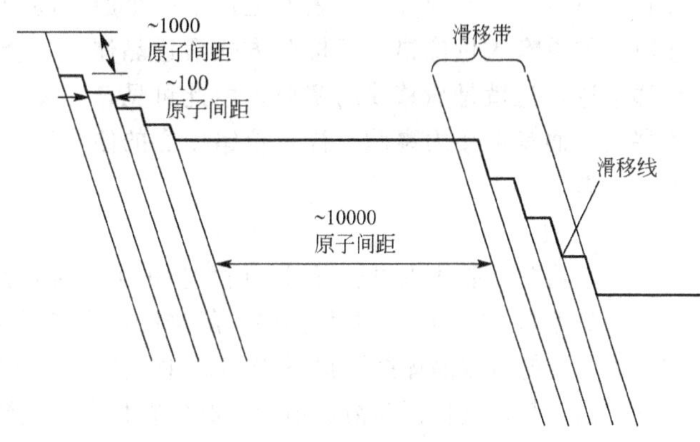

图 1.35 滑移线和滑移带示意图

滑移面：晶体中易发生滑移的晶面。晶体滑移大多优先发生在原子密度最大的晶面上。由于晶面间距是随原子密度的大小而发生变化的，密度越大的晶面，其间距越大，面与面间的结合力越小。因此，沿面间距最大的晶面滑移阻力最小，即所需切应力最小。从位错运动看，沿面间距最大的晶面移动，引起的点阵畸变也应该最小，因而所需能量最小。

滑移方向：易发生滑移的晶向。滑移易于优先发生在沿原子线密度最大的那个晶向。位错扫过晶体时，晶体产生相当于原子间距的切变(或几个)，但晶体内部原子相对位置不能改变，否则不能叫滑移。能满足这个条件的最小切变量是沿原子密度最大方向切变一个原子间距，这样做功最小。

滑移系：晶体中一个可滑移的晶面和其上一个可滑移的晶向组成一个滑移系。滑移系越多，塑性越好。

面心立方金属的密排面是 {111}，滑移面共有四个。密排方向，即滑移方向为＜110＞，每个滑移面上有三个滑移方向，因此共有 12 个滑移系。晶体在实际滑移时，不能沿着这 12 个滑移系同时滑移，只能沿着位向最有利的滑移系产生滑移。体心立方金属的密排面，即滑移面为 {110}，共有六个滑移面，滑移方向为＜111＞，每个滑移面上有两个滑移方向，因此共有 12 个滑移系。密排六方金属的滑移面在室温时只有(0001)一个，滑移方向为$(\bar{1}\bar{1}20)$，滑移面上有三个滑移方向，所以它的滑移系只有三个。由此可以看出，面心立方和体心立方金属的塑性较好，而密排六方金属的塑性较差。

然而，金属塑性的好坏，不只取决于滑移系的多少，还与滑移面上原子的密排程度和滑移方向的数目等因素有关。例如，α－Fe，它的滑移方向没有面心立方金属多，同时其滑移面上的原子密排程度也比面心立方金属低，因此，它的滑移面间距离较小，原子间结合力较大，必须在较大的应力作用下才能开始滑移。所以它的塑性要比铜、铝、银、金等面心立方金属差些。

若晶体中没有任何缺陷，原子排列得十分齐整，经理论计算，在切应力的作用下，晶体的上下两部分沿滑移面做整体刚性的滑移，此时所需的临界切应力与实际强度相差较大。例如铜，理论计算的临界分切应力为 $1500MN/m^2$，而实际测出的临界分切应力为 $0.98MN/m^2$，两者相差竟达 1500 倍。对这一矛盾现象的研究，引出了位错学说。事实上，在实际晶体中存在着位错。晶体的滑移不是晶体的一部分相对于另一部分同时做整体的刚性移动，而是通过位错在切应力的作用下沿着滑移面逐步移动的结果。当一条位错线移到晶体表面时，会在晶体表面上留下一个原子间距的滑移台阶，其大小等于柏氏矢量的量值。如果有大量位错重复按此方式滑过晶体，就会在晶体表面形成显微镜下能观察到的滑移痕迹，这就是滑移线的实质。由此可见，晶体在滑移时并不是滑移面上的全部原子一齐移动，而是像接力赛跑一样，位错中心的原子逐一递进，由一个平衡位置转移到另一个平衡位置。

2) 孪生

孪生通常是晶体难以进行滑移时发生的另一种塑性形变方式。以孪生方式形变的结果是产生孪晶组织，在面心立方晶体中一般难以见到变形孪晶，而在密排六方晶体中比较容易见到。因为密排六方晶体的滑移系少，塑性变形经常以孪生方式进行。图 1.36(a)所示为锌的变形孪晶，其形貌特征为薄透镜状。纯铁在低温下受到冲击时也容易产生变形孪晶，其形貌如图 1.36(b)所示，在这种条件下萌生孪晶并长大的速度大大超过了滑移速度。

如果将变形孪晶试样重新磨制、抛光、浸蚀，是否如同滑移带那样也会消失呢？并不是这样的。实际上孪晶试样都是经过上述制备过程而得到的。这是因为孪生变形后，在孪生面两侧的晶体位向并不相同，切变部分的晶体与未切变部分的晶体相对于孪生面呈镜面对称，如图 1.37 所示。

2. 多晶体的塑性形变

多晶体的塑性形变与单晶体的相同之处，在于都是以滑移和孪生为其塑性形变的基本方

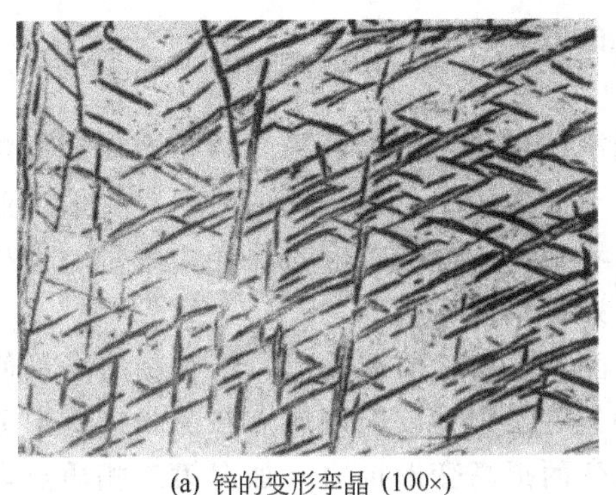

(a) 锌的变形孪晶 (100×)　　(b) 铁的变形孪晶 (100×)

图 1.36　变形孪晶光学显微形貌

式。多晶体是由位向不同的许许多多的小晶粒所组成的，由于各晶粒的位向不同，则各滑移系的取向也不同，因此在外加拉伸力的作用下，各滑移系上的分切应力值相差很大。由此可见，多晶体中的各个晶粒不是同时发生塑性形变的。只有那些位向有利的晶粒，随着外力的不断增加，其滑移方向上的分切应力首先达到临界切应力值，才开始塑性形变。而此时周围位向不利的晶粒，由于滑移系上的分切应力尚未达到临界值，所以尚未发生塑性形变，仍然处于弹性形变状态。此时虽然金属的塑性形变已经开始，但并未造成明显的宏观的塑性形变效果。

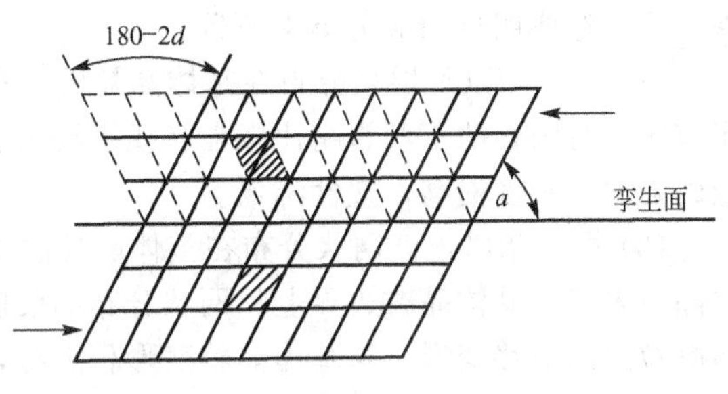

图 1.37　孪生变形

由于位向最有利的晶粒已经开始发生塑性形变，这就意味着它的滑移面上的位错源已经开动，源源不断的位错沿着滑移面进行运动。但是由于周围晶粒的位向不同，滑移系也不同，因此运动着的位错不能越过晶界，滑移不能发展到另一个晶粒中，于是位错在晶界处受阻，形成位错的塞积。随着位错塞积的数量不断增多，应力集中的程度也越来越大，这样就使更多的晶粒参与塑性形变。

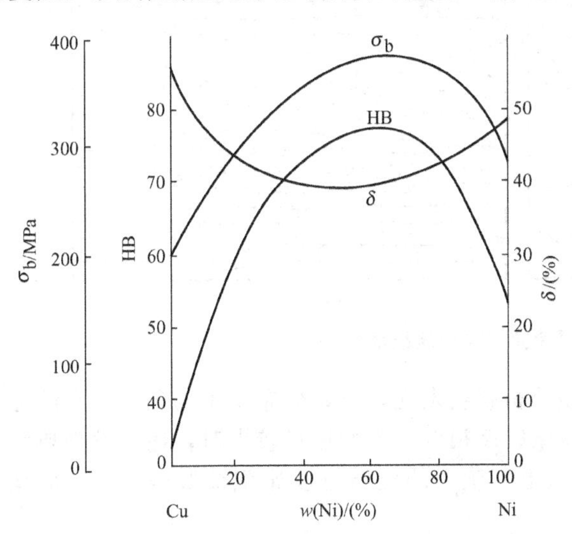

图 1.38　铜镍固溶体的成分与性能的关系

3. 合金的塑性形变

合金分为单相固溶体和多相混合物两种。

1) 单相固溶体的塑性形变

单相固溶体的显微组织与多晶体纯金属相似，因此塑性形变的过程也基本相同。但由于溶质原子的溶入，引起晶格畸变，阻碍位错运动，起到了固溶强化的作用，塑性形变的抗力升高，而塑性和韧性有所下降，如图 1.38 所示，铜镍固溶体的强度和塑性随着溶质含量的增加，合金的强度硬度提高而塑性有所下降，即产生固溶强化的效果。

2）双相合金的塑性形变

合金混合物中的第二相可能是金属、固溶体或化合物。若第二相为金属或固溶体，它们与基体的塑性形变能力相近，则合金的变形能力为二者的平均值，但是一般工业合金多以化合物作为强化第二相(如钢中的硬脆相 FeC_3)。而第二相的性能、数量、大小、形状及分布等情况对合金塑性形变的影响有以下几种情况。

(1) 第二相以颗粒状弥散分布在基体晶粒内。在这种情况下，第二相质点可使合金强度显著提高，对塑性及韧性的不利影响较小。这是因为硬脆的质点在晶粒内弥散分布，导致相界面显著增多，并使其周围晶格发生畸变而提高变形抗力；加上第二相质点本身成为位错移动的障碍，这就是弥散强化的机理。至于对合金的塑性和韧性的影响，当第二相呈颗粒状分布比呈片状分布要小。这是因为这些细小弥散分布的质点不破坏基体相的连续性，不会造成明显的应力集中所致。

(2) 第二相以片层状分布在基体晶粒内。在这种情况下，第二相对塑性形变的阻碍作用较大，对塑性的不利影响比颗粒状质点要大。随着片层间距的减小(即弥散度增加)，合金的强度、硬度提高，塑性降低。

(3) 第二相以连续网状分布在基体晶粒的边界上。在这种情况下，滑移变形只限于基体晶粒内部，基体晶粒边界上呈网状分布的硬脆第二相几乎不能塑性形变，且严重阻碍基体晶粒内的滑移变形。当基体晶粒变形稍大时，晶界处将产生裂纹，引起合金断裂，大大降低了合金的塑性。随着第二相的数量增加，网状组织也增加，致使合金的硬度提高而强度有所下降，这就是过共析钢在冷加工前要清除网状渗碳体的主要原因。

4. 冷加工对金属组织和力学性能的影响

金属材料发生冷变形后，不仅外形发生变化，内部组织也发生变化。随着变形量的增加，原来的等轴晶粒将沿受拉方向逐渐伸长。当变形量大到一定程度时，各个晶粒难以分辨呈现出一片纤维状的条纹，称为纤维组织，如图 1.39 所示。

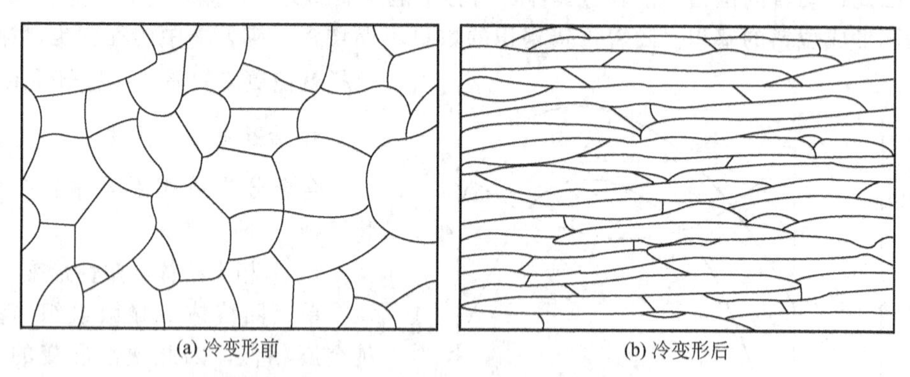

(a) 冷变形前　　(b) 冷变形后

图 1.39　金属冷变形前后组织示意图

如果对冷变形金属进行薄膜透射电镜分析就会发现，位错分布是不均匀的，有的地方位错密度很高并缠结在一起，有的地方位错密度很低。当变形量较大时，还会发现典型的胞状亚结构特征。高密度位错集中在胞壁上，胞内的位错密度比胞壁低得多。变形量越大，胞状亚结构的尺寸越小。

金属的塑性形变所造成的内部组织变化必然导致某些性能的改变。大量实践证明，金属材料经冷变形后，强度、硬度显著提高，而塑性下降，即产生了加工硬化。造成加工硬化的原因主要是位错密度增加并相互交割产生不易移动的位错节点；位错缠结在一起或形成胞状亚结构都对位错运动有阻碍作用。加工硬化现象具有很重要的现实意义。首先，在生产中可以强化金属。对于一些不能通过热处理来提高强度的金属或合金，如某些不锈钢、黄铜等，可以采用加工硬化方法达到强化的目的。即使某些经过热处理的钢丝，也可以通过加工硬化进一步提高强度，以充分发挥材料的潜力。其次，加工硬化能保证金属某些工艺性能，并使之得以加工成形。

金属材料经塑性形变后，其物理性能和化学性能也将发生明显变化，如使金属及合金的比电阻增加，导电性能和电阻温度系数下降，导热系数也下降。塑性形变还使磁导率、磁饱和度下降，但磁滞和矫顽力增加。塑性变形提高金属的内能，使其化学活性提高，腐蚀速度增快。塑性形变后由于金属中的晶体缺陷(位错及空位)增加，因而扩散激活能减少，扩散速度增加。

1.3.2 回复与再结晶

经过冷变形以后，金属中的结构缺陷增多，组织和性能改变，并且形成了自由焓比较高的状态。本章主要讨论冷变形金属在重新加热后发生组织、结构与性能变化的各种过程，即回复、再结晶和晶粒长大。它们都是减少或消除结构缺陷的过程。了解这些过程的发生和发展规律对于改善和控制金属材料的性能具有重要意义。

1. 冷变形金属在加热时的组织与性能变化

1) 显微组织的变化

当冷变形金属加热至其熔点的1/2左右温度时，经过一定时间以后，在高温显微镜下进行动态观察或采用不同保温时间后定点观察，则可发现该过程的显微组织变化。这种变化可以分为三个阶段。图1.40所示为加热保温过程中组织变化的三个阶段的示意图。

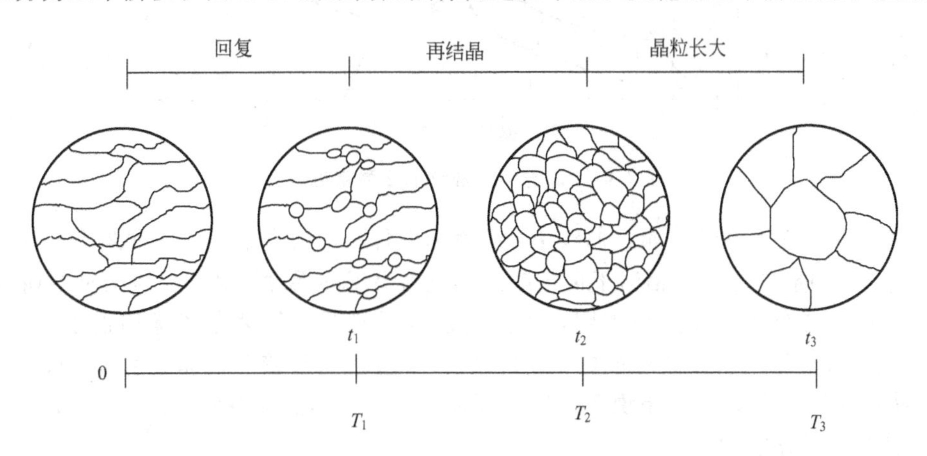

图1.40 加热保温过程中组织变化的三个阶段示意图

第一阶段$0\sim t_1$，在这段时间内从变形金属的显微组织上看不出任何变化，其晶粒仍保持纤维状或扁平状变形组织，该阶段称为回复阶段。

第二阶段$t_1\sim t_2$，首先在变形的晶粒间的界面上出现许多新的小晶粒，它们是通过形核与长大过程形成的，随着时间的延长，新晶粒出现并不断长大，即以新的无畸变等轴小晶粒逐渐代替变形组织，该阶段称为再结晶阶段。

第三阶段 $t_2 \sim t_3$，上述细小的新晶粒通过互相吞并方式长大，直至形成较为稳定的尺寸，该阶段称为晶粒长大阶段。

2) 冷变形金属中的储存能的变化

金属在冷变形时要消耗较多的能量，这个能量中的大部分转化为热，使金属的温度升高；小部分(百分之几到十几)则以储存能的形式保留在金属中。单晶铜在20℃变形后，储存能约为 $5\times10^5 J/m^3$。显然，由于该储存能的产生，将使冷变形金属具有较高的自由能并处于热力学不稳定状态。因此，这个储存能就成了冷变形金属在加热时发生回复与再结晶的驱动力。

当冷变形金属加热时，如果加热温度足够高，大部分储存能将以热的形式释放出来。这项放热可用高灵敏的扫描示差热量计测得。将两个相同的试样，一个经过冷变形，一个经过充分退火，以恒加热速度分别在两个完全相同的炉子中加热，然后测量为了保证每个试样达到规定的加热速度所需的功率 P。由于放出储存能，形变试样所需的功率变小。这样，在变形试样释放储存能时，两个试样间便出现了功率差 ΔP，释放的储存能越多，功率差就越大。

根据材料性质的不同，通常测定的储存能释放谱大致有三种类型，如图 1.41 所示。

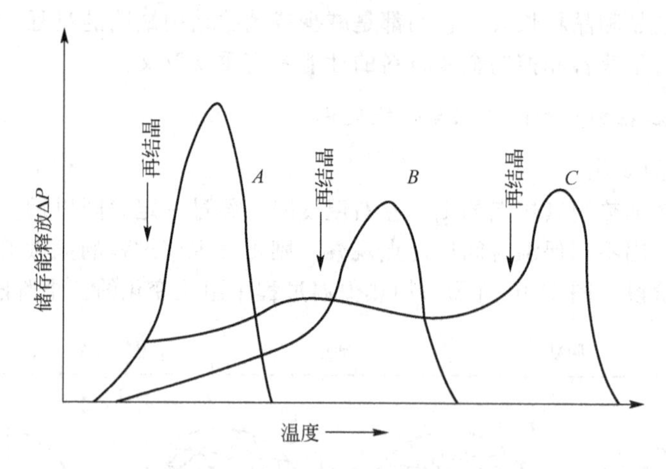

图 1.41　储存能释放谱的三种常见类型

其中，曲线 A 表示纯金属，曲线 B、C 表示两种不同的合金。各曲线均有一个能量释放的峰值，所对应的温度即相当于再结晶晶粒开始出现的温度。此前，则为回复阶段。

图 1.41 中曲线的对比分析表明，回复阶段各材料释放的储存能量均很小。其中，A 型最小(高纯度金属约占总储存能的 3%)，C 型释放的能量较多，而 B 型居中(某些合金约占总储存能的 7%)。该现象说明杂质或合金元素对基体金属再结晶过程的推迟作用。

3) 性能的变化规律

如图 1.42 所示为冷变形金属在加热过程中的力学性能和物理性能的变化示意图。

(1) 强度与硬度的变化。回复阶段的硬度变化很小，约占总变化的 1/5，而再结晶阶段则下降较多。可以推断，强度具有与硬度相似的变化规律。上述情况主要与金属中的位错机制有关，即回复阶段时，变形金属仍保持很高的位错密度，而发生再结晶后，由于位错密度显著降低，故强度与硬度明显下降，塑性大大提高。可以看出，在回复阶段，位错密度的减少有限，只有在再结晶阶段，位错密度才会显著下降。

(2) 电阻的变化。冷变形金属的电阻在回复阶段已呈现明显的下降趋势。电阻是标志晶体点阵对电子在电场作用下定向流动的阻力。由于分布在晶体点阵中的各种点缺陷(空位、间隙原子等)对电子产生散射，提高了电阻率，且对电阻的贡献远大于位错的作用，故回复过程中变形金属的电阻率明显下降。说明该阶段点缺陷密度显著减小。

(3) 密度的变化。变形金属的密度在再结晶阶段急剧增高，显然除与前期点缺陷数目减少有关外，主要是再结晶阶段位错密度显著降低所致。

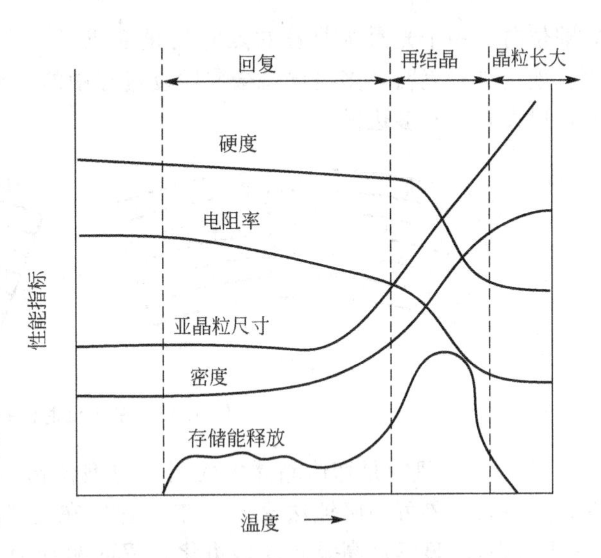

图 1.42 冷变形金属在加热过程中的力学性能和物理性能的变化示意图

(4) 内应力的变化。金属经塑性形变所产生的内应力在回复阶段基本消除，但其中微观内应力只有通过再结晶方可全部消除。

(5) 亚晶粒尺寸变化。在回复前期，亚晶粒尺寸没有多大变化；在回复后期，尤其在接近再结晶时，亚晶粒尺寸明显增大。

根据回复与再结晶的上述特性，在保持一定硬度要求的前提下，为消除冷冲压件中的内应力，通常采取去应力退火即回复退火的方法。由于再结晶可以消除加工硬化，故再结晶作为冷变形加工过程的中间工序，多用于软化退火。

2. 回复

回复是指变形金属加热尚未发生再结晶时微观结构的变化过程。根据回复阶段加热温度的不同，其内部结构的变化特征与机制大致有以下三种。

1) 低温回复与点缺陷密度的变化

变形金属经低温加热时所产生的回复，主要与空位等点缺陷的运动有关。通过空位迁移至晶界(或金属表面)、空位与位错的交互作用、空位与间隙原子的重新结合等方式，使塑性变形时增加的大量空位不断消失，点缺陷密度明显下降。

2) 中温回复与位错密度的变化

中温加热时除了点缺陷运动外，其回复机制主要与位错的滑移有关。在热激活条件下，由于原受阻位错重新发生滑移，导致位错分布组态改变。其中，当异号位错在同一滑移面上集聚时，通过相互抵消可使位错密度降低。

3) 高温回复与位错组态的多边化

高温回复时变形金属的回复机制主要与位错的攀移运动有关。在热激活条件下，分布于滑移面上的同号刃型位错，通过空位迁移而引起如图 1.43 所示的攀移与滑移，并形成垂直于滑移面方向排列的位错墙。如果将单晶体稍加弯曲，使其发生塑性形变，而后进行回复处理，这个单晶体就会变成若干个无畸变的亚晶粒。每个亚晶粒都保持着弯曲晶体的局部位向。一个光滑弯曲着的点阵矢量变成了一个多边形的一部分，这个过程叫做多边化。现代研究表明，多边化是金属回复过程中的一种普遍现象，只要塑性形变造成晶格畸变，退火时就有多边发生。

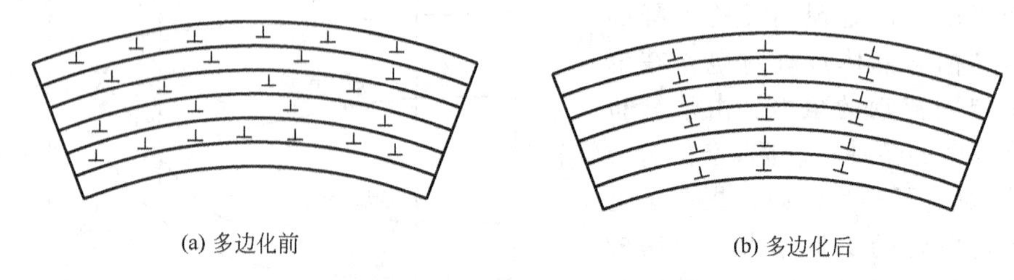
(a) 多边化前　　(b) 多边化后

图 1.43　多边化时位错的移动

多边化的机制是弯曲晶体中的同号刃型位错在回复时整齐地排列起来形成小角度晶界。这些亚晶界可用腐蚀法显示出来，它们在光学显微镜下表现为排列成行的密集蚀坑(位错露头)。显然，高温回复多边化过程的驱动力主要来自应变能的降低(与同号刃型位错在滑移面上水平塞积相比，垂直堆积位错墙的应变能与应力场要小得多)。

在随后的回复过程中，位错通过各种反应逐渐湮没，于是位错密度减小，胞壁逐渐变得清晰而成为亚晶界。接着这些亚晶粒通过亚晶界的迁移而逐渐长大。亚晶粒内部的位错密度则进一步降低。

3. 再结晶

当变形金属温度高于回复温度时，在变形组织的基体上产生新的无畸变再结晶晶核，并通过逐渐长大形成等轴晶粒，从而取代全部变形组织，同时性能也发生了明显的变化，恢复到完全软化状态，该过程称为再结晶。

与回复的变化不同，金属的再结晶是一个显微组织重新改组的过程，其性能发生了根本性的变化。但再结晶的驱动力与回复一样，也是预先冷变形所产生的储存能。随着储存能的释放，应变能也逐渐降低。新的无畸变的等轴晶粒的形成及长大，使之在热力学上变得更为稳定。

再结晶过程包括新晶粒的形核与长大。应该指出，由于再结晶并未改变相的结构与成分，故再结晶虽然引起组织重构但并不属于固态相变。

1) 形核与长大

再结晶时，通常是在变形金属中能量较高的区域(如晶界、孪晶界、夹杂物周围或变形带等处)优先形核。有关再结晶过程的形核问题，人们曾进行了大量的工作，并且存在着很多不同的看法，由此提出了几种不同的再结晶形核机制。

(1) 晶界弓出形核。对于变形程度较小(一般小于 20%)的金属，其再结晶核心多以晶界弓出方式形成，即应变导致晶界迁移或称为凸出形核机制。

当金属的变形度较小时，各晶粒之间将由于变形不均匀而引起位错密度不同。如图 1.44 所示，A、B 两相邻晶粒中，若 B 晶粒因变形度较大而具有较高的位错密度时，则经多边化后，其中所形成的亚晶尺寸也相对较为细小。于是，为了降低系统的自由能，在一定温度条件下，晶界处 A 晶粒的某些亚晶将开始通过晶界弓出迁移而凸入 B 晶粒中，以吞食 B 晶粒中亚晶的方式开始形成无畸变的再结晶晶核。

(2) 亚晶形核。由前述可知，当金属变形程度较大时，由位错缠结组成的胞状结构，

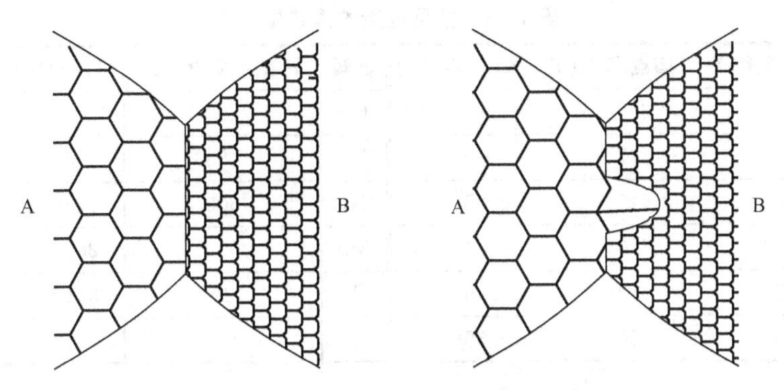

图 1.44 具有亚晶粒组织的晶粒间的凸出形核示意图

将在加热过程中发生胞壁平直化，并形成亚晶。借助亚晶作为再结晶的核心，其形核机制通常可分为以下两种。

① 亚晶迁移机制。由于位错密度较高的亚晶界，其两侧亚晶的位向差较大，故在加热过程中容易发生迁移并逐渐变为大角晶界。与此同时，亚晶尺寸也随之增大，有可能成为再结晶晶核。在变形程度较大且具有低层错能的金属中，多以该种亚晶迁移机制形核。

② 亚晶合并机制。变形金属在加热过程中，其相邻亚晶边界上的位错网络通过解离、拆散及位错的攀移与滑移，逐渐转移到周围其他亚晶界上，从而导致相邻亚晶边界的消失和亚晶的合并。亚晶界的消失及其所引起的亚晶合并，通常是在部分边界开始的。合并后的亚晶，由于尺寸增大及亚晶界上位错密度的增加，使相邻亚晶的位向差相应增大，有可能成为再结晶晶核。在变形程度较大且具有高层错能的金属中，多以亚晶合并机制形核。

应该指出，再结晶的形核机制是一个较为复杂的问题，上述两种形核方式通常是相互交替的。此外，也可能有同时并进的情况。

2）再结晶晶核的成长

当变形金属加热到再结晶温度之后，符合能量条件的再结晶晶核一经出现，便开始自发地生长。在相邻晶粒所存在的畸变能差作用下，晶界总是背离其曲率中心，向着畸变能较高的变形晶粒推移，直到全部形成无畸变(或畸变极少)的等轴晶粒为止，再结晶即完成。

3）再结晶温度及其影响因素

再结晶晶核的形成与长大都源于原子的扩散，因此必须将冷变形金属加热到一定温度，原子激活，在其进行迁移时，再结晶过程才能进行。由于再结晶可以在一定温度范围内进行，为了便于分析讨论，通常把再结晶温度定义为：经过严重的冷变形(变形度在70%以上)的金属，在约一小时的保温时间内能够完成再结晶(大于95%转变量)的温度。但是，应该指出再结晶温度不是一个物理常数，这是因为再结晶前后的晶格类型不变，化学成分不变，所以再结晶不是相变，没有一个恒定的转变温度，而是随条件的不同(如变形程度、材料纯度、退火时间等)而变化。再结晶温度可以在一个较宽的范围内变化。大量实验统计结果表明，金属的最低再结晶温度 T 与其熔点之间存在以下经验关系：

$$T_{再} \approx \delta T_{熔} \tag{1-5}$$

式中的 $T_{再}$ 和 $T_{熔}$ 均以热力学温度表示，δ 为一系数。对于工业纯金属来说，经大变形并通过一小时退火的 δ 值为 0.35～0.4；对于高纯金属，δ 为 0.25～0.35 甚至更低。表 1-8 列出了一些常见金属的再结晶温度。

表 1-8　常见金属的再结晶温度

金属	再结晶温度/℃	熔点/℃	$(T_{再}/K)/(T_{熔}/K)$	金属	再结晶温度/℃	熔点/℃	$(T_{再}/K)/(T_{熔}/K)$
Sn	<15	232	—	Cu	200	1083	0.35
Pb	<15	327	—	Fe	450	1538	0.40
Zn	15	419	0.43	Ni	600	1455	0.51
Al	150	660	0.45	Mo	900	2625	0.41
Mg	150	650	0.46	W	1200	3410	0.40
Ag	200	960	0.39				

影响再结晶温度的因素有以下几方面。

(1) 变形程度的影响。随着冷变形程度的增加，储能增多，再结晶的驱动力变大，因此再结晶温度越低，同时等温退火时的再结晶速度也越快。但当变形量增大到一定程度后，再结晶温度就基本上稳定不变了。在给定温度下发生再结晶需要一个最小的变形量(临界变形程度)，低于此变形度，则储能不足以驱动发生再结晶。

(2) 原始晶粒尺寸。在其他条件相同的情况下，金属的原始晶粒越细小，则变形的抗力越大，冷变形后储存的能量越高，再结晶温度则越低。此外，晶界往往是再结晶形核的有利地区，故细晶粒金属的再结晶形核率 $\dot{N}$ 和长大速率 $\dot{G}$ 均增加，所形成的新晶粒更细小，再结晶温度也降低。

(3) 微量溶质原子。微量溶质原子的存在对金属的再结晶有很大影响。微量溶质原子再结晶温度显著提高的原因可能是溶质原子与位错及晶界间存在交互作用，使溶质原子倾向于在位错及晶界处偏聚，对位错的滑移与攀移和晶界的迁移起阻碍作用，从而不利于再结晶的形核和长大，阻碍再结晶过程。

(4) 第二相粒子。第二相粒子的存在既可促进基体金属的再结晶，也可阻碍再结晶，这主要取决于基体上分散相粒子的大小及其分布。当第二相粒子尺寸较大，间距较宽(一般大于 1μm)时，再结晶核心可以在其表面产生，从而促进再结晶。在钢中常可见到再结晶核心在夹杂物 MnO 或第二相粒状 Fe_3C 表面上产生；当第二相粒子尺寸很小且又较密集时，会阻碍再结晶的进行。在钢中常加入 Nb、V 或 Al，形成 NbC、V_4C_3、AlN 等尺寸很小的化合物(小于 100nm)，它们会抑制形核，并阻碍晶粒长大。

(5) 再结晶退火工艺。若加热速度过于缓慢，变形金属在加热过程中有足够的时间进行回复，使点阵畸变度降低，储能减小，从而使再结晶的驱动力减小，再结晶温度上升。但是，极快速度的加热也会因在各温度下停留时间过短而来不及形核与长大，而使再结晶温度升高。

当变形程度和退火保温时间一定时，退火温度越高，再结晶速度越快，产生一定体积分数的再结晶所需要的时间就越短，再结晶后的晶粒越粗大。

在一定范围内延长保温时间会降低再结晶温度，如图 1.45 所示。

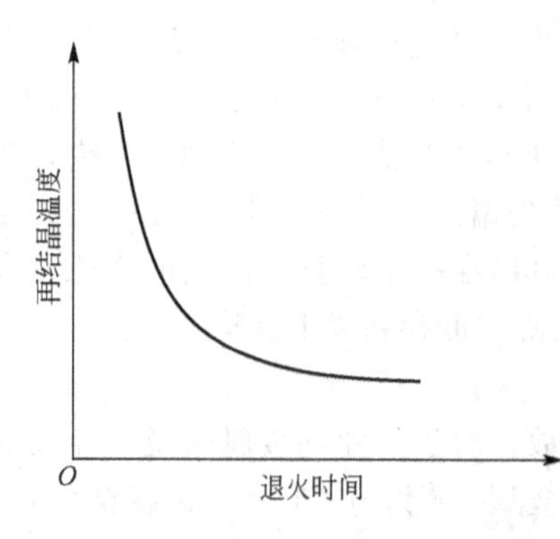

图 1.45　退火时间与再结晶温度的关系

4）再结晶晶粒大小的控制

金属材料的性能与晶粒大小密切相关，因此，控制再结晶的晶粒尺寸，是生产中的一个重要问题。

再结晶晶粒的平均直径 d 可用式(1-6)表示：

$$d=K\cdot\left(\frac{\dot{G}}{\dot{N}}\right)^{\frac{1}{4}} \tag{1-6}$$

式中，$\dot{N}$ 为形核率；$\dot{G}$ 为长大速率；K 为常数。由此可见，凡是影响 $\dot{N}$、$\dot{G}$ 的因素，都将影响再结晶晶粒的大小。

(1) 变形度的影响。冷变形程度对再结晶后晶粒大小的影响如图 1.46 所示。当变形程度很小时，晶粒尺寸即为原始晶粒的尺寸。这是因为变形量过小，造成的储存能不足以驱动再结晶，所以晶粒大小没有变化。当变形程度增大到一定数值后，此时的畸变能已足以驱动再结晶，但由于变形程度不大，$\dot{N}/\dot{G}$ 值很小，因此得到特别粗大的晶粒。通常，把对应于再结晶后得到特别粗大晶粒的变形程度称为“临界变形度”，一般金属的临界变形度为 2%～10%。在生产实践中，要求细晶粒的金属材料避开这个变形量，以免恶化工件性能。

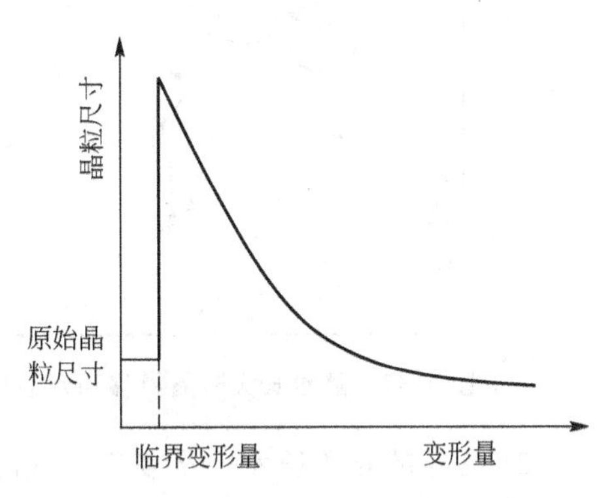

图 1.46 变形量与再结晶之间的关系

当变形量大于临界变形量时，驱动形核与长大的储存能不断增大，而且形核率 $\dot{N}$ 增大较快，使 $\dot{N}/\dot{G}$ 值变大。因此，再结晶后晶粒细化，且变形度愈大，晶粒愈细小。

(2) 退火温度的影响。退火温度对刚完成再结晶的晶粒尺寸的影响比较弱，这是因为它对 $\dot{N}/\dot{G}$ 值影响微弱。但提高退火温度可使再结晶的速度显著加快，临界变形度变小。若再结晶过程已完成，在随后的晶粒长大阶段，温度越高晶粒越粗。

(3) 原始晶粒尺寸。当变形度一定时，材料的原始晶粒度越细，则再结晶后的晶粒也越细。这是由于细晶粒金属存在着较多的晶界，而晶界又往往是再结晶形核的有利区域，所以原始晶粒越细小，经再结晶退火后越容易得到细晶粒组织。

(4) 合金元素及杂质。溶于基体中的合金元素及杂质，一方面增加了变形金属的储存能，另一方面阻碍了晶界的迁移，一般均起细化晶粒的作用。

5）再结晶后的晶粒长大

再结晶完成后晶粒长大有两种类型：一种是随温度的升高或时间的增长而均匀地连续长大，称为正常长大；另一种是不连续不均匀地长大，称为反常长大，也称为二次再结晶。

(1) 晶粒的正常长大。晶粒正常长大的特点是在长大过程中，晶粒尺寸比较均匀，且平均尺寸的变化是连续的。再结晶完成后，晶粒长大是自发过程，因为金属总是力图使其界面能最小，就整个系统而言，晶粒长大的驱动力是降低其总界面能。若就个别晶粒而言，晶粒界面的不同曲率是造成晶界迁移的直接原因。晶粒长大时，晶界总是向着曲率中心的方向移动，如图1.47所示。由于小晶粒界面的曲率较大，容易被大晶粒吃掉，所以晶粒长大的过程就是“大吃小”和凹面变平面的过程。在三晶粒会聚处，界面交角呈120°才能保证界面张力维持平衡，如图1.48所示。因此，晶粒长大的稳定形态应为规则的六边形，且界面平直。此时，界面曲率半径无限大，驱动力为零，晶粒停止长大。由此可见，小于六边的小晶粒，具有自发缩小以至消失的趋势。相反，大于六边的大晶粒可以自发长大。

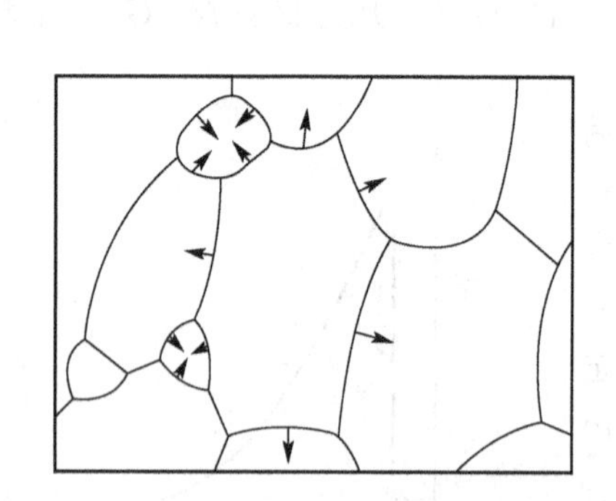
图1.47 晶粒长大时晶界移动示意图

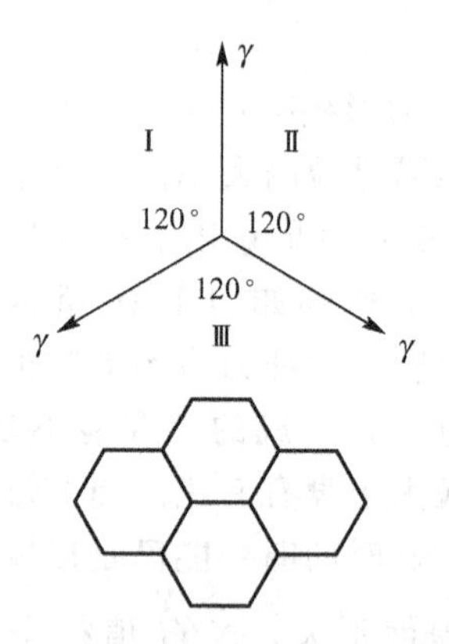

图1.48 界面张力平衡时的晶粒

(2) 晶粒的异常长大。异常长大是指晶粒正常长大(一次再结晶)后又有少数几个晶粒择优生长成为特大晶粒的不均匀长大过程，也称二次再结晶。

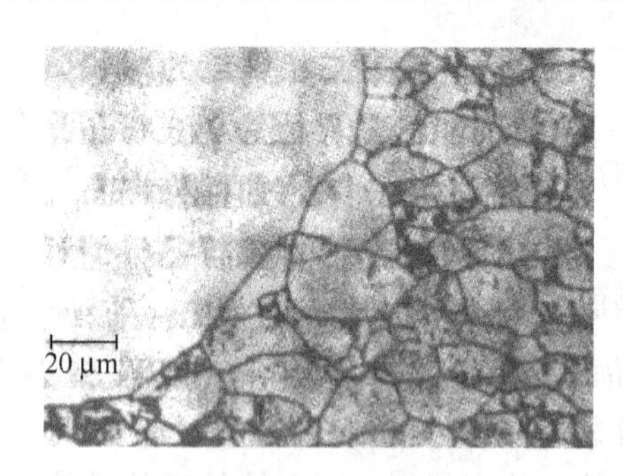

图1.49 晶粒的异常长大

二次再结晶并不是重新产生新的晶核，实际上只是在一次再结晶晶粒长大的过程中，某些局部区域的晶粒产生了优先长大，如图1.49所示。

二次再结晶是怎样产生的呢？主要是在再结晶过程中，正常晶粒的长大过程被分散相粒子、织构或表面的热蚀沟等强烈阻碍。在加热过程中，上述阻碍正常晶粒长大的因素一旦消除，少数晶界将迅速迁移，这些晶粒一旦长到超过它周围的晶粒时，就会越长越大，最后形成二次再结晶。因此，二次再结晶的驱动力来自界面能的降低，而不是应变能。

1.4 二元合金相图及其分类

相图是表示物质的状态和温度、压力、成分之间关系的简明图解。因为相图表示的是物质在热力学平衡条件下的情况，所以又称平衡相图。利用相图，我们可以知道在热力学平衡条件下，各种物质在不同温度、压力下的相组成、各种相的成分及相的相对量。

在工业生产中，广泛使用的金属材料是合金。因此研究合金的性能必须了解合金中组织的形成及其变化规律，合金相图正是研究这些规律的有效工具。

在多元系中，二元系是最基本的，也是目前研究最充分的体系。本章将介绍三种基本相图及结晶过程、结晶后的组织形态及组织对性能的影响规律等。

1.4.1 相图的基本知识

1. 相平衡

相平衡是指合金系中各相经历很长时间而不互相转化，处于平衡状态。相平衡的条件是每个组元在各相中的化学位彼此相等。注意，相平衡是一种动态平衡，相界两侧的原子总是不断地进行相互转换，只是同一时间内各相之间的原子转换速度相等而已。

合金的状态通常由合金的成分、温度和压力决定。但是压力对液固相之间或固相之间的变化影响不大，而且金属的状态变化多数是在常压下进行的，所以研究合金的相变往往不考虑压力的作用。这样，对于二元合金来讲，影响状态的因素就只有合金的成分和温度两个参数。所以二元合金的相图，以横坐标表示成分，纵坐标表示温度，如图 1.50 所示。横坐标上任意一点表示一种合金的成分，如 *A*、*B* 两点表示组成合金的两个组元，*C* 点的成分为 w_B 40%、w_A60%；*D* 点成分为 w_B60%、w_A40%等。在成分和温度坐标平面上的任意一点称为表象点，一个表象点的坐标值表示合金的成分和温度，如图 1.50 中 *E* 点表示合金在 500℃的成分为 w_A60%、w_B40%。

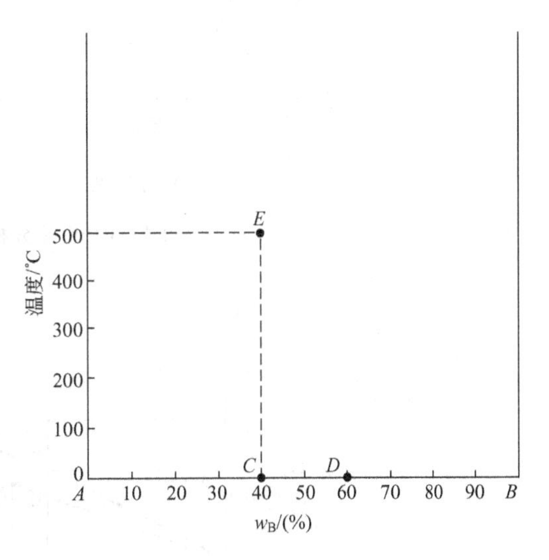

图 1.50 二元相图的表示方法

2. 二元相图的测定方法

相图都是根据大量实验建立起来的，建立相图的关键是要准确测出各成分合金的相变临界点。临界点的测量方法有很多，如热分析法、电阻法、热膨胀法、金相法、X 射线分析法、磁性法等。相图的精确测量必须将多种方法配合使用，常用的是比较方便的热分析法。下面以 Cu－Ni 二元合金为例，说明用热分析法测定合金相图的过程和原理。

首先配制一系列含 Ni 量不同的 Cu－Ni 合金，测出它们从液态到室温的冷却曲线，如图 1.51(a)所示纯铜，w_{Ni}为 30%、50%、70%的 Cu－Ni 合金及纯 Ni 的冷却曲线。然后根据各条曲线上的转折点确定合金的临界点，最后将各临界点引入相图坐标的相应位置，把各相同意义的临界点连起来就得到 Cu－Ni 相图。

1.4.2 匀晶相图分析

绝大多数的二元合金相图都包括匀晶转变部分，因此掌握匀晶相图是学习二元合金相图的基础。两组元液态、固态均无限互溶，冷却过程中由液相直接结晶出单相固溶体的转变称为匀晶转变。只发生匀晶转变的相图称为匀晶相图。现以 Cu－Ni 相图为例进行分析。

Cu－Ni 二元合金相图如图 1.52 所示。该相图十分简单，有两个点，分别是 Cu、Ni 的熔点；有两条曲线，上面一条是液相线，下面一条是固相线，液相线和固相线把相图分成三个区域：液相区 L、固相区 α 及液、固两相共存区 L＋α。

现以 w_{Ni}为 30%的 Cu－Ni 合金为例分析匀晶转变过程。在 30%Ni 处作垂线与液相线

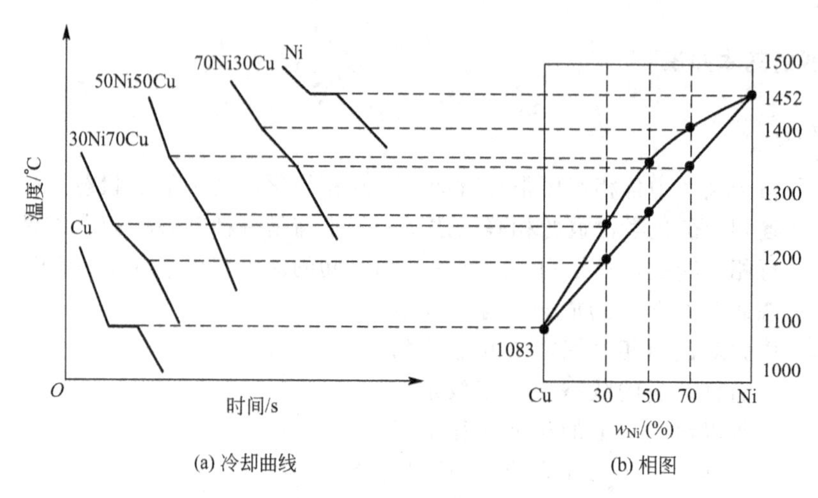

(a) 冷却曲线　　(b) 相图

图 1.51　用热分析法建立的 Cu－Ni 相图

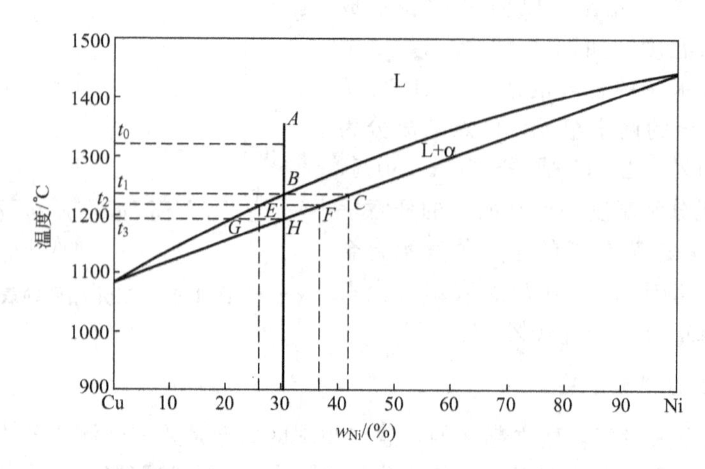

图 1.52　Cu－Ni 二元合金相图

交于 B 和固相线相交于 H，由相图可知，温度在 t_1 上时合金是单一的液相，温度降到 t_1 时，合金开始发生匀晶转变。这时液相成分沿液相线变化，固相成分沿固相线变化，继续冷却，固相不断析出，在 t_3 温度时到达固相线，匀晶转变结束。注意，匀晶转变时，固相成分和液相成分是不同的，平衡凝固得到均匀的固相是因为冷却速度很缓慢，液固相中的溶质原子得到充分扩散。

实际上达到平衡凝固是极为困难的，在实际冷却过程中，固溶体成分来不及扩散均匀，先结晶的部分富高熔点组元，后结晶的部分富低熔点组元，这种凝固过程称为不平衡凝固。

1.4.3　共晶相图及其结晶过程

1. 共晶相图

两组元液态可无限互溶，而固态只能部分互溶，甚至完全不溶，在冷却过程中发生共晶转变的相图称为共晶相图。两组元的混合使合金的熔点比各组元低，因此，液相线从两端纯组元向中间凹下，两条液相线的交点所对应的温度称为共晶温度。在该温度下，液相通过共晶转变同时结晶出两个固相，这样两相的混合物称为共晶组织或共晶体。下面以Pb－Sn相图为例，对共晶相图及其合金的结晶进行分析。

图1.53为Pb－Sn二元共晶相图，图中*AE*、*BE*为液相线，*AMNB*为固相线，*MF*为Sn在Pb中的溶解度曲线，*NG*为Pb在Sn中的溶解度曲线。

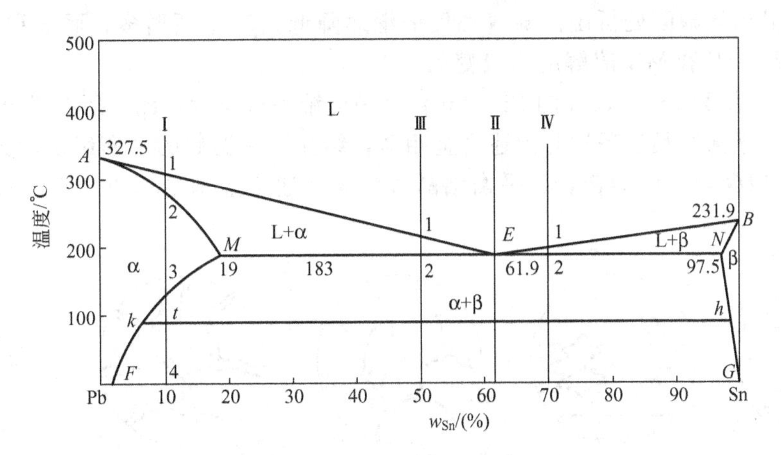

图1.53 Pb－Sn合金相图

相图中有三个单相区：液相L、固溶体α相和β相。α相是Sn溶于Pb中的固溶体，β相是Pb溶于Sn中的固溶体。各个单相区之间有三个两相区，即L＋α、L＋β和α＋β。在L＋α、L＋β与α＋β两相区之间的水平线*MEN*表示α＋β＋L三相共存区。

在三相共存水平线所对应的温度下，成分相当于*E*点的液相(L_E)同时结晶出与*M*点相对应的α相和点*N*所对应的β两个相，形成两个固溶体的混合物。这种转变的反应式为

$$L_E \xrightleftharpoons{t_E} \alpha_M + \beta_N$$

这种在一定温度下，由一定成分的液相同时结晶出两个成分一定的固相的转变过程，称为共晶转变或共晶反应。共晶转变的产物为两个相的混合物，称为共晶组织。

相图中的*MEN*水平线称为共晶线；*E*点称为共晶点，*E*点对应的温度称为共晶温度；成分对应于共晶点的合金称为共晶合金，成分位于共晶点以左、点*M*以右的合金称为亚共晶合金，成分位于共晶点以右、点*N*以左的合金称为过共晶合金。

具有该类相图的合金还有Al－Si，Pb－Sb，Ag－Cu等。共晶合金在铸造工业中是非常重要的，原因在于它有一些特殊的性质：①比纯组元熔点低，简化了熔化和铸造的操作；②共晶合金的流动性好，其在凝固中防止了阻碍液体流动的枝晶形成，从而改善铸造性能；③恒温转变(无凝固温度范围)减少了铸造缺陷，如偏聚和缩孔；④共晶凝固可获得多种形态的显微组织，尤其是规则排列的层状或杆状共晶组织可能成为优异性能的原位复合材料。

2. 共晶合金的平衡结晶过程及其组织

现以Pb－Sn合金为例，分别讨论各种典型成分合金的平衡凝固过程及其显微组织。

1) w_{Sn}＜19%的Pb－Sn合金

由图1.53可见，当w_{Sn}＝10%的Pb－Sn合金*I*由液相缓冷至t_1(图中标为1)温度时开始发生匀晶转变，从液相中结晶出α固溶体。随着温度的降低，初生α固溶体随之增多，液相减少，液相和固相的成分分别沿液相线和*AM*固相线变化。当温度降到t_2时，

合金结晶结束，全部转变为单相 α 固溶体。这一结晶过程与匀晶相图中的平衡转变相同。在 t_2 至 t_3 之间，α 固溶体不发生任何变化。当温度冷却到 t_3 以下时，Sn 在 α 固溶体中呈过饱和状态，因此，多余的 Sn 以 β 固溶体的形式从 α 固溶体中析出，称为次生 β 固溶体，用 β_{II} 表示，以区别于从液相中直接结晶出的初生 β 固溶体。次生 β 固体通常优先沿初生 α 相的晶界或晶内的缺陷处析出。随着温度的继续降低，β_{II} 不断增多，而 α 和 β_{II} 相的平衡成分将分别沿 MF 和 MG 溶解度曲线变化。

图 1.54 所示为 $w_{\mathrm{Sn}}=10\%$ 的 Pb－Sn 合金平衡结晶过程示意图。所有成分位于 M 和 F 点间的合金，平衡结晶过程均与上述合金相似，结晶至室温后的平衡组织均为 $\alpha+\beta_{\mathrm{II}}$。而成分位于 N 和 G 点之间的合金，平衡结晶过程与上述合金基本相似，但结晶后的平衡组织为 $\beta+\alpha_{\mathrm{II}}$。

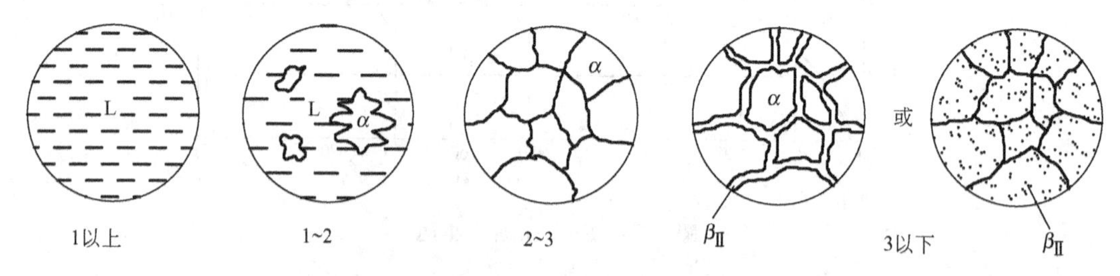

图 1.54　$w_{\mathrm{Sn}}=10\%$ 的 Pb－Sn 合金的平衡结晶示意图

2）共晶合金

$w_{\mathrm{Sn}}=61.9\%$的合金为共晶合金(图 1.53)该合金从液态缓冷至 183℃时，液相 L_E 同时结晶出 α 和 β 两种固溶体，这一过程在恒温下进行，直至结晶结束。

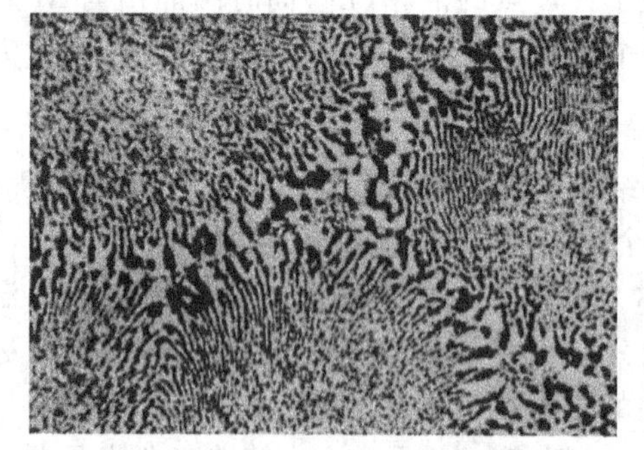

图 1.55　Pb－Sn 共晶合金显微组织

继续冷却时，共晶体中的 α 相和 β 相将各自沿 MF 和 NG 溶解度曲线变化而改变其固溶度，从 α 和 β 中分别析出 β_{II} 和 α_{II}。由于共晶体中析出的次生相常与共晶体中同类相结合在一起，所以在显微镜下难以分辨出来。图 1.55 显示出该共晶合金呈片层交替分布的室温组织(经浓度为 4%硝酸酒精浸蚀)，黑色为 α 相，白色为 β 相，该合金的平衡凝固过程如图 1.56 所示。

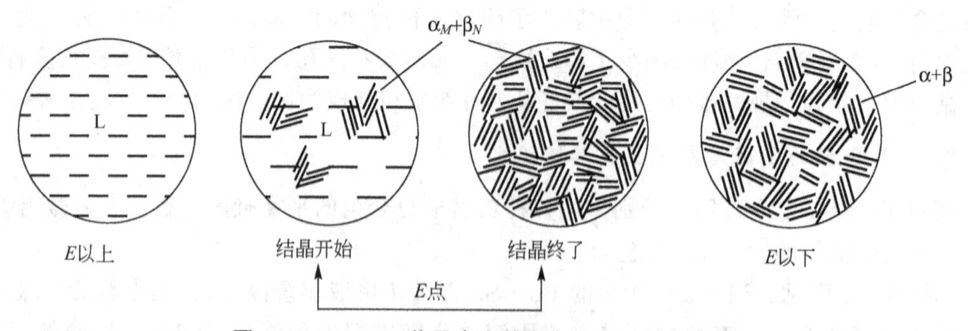

图 1.56　Pb－Sn 共晶合金的平衡结晶过程示意图

3）亚共晶合金

在图1.53中，成分位于M、E两点之间的合金称为亚共晶合金，因为它的成分低于共晶成分，所以只有部分液相可发生共晶转变。现以$w_{Sn}=50\%$的Pb－Sn合金为例，分析其平衡结晶过程(图1.57)。

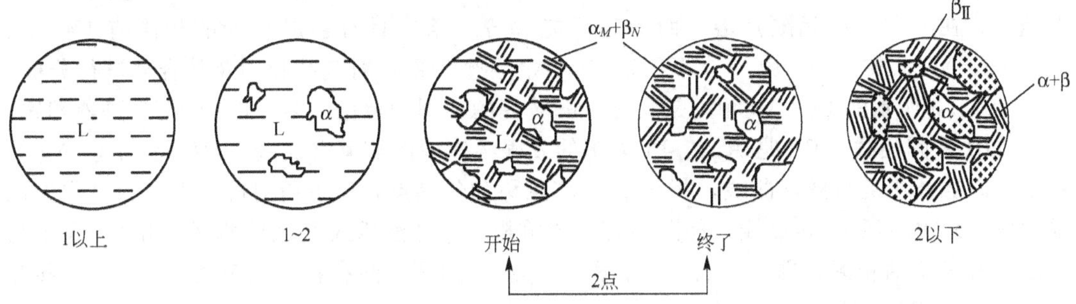

图1.57 亚共晶合金的平衡凝固示意图

该合金缓冷至t_1和t_2温度之间时，初生α相以匀晶转变方式不断地从液相中析出，随着温度的下降，α相的成分沿AM固相线变化，而液相的成分沿AE液相线变化。当温度降至t_2温度时，剩余的液相成分到达E点，此时发生共晶转变，形成共晶体。共晶转变结束后，此时合金的平衡组织由初生α固溶体和共晶体(α＋β)组成，可简写成α＋(α＋β)。初生相α(或称先共晶体α)和共晶体(α＋β)具有不同的显微形态而成为不同的组织。

在t_2温度以下，合金继续冷却，由于固溶体溶解度随之减小，β_{II}将从初生相α和共晶体中的α相内析出，而α_{II}从共晶体中的β相中析出，直至室温。此时室温组织应为$\alpha_{初}+(\alpha+\beta)+\alpha_{II}+\beta_{II}$，但由于$\alpha_{II}$和$\beta_{II}$析出量不多，除了在初生α固溶体可能看到$\beta_{II}$外，共晶组织的特征保持不变，故室温组织通常可写为$\alpha_{初}+(\alpha+\beta)+\beta_{II}$。

图1.58是Pb－Sn亚共晶合金经浓度为4%硝酸酒精浸蚀后的室温组织，暗黑色树枝状晶为初生α固溶体，其中的白点为β_{II}，而黑白相间者为(α＋β)共晶体。

4）过共晶合金

成分位于E、N两点之间的合金称为过共晶合金。其平衡结晶过程及平衡组织与亚共晶合金相似，只是初生相为β固溶体，而不是α固溶体。室温时的组织为$\beta_{初}+(\alpha+\beta)+\alpha_{II}$，如图1.59所示。

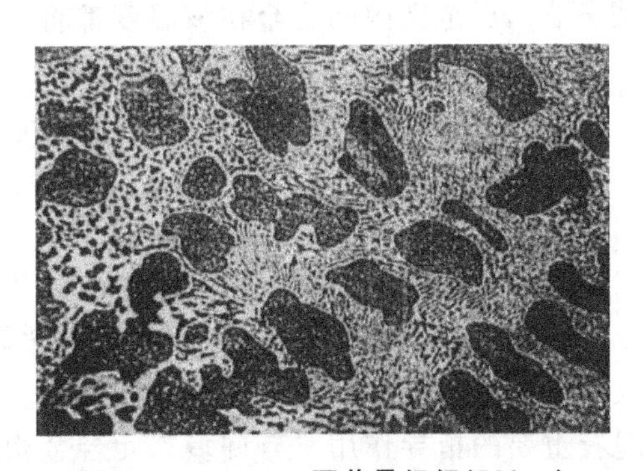

图1.58 Pb－Sn亚共晶组织(500×)

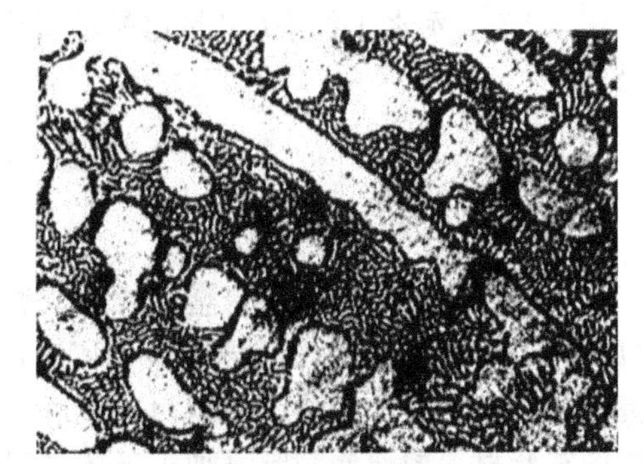

图1.59 Pb－Sn过共晶组织(500×)

对上述不同成分合金的组织分析表明，尽管不同成分的合金具有不同的显微组织，但在室温下，成分在$F-G$范围内的合金组织均由α和β两个基本相构成。所以，两相合金的显微组织实际上是通过组成相的不同形态，以及其数量、大小和分布等形式体现出来的，由此得到不同性能的合金。

3. 包晶相图

一个液相与一个固相在恒温下生成另一个固相的转变称为包晶转变。组成包晶相图的两组元，在液态下可无限互溶，而固态只能部分互溶。具有包晶转变的相图有 Fe－C、Cu－Zn、Ag－Sn、Ag－Pt 等。下面以 Pt－Ag 合金为例，对包晶相图及其合金进行分析。

图 1.60 所示的 Pt－Ag 相图是具有包晶转变的相图的典型代表。图中 *ACB* 是液相线，*AP*、*DB* 是固相线，*PE* 是 Ag 在 Pt 为基的 α 固溶体中的溶解度曲线，*DF* 是 Pt 在 Ag 为基的 β 固溶体中的溶解度曲线，相图中的 *D* 点称为包晶点，*D* 点所对应的温度(t_D)称为包晶温度，*PDC* 线称为包晶线。相图中有三个单相区，即液相区 L 及固相区 α 和 β。在单相区之间有三个两相区，即 L＋α、L＋β 和 α＋β。两相区之间存在一条三相(L、α、β)共存水平线，即 *PDC* 线。

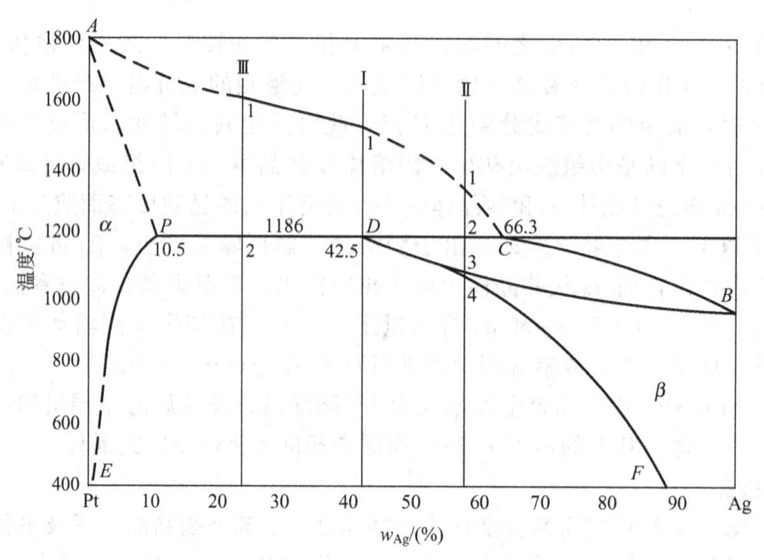

图 1.60　Pt－Ag 包晶相图

图 1.58 所示水平线 *PDC* 是包晶转变线，成分在 *PC* 范围内的合金在该温度都将发生包晶转变：

$$L_C + \alpha_P \xrightarrow{t_D} \beta_D$$

4. 二元相图的分析和使用

二元相图反映了二元系合金的成分、温度和平衡相之间的关系，根据合金的成分及温度(即表象点在相图中的位置)，即可了解该合金存在的平衡相、相的成分及其相对含量。掌握了相的性质及合金的结晶规律，就可以大致判断合金结晶后的组织和性能。因此，合金相图在新材料的研制和制订加工工艺过程中起着重要的指导作用。有许多二元合金相图看起来十分复杂，实际上是一些基本相图的综合，只要掌握各类相图的特点和转变规律，就能化繁为简，便于分析。一般的分析方法如下。

(1) 首先看相图中是否存在稳定化合物，如存在的话，则以稳定化合物为独立组元，把相图分成几个部分进行分析。

(2) 根据相区接触法则辨别各相区。相区接触法则是指在相图中，相邻相区的相数差为一(点接触情况除外)，即两个单相区之间必定有一个由这两个单相所组成的两相区，两个两相区之间必须以单相区或三相共存水平线隔开。

(3) 找出三相共存水平线及与其相接触(以点接触)的三个单相区，从这三个单相区与水平线相互配置位置可以确定三相平衡转变的性质，见表1-9。

表1-9 二元系各类恒温转变图形

恒温转变类型		反应型	图形特征
共晶式	共晶转变	$L \rightleftharpoons \alpha+\beta$	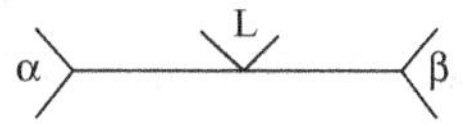 α L β
	共析转变	$\gamma \rightleftharpoons \alpha+\beta$	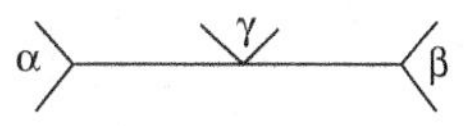 α γ β
	偏晶转变	$L_1 \rightleftharpoons L_2+\alpha$	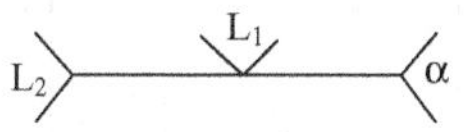 L_2 L_1 α
	熔晶转变	$\delta \rightleftharpoons L+\gamma$	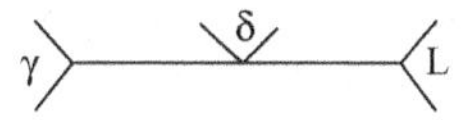 γ δ L
包晶式	包晶转变	$L+\beta \rightleftharpoons \alpha$	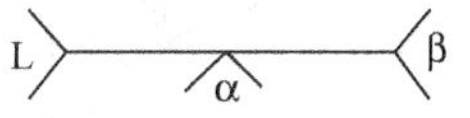 L α β
	包析转变	$\gamma+\beta \rightleftharpoons \alpha$	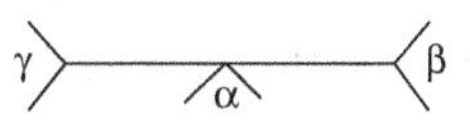 γ α β
	合晶转变	$L_1+L_2 \rightleftharpoons \alpha$	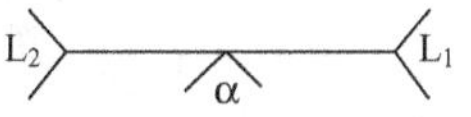 L_2 α L_1

(4) 应用相图分析具体合金的结晶过程和组织变化规律。在单相区，该相的成分与原合金相同；在两相区，不同温度下两相成分分别沿其相界线而变。根据研究的温度画出连接线，其两端分别与两条相界相交，由此根据杠杆法则可求出两相的相对量。三相共存时，三个相的成分是固定的，可用杠杆法则求出恒温转变前、后组成相的相对量。

(5) 在应用相图分析实际情况时，要明确相图只给出平衡条件下存在的相和相对量，并不能表示相的形状、大小和分布；相图只表示平衡状态的情况，而平衡状态只有在非常缓慢加热和冷却，或者在给定温度长期保温的情况下才能达到。在生产实际条件下很少能够达到平衡状态，如当冷却速度较快时，相的相对含量和组织会发生很大变化，甚至将高温相保留到室温，或者出现一些新的亚稳相。

(6) 相图的建立由于某种原因可能存在误差和错误，可用相律来判断。实际研究的合金，其原材料的纯度与相图中的不同，这也影响分析结果的准确性。

合金的性能很大程度上取决于组元的特性及其所形成的合金相的性质和相对量，借助于相图所反映出的这些特性和参量来判定合金的使用性能(如力学和物理性能等)和工艺性能(如铸造性能、压力加工性能、热处理性能等)，对于实际生产有一定的借鉴作用。图 1.61 表示相图和合金力学性能及物理性能之间的关系。由图可见，对于匀晶系合金而言，合金的强度和硬度均随着溶质组元含量的增加而提高。若 A、B 两组元的强度大致相同，则最高强度的合金应是溶质浓度大约为 50%(溶质的摩尔比)时；若 B 组元的强度明显高于 A 组元，则其强度的最大值偏向 B 组元一侧。合金塑性的变化规律正好与上述相反，塑性值随着溶质浓度的增加而降低。

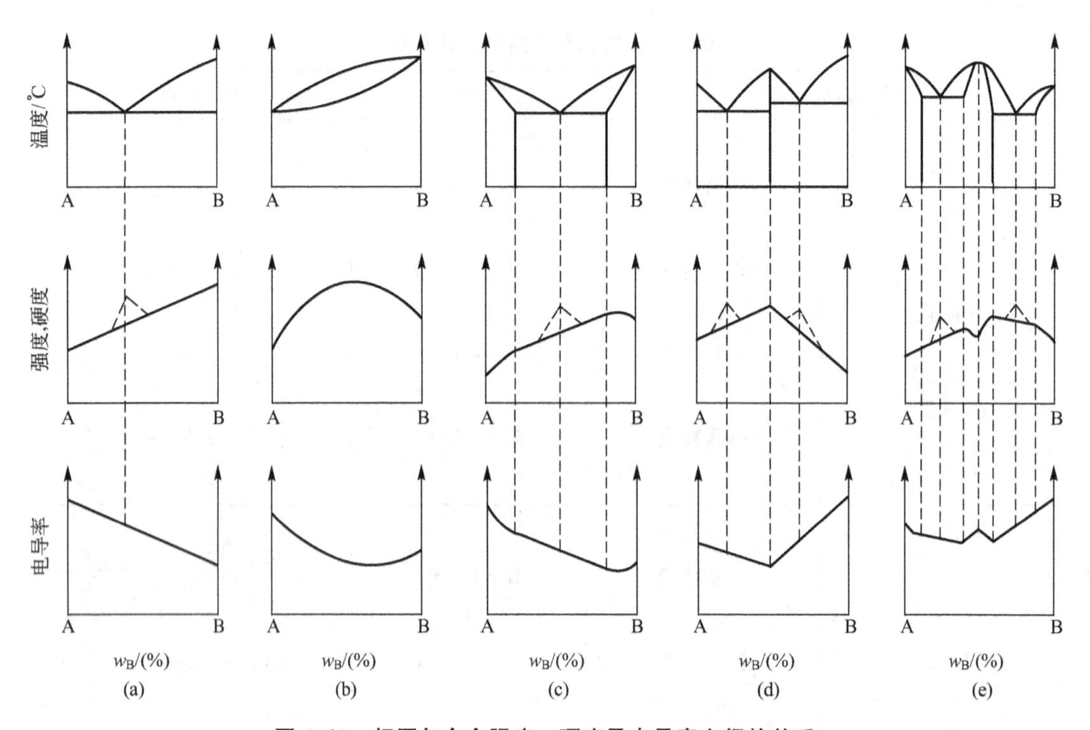

图 1.61　相图与合金强度、硬度及电导率之间的关系

固溶体合金的电导率与成分的变化关系和强度、硬度的相似，均呈曲线变化。这是由于随着溶质浓度的增加，晶格畸变增大，从而增加了合金中自由电子运动的阻力。同理可以推测，热导率的变化关系与电导率相同，而电阻的变化却与之相反。因此工业上常采用含 Ni50%的 Cu－Ni 合金作为制造加热元件、测量仪表及可变电阻器的材料。形成两相机械混合物的合金，其性能大致是两组成相性能的平均值，即性能与成分呈线形关系。当形成稳定化合物时，其性能在曲线上出现奇点。若共晶组织十分细密，且在不平衡结晶出现伪共晶时，其强度和硬度将偏离直线关系出现峰值。

根据相图还可以分析合金的工艺性能。所谓工艺性能是指合金的铸造性能、压力加工性能、热处理性能、焊接性能、切削加工性能等。铸造性能包括流动性、缩孔分布、偏析大小。图 1.62 表示了相图与合金铸造性能之间的关系。由图可见，共晶合金的熔点低，并且是恒温结晶，故溶液的流动性好，结晶后容易形成集中缩孔，而分散缩孔(疏松)少，热裂和偏析的倾向较小。因此，铸造合金宜选择接近共晶成分的合金。图 1.62 还表明，固溶体合金的流动性不如纯金属和共晶合金，而且液相线与固相线间隔越大，即结晶温度范围越大，形成枝晶偏析的倾向性越大，其流动性也越差，分散缩孔多而集中缩孔小，合金不致密。

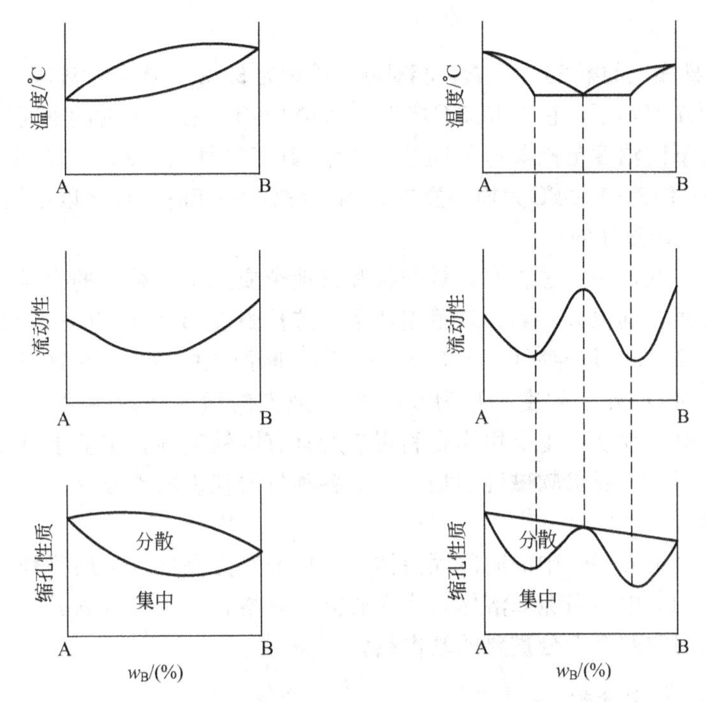

图 1.62 相图和合金铸造性能之间的关系

1.4.4 铁碳相图

碳钢和铸铁都是铁碳合金，是应用最广泛的金属材料。铁碳合金相图是研究铁碳合金的重要工具。了解与掌握铁碳合金相图，对于钢铁材料的研究和使用、各种热加工工艺的制订及工艺废品原因的分析都有很重要的指导意义。

1. 铁碳相图的组元与基本相

铁碳合金中的碳有两种存在形式：渗碳体 Fe_3C 和石墨。在通常情况下，可以把 Fe_3C 看做一个组元。当铁碳合金中碳量大于 5%时，合金的脆性很大，实际使用价值很小，因此通常使用的铁碳合金都不超过 6.69%。但是 Fe_3C 是一个亚稳相，在一定条件下可以分解为铁(实际上是以铁为基的固溶体)和石墨，所以石墨是碳存在的更稳定状态。这样一来，铁碳相图就存在 Fe－Fe_3C 和 Fe－石墨两种形式，通常将两者画在一起，称为铁碳双重相图，如图 1.63 所示。

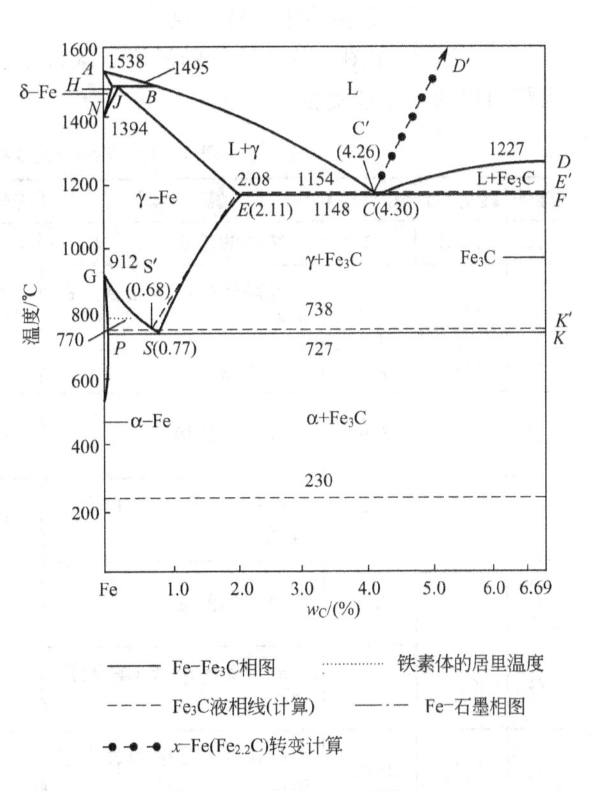

图 1.63 Fe－Fe_3C 相图

1）纯铁

铁是元素周期表上的第26个元素，相对原子质量为55.85，属于过渡族元素。在一个标准大气压（1.01325×10^5Pa）下，它于1538℃熔化，2738℃气化。在20℃时的密度为7.87g/cm^3。

固态铁，在不同温度范围具有不同的晶体结构（多型性）：1394～1538℃为体心立方结构，称为δ－Fe；912～1394℃为面心立方结构，称为γ－Fe；912℃以下为体心立方结构，称为α－Fe，它是铁磁性的。

一般所谓的纯铁，多少总含有微量的碳和其他杂质元素。纯铁的力学性能因其纯度及晶粒大小的不同而差别很大，其大致范围如下：抗拉强度（σ_b）为176～274MPa，屈服强度（$\sigma_{0\sim2}$）为98～166MPa，延伸率（δ）为30％～50％，断面收缩率（ϕ）为70％～80％，冲击韧性（α_k）为160～200J/cm^2，硬度HB为50～80。纯铁的塑性和韧性很好，但其强度很低，很少用作结构材料。纯铁的主要用途是利用它所具有的铁磁性，工业上炼制的电工纯铁具有高的磁导率，可用于要求软磁性的场合，如各种仪器仪表的铁心等。

2）铁与碳形成的相

铁素体是碳溶于α－Fe中的间隙固溶体，为体心立方晶格，常用符号F或α表示。奥氏体是碳溶于γ－Fe中的间隙固溶体，为面心立方晶格，常用符号A或γ表示。铁素体和奥氏体是铁碳相图中两个十分重要的基本相。

2. Fe－Fe3C相图分析

Fe－Fe_3C相图看起来比较复杂，其实Fe－Fe_3C相图主要由包晶相图、共晶相图和共析相图三部分构成。相图分析主要分析相图的点、线、区及其意义。

1）Fe－Fe_3C相图中的特性点

Fe－Fe_3C相图中的特性点的温度、碳浓度及其意义列于表1－10中。特性点的符号是国际通用的，不能更换。

表1－10　Fe－Fe_3C相图中的特性点

符号	温度/℃	w_C/(%)	说　明	符号	温度/℃	w_C/(%)	说　明
A	1538	0	纯铁的熔点	J	1495	0.17	包晶点
B	1495	0.53	包晶转变时液态合金的成分	K	727	6.69	渗碳体的成分
C	1148	4.30	共晶点	M	770	0	纯铁的磁性转变点
D	1227	6.69	渗碳体的熔点	N	1394	0	γ－Fe→δ－Fe的转变温度
E	1148	2.11	碳在γ－Fe中的最大溶解度	O	770	0.0218	$w_C\approx0.5\%$合金磁性转变点
F	1148	6.69	渗碳体的成分	P	727	0.7	碳在α－Fe中的最大溶解度
G	912	0	α－Fe→γ－Fe转变温度（A_3）	S	727	0.005	共析点（A_1）
H	1495	0.09	碳在δ－Fe中的最大溶解度	Q	600	7	600℃时碳在α－Fe中的溶解度

2) $Fe-Fe_3C$ 相图中的特性线

图中 $ABCD$ 为液相线，$AHJECF$ 为固相线。相图中有三个恒温转变。

(1) 包晶转变水平线 HJB。在 1495℃恒温下，含碳量为 0.53%的液相与含碳量为 0.09%的 δ 铁素体发生包晶反应，形成含碳量为 0.17%的奥氏体，其反应式为

$$L_B+\delta_H \xrightleftharpoons{1495℃} \gamma_J$$

(2) 共晶转变水平线 ECF。在 1148℃的恒温下，由含碳量 4.3%的液相转变为含碳量 2.11%的奥氏体和渗碳体组成的混合物，其反应式为

$$L_C \xrightleftharpoons{1495℃} \gamma_E+Fe_3C$$

共晶转变形成的奥氏体与渗碳体的混合物，称为莱氏体，以符号 L_d 表示。凡是含碳量在 2.11%～6.69%范围内的合金，都要进行共晶转变。

在莱氏体中，渗碳体是连续分布的相，奥氏体呈颗粒状分布在渗碳体的基底上。由于渗碳体很脆，所以莱氏体是塑性很差的组织。

(3) 共析转变水平线 PSK。在 727℃恒温下，由含碳量 0.77%的奥氏体转变为含碳量 0.0218%的铁素体和渗碳体组成的混合物，其反应式为

$$\gamma_S \xrightleftharpoons{727℃} \alpha_P+Fe_3C$$

共析转变的产物称为珠光体，用符号 P 表示。共析转变的水平线 PSK，称为共析线或共析温度，常用 A_1 表示。凡是含碳量大于 0.0218%的铁碳合金都将发生共析转变，经共析转变形成的珠光体是层片状的。在金相显微镜下观察时，珠光体组织中较厚的片是铁素体，较薄的片是渗碳体。图 1.64 所示为不同放大倍率下的珠光体组织照片。珠光体组织中的片层排列方向相同的领域叫做一个珠光体领域或珠光体团。相邻珠光体团的取向不同，在显微镜下，不同的珠光体团的片层粗细不同，这是它们的取向不同所致。

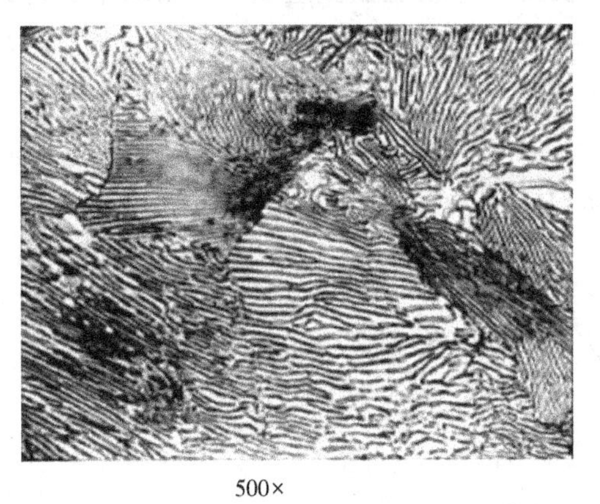

500×

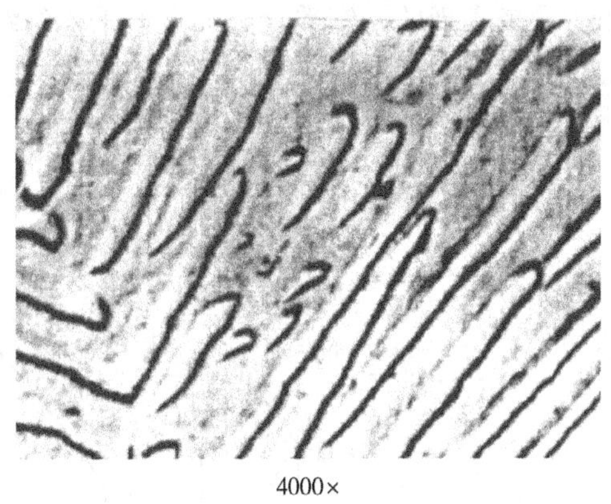

4000×

图 1.64 不同放大倍率下的珠光体组织

此外，$Fe-Fe_3C$ 相图上还有几条重要的固态转变线。

(4) GS 线。GS 线又称为 A_3 线，它是在冷却过程中由奥氏体析出铁素体的开始线，或者说在加热过程中，铁素体溶入奥氏体的终了线。此温度常称为 A_3 温度。

(5) ES 线。ES 线是碳在奥氏体中的溶解度曲线，当温度低于此曲线时，就要从奥氏体中析出次生渗碳体，通常称为二次渗碳体，记为 Fe_3C_{II}（区别从液相中析出的一次渗碳体 Fe_3C_{I}），因此该曲线又是二次渗碳体的开始析出线，也叫 A_{cm}线。由相图可以看出，E

点表示奥氏体的最大溶碳量，即奥氏体的溶碳量在1148℃时为2.11%。

(6) *PQ*线。*PQ*线是碳在铁素体中的溶解度曲线。铁素体中的最大溶碳量于727℃时达到最大值0.0218%。随着温度的降低，铁素体中的溶碳量逐渐减少，在300℃以下，溶碳量小于0.001%。因此，当铁素体从727℃冷却下来时，要从铁素体中析出渗碳体，称为三次渗碳体，记为$Fe_3C_{Ⅲ}$。

图中770℃的水平线表示铁素体的磁性转变温度，称为A_2温度。230℃水平线表示渗碳体的磁性转变温度。

3. 铁碳合金的分类

通常按有无共晶转变将其分为碳钢和铸铁两大类，即含碳量低于w_C2.11%的为碳钢(含碳量低于0.0218%的为工业纯铁)，含碳量大于2.11%的为铸铁。按$Fe-Fe_3C$系结晶的铸铁，碳以Fe_3C形式存在，断口呈亮白色，称为白口铸铁。

根据铁碳相图中获得的不同组织特征，将铁碳合金按含碳量划分为七种类型：

① 工业纯铁：含碳量w_C<0.0218%；

② 共析钢：含碳量w_C=0.77%；

③ 亚共析钢：含碳量w_C=0.0218%～0.77%；

④ 过共析钢：含碳量w_C=0.77%～2.11%；

⑤ 共晶白口铁：含碳量w_C=4.30%；

⑥ 亚共晶白口铁：含碳量w_C=2.11%～4.30%；

⑦ 过共晶白口铁：含碳量w_C=4.30%～6.69%。

4. 碳含量对铁碳合金性能的影响

碳含量对钢的力学性能的影响(图1.65)主要是通过改变显微组织及其组织中各组成相的相对量来实现的。铁碳合金的室温平衡组织均由铁素体和渗碳体两相组成。由于铁素体

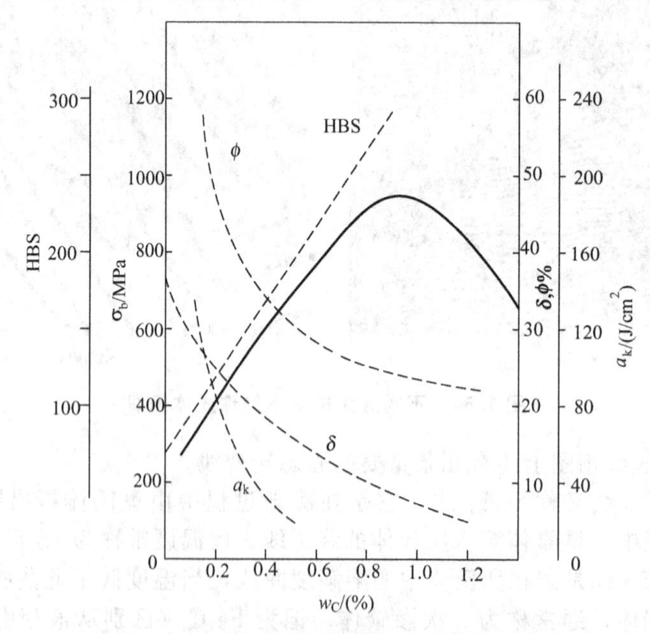

图1.65 碳含量对碳钢的力学性能的影响

是软韧相，而渗碳体是硬脆相，珠光体由铁素体和渗碳体组成，所以珠光体的强度比铁素体高，比渗碳体低，而珠光体的塑性和韧性比铁素体低，比渗碳体高，而且珠光体的强度随珠光体的层片间距减小而提高。在钢中，渗碳体是一个强化相。如果合金的基体是铁素体，则随碳含量的增加，渗碳体增多，合金的强度提高。但若渗碳体这种脆性相分布在晶界上，特别是形成连续的网状分布时，合金的塑性和韧性显著下降。例如，当碳含量大于1%时，因二次渗碳体的数量增多而呈连续的网状分布，使钢具有很大的脆性，塑性很低，抗拉强度也随之降低。当渗碳体成为基体时，如白口铸铁，合金硬而脆。

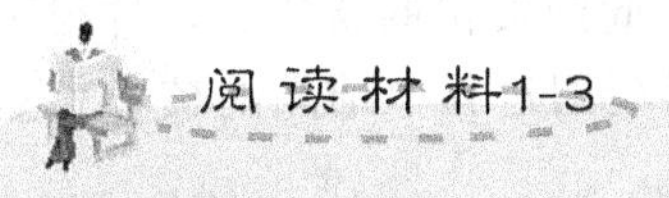

碳钢的分类

1. 按含碳量分

低碳钢($w_C \leqslant 0.25\%$)；

中碳钢($0.25\% \leqslant w_C \leqslant 0.6\%$)；

高碳钢($w_C > 0.6\%$)；

含碳量越高，硬度、强度越大，但塑性降低。

2. 按钢的质量分(主要是杂质硫、磷的含量)

普通碳素钢($w_S \leqslant 0.055\%$，$w_P \leqslant 0.045\%$)；

优质碳素钢($w_S \leqslant 0.040\%$，$w_P \leqslant 0.040\%$)；

高级优质碳素钢($w_S \leqslant 0.030\%$，$w_P \leqslant 0.035\%$)。

3. 按用途分

碳素结构钢：主要用于桥梁、船舶、建筑构件、机器零件等。

碳素工具钢：主要用于刀具、模具、量具等。

1.5 凝　　固

材料从液态到固态的转变过程称为凝固。根据固态材料内部结构的不同，可分为晶态固态材料和非晶态固态材料两类。由液态凝固到晶态的过程称为结晶。由于固态金属材料通常为晶态，因此金属材料的凝固也称为结晶。了解材料的凝固过程，掌握其规律，对控制铸件或铸锭的组织，提高产品的使用性能和加工性能都具有重要意义。另外，由于材料由液态向固态的转变是一种相变过程，因此对凝固过程的学习为以后研究固态相变奠定了基础。

1.5.1 金属的凝固

1. 液态金属的结构

人们对液态金属的研究远不如对气态和固态金属的研究深入。最初，由于液态金属具有无定形、易流动等特性，因此人们认为它与气态相似。但20世纪以来对金属三态间物理性质的大量实验研究表明，液态金属更接近于固态金属。

液态金属具有与固态金属相同的结合键和近似的原子间结合力，在熔点附近的液态金属还存在与固态金属相似的原子堆垛和配位情况。

关于液态金属原子分布的具体结构，20 世纪 60 年代以来科研人员曾先后提出了几种与实验结果较为相符的结构模型。一种是微晶无序模型，认为液态金属原子分布存在局部排列的规则性；一种是随机密堆模型，认为液态金属原子分布具有随即密堆性。

然而，上述两种模型都存在一定的局限性。液态金属中的这些局部规则排列微区和随机高致密区都是很不稳定的，它们大小不一，处于时聚时散、此起彼伏的状态。这种很不稳定的现象称为“结构起伏”或“相起伏”。均匀的液态金属凝固过程中结晶的核心就是在结构起伏的基础上形成的，故这些结构起伏又称为“晶胚”。

2. 金属的凝固

1）金属的凝固过程

液态金属的凝固过程包括晶核形成和晶核长大两个过程。图 1.66 所示为纯金属结晶过程。将液态金属冷却到结晶温度以下，经过一段时间，首先出现第一批具有一定临界尺寸的晶核。随时间的延长，已形成的晶核不断长大。与此同时，剩余的液态金属中又不断有新的晶核生成并不断长大，直到液态金属全部转变为固态晶体为止。单位时间内单位体积液态金属中形成的晶核数 N 称为形核率(m^{-3}/s)。单位时间内晶核长大的线长度称为长大速率 G(m/s)。各个由晶核长成的不规则小晶体称为晶粒。晶粒之间的界面称为晶界。

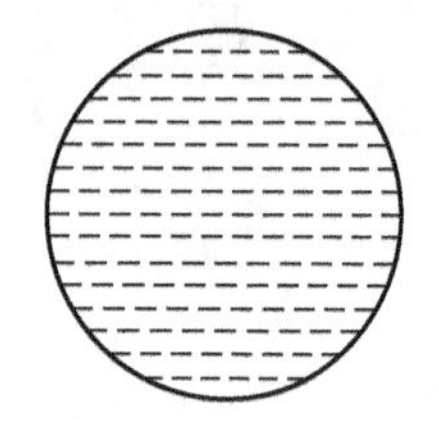
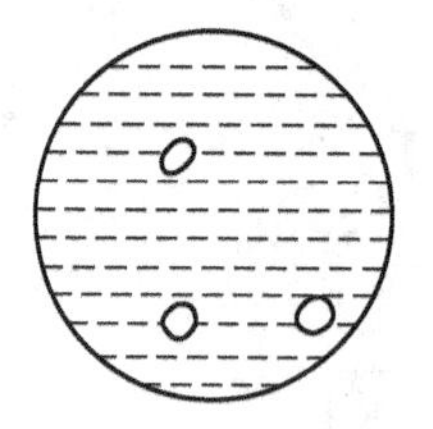
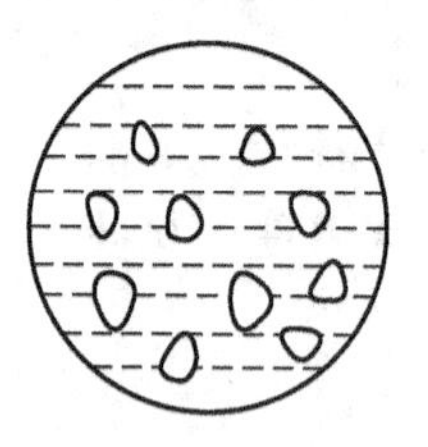
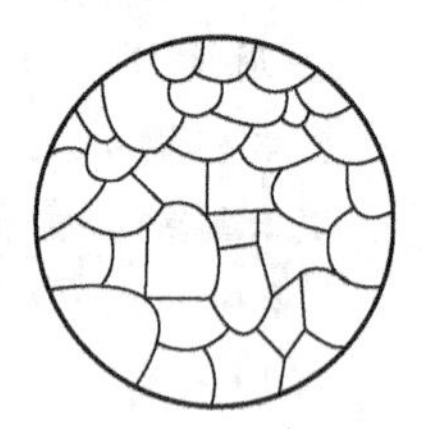

图 1.66 纯金属结晶示意图

2）过冷现象及过冷度

图 1.67 所示为液态纯金属在缓慢冷却过程中的温度-时间关系曲线，即冷却曲线。由图可见，液态金属在理论凝固温度 T_m(金属的熔点)处并未开始凝固。只有冷却至 T_m 温度以下的某个温度(T_n)才开始凝固。通常将这种实际开始凝固温度低于理论开始凝固温度的现象称为“过冷”，并把理论凝固温度 T_m 与实际凝固温度 T_n 之差 ΔT 称为过冷度($\Delta T = T_m - T_n$)。

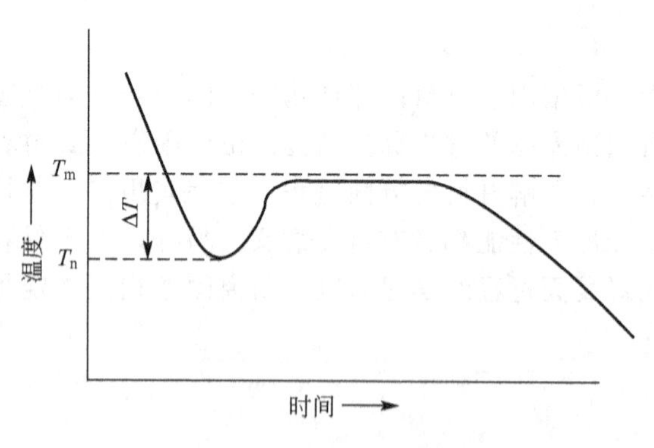

图 1.67 纯金属冷却曲线

由于液态金属在凝固过程中要放出结晶潜热，使温度升高到略低于 T_m 温度，当放热量与散热量相等时曲线上出现了低于 T_m 的“平台”。这时，凝固在恒温下进行，直至熔液凝固完毕，温度又继续下降。

应该指出，过冷度不是一个恒定值，它随金属的性质、纯度、熔液的冷却速度等因素而改变。对于同一种金属，冷却速度越大，过冷度越大。

3．晶核的形成

晶核的形成有两种方式：均匀形核和非均匀形核。

均匀形核是靠自身的结构起伏和能量起伏等条件在均匀的母相中无择优位置，任意地形成核心。这种晶核由母相中的一些原子团直接形成，不受其他外界影响。

非均匀形核是在母相中利用自有的杂质、模壁等异质作为基底，择优形核。这种晶核受杂质等外界因素影响。

由于非均匀形核所需能量较少，且实际中不可避免地存在杂质等，因此金属凝固时的形核主要为非均匀形核。但非均匀形核的基本原理仍是以均匀形核为基础的，因此先讨论均匀形核。

1）均匀形核

均匀形核不需要提供能量，仅靠自身的结构起伏和能量起伏等条件来完成。这样，会给体系能量带来两相变化。一是由于晶胚的形成，液态转变为晶态时体积发生变化，会释放出一部分能量，称为体积自由能，用 ΔG_V 表示($\Delta G_V<0$)，该部分能量促进相变的进行，是驱动力。二是由于晶胚与液相间形成新的界面能，称为界面自由能，用 σ 表示。该部分能量将阻碍相变的进行，是阻力。晶胚达到一定尺寸后就成为结晶的晶核。因此，形成一个晶核所引起的体系的自由能变化为

$$\Delta G=V\Delta G_V+\sigma A \tag{1-7}$$

式中，V 为晶核的体积；A 为晶核与液相之间界面的面积。

假设晶核为球形，半径为 r，则式(1-7)变为

$$\Delta G=-\frac{4}{3}\pi r^3\Delta G_V+4\pi r^2\sigma \tag{1-8}$$

当温度一定时，ΔG_V 和 σ 为定值，ΔG_V 是 r 的函数。图 1.68 所示为晶核半径 r 与自由能 ΔG 的关系，$\Delta G=f(r)$ 曲线存在一极大值，该处 $r=r^*$。当 $r<r^*$ 时，ΔG 随 r 的增大而增大。显然这种情况下的晶胚是不可能形成的，晶胚只能重新熔化而消失；当 $r=r^*$ 时，ΔG 达到最大值。即 $\Delta G=\Delta G^*$；$r>r^*$ 时，ΔG 随 r 的增大而减小，这种情况下，凝固才能自动进行。因此，把半径为 r^* 的晶胚称为临界晶核，只有半径略大于临界半径的晶核才能稳定的长大。临界半径 r^* 可通过求极值得到，取 $\frac{d\Delta G}{dr}=0$，则

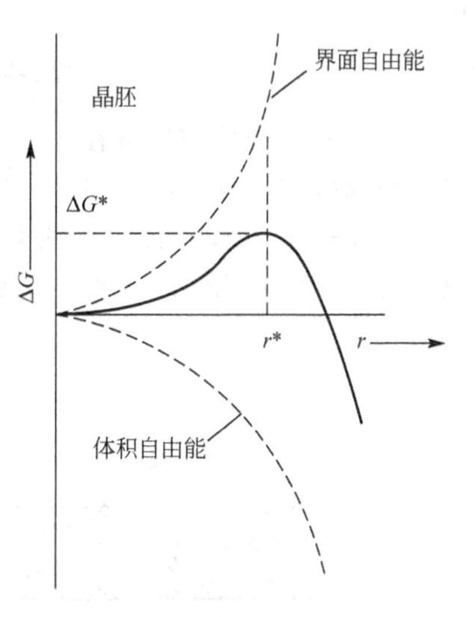

图 1.68　晶核半径与 ΔG 的关系

$$r^*=-\frac{2\sigma}{\Delta G_V},\quad \Delta G_V=-\frac{L_m\Delta T}{T_m}$$

$$\Delta G^*=\frac{16\pi\sigma^3T_m^2}{3(L_m\cdot\Delta T)^2} \tag{1-9}$$

式中，ΔG^* 为形成临界晶核所需的功，简称形核功；L_m 为熔化潜热。形成临界晶核时，体系释放的体积自由能只相当于所需界面能的 2/3，形核功正好可补充另外的 1/3，所以

此形核功是开始形核的主要保障，主要靠母相本身存在的能量起伏提供。所谓能量起伏是液相中各微区的能量偏离体系平均能量的现象，它也是时有时无，此起彼伏的。

由此可见，均匀形核是结构起伏与能量起伏共同作用的结果，二者缺一不可。

形核率是单位时间内单位体积液态金属中形成的晶核数。根据前面的分析，形核率 N 主要受两个因素的影响：一是过冷度，二是原子扩散。随 ΔT 的增大，r^* 减小，ΔG^* 减小，促进形核；当 ΔT 进一步增大，原子从液相向已形成晶胚扩散的速率减慢，阻碍形核。

当过冷度较小时，形核率主要受变形功因子的影响，N 随 ΔT 增大而增大；当过冷度较大时，形核率主要受原子扩散几率因子的影响，N 随 ΔT 增加而减小。

2) 非均匀形核

实际情况中，晶核的形核方式基本上都是非均匀形核。非均匀形核时，一些外界因素(如杂质、铸型内壁等)可使形核界面能降低，在较小过冷度发生形核，因此非均匀形核所需过冷度小于均匀形核。例如，纯铁均匀形核时的过冷度为 295℃，但在工业生产中铁液的结晶温度一般不超过 20℃。

设晶核 α 以球冠状形成于基底 W 上(基底为杂质表面或模壁)，球冠的曲率半径为 r，球冠与基底的界面半径为 R，如图 1.69(a)所示。晶核表面与基底面的接触角为 θ，称为浸润角。$\sigma_{\alpha L}$、$\sigma_{\alpha W}$、σ_{LW} 分别表示晶核与液相、晶核与基底、液相与基底的界面能(用表面张力表示)，$A_{\alpha L}$、$A_{\alpha W}$ 分别表示晶核与液相、晶核与基底之间的界面面积，V_α 表示晶核的体积，如图 1.69(b)所示。

因此，非均匀形核时体系自由能的变化为

$$\begin{aligned}\Delta G_S &= V\Delta G_V + \Delta G_S \\ &= \frac{2-3\cos\theta+\cos^3\theta}{4}\left(\frac{4}{3}\pi r^3 \Delta G_V + 4\pi r^2 \sigma_{\alpha L}\right)\end{aligned}$$

即

$$\Delta G^*_{非} = \Delta G^* \left(\frac{2-3\cos\theta+\cos^3\theta}{4}\right) \tag{1-10}$$

由图 1.69(b)可知，θ 在 $0\sim\pi$ 之间变化。当 $\theta=0$ 时，$\Delta G_S=0$，形核时不需要形核功；当 $\theta=\pi$ 时，$\Delta G^*_{非}=\Delta G^*$，非均匀形核的形核功与均匀形核相等，基底对形核不起作用；当 $0<\theta<\pi$ 时，$\Delta G^*_{非}<\Delta G^*$，非均匀形核的形核功小于均匀形核，可在较小的过冷度下形核。因此，$0<\theta<\pi$ 时，θ 越小，$\Delta G^*_{非}$ 越小，越容易形核。

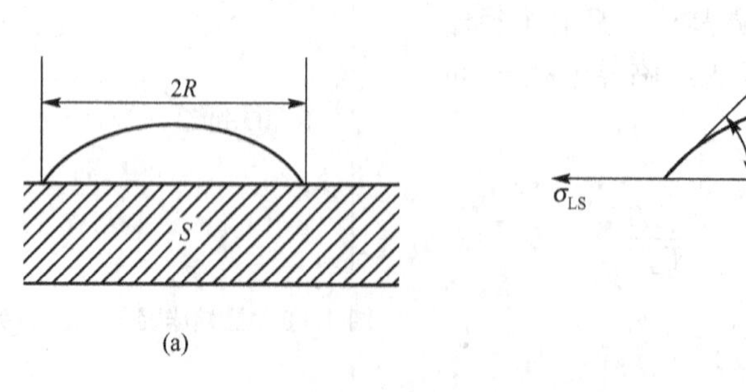

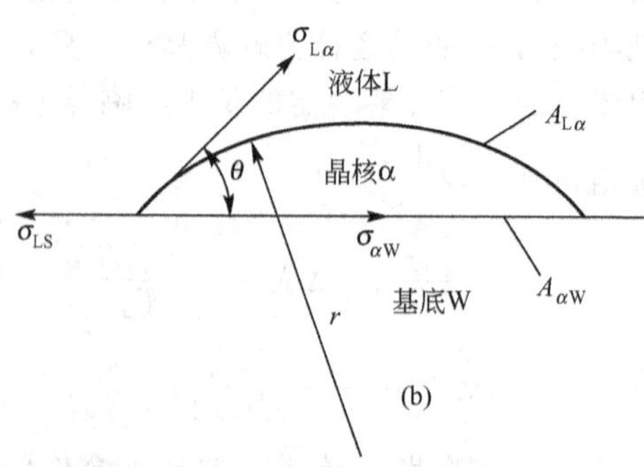

图 1.69 非均匀形核示意图

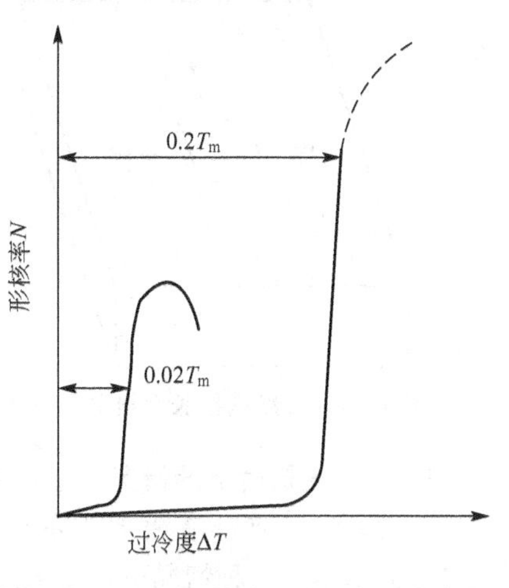

图 1.70 均匀形核率和非均匀形核率随过冷度变化的对比示意图

非均匀形核的形核率与均匀形核相似，也受过冷度和原子扩散的影响。但由于 $\Delta G_{非}^{*}<\Delta G^{*}$，因此非均匀形核在较小过冷度下具有较高的形核率。图 1.70 所示为均匀形核和非均匀形核率的对比。由图可见，随过冷度增大，非均匀形核的形核率值由低向高过渡较为平稳，在过冷度约为 $0.02T_m$ 时达到最大值。通过最大值后，曲线下降一段便中断，这是由于可供形核的基底面积逐渐减小，最后完全消失。非均匀形核的最大形核率小于均匀形核。

4. 晶核的长大

晶核长大是指形核后，原子从液相迁移到固相的数量多于从固相迁移到液相的过程。晶核长大过程中，长大的方式、长大的形态及长大的速率都将影响最终材料的组织和性能。

1）液固界面的微观结构

液固两相的界面按微观结构可分为两种，即粗糙界面和光滑界面。由于晶核的长大是液固两相界面两侧原子迁移的过程，因此液固两相界面的结构也将影响晶核的长大。

2）晶核的长大机制

晶核的长大机制是指原子从液相迁移到固相的过程。长大机制与液固界面结构有关，目前认为可能存在的长大机制主要有以下几种。

(1) 连续长大。这种长大机制又称为垂直长大，适用于粗糙界面的长大过程。由于粗糙界面上，原子和空缺位置各占 50%，所有的空缺位置都可以随机地接纳从液相来的原子，而不破坏界面的粗糙度。这种机制不需要孕育期、临界晶核尺寸和形核功，除了克服液相中原子间结合力外不受其他阻碍，所以长大的速率很快，所需的过冷度也较小。大多数金属可能属于这种长大机制。

(2) 二维晶核长大。这种长大机制又称为台阶式长大，主要适用于光滑界面。二维晶核是指一定尺寸的单分子或单原子的平面薄层。一个二维晶核在界面上首先形成后，界面上出现一个台阶，液相中的原子将沿此台阶侧面不断地附着并向周围铺展开，直到铺满整个界面。这时生长中断，晶核也长厚一层。然后在新的界面上再形成新的二维晶核，又很快长厚一层，如此反复进行，如图 1.71 所示。这种机制的长大是不连续的，所需过冷度较大。二维晶核长大机制在实际中比较罕见，长大的速度也较慢。

(3) 依靠晶体缺陷长大。这种机制也主要适用于光滑界面，其中最典型的是依靠螺型位错长大。当光滑界面上存在螺型位错时，液相中的原子可沿螺型位错露头处的台阶不断附着长大，使台阶围绕位错线露头旋转，最终晶体表面呈现由螺型台阶形成的蜷线，如图 1.72 所示。

实际上，晶体中总是存在原子不规则排列的结构缺陷，但由于界面上提供的可附着原子的位置很少，因此这种机制的生长速率也较慢，但这种方式不需要从新形核。

3）纯金属的生长形态

纯金属凝固时的生长形态除与液固界面结构有关外，还与界面前沿液相中的温度梯度有关。

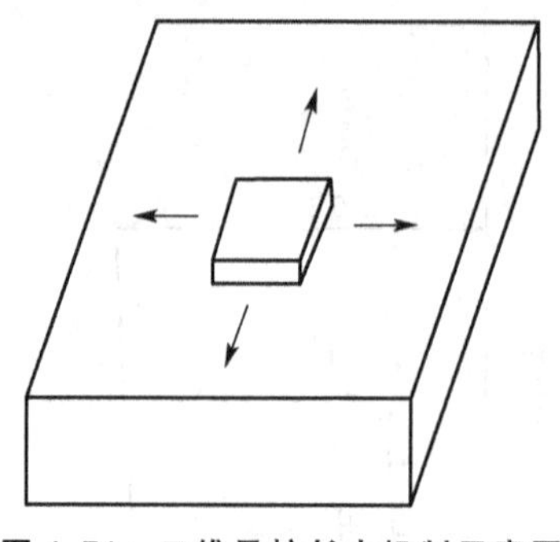

图 1.71　二维晶核长大机制示意图

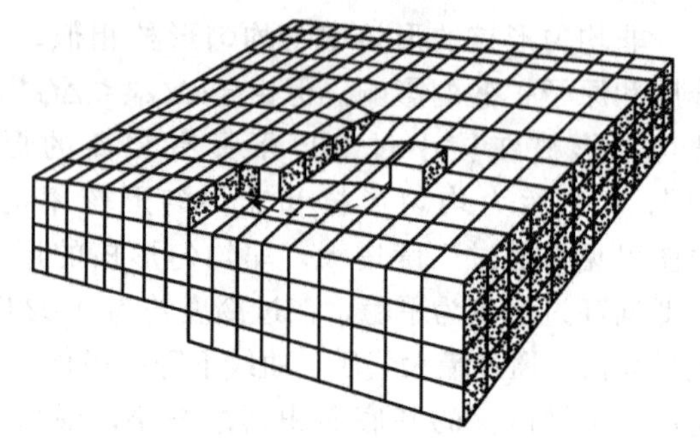

图 1.72　螺型位错台阶机制示意图

(1) 正温度梯度下的情况。正温度梯度指液相中离固液界面的距离 Z 越大，温度越高(即 $dT/dZ>0$)，前沿液相体内的动态过冷度(ΔT_K)随与界面距离 Z 的增加而减小，如图 1.73(a)所示。这种情况下，型壁起到散热的作用，故离型壁越近温度越低，型壁处最先凝固，液相中心部分温度永远高于固液界面的温度，结晶潜热只能由固相散出，整个界面保持稳定的平面状。即使当界面上偶尔有凸起进入温度较高的液相中时，由于动态过冷度下降，晶体的生长速率也会减慢或停止，周围部分长上来使凸起消失，固液界面仍为稳定的平面状。

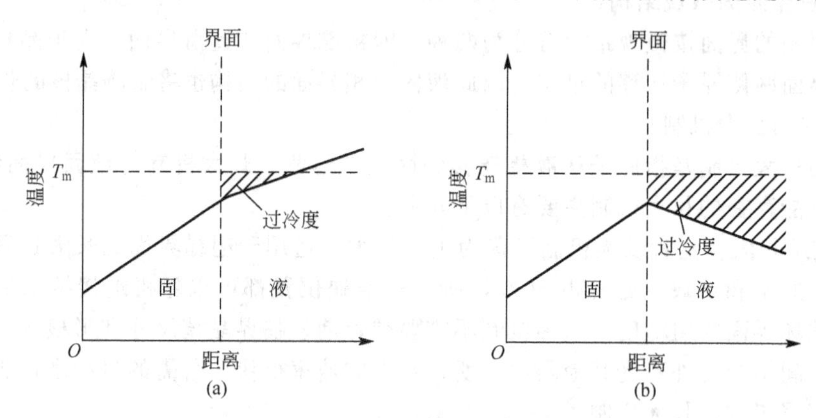

图 1.73　两种温度分布方式

(2) 负温度梯度下的情况。负温度梯度是指液相中离固液界面距离 Z 越大，温度越低(即 $dT/dZ<0$)，前沿液相体内的动态过冷度(ΔT_K)随与界面距离 Z 的增加而增大，如图 1.73(b)所示。这种情况下，界面前沿液相内冷却散热及结晶潜热既通过型壁又通过液相散失，因此晶体生长的界面上不能保持稳定的平面状，一旦界面上偶有凸起进入液相就会获得更大的 ΔT_K，从而使生长速率加快，凸起伸入液相中形成一个晶轴，这种晶轴称为主晶轴。同时这些主晶轴由于结晶时向两侧液相中放出潜热，使液相中垂直于主晶轴的方向产生二次晶轴。同理二次晶轴上又长出三次晶轴等，如图 1.74 所示的树枝状晶。晶体的这种生长方式称为树枝状结晶。物质以树枝

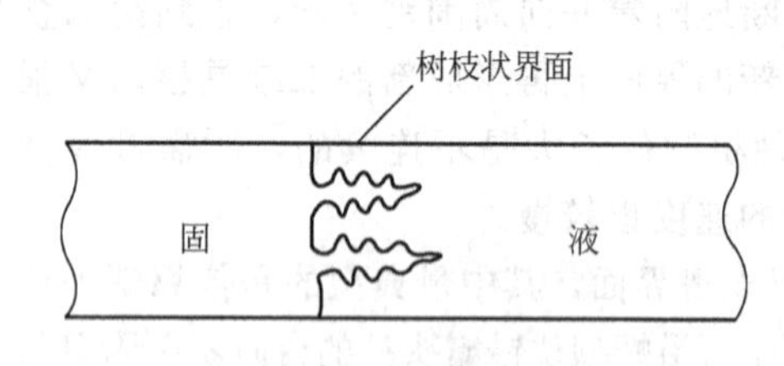

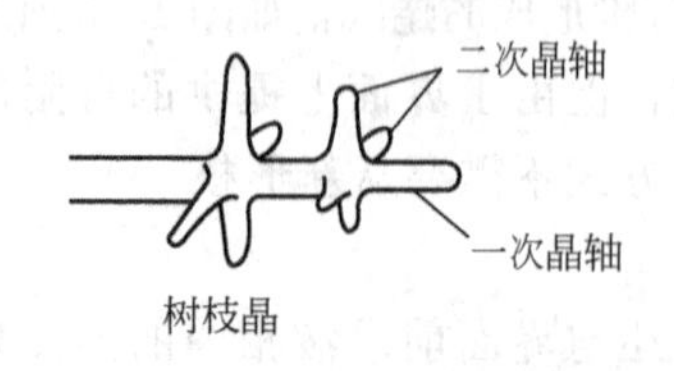

图 1.74　树枝状晶体生长示意图

状方式生长时，最后凝固的金属将树枝状空隙填满，使每个枝晶成为一个晶粒。

1.5.2 单相固溶体凝固

1. 平衡分配系数

平衡分配系数指在凝固温度下固相成分与液相成分之比，即

$$k_0=\frac{C_S}{C_L} \tag{1-11}$$

固溶体凝固是在一定的温度范围内进行的，并且在两相区液相和固相的平衡成分是不同的。k_0 可以小于1，也可以大于1，图1.75所示为 $k_0>1$ 和 $k_0<1$ 两种情况的相图。k_0 大小仅与合金相图本身的特性有关。$k_0<1$ 时，随溶质增加，固溶体凝固的开始温度和终了温度降低；$k_0>1$ 时，随溶质增加，合金凝固的开始温度和终了温度升高。k_0 越接近1，则该合金凝固时重新分布的溶质成分与原合金成分越接近。

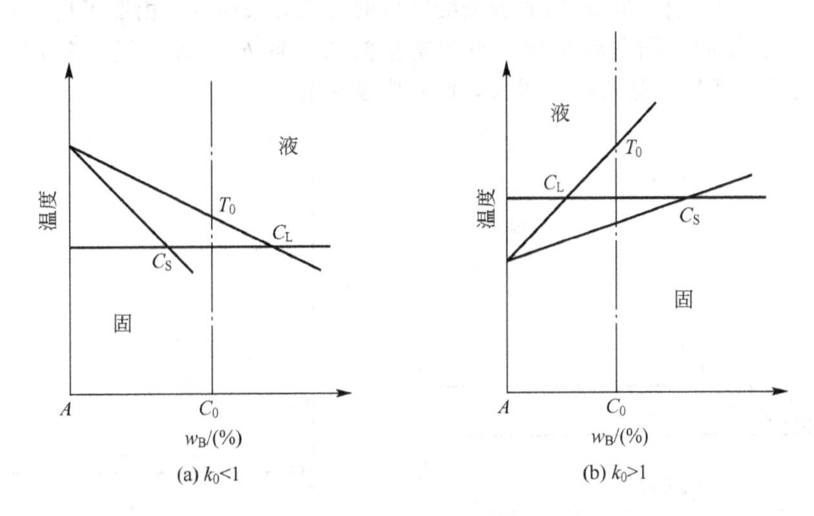

图1.75 两种 k_0 的情况

2. 合金凝固的典型情况

1）平衡凝固

平衡凝固是指合金在凝固过程中，冷却速度非常缓慢，每个阶段的相变都有充分的时间进行组元间的相互扩散，达到平衡相的均匀成分。

与纯金属相比，固溶体合金凝固过程有以下两个特点：①固溶体合金凝固时生成的固相成分与原液相成分不同，即需要成分起伏、能量起伏和结构起伏；②固溶体合金凝固需在一定温度范围内进行，并且在此温度范围内的每一温度下只能凝固出一定数量的固相，即凝固速率比纯金属慢。

2）非平衡凝固

非平衡凝固是指当冷却速率较大时，在每个温度间隔固相的溶质原子不可能扩散均匀，即固相的整体成分不能达到平衡成分。

与平衡凝固相比，非平衡凝固具有以下两个特点：①先析出的晶核中含有的高熔点组

元多于低熔点组元。随凝固温度的降低，将出现晶内偏析，即在一个晶粒内化学成分不均匀，高熔点组元的析出量随凝固温度的降低而减少，低熔点组元的析出量随凝固温度的降低而增加。若析出的晶核以树枝状方式生长，则出现枝晶偏析，即各次晶轴间及晶轴与轴间隙之间出现成分偏析。②平均成分的成分偏离程度随冷却速度的增大而增大，但当冷却速度非常大时，偏析又将迅速减小。

3. 固溶体合金凝固时溶质的再分配

合金凝固时溶质要发生重新分配，在非平衡凝固条件下，除了产生枝晶偏析外，还有可能发生宏观偏析。宏观偏析是指铸锭边缘和铸锭中心溶质浓度不同，造成铸锭内先后凝固部位的组织、性能不同，是材料的一种无法消除的缺陷。

为了便于讨论，研究一根水平圆棒由棒端面从左向右的定向凝固，如图 1.76 所示。为了简化问题，做以下假设：固液界面是平直的；液相成分总是均匀的；晶体长大时界面处始终保持局部平衡状态；不考虑固相内的扩散；固相和液相的密度相同。

图 1.77 所示为具有不同 k_0 值的合金凝固后的溶质分布曲线。由图可见，当 $k_0<1$ 时，合金棒从左至右凝固，则左端纯化，右端富集溶质，且 k_0 越小，这个效应越显著；当 $k_0>1$ 时，则溶质富集于左端，k_0 越大，此效应越显著。

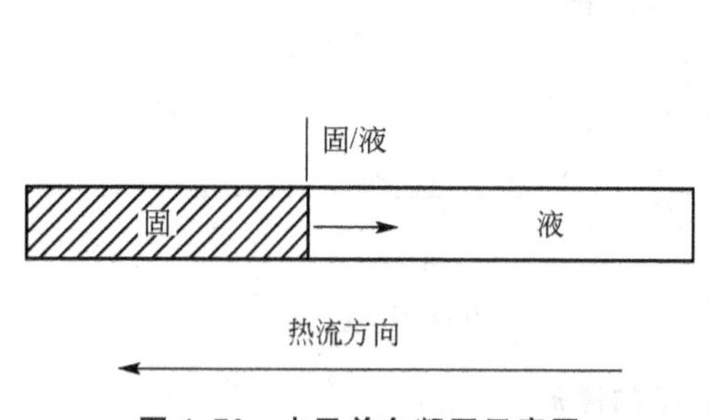

图 1.76　水平单向凝固示意图

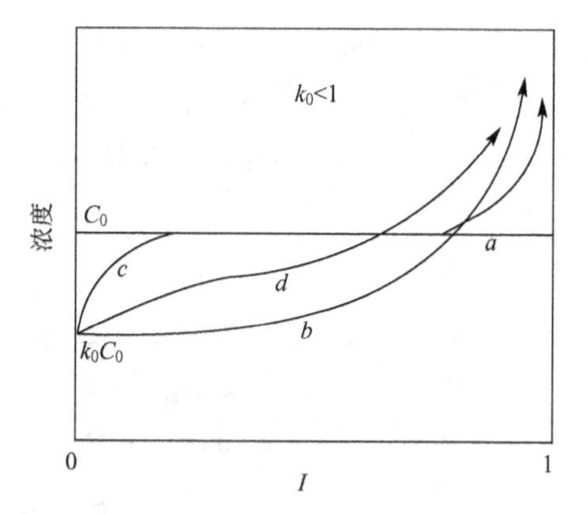

图 1.77　成分为 C_0 的合金熔液在凝固后得到的溶质分布曲线

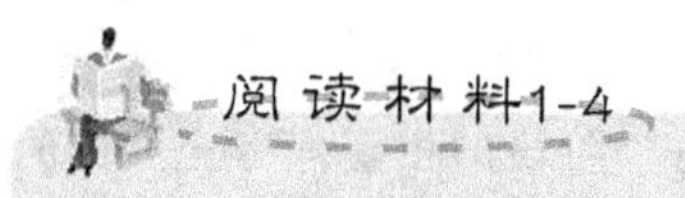

区域熔炼

区域熔炼法，又称区域提纯，是用来提纯金属、半导体、有机化合物的方法。

根据固溶体合金定向凝固时的溶质再分配原理，进行材料提纯时，不是将材料全部同时熔化，而是将平行于材料截面的一薄层区域熔化，熔区以恒定的速度 R 沿材料移动，进行有效提纯。这种先凝固部分将杂质排入熔化的液相中，最后杂质富集在末端的方法称为“区域熔炼”，如图 1.78 所示。经多次反复区域熔炼，纯度可随熔炼次数的增多而提高。例如，$k_0=0.1$ 的材料反复 5 次提纯可使左半部杂质含量降低到原来的 0.001。

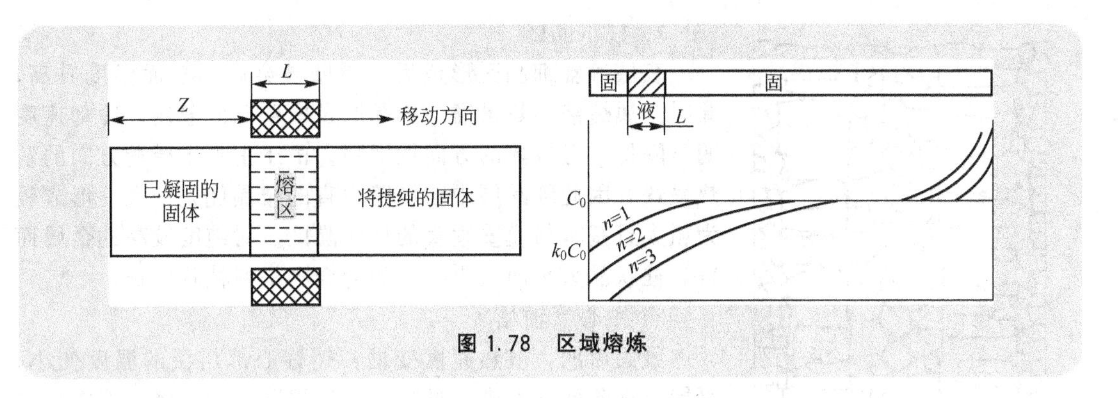

图 1.78 区域熔炼

4. 合金凝固中的成分过冷

1）成分过冷与热过冷

纯金属凝固时，其理论凝固温度(T_m)是固定的，当液态金属中的实际凝固温度低于T_m时，将引起过冷，通常称为热过冷。而固溶体合金凝固时，界面前沿液相中的理论凝固温度将随其浓度的变化而变化，通常将这种界面前沿液相中的实际凝固温度低于由溶质分布所决定的凝固温度时产生的过冷，称为成分过冷。

2）成分过冷对晶体长大形状的影响

成分过冷对固溶体合金的晶体长大形状有很大影响。当成分过冷区较大时，晶体呈树枝状生长，当成分过冷区较小时，晶体呈胞状生长。若液相中的实际温度梯度低于临界温度梯度，固液界面前沿只能稍突向液相中。由于过冷区较小，限制了它的长大，不能形成树枝状，所以以胞状方式生长(图 1.79)。这种胞状结构在初期纵界面呈抛物线形状，横截面呈扁片状或圆柱状。随着成分过冷的增加，逐渐变成六角形状。当成分过冷进一步增大时，逐渐变成胞状树枝晶和树枝晶。

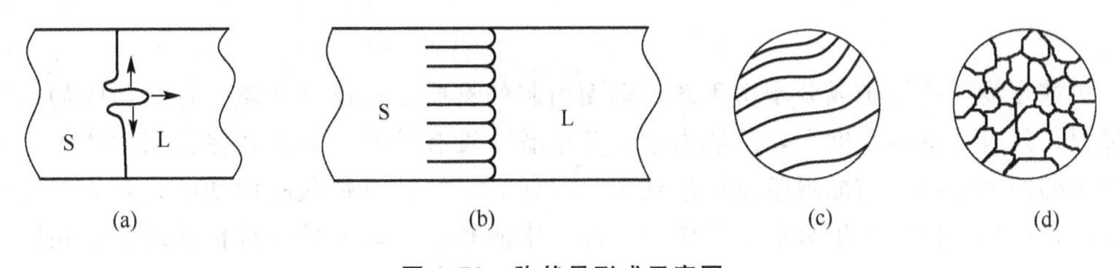

图 1.79 胞状晶形成示意图

1.5.3 铸锭的凝固

1. 铸态的晶粒组织

铸锭的晶粒组织分为三个晶区：紧靠模具内壁的细晶区、垂直于模壁上涨生长的柱状晶区、铸锭中心的等轴晶区，如图 1.80 所示。

1）表层细晶区

浇铸后，金属熔液与温度较低的模壁接触，由于过冷度大，模壁又能促进非均匀形核，因此形核率很高。此时晶核的生长方式是随机的，它们将沿任意方向生长，直至相邻晶粒相互碰撞而停止生长，形成表层等轴细晶区。

2）柱状晶区

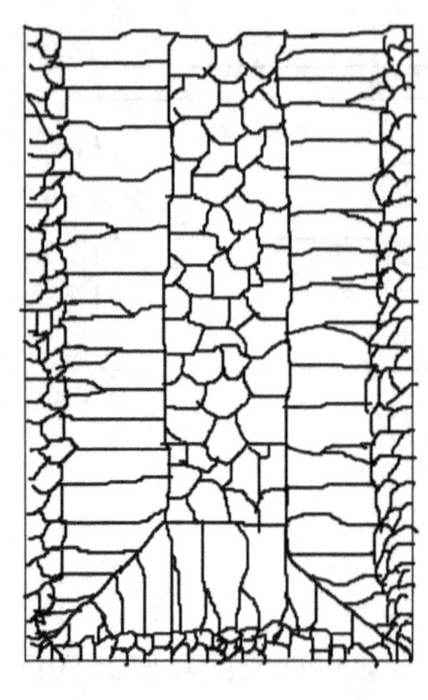
图 1.80 铸锭的三个晶区示意图

表层等轴细晶区形成后，模壁被金属加热而温度升高，此时金属熔液的热量需经细晶层及模壁向外散发，冷却速度明显降低，且散热的方向性增强。由于垂直于模壁方向的散热最快，因此细晶层中与模壁垂直的枝晶优先长大，形成较为粗大且基本与模壁垂直的柱状晶区。对纯度较高的金属而言，柱状晶呈平面状生长，而合金则呈树枝状生长。

3）中心等轴晶区

凝固后期，散热速度变慢，铸锭心部熔液的温度变小，可能出现各处同时进入过冷状态的情况。当金属熔液中存在许多游离晶体，并具备长大条件时，就向各方向长大形成中心等轴晶区。这些游离晶体称为籽晶，可能由于柱状晶区的二次、三次等枝晶被流动的金属熔液冲刷，局部破碎进入金属熔液中；也可能由于柱状晶区树枝晶生长过程中晶枝颈缩而形成。

2. 铸态晶粒组织的控制

铸态晶粒组织的控制主要是控制柱状晶的发展。柱状晶晶粒之间的界面近似于相互平行，具有强的方向性，彼此间结合不牢固。若再出现杂质，则结合力更小，轧制时易开裂。而等轴晶由于各个晶粒的取向不同，不易开裂，且晶粒越细结合越牢固。因此可通过指定合理浇铸工艺、添加形核剂、振动、半连续铸造等方法提高铸锭质量。

1.6 扩　散

扩散是物质中原子或分子由于热运动而引起的物质宏观迁移现象，是物质间的一种传递过程。只有在绝对零度下，从热力学的角度看才没有扩散。通常，在任何物质中，无论是处于哪种聚集态，均能观察到扩散现象。气体分子的扩散是众所周知的，我们经常闻到的气味，就是气体分子扩散运动的结果。液体中的布朗运动也是一种扩散现象。在固体中也会发生原子的输运和不断混合的过程。但由于固体中原子之间有一定的结构和很大的内聚力，因此，固体中原子的扩散要比气体或液体中慢得多，甚至慢几百万倍。尽管如此，只要固体中的原子或离子分布不均匀，存在着浓度梯度，就会产生使浓度趋向于均匀的定向扩散。在气体和液体中，除扩散之外，物质的传递还可以通过对流的方式进行；而在固体中，扩散是唯一的物质迁移方式。就原子(或离子)的运动而论，在固体中扩散主要以两种方式进行：一种是大量原子集体的协同运动，也称机械运动，如滑移、孪生、马氏体相变；另一种是无规则的热运动，其中包括热振动和跳跃迁移。在金属及合金的熔炼、热加工和应用过程中，许多问题与原子的扩散有关。例如，结晶、偏析与均匀化，钢及合金的热处理，铸造、烧结与焊接，加热时的氧化和脱碳，变形金属的回复与再结晶等都与原子的运动有关。本节主要讨论固体金属中扩散的一般规律、扩散的影响因素和扩散机制等内容。

1.6.1 表象理论

1. 菲克第一定律

菲克(A. Fick)于1855年通过实验获得了关于稳态扩散的第一定律。定律指出：扩散中原子的通量与质量浓度梯度成正比，即

$$J=-D\frac{\mathrm{d}\rho}{\mathrm{d}x} \tag{1-12}$$

式中，J 为扩散通量，表示单位时间内通过垂直于扩散方向 x 的单位面积的扩散物质质量，其单位为 $\mathrm{kg/(m^2 \cdot s)}$；$D$ 为扩散系数，相当于浓度梯度为1的扩散流量，是描述扩散速度的重要物理量，其单位为 $\mathrm{m^2/s}$；ρ 是质量浓度梯度，单位为 $\mathrm{kg/m^3}$；负号表示物质的扩散方向与质量浓度梯度 $\frac{\mathrm{d}\rho}{\mathrm{d}x}$ 方向相反。该方程称为菲克第一定律或扩散第一定律。菲克第一定律描述了一种稳态扩散，即质量浓度不随时间而变化。实际上，稳态扩散的情况是很少的，大部分过程属于非稳态扩散，这类过程可以由菲克第二定律来处理。

2. 菲克第二定律

由于实际中的扩散过程多为与时间因素有关的非稳态扩散，因此，在处理扩散问题时，除结合菲克第一定律外，还可以根据扩散物质的质量平衡关系建立反映非稳态扩散的偏微分方程，即菲克第二定律的数学表达式及其具体扩散条件求解。菲克第二定律的数学表达式如下：

$$\frac{\partial\rho}{\partial t}=\frac{\partial}{\partial x}\left(D\frac{\partial\rho}{\partial x}\right) \tag{1-13}$$

如果扩散系数 D 与浓度无关，则式(1-13)可简化为

$$\frac{\partial\rho}{\partial t}=D\frac{\partial^2\rho}{\partial x^2} \tag{1-14}$$

3. 菲克第二定律的应用

扩散过程的两个定律是扩散现象的基本规律。在已知具体条件(初始条件和边界条件)时，可以求出扩散方程的解。例如，将纯铁放在渗碳性气氛中，气氛的碳势为1.3%(碳势是指炉内气氛与工件表面碳成分达到平衡时的相对含碳量)，求在927℃渗碳10h后，铁表面碳浓度分布曲线及渗碳层深度和渗碳时间的关系。

此时，原始碳质量浓度为 ρ_0 的渗碳零件可被视为半无限长的扩散体，即远离渗碳源一端的碳质量浓度，在整个渗碳过程中不受扩散的影响，始终保持为 ρ_0。

初始条件：$t=0$，$x\geqslant 0$，$\rho=\rho_0$；

边界条件：$t>0$，$x=0$，$\rho=\rho_s$。

即假定渗碳一开始，渗碳源一端表面就达到渗碳气氛的碳质量浓度 ρ_s，由菲克第二定律可得

$$\rho(x,\ t)=\rho_S-(\rho_S-\rho_0)\mathrm{erf}\left(\frac{x}{2\sqrt{Dt}}\right) \tag{1-15}$$

式中，ρ 为经 t 秒渗碳后，距表面 x 厘米处的碳浓度；ρ_0 为表面的碳浓度；$\mathrm{erf}\left(\frac{x}{2\sqrt{Dt}}\right)$为误差函数(积分函数)，可在有关的数学表中查得。

1.6.2 影响扩散的因素

由菲克第一定律可以看出，单位时间内扩散通量的大小(扩散速度的快慢)取决于扩散系数 D 和浓度梯度。浓度梯度取决于有关条件，因此在一定的条件下，扩散的快慢主要取决于扩散系数。扩散系数与温度和扩散激活能等有关，可用式(1-16)表示：

$$D=D_0 e^{-Q/RT} \tag{1-16}$$

式中，D 是扩散系数，D_0 是扩散常数，R 为气体常数，Q 为扩散激活能，T 为绝对温度。这表明，温度和能够改变 D_0、Q 的因素都影响着扩散过程，现讨论如下。

1. 温度

温度是影响扩散速率的最主要因素。温度越高，原子热激活能越大，越易发生迁移，扩散系数越大。

2. 固溶体类型

不同类型的固溶体，原子的扩散机制不同。间隙固溶体的扩散激活能一般均较小。例如，C、N 等溶质原子在铁中的间隙扩散激活能比 Cr、Al 等溶质原子在铁中的置换扩散激活能要小得多，因此，钢件表面热处理在获得同样渗层浓度时，渗 C、N 比渗 Cr 或 Al 等金属的周期短。

3. 晶体结构

晶体结构对扩散有影响，有些金属存在同素异构转变。当它们的晶体结构改变后，扩散系数也随之发生较大的变化。例如，铁在 912℃时发生 γ-Fe 向 α-Fe 转变，α-Fe 的自扩散系数大约是 γ-Fe 的 240 倍。所有元素在 α-Fe 中的扩散系数都比在 γ-Fe 中大，其原因是体心立方结构的致密度比面心立方结构的致密度小，原子较易迁移。

原子在晶体中的扩散，从微观角度看，是原子不断跳跃迁移的过程。因为晶体在不同的方向，原子间间距不同，相应的结合能也有明显差异，扩散系数可能会存在各向异性。对晶体结构对称性低的材料来说，尤其明显。

4. 晶体缺陷

在实际使用中，绝大多数材料是多晶材料。对于多晶材料，正如前所述，扩散物质通常可以沿三种途径扩散，即晶内扩散、晶界扩散和表面扩散。若以 Q_L、Q_s 和 Q_B 分别表示晶内、表面和晶界的扩散激活能，D_L、D_B 和 D_s 分别表示晶内、晶界和表面的扩散系数，则一般规律是 $Q_L>Q_B>Q_s$，所以 $D_s>D_B>D_L$。

5. 化学成分

不同金属的自扩散激活能与其点阵的原子间结合力有关，因而扩散激活能与表征原子间结合力的宏观参量，如熔点、熔化潜热、体积膨胀或压缩系数有关，熔点高的金属的自扩散激活能必然大。

扩散系数的大小除与上述的组元特性有关外，还与溶质的浓度有关，无论是置换固溶体还是间隙固溶体均是如此。有的情况下由于第三组元的存在使扩散溶质的激活能产生变化。例如，合金钢中C元素的扩散，对于不能形成稳定碳化物的元素(Ni、Co等合金元素)增加了结构的不完整性，使C扩散的激活能下降，扩散系数增加；而合金钢中易形成稳定碳化物的元素(Mo、Cr、Mo、W等)使C迁移困难，造成C扩散系数下降。

6. 应力的作用

如果合金内部存在着应力梯度，那么，即使溶质分布是均匀的，也可能出现化学扩散现象。

1.6.3 扩散驱动力

菲克定律指出扩散总是向浓度低的方向进行的，浓度梯度似乎是扩散的驱动力。但实际上并非所有的扩散过程都如此。例如，铝铜合金时效早期形成的富铜偏聚区，以及某些合金固溶体的调幅分解形成的溶质原子富集区等。这种物质由低浓度区向高浓度区进行的扩散称为“上坡扩散”，它表明浓度梯度并不是造成扩散的根本原因。上坡扩散说明，从本质上来说浓度梯度并非扩散的驱动力，热力学研究表明扩散的驱动力是化学势梯度$\frac{\partial \mu_i}{\partial x}$。

一般情况下的扩散如渗碳、扩散退火等，$\frac{\partial \mu_i}{\partial x}$与$\frac{\partial G}{\partial x}$的方向一致，所以扩散表现为向浓度降低的方向进行。固溶体中的溶质原子的偏聚、调幅分解等，$\frac{\partial \mu_i}{\partial x}$与$\frac{\partial G}{\partial x}$方向相反，所以扩散表现为向浓度高的方向进行(上坡扩散)。

引起上坡扩散还可能有以下一些情况。

(1) 弹性应力的作用。晶体中存在弹性应力梯度时，促使较大半径的原子向点阵伸长部分扩散，较小半径的原子向受压部分扩散，造成固溶体中溶质原子的不均匀分布。

(2) 晶界的内吸附。晶界能量比晶内高，原子规则排列较晶内差。如果溶质原子位于晶界上可降低体系总能量，它们会优先向晶界扩散，富集于晶界上，此时溶质在晶界上的浓度就高于晶内的浓度。

(3) 大的电场或温度场也促使晶体中原子按一定方向扩散，造成扩散原子的不均匀性。

1.6.4 扩散机制

在晶体中，原子在其平衡位置做热振动，并从一个平衡位置跳到另一个平衡位置，即发生扩散。晶体中的扩散机制如图1.81所示。

1. 交换机制

相邻原子的直接交换机制如图1.81中a所示，即两个相邻原子互换了位置。这种机制在密堆结构中未必出现，因为它会引起大的畸变和需要大的激

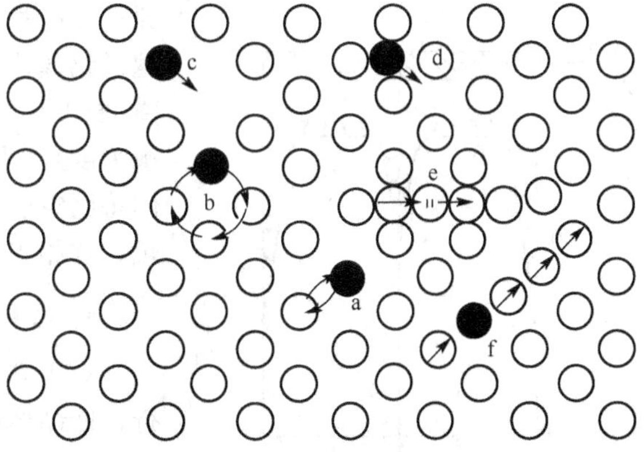

图1.81 晶体中的扩散机制

a—直接交换；b—环形交换；c—空位；d—间隙；e—推填；f—挤列

活能。甄纳(Zener)在1951年提出环形交换机制，如图1.81中b所示，4个原子同时交换，其所涉及的能量远小于直接交换，但这种机制的可能性仍不大，因为它受到集体运动的约束。不管是直接交换还是环形交换，均使扩散原子通过垂直于扩散方向平面的净通量为零，即扩散原子是等量互换。这种互换机制不可能出现柯肯达尔效应。目前，没有实验结果支持在金属和合金中的这种交换机制。在金属液体中或非晶体中，这种原子的协作运动可能容易操作。

2. 间隙机制

在间隙扩散机制(图1.81中d)中，原子从一个晶格中间隙位置迁移到另一个间隙位置。像氢、碳、氮等小的间隙型溶质原子易以这种方式在晶体中扩散。如果一个比较大的原子(置换型溶质原子)进入晶格的间隙位置(即弗兰克尔(缺陷)，那么这个原子将难以通过间隙机制从一个间隙位置迁移到邻近的间隙位置，因为这种迁移将导致很大的畸变。

为此，提出了“推填”(interstitialcy)机制，即一个填隙原子可以把它近邻的、在晶格结点上的原子“推”到附近的间隙中，而自己则“填”到被推出去的原子的原来位置上，如图1.81中e所示。此外，也有人提出另一种有点类似“推填”的“挤列”(crowdion)机制。若一个间隙原子挤入体心立方晶体对角线(即原于密排方向)上，使若干个原子偏离其平衡位置，形成一个集体，此集体称为“挤列”，如图1.81中f所示。原子可沿此对角线方向移动而扩散。

3. 空位机制

前面已指出，晶体中存在着空位，在一定温度下有一定的平衡空位浓度，温度越高，则平衡空位浓度越大。这些空位的存在使原子迁移更容易，故大多数情况下，原子扩散是借助空位机制进行的，如图1.81中c所示。空位扩散机制认为，晶体中存在的大量空位在不断移动位置。扩散原子近邻有空位时，它可以跳入空位，而该原子位置成为一个空位。这种跳动越过的势垒不大。当近邻又有空位时，它又可以实现第二次跳动。实现空位扩散有两个条件，即扩散原子近邻有空位，该原子具有可越过势垒的自由能。

空位扩散机制能很好地解释柯肯达尔效应，被认为是置换扩散的主要方式。在柯肯达尔实验中因镍原子比铜原子扩散快，所以有一个净原子流越过钨丝流向铜一侧，同时有一个净空位流越过钨丝流向镍一侧。这样必使铜一侧空位浓度下降(低于平衡浓度)，使镍一侧空位浓度增高(高于平衡浓度)。当两侧空位浓度恢复到平衡浓度时，铜一侧将因空位增加而伸长，镍一侧将因空位减少而缩短，这相当于钨丝向镍一侧移动了一段距离。

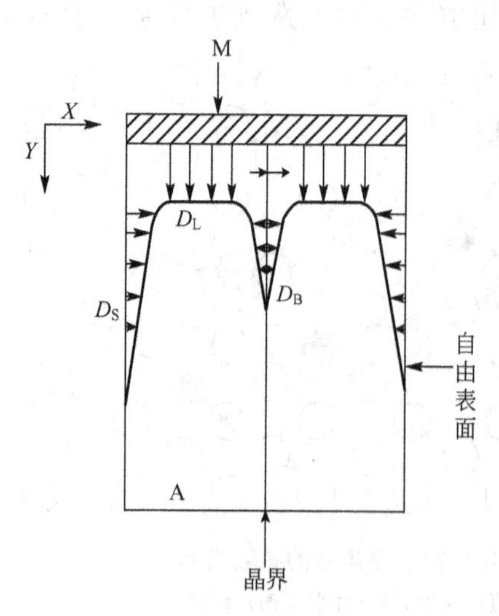

图1.82 物质在双晶体中的扩散

4. 晶界扩散及表面扩散

对于多晶材料，扩散物质可沿三种不同路径进行，即晶体内扩散(或称体扩散)、晶界扩散和样品自由表面扩散，并分别用D_L和D_B和D_S表示三者的扩散系数。图1.82所示为实验测定物质在双晶体中的扩散情况。在垂直于双晶的平面晶界的表面$y=0$上，蒸发沉积放射性同位素 M，经扩散退火后，由图中箭头表示的扩散方向和由箭头端点表示的等浓度处可知，扩散物质 M 穿透到晶体内的深度远比晶界和沿表面的要小，而扩散物质沿晶界的扩散深度比沿表面要小，由此得出，$D_L < D_B < D_S$。由于晶界、表面及位错等都可视为晶体中的缺陷，缺陷产生的畸变使原子迁移比完整晶体内容易，故这些缺陷中的扩散速率大于完整晶体内的扩散速率。因此，常把这些缺陷中的扩散称为“短路”扩散。

1.7 钢的热处理

热处理是将钢在固态下加热到预定的温度，保温一定的时间，然后以预定的方式冷却到室温的一种热加工工艺。其工艺曲线如图 1.83 所示。

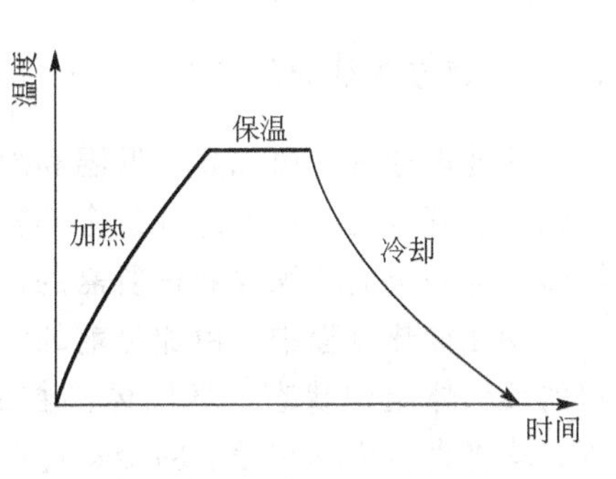

图 1.83 热处理工艺曲线

热处理是机械制造过程中的重要工艺，是保证和提高机器零件质量与使用寿命，充分挖掘材料的潜力的关键工序。此外，还可以消除金属材料经铸造、锻造、焊接等热加工工艺造成的各种缺陷，细化晶粒，消除偏析，降低内应力，使组织和性能更加均匀。例如，用 T7 钢制造一把钳工用的錾子，若不热处理，即使錾子刃口磨得很好，在使用时刃口也会很快发生卷刃；若将已磨好錾子的刃口部分局部加热至一定温度，保温以后进行水冷及其他热处理工艺，则錾子将变得锋利而有韧性。在使用过程中，即使用榔头经常敲打，錾子也不易发生卷刃和崩裂现象。

钢经热处理后，性能之所以发生如此重大的变化，是由于经过不同的加热和冷却过程，钢的内部组织结构发生了变化。因此，要制定正确的热处理工艺规范，保证热处理质量，必须了解钢在不同加热和冷却条件下的组织变化规律。钢中组织转变的规律，就是热处理的原理。

1.7.1 固态相变的类型

无论是液态金属结晶，还是固态金属各种类型的相变都通过形核和长大两个基本过程。根据固态相变过程中形核和长大的特点，可将固态相变分为不同的类型。

(1) 按平衡相图分类，可分为平衡相变和非平衡相变。平衡相变是在非常缓慢的加热或冷却的条件下形成符合平衡状态图的平衡组织的相的转变，如纯金属的同素异构转变、多形性转变、共析转变、包析转变、平衡脱溶、调幅分解等。非平衡转变是在非平衡加热或冷却条件下，平衡转变受到了抑制，发生平衡图上不能反映的转变类型，获得非平衡组织或亚稳状态的组织，如钢中发生的伪共析转变、马氏体相变、贝氏体相变、块状转变等。

(2) 按热力学分类，可分为一级相变和二级相变。一级相变是在相变温度下，两相的自由焓及化学位均相等，但相变时的化学位的一级偏导数不等的相变。一级相变时，有体积和熵的变化。如果相变时化学位的一级偏导数相等，但二级偏导数不等，则称为二级相变。二级相变发生时没有体积和熵的变化，但压缩系数、等压热容和膨胀系数有变化。

(3) 按原子的迁移特征，可分为扩散型相变和无扩散型相变。在固态相变过程中发生相的晶体结构的改变或化学成分的调整，需要原子的迁移才能完成。若原子迁移过程中改变了原有的原子邻居关系，则属于扩散型相变；反之，若不破坏原有的原子邻居关系，原子位移不超过原子间距，则为无扩散型相变。在扩散型相变中，新相的形核和长大主要依靠原子进行长距离的扩散，或者说，相变是依靠相界面的扩散移动而进行的。非扩散型相变也可以称为切变型相变。在这类相变过程中，新相的长大不是通过原子的长距离扩散，而是通过类似塑性变形过程中的滑移和孪生产生切变和转动而进行的。在相变过程中，母相中的原子有规则地、集体地循序转移到新相中，相界面是共格的，转变前后各原子间的相邻关系不发生变化，化学成分也不发生变化。

1.7.2 钢在加热时的转变

热处理通常是由加热、保温和冷却三个阶段组成的。大多数热处理过程均需加热到钢的临界温度以上，使钢部分或全部转变为奥氏体，然后再以适当的冷却速度冷却，使奥氏体转变为一定的组织并获得所需的性能。

钢在加热过程中，由加热前的组织转变为奥氏体被称为奥氏体化过程。由加热转变所得的奥氏体组织状态，奥氏体晶粒的大小、形状、空间取向、亚结构、成分及其均匀性等，均将直接影响在随后的冷却过程中所发生的转变及转变所得产物及性能。因此，研究钢在加热时的组织转变规律，控制和改进加热规范以改变钢在高温下的组织状态，对于充分挖掘钢铁材料的性能潜力、保证热处理产品质量有重要意义。

1. 奥氏体的形成过程

以共析钢为例说明奥氏体的形成过程。从珠光体向奥氏体转变可表示为

$$\begin{array}{ccccc} \alpha & + & Fe_3C & \rightarrow & \gamma \\ w_C=0.0218\% & & w_C=6.69\% & & w_C=0.77\% \\ \text{体心立方} & & \text{正交晶格} & & \text{面心立方} \end{array}$$

这一过程是由碳含量很高、具有正交晶格的渗碳体和碳含量很低、具有体心立方晶格的铁素体转变为碳含量介于二者之间、具有面心立方晶格的奥氏体的过程。因此，珠光体向奥氏体转变包括铁原子的点阵改组和碳原子的扩散。共析珠光体向奥氏体转变包括奥氏体晶核的形成、奥氏体的长大、残余渗碳体溶解和奥氏体成分均匀化四个阶段，如图 1.84 所示。

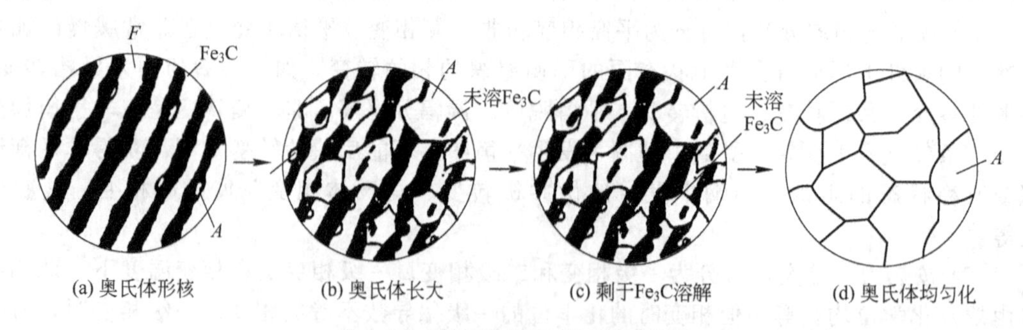

图 1.84 奥氏体的形成过程示意图

奥氏体的形成是通过形核和长大过程进行的，整个过程受原子扩散所控制。因此，凡是影响扩散、影响形核与长大的一切因素，都会影响奥氏体的形成速度。影响因素有以下几点。

1）温度

温度升高，奥氏体形成速度加快。在各种影响因素中，温度的作用最为强烈，因此控制奥氏体的形成温度十分重要。

2）碳含量

钢中碳含量越高，奥氏体的形成速度越快。碳含量增加，原始组织中碳化物数量增多，增加了铁素体与渗碳体的相界面，增加了奥氏体的形核部位，同时碳的扩散距离相对减小。

3）原始组织的影响

如果钢的化学成分相同，原始组织中碳化物的分散度越大，相界面越多，形核率便越大；珠光体组织片间距越小，铁素体和渗碳体组织越细，奥氏体中碳浓度梯度越大，扩散速度便越快；碳化物分散度越大，碳原子扩散距离越短，奥氏体长大速度加快。

4）合金元素的影响

合金元素对奥氏体形成速度的影响可以从以下几个方面来说明。首先，通过碳扩散速度影响奥氏体的形成速度。强碳化物形成元素 Cr、Mo、W 等，可降低碳在奥氏体中扩散系数，推迟珠光体转变为奥氏体；非碳化物形成元素 Co、Ni 等，可增大碳在奥氏体中的扩散系数，使奥氏体形成速度加快；Si、Al 等对碳原子的扩散系数影响不大，因此对奥氏体的形成无明显影响。其次，通过改变碳化物稳定性影响奥氏体的形成速度。通常使碳化物稳定性提高的元素，将延缓奥氏体的形成。钢中加入 W、Mo 和其他强碳化物形成元素后，由于这些元素在钢中可以形成稳定性极高的特殊类型的碳化物，故加热时不易溶解，使奥氏体形成速度减慢。最后，对临界点产生一定影响。合金元素的加入改变了临界点 A_1、A_3、A_{cm}的位置，并使它们成为一个温度范围。当温度一定时，临界点的变化相当于过热度的改变。Ni、Mn、Cu 等可降低 A_1 温度；Cr、Mo、Ti、Si、Al、W、V 等可升高 A_1 温度。

2. 奥氏体晶粒大小及控制

钢在加热后形成的奥氏体组织，特别是奥氏体晶粒大小对冷却转变后钢的组织和性能有重要影响。一般来说，奥氏体晶粒越细小，钢经热处理后的强度越高，塑性越好，冲击韧性越高。但是，钢铁材料在加热过程中温度过高或保温时间过长，将得到粗大的奥氏体晶粒。这种粗大的奥氏体晶粒冷却后得到粗大的转变产物，其塑性、韧性比细小的奥氏体晶粒差。奥氏体晶粒过分粗大，工件在淬火时也易于变形，甚至开裂。因此，在热处理过程中应当防止奥氏体晶粒粗化。为了获得所期望晶粒尺寸的奥氏体，必须弄清奥氏体晶粒度的概念，了解影响奥氏体晶粒大小的因素和控制奥氏体晶粒大小的方法。

1）奥氏体晶粒度

晶粒度是表示晶粒大小的一种尺度。对于钢来说，如果不特别指明，一般是指奥氏体的实际晶粒大小。奥氏体晶粒度有以下三个不同的概念。

起始晶粒度：临界温度以上奥氏体形成刚刚完成，其晶粒边界刚刚互相接触时的晶粒大小。

实际晶粒度：在某一热处理条件下，所得到的晶粒尺寸。

本质晶粒度：根据标准实验条件，在(930±10)℃，保温足够时间(3～8h)后测定的钢中奥氏体晶粒的大小。按此法，晶粒度在5～8级者称为本质细晶粒钢，在1～4级者称为本质粗晶粒钢。本质晶粒度并不是实际晶粒的大小，它只描述了晶粒长大的趋势，说明本质细晶粒钢加热时，奥氏体晶粒长大的倾向小，而本质粗晶粒钢加热时奥氏体晶粒长大的倾向大。实际加热条件下，本质粗晶粒钢的晶粒不一定粗，而本质细晶粒钢的晶粒不一定细。

一般生产中把奥氏体晶粒分为1～8级，其中1级最粗，8级最细，超过8级以上的称为超细晶粒。

晶粒度的级别N与晶粒大小之间的关系为

$$n=2^{N-1}$$

n为放大100倍进行金相观察时每平方英寸($6.45cm^2$)视野中所含的平均晶粒数目。

2）影响奥氏体晶粒大小的因素

(1) 加热温度和保温时间。晶粒长大和原子的扩散密切相关，所以温度越高，相应的保温时间越长，奥氏体晶粒将越粗大。在每一个温度下奥氏体晶粒的长大都有一个加速长大期，当晶粒长大到一定尺寸后，长大过程将减弱并停止。温度越高，奥氏体晶粒长大得越快。因此，为了得到一定尺寸的晶粒度，必须同时控制温度和保温时间。

(2) 加热速度。在保证奥氏体成分均匀的前提下，快速加热短时保温能够获得细小的奥氏体晶粒。这是因为，加热速度越大，奥氏体转变时的过热度越大，奥氏体的实际形成温度越高，则奥氏体的形核率越高，起始晶粒越细小。如果在高温下保温时间很短，奥氏体晶粒来不及长大，就可得细晶粒组织。但是，在高温下长时间保温，晶粒则很容易长大。

(3) 钢的化学成分。含碳量在一定范围内，随含碳量的增加，奥氏体晶粒长大的倾向增大。但是含碳量超过某一限度时，奥氏体晶粒反而随含碳量的增加而变的细小。这是因为随着含碳量的增加，碳在钢中的扩散速度及铁的自扩散速度均增加，故增加了奥氏体晶粒长大的倾向性。但是，当含碳量超过一定限度以后，加热奥氏体化时会出现第二相，如二次渗碳体，且随着含碳量的增加，第二相的数量增多，阻碍奥氏体晶界的迁移，故奥氏体晶粒反而细小。用Al脱氧的钢奥氏体晶粒长大倾向小，属于本质细晶粒钢。而用Si、Mn脱氧的钢奥氏体晶粒长大倾向大，一般属于本质粗晶粒钢。Al能细化晶粒的主要原因是残留的Al在钢中能形成大量难熔的六方点阵结构的AlN，它们弥散析出在晶界上，阻碍了晶界的移动，防止晶粒长大。而Si和Mn在钢中不能形成类似的化合物，因此，没有阻碍奥氏体晶粒长大的作用。

在钢中加入适量的Ti(钛)、Zr(锆)、Nb(铌)、V(钒)、等合金元素，有强烈细化奥氏体晶粒、升高粗化温度的效果。因为这些元素是强碳、氮化物形成元素，在钢中易形成熔点高、稳定性强、不易聚集长大的NbC、NbN、Nb(C、N)等化合物。能产生稳定碳化物的元素W、Mo、Cr等也有细化晶粒的作用；Ni、Co、Cu等稍有细化晶粒的作用；而P、O等则有粗化晶粒的作用。

(4) 原始组织。原始组织细小，相界面积大，奥氏体形核率大，则起始晶粒细小，但晶粒长大倾向大，即过热敏感性增大，不可采用过高的加热温度和长时间保温，宜采用快速加热、短时保温的工艺方法。

3）控制奥氏体晶粒大小的方法

(1) 控制奥氏体化温度不要过高，保湿时间不要太长。

(2) 加入碳化物、氮化物形成元素，形成 VC、TiC、NbC、AlN 等微粒，钉扎奥氏体的晶界，阻碍奥氏体晶粒长大，细化晶粒。

(3) 加入某些元素，降低奥氏体的晶界能，可以降低晶界移动驱动力，如稀土可以细化晶粒，使奥氏体转变产物的组织细小，细化铁素体晶粒。

1.7.3 钢冷却时的转变

钢的热处理加热是为了获得均匀、细小的奥氏体晶粒。因为大多数零件都在室温下工作，钢的性能最终取决于奥氏体冷却转变后的组织，钢从奥氏体状态的冷却过程是热处理的关键工序。在热处理生产中，钢在奥氏体化后通常有两种冷却方式：一种是等温冷却方式，即将奥氏体状态的钢迅速冷却到临界点以下某一温度，让其发生恒温转变过程，然后再冷却下来；另一种是连续冷却方式，即钢在奥氏体化后以不同的速度连续冷却，最终得到复杂的组织。

1. 珠光体转变

珠光体转变是过冷奥氏体在临界温度 A_{r1} 以下比较高的温度范围内进行的转变，共析碳钢在 A_{r1}～500℃温度之间发生，又称高温转变。珠光体转变是单相奥氏体分解为铁素体和渗碳体两个新相的机械混合物的相变过程，因此珠光体转变必然发生碳的重新分布和铁的晶格改组。珠光体是过冷奥氏体在临界温度 A_{r1} 以下的共析转变产物，是铁素体和渗碳体组成的机械混合物。根据奥氏体化温度和奥氏体化程度的不同，过冷奥氏体可以形成片状珠光体和粒状珠光体两种组织形态(图 1.85)。它们形成的条件、组织和性能均不同。

(a) 片状珠光体

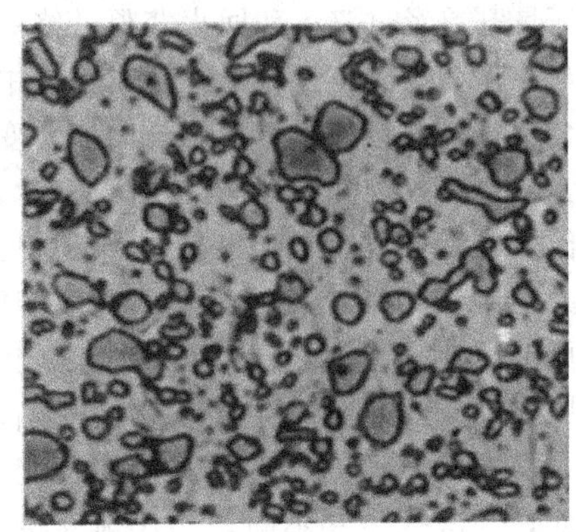

(b) 球状珠光体

图 1.85 珠光体形态

片状珠光体的力学性能主要取决于珠光体的片间距。随着珠光体团直径及片间距离的减小，珠光体的强度、硬度和塑性均升高。由于铁素体与渗碳体片薄时，相界面增多，在外力作用下，抗塑性变形能力提高。而且由于铁素体、渗碳体片很薄，所以塑性变形能力增大。珠光体团直径减小，表明单位体积内珠光体片层排列方向增多，有利塑性变形的尺寸减小，使局部发生大量塑性变形引起应力集中的可能性减少，因而既增高了强度又提高了塑性。

粒状珠光体的形成与片状珠光体的形成基本相同，也是一个形核及长大过程，不过这时的晶核主要来源于非自发晶核。在共析和过共析钢中，粒状珠光体的形成以未溶解的渗碳体质点作为相变的晶核，按球状的形式长大，成为铁素体基体上均匀分布粒状渗碳体的粒状珠光体组织。

粒状珠光体中的粒状渗碳体，通常是通过渗碳体球状化获得的。根据胶态平衡理论，第二相颗粒的溶解度，与其曲率半径有关。靠近非球状渗碳体的尖角处(曲率半径小的部分)的固溶体具有较高的C浓度，而靠近平面处(曲率半径大的部分)的固溶体具有较低的C浓度，这就引起了C的扩散，因而打破了碳浓度的胶态平衡。结果导致尖角处的渗碳体溶解，而在平面处析出渗碳体(为了保持C浓度的平衡)。如此不断进行，最后形成了各处曲率半径相近的球状渗碳体。

与片状珠光体相比，在成分相同的情况下，粒状珠光体的强度、硬度稍低，但塑性较好。粒状珠光体硬度、强度稍低的原因是，铁素体与渗碳体的相界面较片状珠光体少，对位错动力的阻力较小。粒状珠光体的塑性较好，是因为铁素体呈连续分布，渗碳体颗粒均匀地分布在铁素体基体上，位错可以在较大范围内移动，因此，塑性变形量较大。粒状珠光体的可切削性好，对刀具磨损小，冷挤压成型性好，加热淬火时的变形、开裂倾向小。因此，高碳钢在机加工和热处理前，常要求先经球化退火处理得到粒状珠光体。而中低碳钢机械加工前，则需正火处理，得到更多的伪珠光体，以提高切削加工性能。低碳钢，在深冲等冷加工前，为了提高塑性变形能力，常常需要进行球化退火。

2. 马氏体转变

钢从奥氏体状态快速冷却，抑制其扩散性分解，在较低温度下(M_s 点以下)发生的转变，为马氏体转变。马氏体转变是钢件热处理强化的主要手段之一。大多数钢件、机械零件及工模具都要经过淬火和回火获得最终的使用性能。钢在淬火时发生强化和硬化是由于形成了马氏体。马氏体转变最早是在钢铁中发现的。目前，除铁合金以外，在许多有色金属和合金及陶瓷材料中也发现了马氏体转变的现象。因此，凡是基本特征属于马氏体转变的相变，其相变产物都称为马氏体。

马氏体转变同其他固态相变一样，相变驱动力也是新相与母相的化学自由能差。相变的阻力也是新相形成时的界面能及应变能。尽管马氏体在形成时与奥氏体存在共格界面，界面能很小，但是由于共格应变能较大，特别是马氏体与奥氏体比体积相差较大且需要克服切变阻力从而产生大量晶体缺陷，增加弹性应变能，导致马氏体转变的相变阻力很大，需要足够大的过冷度才能使相变驱动力大于阻力，以发生奥氏体向马氏体的转变。因此，与其他相变不同，马氏体转变并不是在略低于两相自由能相等的温度 T_0 下发生，而所需的过冷度较大，必须过冷到远低于 T_0 的 M_s 点以下才能发生。马氏体转变开始温度 M_s 点可定义为马氏体与奥氏体的自由能差达到相变所需的最小驱动力时的温度。马氏体转变是在低温下进行的一种转变。相对于珠光体转变和贝氏体转变具有如下一系列特点。

(1) 马氏体转变的无扩散性。马氏体转变只有点阵改组而无成分的改变。例如，钢中的奥氏体转变为马氏体时，只是点阵由面心立方通过切变改组成体心立方(或体心正方)，而马氏体的成分与奥氏体的成分完全一样，且碳原子在马氏体与奥氏体中相对于铁原子保持不变的间隙位置。这一特征称为马氏体转变的无扩散性。无扩散并不是说转变时原子不发生移动，马氏体转变时出现浮凸说明原子不仅有移动，而且产生了肉眼能观察到的移动。所谓无扩散，指的是母相以均匀切变方式转变为新相。相界向母相推移时，原子以协作方式通过界面由母相转变为新相，类似于排成方阵的士兵以协作方阵变换成棱形。因此这样的转变被形象地称为军队式转变。

(2) 马氏体转变的非恒温性。必须将奥氏体以大于临界冷却速度的冷却速度过冷到某一温度才能发生马氏体转变。也就是说马氏体转变有一上限温度。这一温度称为马氏体转变的开始温度，也称为马氏体点，用 M_S 表示。不同材料的 M_S 是不同的。当奥氏体被过冷到 M_S 点以下任一温度，不需经过孕育，转变立即开始，且以极大的速度进行，但转变很快停止，不能进行到终了。如果继续冷却至室温以下，未转变的奥氏体将继续转变为马氏体直到 M_f 点。深度冷却至室温以下在生产上称为冷处理。马氏体的这一特征称为非恒温性。

(3) 马氏体转变的切变共格与表面浮凸现象。马氏体转变时能在预先磨光的试样表面形成有规则的表面浮凸，这表明马氏体转变是通过奥氏体的均匀切变进行的。奥氏体中已转变为马氏体的部分发生了宏观切变而使点阵发生改组，且带动靠近界面的还未转变的奥氏体随之发生了弹塑性切应变，故在磨光表面出现部分突起部分凹陷的浮凸现象。

(4) 马氏体转变的位向关系及惯习面。马氏体转变的晶体学特点是新相与母相之间存在着一定的位向关系。因为马氏体转变进行时，原子不需要扩散，只做有规则的很小距离的迁动，转变过程中新相和母相界面始终保持切变共格。因此，转变后两相之间的位向关系不变。

(5) 马氏体转变的可逆性。在某些铁合金中，奥氏体冷却时转变为马氏体，重新加热时，马氏体又转变为奥氏体，这就是马氏体转变的可逆性。

1) 马氏体的典型组织形态

淬火获得马氏体组织，是钢件达到强韧化的重要基础。由于钢的种类、成分不同及热处理条件的差异，使淬火马氏体的形态和内部精细结构及形成显微裂纹的倾向性等发生很大变化。这些变化对马氏体的力学性能影响很大。因此，掌握马氏体组织形态特征并进而了解影响马氏体形态的各种因素十分重要。

近年，随着薄透射电子显微技术的发展，人们对马氏体的形态及其精细结构进行了详细的研究，发现钢中马氏体形态虽然多种多样，但就其特征而言，大体上可以分为以下几类。

(1) 板条状马氏体。板条状马氏体是低、中碳钢，马氏体时效钢，不锈钢等铁系合金中的一种典型的马氏体组织。低碳钢中的典型组织如图 1.86 所示。

图 1.86 板条状马氏体

马氏体呈板条状，一束束排列在原奥氏体晶粒内。因其显微组织是由许多成群的板条组成的，故称为板条马氏体。某些钢因板条不易浸蚀显现出来，而往往呈现块状，所以有时也称为块状马氏体。又因为这种马氏体的亚结构主要为位错，通常也称为位错型马氏体。这种马氏体是由若干个板条群组成的，也有群状马氏体之称。每个板条群是由若干个尺寸大致相同的板条所组成，这些板条成大致平行且方向一定的排列。

(2) 片状马氏体。片状马氏体是铁系合金中的另一种典型的马氏体组织，常见于淬火高、中碳钢及高 Ni 的 Fe－Ni 合金中。

高碳钢中典型的片状马氏体组织如图 1.87 所示。这种马氏体的空间形态呈双凸透镜片状，所以也称为透镜片状马氏体。因与试样磨面相截而在显微镜下呈现为针状或竹叶状，故又称为针状马氏体或竹叶状马氏体。片状马氏体的亚结构主要为孪晶，因此又称为孪晶型马氏体。

片状马氏体的显微组织特征是，马氏体片大小不一，马氏体片不平行，互成一定夹角。第一片马氏体形成时贯穿整个奥氏体晶粒而将奥氏体分割成两半，使以后形成的马氏体片大小受到限制，后形成的马氏体片逐渐变小，即马氏体形成时具有分割奥氏体晶粒的作用。马氏体片的大小几乎完全取决于奥氏体晶粒的大小。

片状马氏体的亚结构主要为相变孪晶，这是片状马氏体组织的重要特征。孪晶的间距大约为 50Å($1Å=10^{-10}m$)，一般不扩展到马氏体的边界上，在片的边际则为复杂的位错组列。

2) 马氏体的硬度和强度

钢中马氏体最主要的特性就是高硬度、高强度，马氏体的硬度决定于马氏体的含碳量，其硬度随含碳量的增加而升高，但当含碳量达到 0.60%时，淬火钢的硬度接近最大值，如图 1.88 所示。含碳量进一步增加时，虽然马氏体硬度会有所增大，但由于残余奥氏体量增加，钢的硬度反而会下降。而合金元素对马氏体的硬度影响不大。

图 1.87 片状马氏体

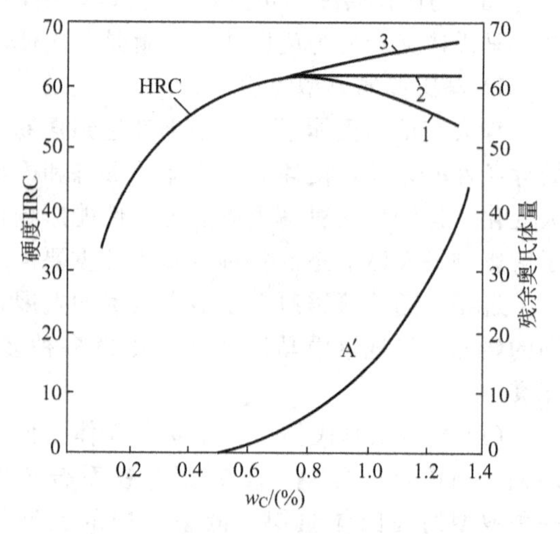

图 1.88 淬火钢的硬度与含碳量

3. 贝氏体转变

在珠光体转变温度以下、马氏体转变温度以上的温度范围内，过冷奥氏体将发生贝氏体转变，也称为中温转变。贝氏体转变具有某些珠光体转变和马氏体转变的特点，又有区别于它们的独特之处。同珠光体转变相似，贝氏体也是由铁素体和渗碳体组成的机械混合物，在转变过程中发生碳在铁素体中的扩散。但贝氏体转变特征和组织形态又与珠光体不同。和马氏体转变一样，奥氏体向铁素体的晶格改组是通过切变方式进行的。新相铁素体和母相奥氏体保持一定的位向关系。但贝氏体是两相组织，通过碳原子扩散，可以发生碳化物沉淀。因此，贝氏体转变具有扩散和共格的特点。

贝氏体，特别是下贝氏体通常具有优良的综合力学性能。生产上从奥氏体状态快速冷却到贝氏体转变温度区发生恒温转变的等温淬火工艺就是为了得到贝氏体组织。

1）贝氏体组织的形态

在350～550℃的中间温度范围内转变时，转变初期与高温范围的转变基本一样。但此时的温度已比较低，碳在奥氏体中的扩散已变得困难。当超过奥氏体溶解度极限时，将自奥氏体中析出碳化物形成羽毛状的上贝氏体，如图1.89所示。

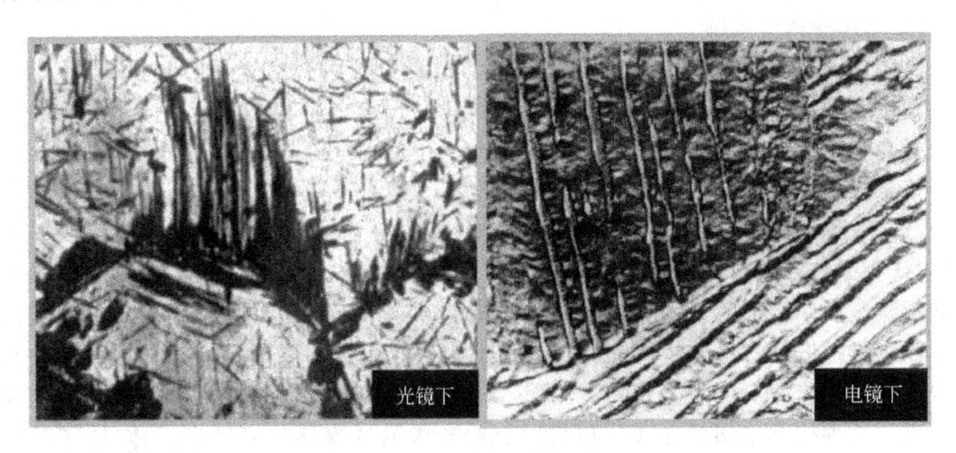

图1.89 上贝氏体形态

在350℃以下转变与上述转变有较大的差异。由于温度低，初形成的铁素体的含碳量高，故贝氏体铁素的形态已由板条状转变为透镜片状。此时，不仅碳原子难以在奥氏体中扩散，就是在铁素体中也难以做较长距离的扩散。而贝氏体铁素中的过饱和度又很大。碳原子不能通过界面进入奥氏体，只能以碳化物的形式在贝氏体铁素体内部析出。随着碳的析出，贝氏体铁素体的自由能将下降且比容缩小导致的弹性应变能下降，这使已形成的贝氏体铁素片进一步长大，得到下贝氏体组织，如图1.90所示。

图1.90 下贝氏体形态

2）贝氏体的力学性能

贝氏体的力学性能主要取决于其组织形态。贝氏体是铁素体和碳化物组成的双相组织，其中各相的形态、大小和分布都影响贝氏体的性能。

上贝氏体形成温度较高，铁素体晶粒和碳化物颗粒较粗，且分布在铁素条间，分布极不均匀。这种组织形态使铁素体条易产生脆断，铁素体条本身也可能成为裂纹扩展的路径。所以上贝氏体不但硬度低，而且冲击韧性也显著降低。所以在工程材料中一般应避免上贝氏体组织的形成。而下贝氏体中铁素体针细小且均匀分布，位错密度很高，而碳化物颗粒较小，且数量较多，所以对下贝氏体强度的贡献也较大。因此，下贝氏体不但强度高，而且韧性好，即具有良好的综合性能。

3）贝氏体的转变机制

贝氏体的转变机制至今还存在较大争议。根据争论的焦点，可以分为两 个学派，扩散学派和切变学派。大多数学者认为在贝氏体转变开始之前，过冷奥氏体中的碳原子发生不均匀分布，出现了许多局部富碳区和贫碳区。在贫碳区中可能产生铁素体晶核，当其尺寸大于该温度下的临界晶格尺寸时，这种铁素体晶核将不断长大。由于过冷奥氏体所处的温度较低，铁原子的自扩散已经相当困难，形成的铁素体晶核只能按共格切变方式长大(也有人认为是按台阶机制长大)，形成条状或片状铁素体。与此同时，碳从铁素体长大的前沿向两侧奥氏体中扩散，而且铁素体中过饱和碳原子不断脱溶。温度较高时，碳原子穿过铁素体相界扩散到奥氏体中或在相界上沉淀为碳化物；温度较低时，碳原子在铁素体内部一定晶面上聚集并沉淀为碳化物。当然，也可能出现同时在相界上和铁素体内沉淀碳化物的情况。这种按共格切变方式(或台阶机制)长大的铁素体与富碳奥氏体(或随后冷却时的转变产物)或碳化物构成的混合物即为贝氏体。

1.7.4 常见的热处理工艺

热处理工艺是通过加热、保温和冷却的方法使金属和合金内部组织结构发生变化，以获得工件使用性能所要求的组织结构的工艺。钢的普通热处理分为退火、正火、淬火和回火，如图 1.91 所示。

共析钢加热至 $Fe-Fe_3C$ 相图 PSK 线(A_1)时，发生 $P(\alpha+Fe_3C)\rightarrow\gamma$；亚共析钢、过共析钢则必须加热到 GS 线(A_3)和 ES 线(A_{cm})以上才能获得单相奥氏体。钢从奥氏体状态缓慢冷却至 A_1 线以下，将发生共析转变，形成珠光体。而冷至 A_3 线或 A_{cm} 线以下时，则分别从奥氏体中析出铁素体和渗碳体。其中 A_1 线、A_3 线和 A_{cm} 线都是钢在缓慢加热和冷却过程中组织转变的临界点。在实际生产过程中，钢在进行热处理时其组织转变并不严格按照 $Fe-Fe_3C$ 相图中所示的平衡温度进行，通常都有不同程度的滞后现象。即实际转变温度要偏离平衡的临界温度。随着加热(冷却)速度加快奥氏体形成温度偏离平衡点越来越远，如图 1.92 所示。通常加热时的临界温度用下标 C 表示，A_{C1}、A_{C3}、A_{Ccm}；冷却时的临界温度用下标 r 表示，A_{r1}、A_{r3}、A_{rcm}。

1. 退火

将组织偏离平衡状态的金属或合金加热到适当的温度，保持一定时间，然后缓慢冷却以达到接近平衡状态组织的热处理工艺称为退火。

退火的目的在于均匀化学成分，达到改善力学性能及工艺性能，消除或减少内应力，

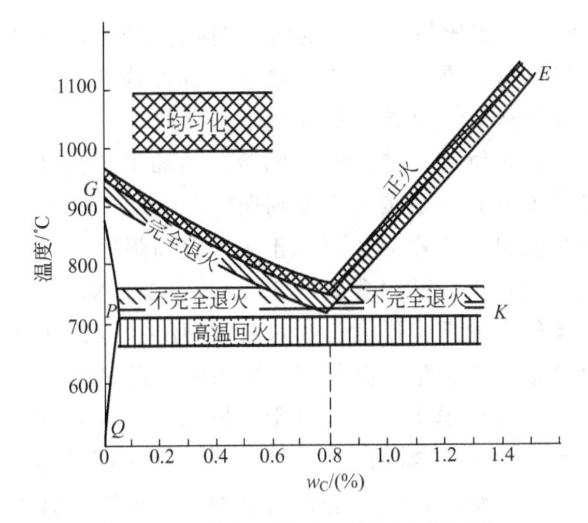

图 1.91 退火、正火加热温度示意图

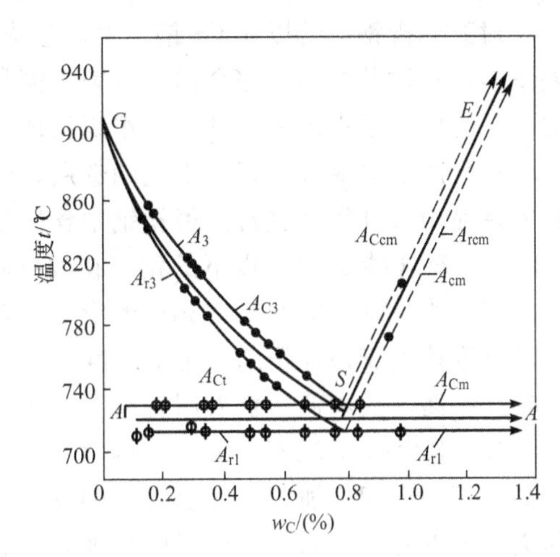

图 1.92 加热与冷却速度为 0.125℃/min 对临界点 A_1、A_3 和 A_{cm} 的影响

并为零件最终热处理准备合适的内部组织。退火的加热温度一般在 A_{C1} 以上，冷却较慢且最终得到平衡态组织。

退火工艺很多，按加热温度可分为两类：一类是在临界温度(A_{C1} 或 A_{C3})以上的退火，包括完全退火、不完全退火、扩散退火和球化退火等，另一类是在临界温度以下的退火，包括软化退火、再结晶退火及去应力退火等。

2. 正火

将钢材或钢件加热到 A_{C3}(或 A_{cm})以上适当温度，保温适当时间后在空气中冷却，得到珠光体类组织的热处理工艺。

正火目的是获得一定硬度的细化晶粒，并获得比较均匀的组织和性能。正火是工业上常用的热处理工艺之一，正火可作为预备热处理工艺，为后续热处理工艺提供适宜的组织状态。例如，为过共析钢的球化退火提供细片状珠光体，消除网状碳化物等；也可作为最终热处理工艺，提供合适的力学性能，如碳素结构钢零件的正火处理等。此外，正火处理也常用来消除某些处理缺陷。如消除粗大铁素体块、消除魏氏组织、网状碳化物等。

一般正火加热温度为 A_{C3}＋(30～50℃)。因为正火时一般采用热炉装料，加热过程中工件内温差较大，为了缩短工件在高温时的停留时间，而心部又能达到要求的加热温度，所以采用稍高于完全退火的温度。一般正火保温时间以工件透烧(即心部达到要求的加热温度)为准。

退火和正火所得到的组织均是珠光体类组织，或者说是铁素体和渗碳体的机械性混合物。但是正火与退火比较时，正火的珠光体是在较大的过冷度下得到的，因而对亚共析钢来说，析出的先共析铁素体较少，珠光体数量较多(伪共析)，珠光体片间距较小。此外，由于转变温度较低，珠光体形核率较大，因而珠光体团的尺寸较小。对过共析钢来说，若与完全退火相比较，正火的不仅珠光体片间距及团直径较小，而且可以抑制先共析网状渗碳体的析出，而完全退火的则有网状渗碳体存在。由于退火(主要指完全退火)与正火在组织上有上述差异，因而在性能上也不同。

对亚共析钢，若以40Cr钢为例，正火与退火相比较，正火的强度与韧性较高，塑性差不多。对过共析钢，完全退火的因有网状渗碳体存在，其强度、硬度、韧性均低于正火的。只有球化退火的，因其所得组织为球状珠光体，故其综合性能优于正火的。

在生产上对退火、正火工艺的选用，应该根据钢种，前后连接的冷、热加工工艺及最终零件使用条件等来进行。根据钢中含碳量的不同，一般按如下原则选择：

(1) 对含碳0.25%以下的钢，在没有其他热处理工序时，可用正火来提高强度。

(2) 对含碳0.25%～0.50%的钢，一般采用正火。其中含碳0.25%～0.35%钢，正火后其硬度接近于最佳切削加工的硬度。对含碳较高的钢，硬度虽稍高(200HB)，但由于正火生产率高，成本低，仍采用正火。只有对合金元素含量较高的钢才采用完全退火。

(3) 对含碳0.50%～0.75%的钢，一般采用完全退火。因为含碳量较高，正火后硬度太高，不利于切削加工，而退火后的硬度正好适宜于切削加工。此外，该类钢多在淬火、回火状态下使用，因此一般工序安排为光退火降低硬度，然后进行切削加工，最终进行淬火和回火。

(4) 含碳0.75%～1.0%的钢，有的用来制造弹簧，有的用来制造刀具。前者采用完全退火做预备热处理，后者采用球化退火。当采用不完全退火法使渗碳体球化时，应先进行正火处理，以消除网状渗碳体，并细化珠光体片。

(5) 含碳大于1.0%的钢用于制造工具，并用球化退火做预备热处理。

3. 淬火

把钢加热到临界点A_{C1}或A_{C3}以上，保温一定时间，并以大于临界冷却速度(V_c)冷却，得到亚稳状的马氏体或下贝氏体组织的热处理工艺方法称为淬火。淬火的主要目的是使奥氏体化后的工件获得尽量多的马氏体，从而提高工具、渗碳零件和其他高强度耐磨机器零件等的硬度、强度和耐磨性；使结构钢通过淬火和回火之后获得良好的综合力学性能；此外，还可改善钢的物理和化学性能，如提高磁钢的磁性，不锈钢淬火以消除第二相，从而改善其耐蚀性等。

对淬火工艺而言，为实现淬火首先必须将钢加热到临界点(A_{C1}或A_{C3})以上以获得奥氏体组织，其后的冷却速度必须大于临界淬火速度，以得到全部马氏体(含残余奥氏体)组织。为此，必须注意选择适当的淬火温度和冷却速度。另外，钢件在加热和冷却过程中，由于工件内外温差和相变将产生淬火应力，从而引起工件的变形或开裂，在制订淬火工艺时也要充分考虑。由于不同钢件过冷奥氏体的稳定性不同，钢淬火获得马氏体的能力也不同，这就涉及淬透性的概念。

钢的淬透性指钢材被淬透的能力，或者说是表征钢材淬火时获得马氏体的能力的特性。应该注意，钢的淬透性与淬硬性两个概念是有区别的。

淬透性指淬火时获得马氏体的难易程度。它主要和钢的过冷奥氏体的稳定性有关，或者说与钢的临界淬火冷却速度有关，淬硬性指淬成马氏体可能得到的硬度，因此它主要和钢中的含碳量有关。测定钢件的淬透性有两种方法：临界直径法和端淬法。

从淬火目的来考虑，应尽可能获得最大的淬透层深度。因此，在钢种一定的情况下，采用的淬火介质的淬火烈度越大越好。但是，淬火介质的淬火烈度越大，淬火过程中所产生的内应力越大，这将导致淬火工件的变形，甚至开裂等。因此，在研究淬火问题时尚应考虑工件在淬火过程中内应力的发生、发展及由此而产生的变形，甚至开裂等问题。

4. 钢的回火

回火是将淬火后的工件加热到临界点以下温度加热，使其转变为稳定的组织，并以适当方式冷却到室温的工艺过程。回火的主要目的是减少或消除淬火应力，保证相应的组织转变，提高钢的韧性和塑性，获得硬度、强度、塑性和韧性的适当配合，以满足各种用途工件的性能要求。根据回火温度的高低，可将回火工艺分为低温回火、中温回火和高温回火。

1）低温回火

低温回火温度一般在150～250℃，回火的组织主要是回火马氏体。和淬火马氏体相比，回火马氏体既保持了钢件的高硬度、高强度和良好的耐磨性，又适当地提高了韧性。因此低温回火特别适合刀具、量具、滚动轴承、渗碳件及高频淬火工件。

2）中温回火

中温回火温度一般在350～500℃，回火组织主要是回火屈氏体。主要用于处理弹簧钢。回火后第二类内应力基本消失，因而既有较高的弹性极限，又有较高的塑性和韧性。

3）高温回火

高温回火温度一般大于500℃，回火的组织主要是回火索氏体。习惯上将淬火和随后的高温回火相结合的热处理工艺称为调质处理。主要用于中碳碳素结构钢或低合金结构钢，以获得良好的综合力学性能。一般调质处理的回火温度为600℃以上。与正火处理相比，钢经调质处理后，在硬度相同条件下，钢的屈服强度、韧性和塑性明显提高。

5. 其他热处理工艺

某些机器零件在复杂应力条件下工作时，表面和心部承受不同的应力状态，往往要求零件表面和心部具有不同的性能。为此，除上述的热处理工艺外，还发展了表面热处理技术，包括只改变工件表面层组织的表面淬火工艺和改变工件表面层组织及化学成分的化学热处理工艺，如渗碳、渗氮、渗硼、渗金属等。

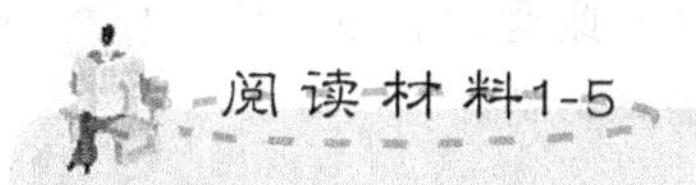

渗碳的起源

渗碳是金属表面处理的一种，采用渗碳的多为低碳钢或低合金钢，具体方法是将工件置入活性渗碳介质中，加热到900～950℃单相奥氏体区，保温足够时间，使渗碳介质中分解出的活性碳原子渗入钢件表层，使工件的表面层具有高硬度和耐磨性，而工件的中心部分仍然保持着低碳钢的韧性和塑性。相似的还有低温渗氮处理。渗碳工艺广泛用于飞机、汽车和拖拉机等的机械零件，如齿轮、轴、凸轮轴等。图1.93所示为井式渗碳炉，可进行渗碳、碳氮共渗及碳势气氛保护加热工艺处理。

这种工艺源于战国后期所创造的渗碳钢。1968年，河北满城出土的西汉刘胜（卒于公元前113年）的佩剑，经分析，表面有明显的渗碳层，经淬火，其硬度为HV900～1170，而中心低碳部分的硬度为HV220～300。表面硬度较高，锋利耐磨，中心有很好的韧性，不易折断。刘胜的错金书刀经过渗碳局部淬火后，刃部和刃背获得硬韧兼备的效果，可见当时刀、剑的热处理工艺已达到很高的水平。《天工开物》叙述了古代制针用的渗碳剂和固体渗碳工艺。明末方以智著《物理小识》(成书于1647年)记载了3种渗碳剂：一是“虎骨朴硝酱，刀成之后火赤而屡淬之”；二是“酱同硝涂錾口，锻赤淬火”；三是“用羊角乳发为末，调敷刀口”。前两者都有一定的渗碳作用。

图 1.93　井式渗碳炉

1.8　铸　　铁

铸铁是人类使用最早的金属材料之一。到目前为止，铸铁仍是一种被广泛应用的金属材料。从整个工业生产中金属材料的用量来看，铸铁的用量仅次于钢材。例如，在农业机械中铸铁件占40%～60%，汽车、拖拉机中占50%～70%，机床和重型机械中占60%～90%。图1.94所示是铸铁材质的电动机外壳和曲轴。铸铁之所以获得广泛的应用，主要是由于它的生产成本低廉且具有优良的铸造性、可切削加工性、耐磨性和吸振性，且高强度铸铁和特殊性能铸铁还可以代替部分昂贵的合金钢和有色金属材料。

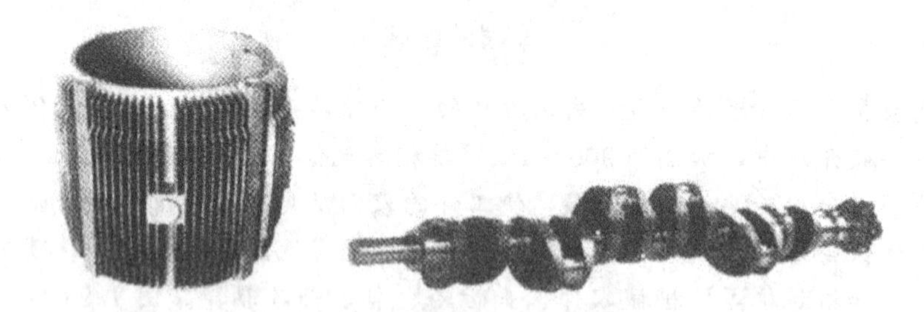

图 1.94　铸铁材质的电动机外壳和曲轴

1.8.1　铸铁的特点及分类

1. 铸铁的特点

从铁碳相图可知，铸铁是含碳量大于2.11%的铁碳合金，常用铸铁的含碳量范围为

w_C=2.5%～4.0%。工业上所用的铸铁，实际上都不是简单的铁-碳二元合金，而是以Fe、C、Si为主要元素的多元合金，其中w_{Si}=1.0%～3.0%，w_{Mn}=0.5%～1.4%，w_P=0.01%～0.50%，w_S=0.02%～0.20%。可见，在成分上铸铁与钢的主要区别是铸铁的碳、硅含量较高，杂质元素S、P含量较多。有的铸铁还含有Cr、Mo、V、Cu、Al等合金元素而成为合金铸铁，提高了铸铁的力学性能和耐磨性。有时为了使铸铁获得耐酸、耐热或无磁性等特点，还可在其中加入数量较多的Si、A1、Cr、Mn等元素。

铸铁中的碳主要以石墨的形式存在，所以抗拉强度、塑性、韧性等力学性能较低。但是由于其生产成本低廉，具有优良的铸造性、减振性及耐磨性、可切削加工性，因此应用广泛。典型的应用是制造机床的床身、汽缸套、内燃机汽缸、曲轴等。特别是近年来由于球墨铸铁的发展，更进一步打破了钢与铸铁的使用界限，不少过去使用碳钢和合金钢制造的重要零件，如连杆、曲轴、齿轮等，如今已采用球墨铸铁来制造，不仅节约了大量的优质钢材，而且大大减少了机械加工的工时，降低了产品的成本。铸铁之所以具有这些特性，除了因为它具有接近共晶的成分、熔点低、流动性好、易于铸造外，还因为它的C、Si含量较高，使碳大部分不以化合态而是以游离的石墨状态存在，石墨有润滑作用和吸油能力，因而铸铁有良好的减摩性和切削加工性。

2. **铸铁的分类**

1）根据碳在铸铁中存在的形式及断口的颜色分类

（1）白口铸铁。除少量碳溶入铁素体外，其余的碳都以渗碳体的形式存在于铸铁中，其断口呈银白色，故称白口铸铁。Fe－Fe_3C相图中的亚共晶、共晶、过共晶合金即属这类铸铁。图1.95所示为亚共晶白口铁和共晶白口铁的组织形貌。

(a) 亚共晶白口铁　　(b) 共晶白口铁

图1.95　白口铸铁的显微组织

这类铸铁组织中都存在共晶莱氏体，性能硬而脆，很难切削加工，所以很少直接用来制造各种零件。但有时也利用它硬而耐磨的特性，铸造出表面有一定深度的白口层。中心为灰口组织的铸铁，称为冷硬铸铁件。冷硬铸铁件常用于一些耐磨性好的工件，如轧辊、球磨机的磨球及犁铧等。目前，白口铸铁主要用作炼钢原料和可锻铸铁的毛坯。

（2）麻口铸铁。碳一小部分以石墨形式存在，大部分以渗碳体形式存在。此类铸铁断口上呈黑白相间的麻点，故称麻口铸铁。麻口铸铁具有较大的硬脆性，故工业上很少应用。

(3) 灰口铸铁。碳全部或大部分以片状石墨形式存在。灰口铸铁断裂时，裂纹沿着各个石墨片延伸，因而断口呈暗灰色，故称为灰口铸铁。工业上的铸铁大多是这一类，其力学性能虽然不高，但生产工艺简单，价格低廉，故在工业上得到广泛应用。铁素体灰口铸铁和珠光体＋铁素体灰口铸铁的组织形貌如图 1.96 所示。

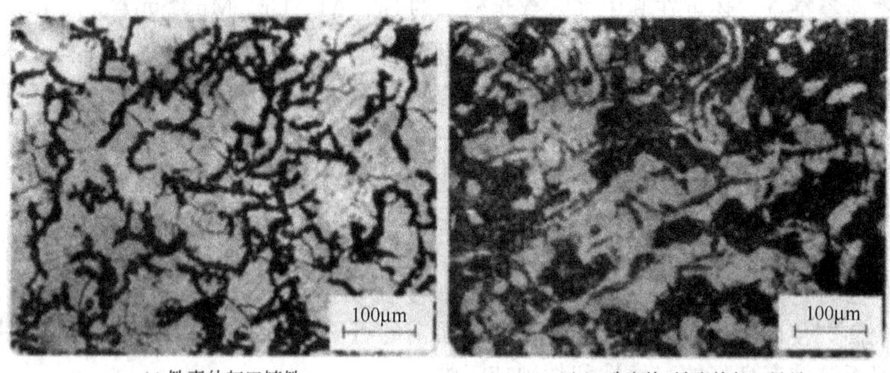

(a) 铁素体灰口铸铁　　(b) 珠光体+铁素体灰口铸铁

图 1.96　灰口铸铁的显微组织

2) 根据铸铁中石墨形态分类

(1) 灰口铸铁：铸铁中石墨呈片状存在。

(2) 可锻铸铁：铸铁中石墨呈团絮状存在。其力学性能(特别是韧性和塑性)较灰口铸铁高。珠光体可锻铸铁的组织形貌如图 1.97 所示。

(3) 球墨铸铁：铸铁中石墨呈球状存在。它不仅力学性能比灰口铸铁高，而且还可通过热处理使力学性能进一步提高，所有在生产中的应用日益广泛。图 1.98 为铁素体球墨铸铁的金相组织形貌，基体由等轴状的铁素体晶粒组成，石墨呈球状。

图 1.97　珠光体可锻铸铁的显微组织

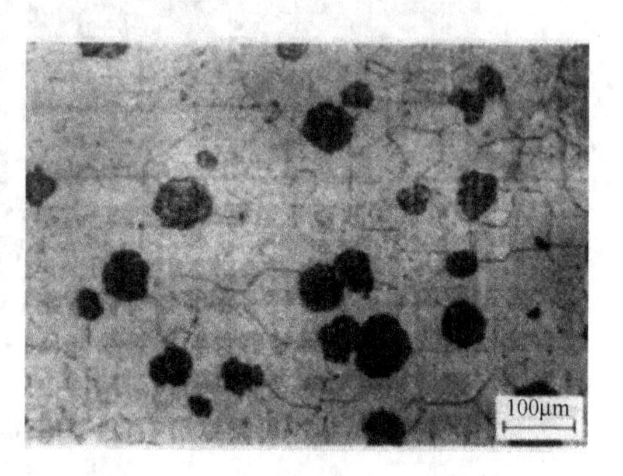

图 1.98　铁素体球墨铸铁的显微组织

(4) 蠕墨铸铁：它是 20 世纪 70 年代发展起来的一种新型铸铁。石墨形态介于球状和片状石墨之间，呈蠕虫状，故性能也介于灰口铸铁与球墨铸铁之间。

3) 根据化学成分分类

(1) 普通铸铁：含有常规元素的铸铁，包括灰口铸铁、可锻铸铁、球墨铸铁及蠕墨铸铁。

(2) 合金铸铁：又称特殊性能铸铁，是向普通铸铁中加入一定量的合金元素，如铬、镍、铜、钼、铝等制成的具有某种特殊或突出性能的铸铁。

1.8.2 铸铁的石墨化

1. 铁碳合金双重相图

由于化学成分和冷却条件不同，铸铁在结晶过程中，既可从液相或奥氏体中直接析出渗碳体(Fe_3C)，也可直接析出石墨($w_C=100\%$)，石墨的晶体结构如图1.99所示。一般碳、硅含量较高的铁水在缓慢冷却时，可自液相直接结晶出石墨；快速冷却时，结晶出渗碳体。而且，所形成的渗碳体在一定条件下，可分解为铁素体和石墨，即：

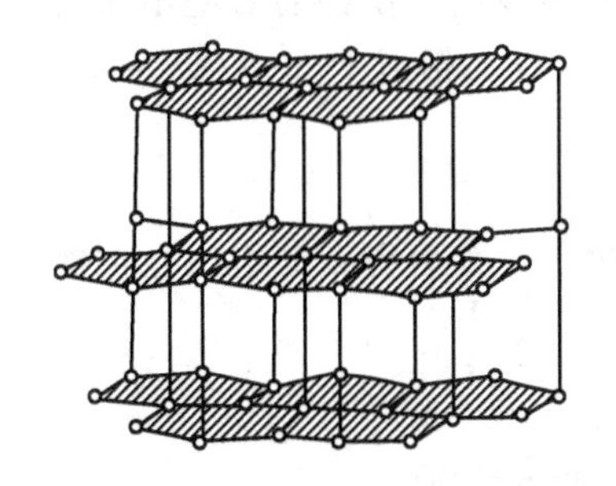

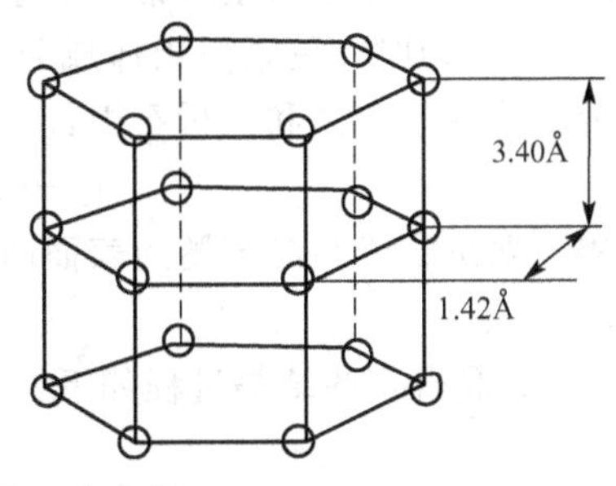

图1.99 石墨的晶体结构

$$Fe_3C \rightarrow 3Fe + C$$

$Fe-Fe_3C$ 相图只能说明 Fe_3C 的析出规律，要说明石墨的析出规律，必须应用 Fe－C 相图。为了便于比较和应用，习惯上把这两个相图合画在一起，称为铁碳合金双重相图，如图1.100所示。图中实线为 $Fe-Fe_3C$ 相图，虚线为 Fe－C 相图。凡是不涉及渗碳体或石墨的那些线，虚实线二者重合，为两图所共有。

由图1.100可见，虚线均位于实线的上方或左上方，说明 Fe－C 系较 $Fe-Fe_3C$ 系更稳定，与渗碳体相比，石墨在液相、奥氏体或铁素体中的溶解度较小。

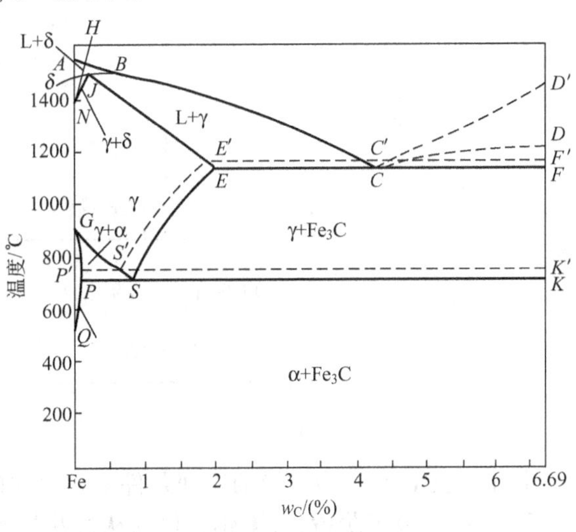

图1.100 $Fe-Fe_3C$ 和 Fe－C 双重相图

2. 铸铁的石墨化过程

石墨是铸铁的重要组成部分，它在铸铁中的分布状况和形态对铸铁的性能影响极大。工程应用铸铁研究的中心问题是如何改变石墨的数量、形状、大小和分布，以控制铸铁最终的力学性能。铸铁组织中石墨的形成过程称为石墨化过程。因此，了解铸铁的石墨化过程对掌握铸铁材料的组织和性能十分重要。

石墨的晶体结构为简单六方晶格，碳原子呈层状排列，同一层上的原子间距较小

(0.142nm)，原子以共价键结合，结合力较强；而层与层之间距离较大(0.340nm)，原子以较弱的金属键结合，这使石墨具有不太明显的金属性(如导电性)。由于石墨层间结合力弱，易滑移，所以石墨的强度、塑性和韧性很低，硬度仅为3～5HBS。现以w_C＝3.5%的亚共晶合金及w_C＝4.5%的过共晶合金为例，说明石墨化过程。w_C＝3.5%的液态合金冷却到稍低于液相线的温度，首先结晶析出奥氏体，由于碳含量较低的奥氏体不断析出，促使液相成分不断沿碳含量增加的BC'线变化，到共晶温度(1154℃)时，达到共晶成分(w_C＝4.26%)的剩余液相发生共晶转变，形成奥氏体和共晶石墨：

$$Lc' \rightarrow \gamma_{\xi} + C_{共晶}$$

共晶转变后，随着温度下降，碳在奥氏体中的溶解度沿$E'S'$线逐渐减小，从过饱和奥氏体中析出二次石墨，这些石墨通常沉积于共晶石墨表面，使共晶石墨不断长大。继续冷却到共析温度(738℃)时，剩余奥氏体成分达到共析点，相当于S'点(w_C＝0.68%)，于是发生共析转变，形成铁素体和共析石墨：

$$\gamma_S{}' \rightarrow \alpha_P{}' + C_{共析}$$

共析石墨一般沉积于共晶石墨的表面而使其生长，最后得到的组织是在铁素体上分布着的片状石墨。

w_C＝4.5%共晶合金的结晶过程如下：

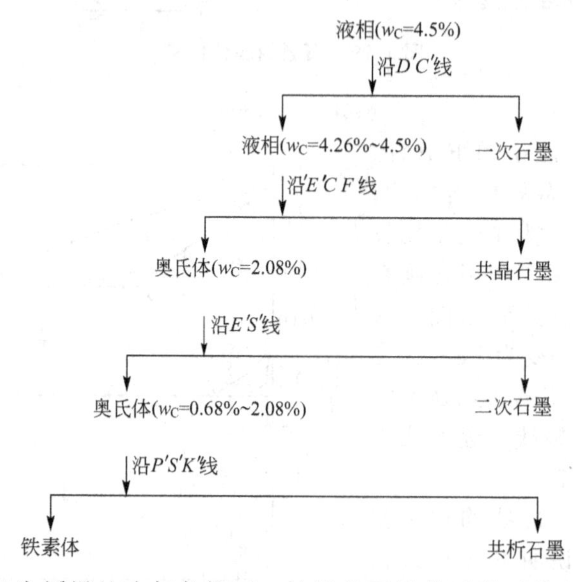

综上所述，在极为缓慢的冷却条件下，铸铁的石墨化过程可分以下三个阶段：

第一阶段(液态阶段)石墨化，包括从过共晶液相中析出的一次石墨，在共晶转变时形成的共晶石墨，以及一次渗碳体、共晶渗碳体在高温下分解而析出的石墨；

中间阶段(共晶-共析阶段)石墨化，包括奥氏体沿着E′S′线冷却时析出的二次石墨，以及二次渗碳体分解而形成的石墨；

第二阶段(共析阶段)石墨化，包括共析转变时形成的共析石墨，或由共析渗碳体分解而形成的石墨。

中间阶段及第二阶段石墨化也统称为固态阶段石墨化。

铸铁石墨化过程与组织之间的关系密切，铸铁在高温时，原子扩散能力较强，石墨化过程可以充分进行，因此一般第一阶段的石墨化进行得比较彻底，可得到全部的γ+G组织；第二阶段石墨化过程因成分和冷却速度的不同，全部、部分或不受控制，最终的组织分别为 P+G、F+P+G 和 F+G，见表 1-11。

表 1-11 铸铁石墨化程度与组织的关系

石墨化进行程度		铸铁显微组织	铸铁名称
第一阶段	第二阶段		
完全石墨化	完全石墨化	F+G	灰口铸铁
	部分石墨化	F+P+G	
	未石墨化	P+G	
部分石墨化	未石墨化	L_d'+P+G	麻口铸铁
未石墨化	未石墨化	L_d'	白口铸铁

3. 影响铸铁石墨化的因素

从以上分析可以看出，铸铁中石墨化的程度直接决定了铸铁的组织和性能，因此下面讨论影响铸铁石墨化的因素。影响铸铁石墨化的因素有许多，主要有化学成分和冷却速度。

1）化学成分的影响

铸铁中各元素对铸铁的石墨化能力的影响极为复杂，其主要成分 C、Si 起决定性作用，其他元素也有一定的影响。

(1) 碳和硅。C 和 Si 都是强烈促进石墨化的元素，铸铁中 C 和 Si 的含量越高，石墨化越充分。铁水中碳越多，石墨晶核数也越多，所以碳能促进石墨化；Si 与 Fe 原子的结合力较强，能削弱 Fe、C 原子间的结合力，增加了 C 原子的扩散能力，还会使共晶点的含碳量降低，共晶转变温度升高，从而有利于石墨析出。

实验表明，铸铁中每增加 1%，共晶点的含碳量(质量分数)相应降低 0.30%。为了综合考虑 C 和 Si 的影响，通常把含硅含量折合成相当的含碳量，并把这个碳的总量称为碳当量 $w_{C_{\text{II}}}$，即

$$w_{C_{\text{II}}}=w_{C}+\frac{1}{3}w_{Si} \tag{1-17}$$

用碳当量代替 Fe-C 相图中横坐标的含碳量，就可以近似地估计出某种铸铁在 Fe-C 相图中的实际位置，从而调整铸铁的碳当量，以便控制铸铁的组织和性能。通常把碳当量配制到接近共晶成分，因为共晶成分的铸铁具有良好的铸造性能。

(2) 锰的影响。锰是阻止石墨化的元素。Mn 能增强 Fe、C 原子的结合力，同时扩大奥氏体相区，使共析转变温度降低，不利于石墨的析出。但是 Mn 与 S 能形成 MnS，减弱了 S 对石墨化的阻止作用，间接地促进了石墨化。因此，铸铁中含锰量要适当。

(3) 硫的影响。S 强烈阻止石墨化，因为 S 不仅能增强 Fe、C 原子的结合力，而且形成的 FeS 能与 Fe 形成低熔点(985℃)的共晶体，分布在晶界，阻碍 C 原子的扩散。此外，S 还降低铁水的流动性，使铸造性能变坏。S 容易造成偏析，使铸件产生热裂。所以 S 是有害杂质，铸铁中含硫量越低越好。

(4) 磷的影响。P 是微弱促进石墨化的元素。P 能使共晶点左移，降低铸铁的熔点和共晶温度，提高铁水的流动性，从而可改善铸造性能。但当铸铁中 P 含量较高时，会形成 Fe_3P，它往往以磷共晶形式存在。由于磷共晶硬且脆，并沿晶界分布，增加了铸铁的脆

性，使铸铁在冷却过程中容易开裂(冷裂)。所以 P 是有害杂质，当铸件要求较高强度时，应限制 P 的含量。由于硬而脆的磷共晶能承受摩擦，石墨又起润滑作用，故耐磨铸铁要求一定的 P 含量。

铸铁中常见的合金元素，按其对石墨化的影响程度可分为促进石墨化和阻碍石墨化两大类，其影响强弱程度排列如下：

← 促进石墨化元素 —— Nb —— 阻碍石墨化元素 →

Al、C、Si、Ti、Ni、Cu、P、Co、Zr　Nb　W、Mn、Mo、S、Cr、V、Te、Mg、Ce、B

2) 冷却速度的影响

冷却速度对石墨化的影响也很大。在高温缓慢冷却时，C 原子具有较高的扩散能力，也有充分的时间进行远距离扩散。液态铸铁的结晶，通常按 Fe－C 相图进行，因而冷速慢，有利于石墨化。当冷却速度较快时，由液相析出的是 Fe_3C 而不是石墨。这是因为 Fe_3C 的含碳量(w_C=6.69%)比石墨(w_C=100%)更接近铁水的含碳量(一般 w_C=2.5%～4.0%)，从铁水中析出 Fe_3C 所需的原子扩散量较小，因而易形成 Fe_3C 晶核。

实际生产中，往往发现同一铸件厚壁处为灰口，而薄壁处出现白口现象。这说明在化学成分相同的情况下，铸铁结晶时，厚壁处由于冷却速度慢，有利于石墨化过程的进行，而薄壁处冷却速度快，不利于石墨化过程的进行。

1.8.3 普通灰口铸铁

普通灰口铸铁，简称灰口铸铁。由于熔炼工艺简单(冲天炉熔炼)，成本低，又具有很多优良性能，所以应用广泛。在铸铁的总产量中，灰口铸铁要占 80%以上。它常用来制造各种机器的底座、机架、工作台、机身、齿轮箱箱体、阀体及内燃机的汽缸体、汽缸盖等。

1. 灰口铸铁的牌号及化学成分

灰口铸铁的牌号用汉语拼音字母和其后的数字表示，“HT”表示灰口铸铁，后面的数字表示最小抗拉强度。

铸铁中 C、Si、Mn 是调节组织的元素，P 是控制使用的元素，S 是应限制的元素。灰口铸铁的化学成分对其组织和性能有着十分重大的影响，五大元素 C、Si、Mn、P、S 的含量都要控制在一定的范围之内。目前，生产中灰口铸铁的化学成分含量范围一般为：w_C＝2.5%～3.6%，w_{Si}＝1.0%～2.5%，w_P≤0.3%，w_{Mn}＝0.5%～1.3%，w_S≤0.15%。不同牌号的灰口铸铁的化学成分可参考表 1－12。

表 1－12　灰口铸铁的化学成分

牌　号	化学成分(质量分数)/(%)				
	C	Si	Mn	P	S
HT100	不控制	不控制	不控制	不控制	不控制
HT150	3.3～3.6	1.8～2.2	0.5～0.8	<0.3	<0.15
HT200	3.1～3.4	1.5～2.0	0.6～0.9	<0.3	<0.12
HT250	2.9～3.2	1.4～1.8	0.8～1.1	<0.2	<0.12
HT300	2.8～3.2	1.3～1.7	0.8～1.1	<0.2	<0.12
HT350	2.7～3.1	1.0～1.4	0.9～1.2	<0.15	<0.10

2. 灰口铸铁的组织

灰口铸铁的组织由片状石墨和金属基体所组成。由于石墨化程度不同，灰口铸铁可能出现下列三种不同的组织：F+G(石墨)、F+P+G、P+G。分别称为铁素体灰口铸铁、铁素体-珠光体灰口铸铁和珠光体灰口铸铁，其显微组织如图 1.101 所示。铁素体基体强度、硬度低，珠光体基体强度、硬度较高。当石墨状态相同时，基体组织珠光体的量越多，铸铁的强度越高。由此可见，灰铸铁的组织相当于在钢的基体上夹杂着片状石墨。由于石墨的强度很低，相当于在钢基体中有许多孔洞和裂纹，破坏了基体的连续性，并且在外力作用下，裂纹尖端处容易引起应力集中而产生破坏。因此灰铸铁的抗拉强度、疲劳强度都很低，塑性、冲击韧性几乎为零。当基体组织相同时，其石墨越多、片越粗大，分布越不均匀，铸铁的抗拉强度和塑性越低。由于片状石墨对灰铸铁性能的决定性影响，即使基体的组织从珠光体改变为铁素体，也只会降低强度而不会增加塑性和韧性，因此珠光体灰口铸铁得到广泛应用。

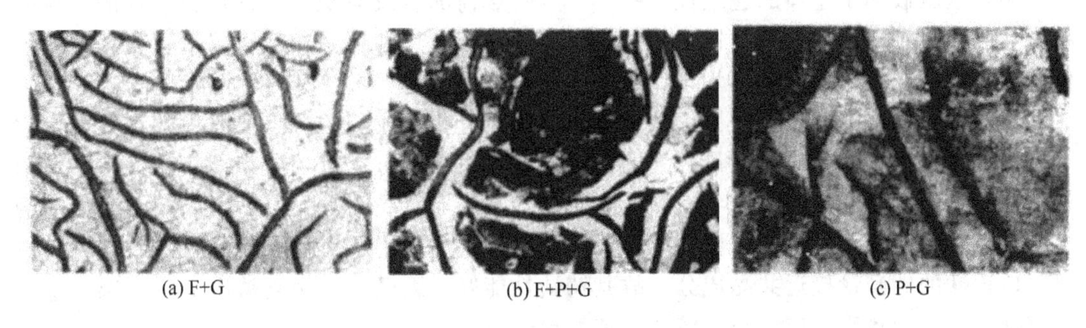
(a) F+G　(b) F+P+G　(c) P+G

图 1.101　灰口铸铁的显微组织(200×)

灰口铸铁的化学成分和冷却条件不同，其组织中的石墨可能呈现不同的形状、大小和分布方式。通常，按照石墨形状、大小和分布方式的综合特征，将铸铁中的石墨分成不同类型，如图 1.102 所示。A 型石墨片的大小和分布比较均匀，片较平直或略微弯曲，片的方向无一定规律。B 型石墨片大小不同，聚集在一起呈菊花状，片的方向也无一定规律。C 型石墨片粗细不等，分布不均匀，片的方向也无一定规律。D 型石墨呈点状和小片状，无方向地分布在奥氏体的枝晶间。E 型石墨的特点与 D 型相同，但是石墨分布的方向性更为明显，石墨片比 D 型大。石墨的形状、大小和分布对铸铁的性能有很大影响。A 型石墨是比较常见的一种石墨形态。亚共晶合金在冷却速度不大(砂型铸造)的情况下凝固后一般得到的就是这种类型的石墨，具有这种类型石墨的铸铁性能较好。

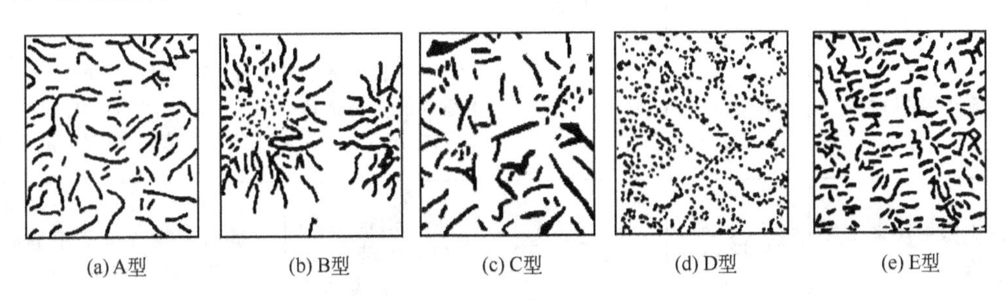
(a) A型　(b) B型　(c) C型　(d) D型　(e) E型

图 1.102　石墨形态的不同类型

铸铁的性能除了与石墨类型有关外，还与石墨片的长度有关，因此生产中还要检查石墨片的长度。通常，按石墨片长度将其划分为 8 级。检查时，在放大 100 倍的显微镜下观察，若石墨片长度超过 100mm 定为 1 级，随石墨片长度缩短，级别数增大，石墨片长度每缩短一半，级别数增大 1 级。见表 1－13，1～4 级属于长片状石墨，5～8 级属于短片状石墨。

表 1－13　片状石墨长度级别(100×)

级　别	1	2	3	4	5	6	7	8
石墨片最大长度/mm	＞100	50～100	25～50	12～25	6～12	3～6	1.5～3.0	＜1.5

3. 灰口铸铁的性能及应用

由于石墨的强度、硬度极低，塑性、韧性几乎为零，故可近似地把它看成是一些裂缝和空洞，这就破坏了基体的连续性，缩小了承受载荷的有效面积，并且在石墨片的尖端处易导致应力集中。因此，灰口铸铁的抗拉强度、塑性及韧性都明显低于碳钢。石墨片的数量越多、尺寸越大、分布越不均匀，对基体的割裂作用越严重，其力学性能越低。

尽管灰口铸铁的强度、塑性远低于钢，但由于其化学成分的特点及石墨的存在，使它有许多优于钢之处。首先，大量石墨的存在使灰口铸铁具有良好的减摩性、减振性、切削加工性。所以常用来制造机床导轨、汽缸套、活塞环等承受摩擦的零件，以及承受振动的机床床身、底座等。其次，石墨的比容较大，它的析出减小了铸铁在凝固时的收缩，再加上灰口铸铁的碳当量接近共晶成分，故其铸造性能好。因而可以用它铸出形状复杂、壁薄的铸件，且组织致密、应力小、铸造工艺简单。

另外，在承受压应力的情况下，石墨的存在不会产生缩小金属基体承受载荷的有效截面积，也不产生应力集中现象，所以灰口铸铁的抗压强度接近于钢(一般灰口铸铁的抗压强度大约是抗拉强度的 3～4 倍)。因而可以用来制造床身、立柱等承受压应力的零件。

在 3 种不同基体的灰口铸铁中，珠光体灰口铸铁的强度、硬度较高；铁素体灰口铸铁的强度、硬度较低；珠光体＋铁素体灰口铸铁的性能介于两者之间。表 1－14 是部分灰口铸铁的性能特点及用途。

表 1－14　部分灰口铸铁的性能特点及用途

铸铁的类型	牌　号	抗拉强度 σ_b/MPa (kgf/mm²)	性能特点	应用范围及举例
铁素体灰口铸铁	HT100	100 (10，2)	具有较好的铸造性能，铸造内应力小	适用于制造低负荷、不重要的零件，如：油盘、盖、手轮、外罩、底板、重锤等
珠光体＋铁素体灰口铸铁	HT150	150 (15，3)	性能特点和 HT100 基本相同，但强度稍高	适用于制造承受中等应力及弱介质中工作的零件

1.8.4 可锻铸铁

可锻铸铁又称马铁、展性铸铁或韧性铸铁，实际上并不能锻造。可锻铸铁是由白口铸铁通过石墨化退火处理使渗碳体分解，得到团絮状石墨的一种高强度铸铁。由于团絮状石墨对铸铁金属基体的割裂和应力集中作用比灰口铸铁小得多，所以可锻铸铁具有较高的强度和一定的塑性。适于生产对力学性能要求较高，承受冲击负荷的薄壁(厚度小于25mm)形状复杂的小型铸件，如各种管接头、阀门及汽车上的一些小零件。但可锻铸铁生产周期长、工艺复杂、成本较高，近年来有些可锻铸铁件已部分地被球墨铸铁所代替。

1. 可锻铸铁的牌号及化学成分

可锻铸铁的牌号由“KTH＋数字-数字”或“KTZ＋数字-数字”组成。“KTH”、“KTZ”分别代表“黑心可锻铸铁”和“珠光体可锻铸铁”，符号后的第一组数字表示最低抗拉强度(MPa)，第二组数字表示最小断后伸长率(%)。常用可锻铸铁的牌号见表1-15。

表1-15 可锻铸铁的牌号、性能及用途

分类	牌号	试样直径 d/mm	力学性能				应用举例
			σ_b/MPa	$\sigma_{0.2}$/MPa 不小于	δ/(%) $L_0=3d$	硬度/HBS	
黑心可锻铸铁	KTZ450	12或15	300	—	6	不大于150	弯头、三通管等管件
	KTZ450		330	—	8		螺钉扳手、犁刀、犁柱、车轮壳等
	KTZ450		350	200	10		汽车、拖拉机前后轮壳、减速器壳、转向节壳、制动器等
	KTZ450		370	—	12		
珠光体可锻铸铁	KTZ450-06	12或15	450	270	6	150～200	曲轴、凸轮轴、连杆、齿轮、活塞环、轴套、万向接头、扳手、传动链条等
	KTZ450		550	340	1	180～220	
	KTZ450		650	430	2	210～260	
	KTZ450		700	530	2	240～290	

可锻铸铁是白口铸铁铸坯经石墨化退火处理得到。为了获得白口组织，铸铁中碳、硅含量相对要低，否则浇注时不易得到纯白口铸件，在随后的退火中就很难获得团絮状石墨。常用可锻铸铁的化学成分为：$w_C=2.4\%\sim2.7\%$，$w_{Si}=1.4\%\sim1.8\%$，$w_{Mn}=0.5\%\sim0.7\%$，$w_P<0.08\%$，$w_S<0.25\%$，$w_{Cr}<0.06\%$。另外，可加入少量孕育剂铝和铋，以保证凝固时获得全白口组织，同时缩短退火时间。

2. 可锻铸铁的石墨化退火与组织

可锻铸铁的组织由金属基体和团絮状石墨组织构成，如图1.103所示。根据基体组织的不同，可分为铁素体可锻铸铁和珠光体可锻铸铁。影响可锻铸铁组织与性能的主要因素是化学成分与石墨化退火工艺特性。

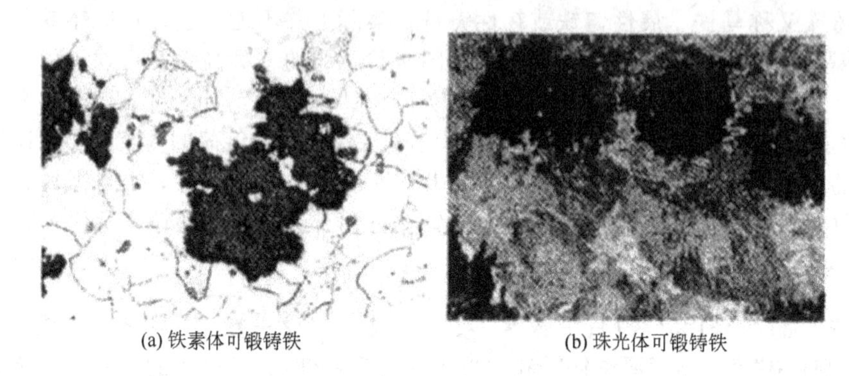

(a) 铁素体可锻铸铁　　(b) 珠光体可锻铸铁

图 1.103　可锻铸铁显微组织

生产中，铁素体可锻铸铁应用较广。其石墨化退火工艺(图 1.104)是将浇注成白口的铸件加热至 900～980℃，在高温下经 15h 左右保温，使其组织中的渗碳体分解而得到奥氏体与团絮状石墨的组织，而后在缓慢冷却的过程中，奥氏体将沿已形成的团絮状石墨的表面析出二次石墨，至共析转变温度范围(720～750℃)时，奥氏体分解成铁素体与石墨，结果得到铁素体可锻铸铁(图 1.104 中的曲线①)；如果通过共析转变时的冷却速度较快(图 1.104 中曲线②所示)，则最终得到珠光体可锻铸铁。

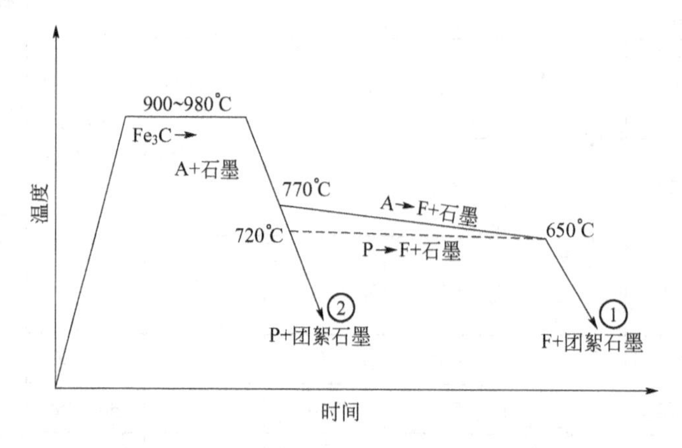

图 1.104　可锻铸铁的石墨化退火工艺

3. 可锻铸铁的性能及用途

可锻铸铁的性能及用途见表 1－15。可锻铸铁中的石墨呈团絮状分布，对金属基体的割裂和破坏作用较小，石墨尖端引起的应力集中作用小，金属基体的强度、塑性及韧性较大程度地发挥作用。故可锻铸铁的力学性能比灰铸铁高，特别是塑性、韧性要高得多。可锻铸铁中的团絮状石墨数量越少，外形越规则，分布越均匀，其力学性能越高。

可锻铸铁的力学性能除与石墨团的形状、大小、数量和分布有关外，还与金属基体的组织有很大关系。铁素体基体可锻铸铁具有一定的强度和较高的塑性与韧性，主要用于耐冲击和振动的铸件。珠光体基体可锻铸铁具有较高的硬度和耐磨性及一定的塑性、韧性，主要用于对强度、硬度、耐磨性要求较高的铸件。由于可锻铸铁的生产是先浇注成白口铸铁，然后再退火获得可锻铸铁组织，因此非常适宜生产形状复杂的细小的薄壁铸件，这是任何其他铸铁所不具备的特点。

1.8.5 球墨铸铁

球墨铸铁是20世纪50年代发展起来的一种高强度铸铁，是铁水经过球化处理及孕育处理而得。由于石墨呈球状，对基体的割裂作用及所造成的应力集中度极大地减小，基体的强度利用率高达70%～90%，使球墨铸铁具有高的强度，同时又有较好的塑性和韧性。并且可以通过热处理及合金化来改变球铁的基体成分和组织，进一步提高球铁的力学性能，而且生产简单、铸造性能好，成本低廉，因此在工业中获得了广泛的应用。

1. 球墨铸铁的牌号和化学成分

生产球墨铸铁时常用的球化剂有Mg、稀土或稀土镁，孕育剂常用的是硅铁和硅钙合金。球墨铸铁的大致化学成分如下：w_C3.5%～3.9%，w_{Si}=2.3%～3.0%，w_{Mn}=0.3%～0.8%，w_P<0.1%，w_S<0.03%，w_{Mg}=0.03%～0.05%，w_{Re}=0.02%～0.045%。

我国标准GB/T 1348—2009中列有七个球墨铸铁牌号。球墨铸铁的牌号是由“球铁”二字的汉语拼音字首“QT”和其后两组数字组成。第一组数字表示最低抗拉强度，第二组数字表示最低伸长率。球墨铸铁的牌号见表1-16。

2. 球墨铸铁的组织和性能

球墨铸铁的组织是由金属基体和球状石墨组成的，根据基体组织的不同，常用的球墨铸铁按退火组织分为三类：铁素体球墨铸铁、铁素体-珠光体球墨铸铁及珠光体球墨铸铁，其金相组织如图1.105所示，生产上广泛应用珠光体基体和铁素体基体的球墨铸铁。

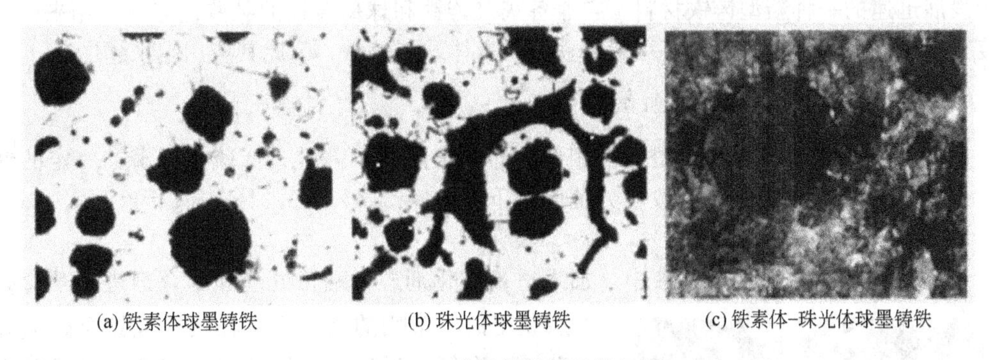

(a) 铁素体球墨铸铁　(b) 珠光体球墨铸铁　(c) 铁素体-珠光体球墨铸铁

图1.105 球墨铸铁的显微组织

不同基体的球墨铸铁，性能差别很大。珠光体球墨铸铁的抗拉强度比铁素体基体高50%以上，而铁素体球墨铸铁的延伸率为珠光体基体的3～5倍。由于球状石墨圆整度高，对基体的割裂作用和产生的应力集中更小，基体强度利用率可达70%～90%，接近于碳钢，塑性和韧性比灰铸铁和可锻铸铁都高。

3. 球墨铸铁的用途

表1-16列出了球墨铸铁的牌号、性能及主要用途。由于球墨铸铁具有高的力学性能，可以通过热处理获得不同的基体组织，使其性能可以在较大范围内变化，从而扩大了

球墨铸铁的应用范围，使球墨铸铁在一定程度上可以代替碳钢、合金钢等，用来制造一些受力复杂，强度、韧性和耐磨性要求较高的零件，如曲轴、连杆、机床主轴等。

表 1-16 球墨铸铁的牌号、性能及用途

牌号	基体组织	力学性能				应用举例
		σ_b/MPa 最小值	$\sigma_{0.2}$/MPa	δ/(%)	硬度/HBS	
QT400-18	铁素体	400	250	18	130～180	汽车、拖拉机底盘零件；1600～6400MPa 阀门的阀体和阀盖
QT400-15	铁素体	400	250	15	130～180	
QT450-10	铁素体	450	310	10	160～210	
QT500-7	铁素体+珠光体	500	320	7	170～230	机油泵齿轮
QT600-3	珠光体+铁素体	600	370	3	190～270	柴油机、汽油机曲轴；磨床、铣床、车床的主轴；空压机、冷冻机缸体、缸套等
QT700-2	珠光体	700	420	2	225～305	
QT800-2	珠光体或回火组织	800	480	2	245～335	
QT900-2	贝氏体或回火马氏体	900	600	2	280～360	汽车、拖拉机传动齿轮

1.8.6 蠕墨铸铁

蠕墨铸铁是指铁水经过蠕化处理，使石墨大部分呈蠕虫状的铸铁。我国自 20 世纪 60 年代中期开始用单一的稀土硅铁合金处理铁水获得蠕墨铸铁以来，蠕墨铸铁已成为目前工业生产中发展迅速的一种新型铸铁材料。它兼备灰口铸铁和球墨铸铁的某些优点，可用来代替高强度灰口铸铁、合金铸铁、黑心可锻铸铁及铁素体球墨铸铁，因此其应用越来越广泛。

1. 蠕墨铸铁的化学成分和组织

蠕墨铸铁的化学成分与球墨铸铁相似，即要求高碳、高硅、低硫、低磷，一定的锰含量，以及少量的稀土和镁。一般成分范围如下：w_C=3.5%～3.9%，w_{Si}=2.1%～2.8%、w_{Mn}=0.4%～0.8%、w_S<0.1%、w_P<0.1%。

蠕墨铸铁是在上述成分铁液中，加入适量蠕化剂进行蠕化处理和孕育剂进行孕育处理后获得的。常用的蠕化剂有稀土镁硅铁合金或稀土硅铁合金等，近年来采用的孕育剂正向多元复合孕育的方向发展，即除了选用硅铁合金外，在孕育剂中还可含有一定的 Ca、Al、Be、Sr、Zr 等元素。

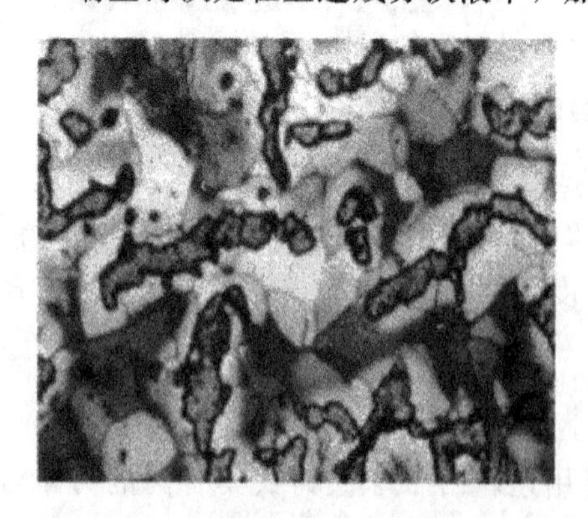

图 1.106 蠕墨铸铁的显微组织(100×)

蠕墨铸铁的显微组织由金属基体和石墨组成，其石墨呈蠕虫状，是片状与球状之间的一种中间形态，其显微组织如图 1.106 所示。蠕虫状石墨片的长厚比小，端部圆钝，对基体的割裂作用较小。蠕墨铸铁不仅强度较好，而且具有一定的韧性和耐磨性，同时具有良好的铸造性和热导性，因此，较适

合制造对强度较高或耐冲击负荷及热疲劳的零件。

蠕墨铸铁的选择，一般对强度、硬度和耐磨性要求较高的零件，选用珠光体基体蠕墨铸铁；对塑性、韧性、导热率和耐热疲劳性能要求较高的零件，选用铁素体基体蠕墨铸铁；介于二者之间的零件，选用混合基体蠕墨铸铁。

2. 蠕墨铸铁的牌号、性能及用途

目前，我国常见的蠕墨铸铁牌号有 RuT260、RuT300、RuT380 等。牌号中的“RuT”为“蠕铁”二字的汉语拼音简写，表示蠕墨铸铁，其后面的数字表示最低抗拉强度。蠕墨铸铁的牌号、力学性能及用途见表 1－17。

表 1－17　蠕墨铸铁的牌号、力学性能及用途

类别	牌号	力学性能				应用举例
		σ_b/MPa 不大于	σ_s/MPa 不大于	δ/(%) 不大于	硬度/HBS	
铁素体蠕墨铸铁	RuT260	260	195	3.0	121～197	增压器废弃进气壳体，汽车底盘零件等
铁素体＋珠光体蠕墨铸铁	RuT300	300	240	1.5	140～217	排气管，变速箱体，汽缸盖，液压件，纺织机零件，钢锭模等
	RuT340	340	270	1.0	170～249	重型机床件，大型齿轮箱体、盖、座，飞机，起重机卷筒等
珠光体蠕墨铸铁	RuT380	380	300	0.75	193～274	活塞环，汽缸盖，制动盘，钢珠研磨盘，吸嵌泵体等
	RuT420	420	335	0.75	200～280	

1.8.7　合金铸铁

铸铁合金化的目的主要有两个，一个是强化铸铁组织中金属基体部分并辅之以热处理，以获得高强度铸铁；另一个目的是赋予铸铁以特殊的性能，如耐磨性、耐蚀性、耐热性等，以获得特殊性能的铸铁。铸铁的合金化既适于灰口铸铁，又适于球墨铸铁和蠕墨铸铁。

常用的合金铸铁是在剧烈摩擦磨损或腐蚀介质或高温条件下使用的特殊铸铁，一般含有较多的合金元素。

1. 耐磨合金铸铁

耐磨合金铸铁主要是在剧烈的摩擦磨损条件下使用。

根据耐磨合金铸铁具体的工作条件和磨损形式可分为两类。一类是在润滑条件下工作，像导轨、缸套等铸件，要求摩擦系数要小，这类铸铁称为减摩铸铁。另一类是在干摩条件下工作，像轧辊、抛光机叶片等铸件，要求摩擦系数要大，并有高而均匀的硬度，这类铸铁称为抗磨铸铁。

根据加入的主要合金元素，可将耐磨合金铸铁分为铬系、镍系、锰系、钨系、钒系和硼系，其显微组织都是白口铸铁。

1）铬系耐磨合金铸铁

在铬含量为12%～28%的合金铸铁中，能形成Cr_7C_3和$Cr_{23}C_6$合金碳化物，而其中Cr_7C_3具有较高的硬度，其硬度在HV1400～1800。这样高的硬度足以抵抗石英(HV900～1280)的磨损。为使获得的全部碳化物为Cr_7C_3共晶碳化物，高铬合金铸铁的铬碳比应为4～8。随铬含量增高，共晶碳量不断下降，在铬含量等于13%时，共晶碳量减至3.6%。

提高碳含量能增加碳化物数量，它比提高铬含量、增加共晶碳化物数量更有效。铬含量一般控制在14%～28%，而碳含量则根据耐磨件应力来选择，在低应力下采用上限为3.2%～3.6%，中应力下为2.8%～3.2%，高应力下为2.4%～2.8%。纯高铬铸铁的淬透性较差。为提高其淬透性，一般可加入钼、锰、铜、镍等元素。钼锰或钼铜同时加入可有效提高淬透性。含锰量太高，会使Ms点快速降低，使残余奥氏体量增加。硅可降低淬透性，故一般控制在0.8%以下。

高铬铸铁中加入钒、钛、稀土金属，可以细化共晶组织和碳化物。高铬铸铁中的Cr_7C_3碳化物不以网状出现，其韧性比一般白口铸铁好。

2）镍系耐磨合金铸铁

镍系耐磨白口铸铁为镍铬合金化的白口铸铁。铬的加入使Fe_3C成为$(FeCr)_3C$，其硬度可提高到HV1100～1150。加入镍可以提高淬透性，有利于得到马氏体基体，其硬度高于HV600。镍系耐磨合金铸铁的耐磨性优于普通白口铸铁。经过电炉熔炼并铸造成成品，可在铸态下获得淬硬的显微组织，经低温回火后即可使用。为改善其冲击疲劳抗力，可采用消除铸态的大量残留奥氏体的措施，提高硬度，消除内应力，以提高冲击疲劳寿命。一般采用双重热处理，即加热到450℃保温4h，冷却到275℃保温4～16h后空冷，此时硬度可达HV670。镍系耐磨合金铸铁可用于制造球磨机衬板、磨球、干料或泥浆输送管道的弯管等。

3）锰系耐磨合金铸铁

锰系耐磨白口铸铁主要的合金元素是锰，Mn含量为2.0%～8.0%，并辅之以钼、铬、铜等元素。其共晶碳化物为合金渗碳体。由于锰可极大地提高淬透性，铸态的基体组织为马氏体及残留奥氏体，或者少量贝氏体，铸件的硬度在HRC50～60。它可用于制造冲击磨料磨损零件，如煤粉机的锤头等。

2. 耐热铸铁

铸铁中加入铬、铝、硅，与它们在耐热钢和耐热合金中的作用一样，可大大提高铸铁的抗氧化性。这些元素可单独加入，也可复合加入，会在表面形成稳定的致密氧化膜；可得到球状石墨，使之不易形成氧化性气体渗入的通道。铬、铝、硅都是铁素体形成元素，提高它们的含量会得到单一的铁素体基体，从而在使用温度范围内完全消除相变。这样可有效阻止铸铁的生长。若使球墨合金铸铁在950℃能抗氧化，则单独加硅，Si含量要达到8%；单独加铝，Al含量达到10%；单独加铬，Cr含量达到22%。若复合加入，总量可相应减少。

球墨耐热铸铁有较高的脆性，不耐温度剧变。铝硅球墨铸铁在铝硅总量不超过10%时，脆性较低，有一定的塑性，易切削，可耐温度剧变。

3. 耐蚀合金铸铁

耐蚀铸铁是指在腐蚀性介质中工作时具有耐蚀能力的铸铁。耐蚀铸铁广泛应用于化工部门，用于制造管道、阀门、泵类、反应锅及盛储器等。常用的耐蚀合金铸铁是高硅耐蚀铸铁和高铬耐蚀铸铁。

1）高硅耐蚀铸铁

硅含量为14.25%～15.25%的高硅铸铁的基体是含硅合金铁素体和具有面心立方结构的 Fe_3Si_2 有序固溶体，其电极电位为正，与石墨间电位差很小，因而电化学腐蚀微弱，在氧化性腐蚀介质中能生成致密的 SiO_2 保护膜。在各种氧化性酸(如硝酸、硫酸)介质中，在各种温度下都有良好的耐蚀性。在室温的盐酸、各种有机酸和许多盐溶液中也耐蚀。在高硅耐蚀铸铁中加入铜，能进一步改善其在酸和碱性介质中的耐蚀性。

高硅铸铁在氢氟酸、高温盐酸和强碱溶液中是不耐蚀的。若加入4%的钼，能显著增加高温下对盐酸的耐蚀性。

硅可促进石墨化，使得铁素体基体上分布点状石墨。稀土金属可降低高硅铁素体的脆性。为防止铸造后在冷却时开裂，铸件采用700℃以上热送入炉，退火后缓冷。

高硅耐蚀铸铁适用于除氧化性酸之外的各种酸类介质，制作可承受小压力的容器、管件、阀、耐酸泵等。使用时要防止机械振动，在运输过程中避免机械撞击。

2）高铬耐蚀铸铁

铸铁中加入铬后，在腐蚀介质中铸铁表面能形成致密的 Cr_2O_3 钝化膜，提高铸铁基体的电极电位。它既能提高铸铁的耐电化学腐蚀性能，又能提高铸铁的高温抗氧化性能。因此，高铬铸铁既是耐蚀铸铁，又是耐热铸铁。高铬铸铁属于白口铸铁，其铬与碳的比值应控制在17以上。高铬铸铁在大气及硝酸、浓硫酸、浓碳酸、大多数有机酸、盐和碱性溶液、海水等介质中耐蚀性均极高，常用于制造化工机械中的各种铸件，如离心泵、冷凝器、蒸馏塔、管子等。

1.9 有色金属及合金

从人类文明的发展历史来看，最早出现的金属材料并非钢铁，而是铜。早在我国夏商时期人们就已经开始用青铜铸造武器、鼎、编钟等，铜正是有色金属材料家族中的一员。在工业生产中，通常称钢铁为黑色金属，而称铝、镁、铜、锌、镍、铅等及其合金为有色金属或非铁合金。

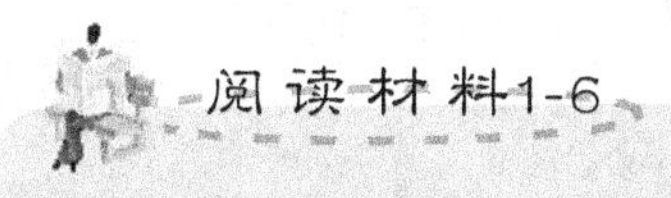

铝合金的故事

铝和铝合金已是人们很熟悉的金属材料之一。铝不仅质轻，密度才 $2.7g/cm^3$，而且加工性能良好，可以制作各种形状的餐具和日用品。但铝的强度比较低，怎样才能提高它的强度，适应更高的要求呢？

冶金学家发现，许多合金的强度往往比制造这些合金的纯金属要高得多。因此他们决定寻找纯铝的“盟友”，让铝变得更“坚强”。20世纪初的一天，德国化学家威姆研制了一种含铜、镁和锰的铝基合金，这种合金果然比纯铝强度高。但他不满足于此，试图通过淬火工艺进一步提高它的强度。结果合金的强度果然提高了，但是他发现，不同的试样得到的实验结果有较大差异。威姆开始怀疑所用的仪器及其测量精度有问题。

他花了几天时间检查仪器。在这段时间里，试样一直放在工作台上。当仪器再次准备好，进行测量时，他意外地发现，试样的硬度比以前高多了。他非常奇怪，几乎不相信自己的眼睛，因为仪器上显示的强度竟比以前高了一倍。于是，威姆下决心要搞清其中的奥秘。他一次次重复实验，终于发现，合金的强度总是在淬火后的5～7天连续增加。这就是威姆偶然发现的铝合金淬火后的自然时效现象。他并不知道金属内部发生了什么变化，但他通过实验发现了合金的最佳成分，并取得了专利权。他把这种高强度铝合金称为“杜拉铝”，是用最早从事这种合金生产的“杜莱思镇”命名的，后来这种合金被称为“硬铝”，因为它的硬度和强度比一般的铝合金高得多。

如今铝和铝合金的应用(图1.107)范围迅速扩大，从初期制作珠宝和珍贵餐具走向天空，并从1919年开始用作飞机蒙皮和其他零件。这些零件是以铝为基础并含有铜、镁、锰等元素的铝基合金。因此，铝曾被称为“带翼的金属”。

图1.107　铝合金的应用

1.9.1　铝及铝合金

铝是地球上蕴藏量最丰富的金属，约占地壳质量的8%，仅次于氧和硅。铝在地壳中的含量位居金属元素的第一，是铁的1.5倍，铜的近4倍。历史上，铝的出现是比较晚的。1825年，丹麦化学家和矿物学家厄斯泰德用钾汞和氯化铝一起加热第一次制得了不纯的铝，1827年德国化学家维勒在此基础上又制得了相对纯一些的铝。100多年前，为了表彰门捷列夫对化学的杰出贡献，英国皇家学会不惜重金制作了一个比黄金还要贵重的奖杯——铝杯，赠送给门捷列夫。法国皇帝拿破仑三世为了显示自己的尊贵，用铝制作了一顶头盔，轰动一时。每逢盛大国宴，别人都用银制餐具，而他独自使用一套铝制餐具。这都说明在100多年前，铝是一种极其昂贵的“稀有金属”。1886年，美国的霍尔和法国的埃罗分别独立地发明了电解铝的方法，使铝的产量迅速增长，并大量投入到工业生产中，时至今日，铝及铝合金制品对我们可以说是无处不在。

1. 工业纯铝及铝合金

一般将铝含量在99.0%以上的铝称为工业纯铝，它具有以下独特性能和优点。

(1) 质轻，它的密度为2.7g/cm^3，大约是钢的1/3。经常作为各种轻质结构材料的基本组元。

(2) 导电性和导热性较好，仅次于银、铜和金，居第四位。室温时，铝的导电能力约为铜的62%；若按单位质量材料的导电能力计算，铝的导电能力约为铜的2倍。

(3) 塑性好(Ψ=80%)，能通过冷加工或热加工和压力加工制成各种型材，如丝、线、箔、片、棒、管等。

(4) 耐大气腐蚀性能好，因为在铝的表面能生成一层极致密的氧化铝薄膜，它能有效地隔绝膜层下面的铝和氧接触，阻止进一步氧化。

(5) 强度很低($\sigma_b=80\sim100$MN/m^3)，冷变形加工硬化后强度可提高到$\sigma_b=150\sim$250MN/m^3，但其塑性却下降到Ψ=50%～60%。

工业纯铝一般用来制作电线、电缆和对导热和耐大气腐蚀性能要求较高而对强度要求不高的一些用品或器皿。工业纯铝不像化学纯铝那样纯，它或多或少含有杂质，最常见的杂质为铁和硅。铝中所含杂质的数量越多，其导电性、导热性、耐大气腐蚀性及塑性就越差。

以铝为基体，少量的铜、硅、镁、锌、锰等为合金元素的材料称为铝合金。铝合金在工业生产中具有广泛的应用。

2. 铝和铝合金的应用

据统计，每年有将近25%的铝合金用于交通运输工业，如制造飞机、轮船、汽车的零部件及焊接等；有25%用于食品包装，如饮料罐、瓶盖、食品包装盒等；有15%用于建筑行业，如制造铝合金门窗、幕墙、桁架等；有15%用于制作高压输电线缆；20%用于其他领域。

在交通运输工业中，铝合金由于具有轻质高强度、抗疲劳、耐腐蚀、原料成本低等特点，被广泛应用于飞机、船舶、汽车、有轨车辆(火车、地铁等)的制造中。目前，在飞机制造业中，铝合金在民用飞机结构上的用量为70%～80%，在军用飞机结构上的用量为40%～60%，以2008年交付使用的目前世界最大载人客机A380为例，其机体的结构材料中，优质铝合金用量(61%)最大，25%为复合材料，包括3%的首次投入使用的玻璃纤维增强铝材料GLARE。与传统铝材料相比，这种材料质量轻、强度高、抗疲劳特性好，维修性能和使用寿命也得到大大改善，不需要特别的加工工艺。图1.108为空客A380。从生产成本和耐蚀性考虑，目前多数民用客机都大量采用铝合金，且主要用在机身、机翼上。

船舶的建造和工作环境要求材料有良好的耐蚀性、可焊性、可塑性和一定的抗拉强度、屈服强度、伸长率、抗冲击等性能。满足这些性能且在船舶上应用最多、效果最好的铝合金有工业纯铝、Al－Mg系和Al－Mg－Si系合金。近年来，Al－Zn－Mg系合金也日益引起人们的注意。铝合金主要用于制造船舶的侧板、底板、龙骨、肋骨、桅杆等(图1.109)。

图1.108 空客A380

图1.109 船舶

在汽车工业中，铝合金也得到了广泛的应用，如汽车框架、车体蒙皮、发动机零部件和轮毂(图1.110)等。在汽车工业中，使用铝合金材料有以下优点：①车体轻量化；②减少燃油消耗；③减少大气污染，改善环境；④提高汽车行驶的平稳性、乘客的舒适性和安全性。

此外，在铁道车辆上，铝合金也有广泛应用，如铝合金大型挤压型材用作火车车体各个部位的梁、车端缓冲器、底座、门槛、侧面构件骨架、车架枕梁等；铝合金板用作车体外板、车顶板和地板等；车内的座椅、窗帘挂钩、拉门把手也都是铝合金。在日本，铁道车辆结构材料使用最多的是Al－Zn－Mg合金中的7N01合金(图1.111)，因其挤压性能好，能挤压成形状复杂的薄壁型材，焊接性能好，焊缝质量高，是最理想的中强焊接结构材料。

图1.110 铝合金汽车轮毂

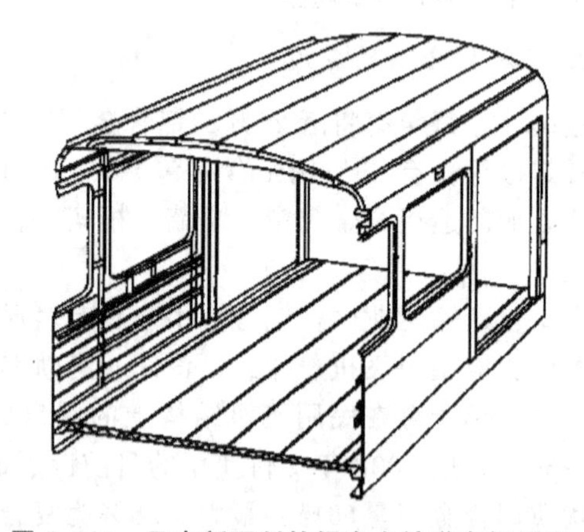
图1.111 日本新研制的铝合金铁道车辆结构

由于铝的无毒性、无吸附性、能防止碎裂等优点，被广泛用于食品业和制药业。包装业一直是用铝的重要市场，而且发展很快(图1.112)。包装业产品包括家用包装材料、软包装和食品容器、瓶盖、软管、饮料罐与食品罐。铝箔很适用于包装，箔制盒、包用于盛食品与药剂，并可作为家用；铝制饮料罐是铝在工业史上应用最为成功的一个例子，而铝制食品罐进入市场的速度也在加快，软饮料、啤酒、咖啡、快餐食品、肉类，甚至酒类均可装在铝罐内；生啤酒在包铝的铝桶内装运；铝还广泛用于制造盛牙膏、食品、软膏和颜料的软管。

图 1.112 各种铝包装罐

归纳起来，容器包装用铝的主要有以下形式。

(1) 用铝箔制成的软包装袋(用于食品和医药工业及化妆品行业)；

(2) 用铝箔制成的半刚性容器(盒、杯、罐、碟、小箱)；

(3) 家庭用铝箔和包装食品用铝箔；

(4) 金属罐盒、玻璃瓶和塑料瓶的密封盖；

(5) 刚性全铝罐，特别是全铝啤酒罐和软饮料罐；

(6) 复合箔制容器；

(7) 软的管形容器；

(8) 大型刚性的包装容器，如集装箱、冷藏箱、啤酒桶、氧气瓶和液化天然气罐等。

在建筑业中，铝材主要用于建筑物构架、屋面和墙面的围护结构、骨架、门窗、吊顶、饰面、遮阳等装饰面及公路、人行和铁路桥梁的跨式结构、护栏等。建筑业使用的铝材主要是Al-Mg-Si系的6063和6061合金挤压型材。近年来低成分Al-Zn-Mg合金(7003和7005)挤压型材也在推广应用。板材主要是Al-Mn系的3A21和3004合金冷轧板及工业纯铝板。

在特殊领域，诸如航空航天、国防军工等方面铝合金也有重要应用。

3. 铝合金的分类

根据铝合金的成分及生产工艺特点，可将铝合金分为形变铝合金和铸造铝合金两类。

按照国家标准的规定，铸造铝合金用“ZL”两个字母和三个数字表示，如ZL102、ZL203、ZL302等。防锈铝用“LF”两个字母和一组顺序号表示(“L”、“F”分别为“铝”、和“防”的汉语拼音首字母，以下类似)，如LF21及LF5等。硬铝、超硬铝及锻铝分别用“LY”，“LC”，“LD”等字母及一组顺序号表示。铝合金的分类、名称、特性及编号举例见表1-18。

表 1-18　铝合金的分类

<table>
<tr><th>类别</th><th>名称</th><th>合金系</th><th>特性</th><th>编号举例</th><th>代号表示方法</th></tr>
<tr><td rowspan="5">铸造铝合金</td><td>简单铝硅合金</td><td>Al-Si</td><td>铸造性能好，力学性能低，变质处理后使用，相对密度小，耐蚀性能好</td><td>ZL102</td><td rowspan="5">铸造铝合金用“ZL”两个字母和三个数字表示；后边三位数字中第一位表示类别：1 为铝硅系，2 为铝铜系，3 为铝镁系，4 为铝锌系；第二、三位数字为顺序号</td></tr>
<tr><td>特殊铝硅合金</td><td>Al-Si-Mg
Al-Si-Cu
Al-Si-Mg-Mn
Al-Si-Mg-Cu
Al-Si-Cu-Mg-Mn
Al-Si-Mg-Cu-Ni</td><td>有良好的铸造性能，热处理后兼有良好的力学性能</td><td>ZL101
ZL107
ZL104
ZL110
ZL105
ZL103
ZL108
ZL109</td></tr>
<tr><td>铝铜铸造合金</td><td>Al-Cu</td><td>耐热性好，铸造性差，耐蚀性差，相对密度大</td><td>ZL201
ZL202
ZL203</td></tr>
<tr><td>铝镁铸造合金</td><td>Al-Mg</td><td>力学性能高，耐蚀性好，相对密度小，常以淬火状态使用</td><td>ZL301
ZL302</td></tr>
<tr><td>铝锌铸造合金</td><td>Al-Zn</td><td>能自动淬火，宜于压铸，耐蚀性差</td><td>ZL401</td></tr>
<tr><td rowspan="4">形变铝合金</td><td>防锈铝</td><td>Al-Mn
Al-Mg</td><td>耐蚀性好，强度低，压力加工性好，焊接性好</td><td>LF21
LF5
LF11</td><td rowspan="4">用“铝”和“防”、“硬”、“超”、“锻”等汉语拼音的首字母和顺序数字表示</td></tr>
<tr><td>硬铝</td><td>Al-Cu-Mg</td><td>力学性能好，耐蚀性差</td><td>LY1
LY3
LY11
LY13</td></tr>
<tr><td>超硬铝</td><td>Al-Cu-Mg-Zn</td><td>室温强度极高，耐蚀性差</td><td>LC4
LC6</td></tr>
<tr><td>锻铝</td><td>Al-Mn-Si-Cu
Al-Cu-Mg-Fe-Ni</td><td>力学性能好，锻造性能好</td><td>LD5
LD10
LD7</td></tr>
</table>

对铝合金，不仅可以通过冷变形加工硬化的方法提高其强度，还可以通过热处理——“时效硬化”进一步提高其强度。实际生产中进行时效强化的铝合金，大多不是二元合金，而是 Al-Cu-Mg 系、Al-Mg-Si 系和 Al-Si-Cu-Mg 系等。虽然强化相的种类有所不

同，但时效强化的原理基本上是相同的。铸造铝合金一般用来铸造内燃机的气缸头、活塞、汽车、拖拉机的发动机或者用于制作承受冲击载荷、耐海水腐蚀、外形不太复杂的、便于铸造的零部件，如舰船和动力机械零件等；形变铝合金在航空工业中用于制造受焊接的零件、管道、容器及铆钉等，或者用于制造形状复杂的大型锻件，如火车、地铁车体。

1.9.2 铜及铜合金

人类的发展历经了石器时代、青铜时代、铁器时代和如今的新材料时代。铜是历史上出现最早的有色金属，我国从夏朝开始就已经掌握了铜的冶炼技术。我们的祖先用铜来制作容器、兵器、乐器和配饰等，铜一直在人类历史上扮演着重要角色。图 1.113 为一些古代青铜制品。

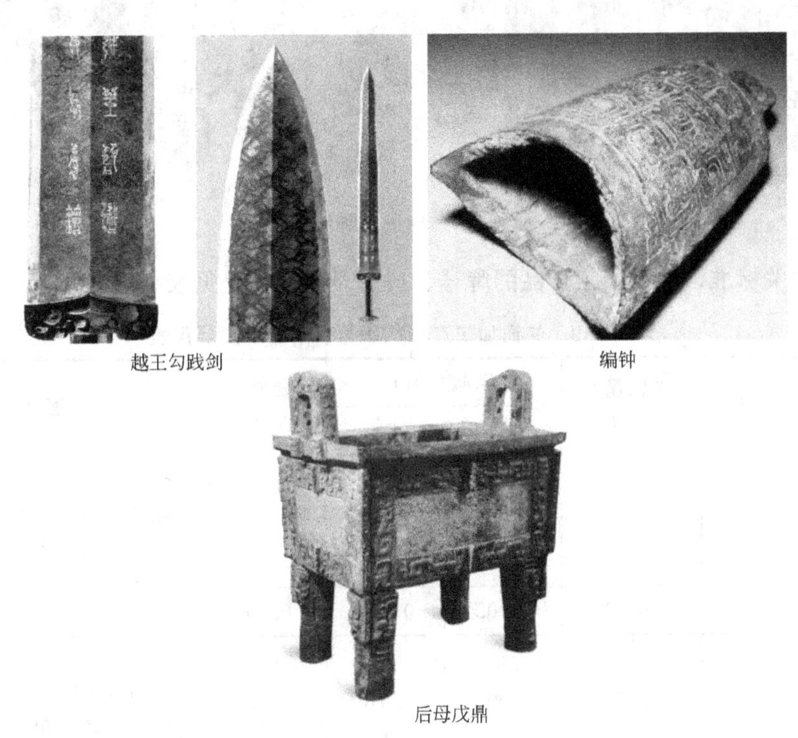

图 1.113 出土的古代青铜制品

铜分为纯铜、黄铜和青铜。

1. 纯铜

纯铜熔点为 1083℃，在固态时具有面心立方结构，无同素异构转变。密度是 8.98g/cm³，为镁的 5 倍，比普通钢还重约 15%。它具有玫瑰色，但表面形成氧化物后呈紫色，故一般称为紫铜。纯铜是一种逆磁性物质(其磁性化系数为一很小的负数)，因此用铜制作的各种仪器和机器零件不受外来磁场的干扰(图 1.114)。这一特性在制作各种磁学仪器、定向仪器和其他防磁器械时，具有重要意义。纯铜的突出优点是导电及导热性好，其导电性在各种元素中仅次于银，故纯铜的主要用途就是制作电工导体。在力学和工艺性方面，纯铜的特点是具有极好的塑性，可以承受各种形式的冷、热压力加工，因此，铜制品大多是经过适当形式的压力加工制成的。在化学性能方面，铜是比较稳定的金属。纯铜在大气、水、水蒸气、热水中基本不受腐蚀，在含有硫酸和 SO_2 的气体或海洋性气体中，铜能生成一层结实的保护膜，腐蚀速度也不太大。但铜在氨、氨盐及氧化性的硝酸和浓硫酸中的耐蚀性很差，在海水中会受腐蚀。在冷变形过程中，铜有明显的加工硬化现象，当冷变形程度超过 40%时，铜的 δ_b 可由变形前的 240MPa 上升到 400～500MPa，而 δ 则由原来的 45%下降至 5%。所以，在纯铜的冷变形过程中，必须进行适当的中间退火，以恢复材料的塑性。此外，可利用这一现象大大提高铜制品的强度。冷变形使铜的导电率有所降低，但降低不多(约 2.7%)。

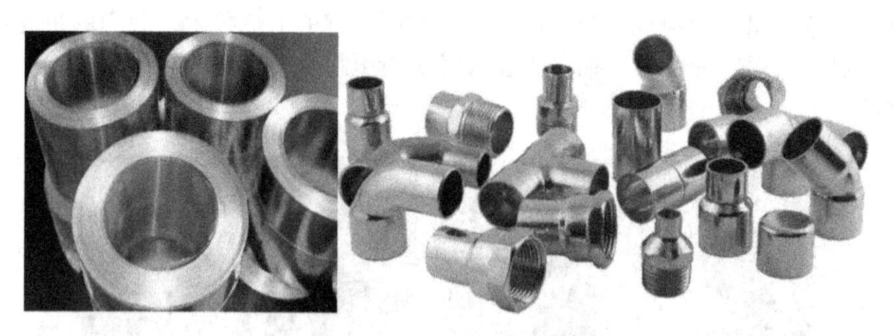

图 1.114　纯铜和纯铜管件

参照相关标准，纯铜加工产品的牌号、成分及主要用途见表 1-19。

表 1-19　纯铜加工产品的牌号、成分及主要用途

牌号	代号	含铜量/(%)	杂质/(%)		杂质总含量/(%)	主要用途
			Bi	Pb		
1 号铜	T1	99.95	0.002	0.005	0.05	电线、电缆、导线螺灯、雷管、化工用蒸发器、储藏器和管道
2 号铜	T2	99.90	0.002	0.005	0.10	
3 号铜	T3	99.70	0.002	0.010	0.30	常规的铜材，如电器开关，垫圈、垫片、铆钉、管嘴、油管等
4 号铜	T4	99.50	0.003	0.050	0.50	

纯铜的各种性能受其中杂质的影响很大。纯铜中的杂质主要有铅、铋、氧、硫及磷等，这些杂质的存在均使其导电性下降。此外，铅和铋能与铜形成熔点很低的共晶体，如(Cu+Bi)(熔点为 270℃)、共晶体(Cu+Pb)(熔点为 326℃)，并分布在铜的晶界上。当铜进行热加工时(温度为 820～860℃)，这些共晶体就会熔化，破坏晶界的结合而造成脆性断裂，这种现象叫热脆性。相反，硫、氧与铜也形成($Gu+Cu_2S$)共晶体(熔点为 1067℃)和($Cu+Cu_2O$)共晶体(熔点为 1065℃)，均高于铜的热加工温度，虽然不会引起热脆性，但由于($Gu+Cu_2S$)、($Cu+Cu_2O$)均为脆性化合物，在冷加工时易产生破裂，造成“冷脆”现象。

2. 铜的合金化

纯铜的强度不高，用加工硬化方法虽可提高铜的强度，但却使塑性大大降低，因此常

用合金化的方法来获得强度较高的铜合金。加入合金元素可以使铜的强度提高，最常用的固溶强化元素是锌、锡、铝、镍等。嫁、铟、钯、铂等元素在铜中的溶解度虽大，但比较稀少，故不常用；镁、硅等元素在铜中的溶解度随温度的降低而降低。因此，加入它们后，可使合金具有时效强化的性能。当加入元素超过其在铜中的最大溶解度以后，便会出现过剩相，它们多为硬而脆的金属化合物，数量少时，可使强度提高，塑性降低；数量多时，会使强度和塑性同时大大降低。

3. 黄铜

含锌量低于50%、以锌为唯一的或主要的合金元素的铜合金称为黄铜。黄铜可分为简单黄铜和复杂黄铜两类。只含锌不含其他合金元素的黄铜称为简单黄铜。简单黄铜的牌号由“H”(“黄”的汉语拼音首字母)和表示合金中含铜百分数的两位数字组成。例如，H80表示含铜80%的黄铜。若属于铸造简单黄铜，则再冠以“Z”字母，如ZH62。除锌以外，还含有一定数量的其他合金元素的黄铜称为复杂黄铜或特殊黄铜。加入合金元素的目的是改善黄铜的力学性能、耐蚀性或某些工艺性能(如铸造性能、切削加工性能等)。常加入的合金元素有铅、锡、铝、锰、铁、钴、镍等。复杂黄铜的编号方法是：代号“H”＋主加元素符号＋铜含量＋主加元素含量。黄铜在性能方面有以下几个特点。

(1) 黄铜的强度和延伸率与其中的含锌量有着极为密切的关系。随着含锌量的不同，黄铜的强度和延伸率变化很大。

(2) 铸造性能很好。

(3) 耐蚀性较好，与纯铜相近。

含硅、铁、锡、镍等合金元素的黄铜由于力学性能好，耐蚀性强，一般用于造船业中，而含铅的黄铜则由于切削加工性好，耐腐蚀，耐磨，而主要用于制造轴瓦和衬套。

4. 青铜

青铜是铜和锡、铝、铍、硅、锰、铬、镉、锆和钛等元素组成的合金的统称。青铜根据成分可分为锡青铜和特殊青铜。在特殊青铜中，根据主加元素又分别命名为铝青铜、铍青铜等。青铜中比较重要的是锡青铜、铝青铜、铍青铜及硅青铜。青铜的编号方法是：代号“Q”(“青”的汉语拼音首字母)＋主加元素符号＋主加元素含量。

1) 锡青铜

以锡为主要或基本合金元素的铜合金称为锡青铜。这是人类历史上应用最早的一种合金，我国古代遗留下来的一些古剑、钟鼎和古镜之类便是由这些合金制成的。锡青铜的编号方法是：“Q”＋“Sn”＋Sn元素的含量＋其他加入元素的含量。

锡青铜在凝固时的体积收缩量很小，充型性好，能获得完全符合铸模内形的铸件，但铸件的致密程度较低。宜于制作在海水、海风、大气中和承受高过热蒸气的用具和零件。锡青铜还具有无磁性、冲击时无火花、无冷脆现象和具有极高耐磨性等特性。

2) 铝青铜

以铝为主要合金元素的铜合金称为铝青铜。铝青铜的编号方法是：“Q”＋“Al”＋Al元素的含量＋其他加入元素的含量，如QAl7。含铝5%～7%时，铝青铜的塑性很好，适于冷加工；含铝10%左右时，强度最高，常以铸态使用。实际应用的铝青铜含铝量一般为5%～11%。铝青铜的流动性很好，铸造组织致密，但收缩率较大。加入铁、锰、镍等合金元素有助于提高铝青铜的强度、耐蚀性、耐磨性、可加工性和机械能。

3）铍青铜

以铍为基本合金元素的铜合金称为铍青铜。其含铍量为1.7％～2.5％。铜里添加少量铍，就会使合金性能发生很大的变化。铍青铜不仅强度、硬度、弹性和耐磨性很高，而且耐蚀性、导热性、导电性、耐寒性也非常好，此外，还有无磁性、受冲击时不产生火花等特性。在工艺性方面，它承受冷、热压力加工的能力很强，铸造性能也好。铍青铜主要用于制作各种重要用途的弹簧、弹性元件、钟表齿轮和航海罗盘仪器中的零件、防爆工具和电焊机电极等。其主要缺点是价格太贵，妨碍了它在工业中的大量应用。铍青铜的编号方法是："Q"＋"Be"＋铍元素的含量。

4）硅青铜

硅在铜中的最大溶解度为4.6％，室温时下降到3％。硅青铜具有比锡青铜高的力学性能和低的价格，而且铸造性能和冷、热压力加工性能都很好。向硅青铜中加入镍，可形成金属间化合物Ni_2Si，使硅青铜能够通过淬火时效进一步提高合金的力学性能。含镍硅青铜还具有很高的导电性、耐蚀性和耐热性，因而广泛用于航空工业（制作导向衬筒等重要零件）和长距离架空的电话线和送电线。向硅青铜，尤其是含镍的硅青铜中加入1.0％～1.5％的锰可以显著提高合金的强度和耐磨性，向硅青铜中加入适当数量的铅可以大大提高合金的耐磨性，能代替磷青铜与铅青铜制作高级轴瓦。硅青铜的编号方法是："Q"＋"Si"＋硅元素的含量。

5）其他特殊青铜

铅青铜主要用作耐磨材料；锰青铜具有较高的热强性、塑性和耐蚀性；铬青铜是耐热铜合金，能够进行热处理强化，导电、导热、耐蚀、耐磨性也都很好；镉青铜的导电能力约为纯铜的85％，但强度比纯铜高一倍，故适于用作大跨度的电线、电缆等。此外，镉青铜还具有良好的耐磨性和耐蚀性；锆青铜的导电性为纯铜的81％～82％，还有高的力学性能、耐热性和高的弹性模量，并且易于加工成材。

1.9.3 镁及镁合金

镁是银白色的金属，密度为1.74g/cm^3，相当于铝的2/3；熔点为650℃。镁在自然界中以化合物形态存在于矿石中，它的主要矿石有硼镁铁矿$(Mg \cdot Fe)_2(Fe \cdot Al)BO_3$。镁的化学性质比较活泼，容易氧化，在空气中暴露很短时间，其表面就会发暗，接着便形成一层白色氧化层。镁与酸类接触，很快就被腐蚀，保管时必须注意。镁是六方晶系金属，它在常温时的强度和塑性都比较低，所以，纯镁很少用作结构材料。镁的最主要用途是制造镁合金及配制其他有色合金材料。在熔铸铜或镍合金时，镁可以用作去硫剂和脱氧剂。在熔铸球墨铸铁时，镁是重要的球化剂。镁在燃烧时能发出高热和强光，根据这一特性镁被用作闪光材料，制造闪光灯、信号弹、照明弹和焰火等。我国纯镁产品分三个品号，即1$^{\#}$镁，2$^{\#}$镁，3$^{\#}$镁。纯镁常以2.5kg或9kg重的锭块供应，不宜裸放。纯镁锭块经酸洗、涂油后，用蜡纸包好，再用木箱或铝桶包装后才可储运。由于纯镁易燃、易腐蚀，因此应在远离火源和干燥地段存放。纯镁碎块可以浸泡在煤油中存放而不变质。纯镁制品用10％～15％盐酸和6％～10％的重铬酸盐的水溶液处理（浸渍）后，久存而不被氧化。

镁合金是指以镁为基而加入其他元素所形成的合金。在镁合金中主要加入的元素有铝、锌、锰、硅等。铝（10％以下）和锌（4％以下）都能使镁合金的晶粒细化，强度提高。

锰(0.1%～2%)能提高镁合金的耐蚀能力。硅(1%以下)能改善镁合金的流动性。在某些新设计的镁合金中加入银、镉、锆及稀土元素来改善其性能。镁合金分为变形镁合金和铸造镁合金两类。

1) 变形镁合金

以镁铝和镁锰两种合金为主，它们可以在300～400℃时压制成管材、棒材和型材，在280～300℃时，可以轧制成带材和薄板。

2) 铸造镁合金

常以镁锌合金为主，有时还加入少量硅，以便改善合金的流动性和致密度。铸造镁合金主要用于航空工业和国防工业，一般工业部门也有用来制造仪器、仪表、照相机、电影机的零件和无线电通信器材。

1.9.4 锌及锌合金

锌是青白色(即白色带浅蓝光泽)的金属，密度为7.13g/cm^3，熔点为419.4℃。锌在干燥空气中不起变化，遇潮湿空气表面迅速氧化，生成一层白色碱式碳酸锌[$2ZnCO_3 \cdot Zn(OH)_2$]薄膜，使锌不再受进一步氧化。因此，凡属容易氧化的金属，常用锌镀其表面。锌能溶于各种酸液，锌的纯度越低，其溶解速度越大。固态锌呈六方晶格，抗拉强度为150MPa，伸长率为20%，锌在常温下的变形能力较低，加热到100～150℃时才变为有延展性的金属，可以拉成细线和轧成薄板。若加热到200℃以上，性质变脆，可以磨成细粉。熔融的锌具有良好的流动性，但很容易挥发，故在浇注时常用覆盖剂覆盖液面，同时控制浇注温度，以便保证铸件质量和减少炉耗。

工业用锌都含有铅、铁、镉等杂质，它们对锌的性质有一定的影响。铅能增加锌的延展性使它容易被轧成薄板，但用含铅的锌镀敷钢材时，会降低镀锌层的强度。铁能增加锌的硬度和脆性，用含铁的锌镀敷钢材时，容易产生大量渣滓。镉也能增加锌的硬度和脆性，故用来镀敷钢材时，容易出现开裂或剥落。在供应纯锌时，应注意上述杂质不得超过规定范围，以便保证质量。

锌的最大用途是用作各种钢铁器材的镀层材料，如平钢板、波纹钢板、钢管、钢线、钢线网、钢丝绳和钉栓、管件等，其目的在于提高被镀器材的耐大气腐蚀的能力。锌的另一重要用途是配制合金材料，如黄铜等铜合金、铝合金及锌铝合金等。纯锌制品有板材、带材等，它们主要用作屋顶板、湿电池的锌圈、干电池的外皮及阳极板等。其中，阳极板按一定尺寸供应，有28个规格。此外，锌的化合物用途也很广，如锌白(ZnO)和锌钡白($BaSO_4$+ZnS+ZnO)大量用于油漆工业和橡胶工业。其中，(ZnO)还是制药业的重要材料。氯化锌是木材防腐工业的主要材料。

锌合金是指以锌为基加入一定量的其他元素所形成的合金。这类合金熔点低，流动性好。锌合金用于制作型材的轧制品材料，含有少量铝(2%～6%)和铜(1%～5%)，这类合金的耐蚀能力较差，但其力学性能可与黄铜媲美，含铜1%的锌合金可以代替“三七”黄铜。含铝22%(质量分数)的锌铝合金具有超塑性。含铝(8%～35%)，铜(1%～5%)，硅、稀土等元素的锌铝合金可代替锡青铜、铝青铜等青铜材料，制作蜗轮、轴瓦等零件。同济大学研制的稀土锌铝合金产品曾两次荣获“国家级新产品”称号，在国内锌铝合金领域里占有一席之地。压铸用锌合金常用锌和铝、铜等元素配制而成，它具有熔点低、流动性好等优点。目前常用的有915和925等牌号。含铝10%、含铜5%和含铝9%、含铜1.5%的两种锌合金的性能与巴氏合金的性能相近，推广使用后，可以节省价格昂贵的减摩材料。总之，锌合金是一种很有发展前途的工程应用材料。

1.9.5 钛及钛合金

钛在地壳中的储量极为丰富，仅次于铝、铁及镁而占第四位。它以化合物形态存在于矿石之中，主要矿石有钛铁矿($FeTiO_3$)。近年来，随着科学技术的发展，钛的提炼方法也有了很大的发展，它在工业上的应用也日益广泛。

钛是银白色的轻金属，密度为4.5g/cm³，熔点为(1663±10)℃。钛有优良的耐蚀性和耐热性，它在大气、海水中不受腐蚀，在高温条件下能保持较高的强度。钛有两种同素异晶结构，在882℃以上为体心立方晶格，称β钛。在882℃以下为密排六方晶格，称为α钛。当钛中含有其他合金元素时，其同素异晶转变温度随合金元素的种类和数量不同而发生变化。钛具有一定的强度和较高的塑性，这两项性能受杂质含量的影响很大，即使含有很少量的杂质，也会使它的塑性显著下降。纯钛的σ_b=300MPa，δ=40%，而含有少量杂质的工业纯钛的σ_b为350～550MPa，δ为15%～25%。钛的有害杂质是氧、氮和碳，它们都会降低钛的韧性而增加其冷脆倾向，因此必须注意这些杂质不得超过规定范围。由于钛有上述一系列的优良性能，它已成为航空工业和国防工业的重要材料。工业纯钛的牌号是TA1～TA3。

钛合金是指以钛为基而加入其他元素所形成的合金。钛合金中常用的合金元素有铬、锰、铁、钒、铝和钼等。根据钛与上述元素相互作用所形成的组织，可以把钛合金分为α钛合金、β钛合金和α+β钛合金三种类型，它们的牌号用汉语拼音字母和顺序号组成，字母“Ti”代表钛，“A”，“B”，“C”分别代表α、β及α+β三种合金的组织状态。

α钛合金有钛铝、钛锡等合金，它们都具有单相α组织，可以轧成板材和棒材。这类合金在常温下的强度并不高，但它的高温(500～600℃)强度和抗蠕变性能是上述三种合金中最好的一种。

β钛合金有钛钒、钛锡和钛铝等合金，这类合金具有优良的冲压性能和较高的强度，通常轧成板材和带材供应。

α+β钛合金有钛铁、钛锰、钛铬、钛铜、钛钨、钛硅及钛镍等合金。这类合金虽属α+β两相组织，但仍具有良好的塑性，可以轧成板材和棒材，而且在退火状态和淬火状态都可以使用。这类合金经淬火和时效后使用，其强度比退火状态可提高50%～100%。

这三类合金与纯钛一样有其独特的优越性。由于合金元素的作用，它们的强度比纯钛高，所以，钛合金不仅在国防工业、航空工业、航天工业中得到广泛应用，而且在其他工业部门的应用也日趋广泛。

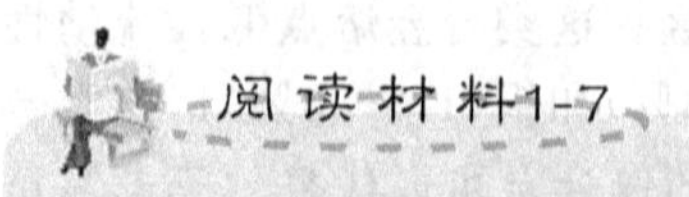

神奇的钛

钛具有熔点高、比重小、比强度高、韧性好、抗疲劳、耐腐蚀、导热系数低、高低温度耐受性能好、在急冷急热条件下应力小等特点。

在超低温世界里，钛会变得更为坚硬，并有超导体的性能，钢则变得脆弱无能。

钛有很强的耐酸碱腐蚀能力，在海中浸5年不锈蚀，而钢铁在海水中会腐蚀变质。用钛合金为船只制造外壳，海水无法腐蚀它。用钛合金制成的“钛潜艇”，可潜入4500m的深度，一般钢铁潜艇超过300m就容易被水压压坏。

“钛飞机”坚实又轻便，一架大型钛客机可比同样重的普通飞机多载100余人，飞机速度可超过3000km，铝合金飞机最多是2400km。

利用钛和锆对空气的强大吸收力，可以除去空气，造成真空。用钛锆合金制成的真空泵，可以把空气抽到只剩下十亿分之一。

在航天事业中，钛可制成飞船的“外衣”，避免高温的侵袭。

钛和镍组成的合金，被称为“记忆合金”。这种合金制成预先确定的形状，再经定型处理后，若受外力变形，只要稍微加热便可恢复原来的面貌。

用钛制器皿保存的食物，色、香、味经久不衰；钛制炊具既轻巧，又不会生锈，最科学卫生。

用钛合金制成的高压容器，能够耐受$2500\times1.01325\times10^5$Pa的高压。

钛在外科医疗手术上的应用，也会带来意想不到的效果。例如，外科接骨用不锈钢，有一个缺点，就是接骨愈合之后，要把不锈钢片再取出来，这是件十分痛苦的事。不然，不锈钢会因生锈而对人体产生危害。如果改用钛制的“人造骨骼”，则骨科技术完全改观。在骨头损坏的地方，用钛片与钛螺钉，过了几个月，骨头就会重新生长在钛片的小孔与螺钉里，新的肌肉纤维就包在钛的薄片上，钛骨骼宛如真正的骨骼一样和血肉相连，起到支撑和加固作用，所以，钛被人们赞誉为“亲生物金属”。现在它已开始应用于膝关节、肩关节、肋关节、头盖骨、主动心瓣、骨骼固定夹等方面。

1.9.6 镍及镍合金

镍是银白色金属，密度为8.9g/cm³，熔点为1455℃(也有将1452℃作为其熔点的)。镍具有以下优异性能：①在360℃时产生磁性转变而成为铁磁性材料；②有很好的化学稳定性，不仅在潮湿空气和海水中不受腐蚀，而且在碱性溶液和有机酸中均有耐蚀能力；③有较高的热稳定性，在700～800℃的高温条件下工作，表面生成一层坚固的氧化薄膜，可保护其内层不再受氧化；④有良好的塑性和较高的强度，能和许多元素形成无限固溶体或有限固溶体。其中有些固溶体具有优异的物理性能，使镍及其合金成为耐热和耐酸的重要材料。

镍中常存的杂质有铁、钴、铜、硅、碳、硫和氧等。在镍中若含铁量不超过0.7%，含钴量不超过1.0%，含铜量不超过0.6%，含硅量不超过0.2%时，都可以溶解在镍中形成固溶体，对镍的性能无危害作用。在镍中的有害杂质是碳、硫和氧。碳含量在0.3%以下时，碳可溶于镍而形成固溶体，如超过此值，则碳以石墨形式析出，使镍的强度和塑性显著下降。硫能降低镍的耐蚀能力，还能使镍产生热脆现象。氧与镍形成化合物NiO，存在于镍中使其塑性下降，因此，对上述杂质必须严加控制。

纯镍产品有电解镍和镍材两种，电解镍的主要用途是炼制合金钢、配置铜合金和镍基合金等。镍材的用途较广，管材和带材常用来制造耐蚀和耐热的坩埚、管子和仪器。

镍丝和镍带常用来制造电真空仪器的通信器件等。

镍合金是指以镍为基而加入其他元素所形成的合金。镍合金有镍铬合金、镍铁合金、镍铜合金等。镍合金的编号方法是："N"＋主加元素符号＋主加元素含量。

镍铬合金具有高的电阻、低的电阻温度系数和较好的热安定性，是制造加热体和热电偶的重要合金。镍铁合金具有透磁率高、膨胀系数和弹性系数不随温度变化而变化等特性。含镍78.5%和含铁21.5%的镍铁合金叫做"坡莫"合金，其起始磁导率可达10000T以上，是制造无线电、电话及电报设备的重要材料。含镍36%的镍铁合金叫做"恒范合金"，它在100℃以下不产生膨胀现象，是制造精密仪器和精密量具的好材料。含镍48%的镍铁合金叫做"类铂合金"，其线膨胀系数与金属铂和普通玻璃的线膨胀系数相等。当金属部分要和玻璃焊接在一起时，就可以用这种合金代替价格昂贵的铂。

其他镍基合金主要包括镍铜、镍锰、镍硅和镍镁等合金。镍铜合金具有优良的力学性能及物理性能，除白铜以外，还有加入锰、铁等元素而形成的镍铜合金，如含镍67%～69%、铜28%、铁1.5%～2.5%、锰1%～2%的镍铜合金叫孟乃尔合金，它具有优良的耐蚀性能和耐热性能，还有较高的塑性和强度，可以制成各种棒材和带材，是化工工业、医疗机械工业和电气工业的重要材料。镍锰合金具有耐热性和耐蚀性。牌号为NMn2-2-1的镍锰合金叫做"阿罗米合金"，它的电阻温度系数较低，用来与NCr9.5合金配制热电偶，其工作温度可以达到1000℃。还有牌号为NMn3和NMn5等镍锰合金也是电气工业的常用材料。镍硅和镍镁合金中含硅(0.2%)和含镁(0.1%)量都比较少，而且硅和镁都能溶解在镍中形成固溶体，性能与纯镍接近，可以制成棒材、带材和线材，也是电气工业的常用材料。

1.9.7 稀有金属概述

稀有金属是有色金属的一个组成部分，因为它们在地壳中的含量稀少、分布较分散、提取较困难，因而被称为"稀有金属"。这类金属性能特殊，价格昂贵。它们在国民经济中用量虽少，但质量要求很高，是国防、航天、原子能工业和有关科学研究中的重要材料。

稀有金属的种类很多，根据各种稀有金属的物理、化学性质及原料的生存特点和提取方法的不同，可以分为四类：稀有难熔金属、稀有轻金属、稀土金属、稀散金属。下面将简要介绍常用的几种稀有金属。

1. *稀有难熔金属*

稀有难熔金属包括钨、钼、铌、钽、钒及锆等。

我国的钨资源很丰富，占世界钨矿资源的一半以上，这是我国在有色金属方面的一大优势。钨的外观如钢，密度为19.3g/cm^3，熔点为(3400±50)℃，电阻系数(ρ)相当于铜的3倍，钨对酸、碱和熔融金属的耐蚀能力很强，它有较高的强度和硬度，并且有一定的塑性和很高的高温强度，工作温度可达3000℃。钨属于同素异晶金属，具有体心立方和复杂立方两种晶型。钨的应用范围很广，它是冶金工业、宇航工业、电子与电力工业、原子能工业、化学工业和轻工业等不可缺少的重要材料。

钼在自然界中以化合物状态存在。我国的钼资源也较丰富，产量在世界前列。钼的外观似钢，具有银灰色光泽，密度为10.22g/cm^3，熔点为2625℃，电阻系数(ρ)与钨相当。它和钨一样，对酸、碱和熔融钨有很高的耐蚀能力。钼硬而坚韧，既具有很高的强度，又有一定的塑性和很高的高温强度，钼丝的工作温度可达1200～1700℃，固态钼呈体心立方晶格。钼也是电子、电气、国防、原子能和宇航等工业部门不可缺少的材料。因为它的许多性质与钨相似，所以在许多部门常用钼作为钨的代用材料。

铌是银灰色有光泽的金属，其粉末深灰色，属高熔点稀有金属。铌在地壳中的储量极少，在自然界中铌和钽常常相互伴生。含铌、钽的矿物较多，但含量甚微，提取十分困难。铌的比重为8.57，熔点为2468℃(或2500℃)。固态钼呈体心立方晶格，有一定的强度和较大的塑性。它的高温强度较大，低温时其延展性能亦很好。它有较高的导热系数，热中子俘获截面极小(即几乎不吸收原子射线)。耐蚀性能好，能耐盐酸、硫酸、硝酸和王水的侵蚀，还能耐液态金属的腐蚀。由于铌具有上述优良的综合性能，因此，它在钢铁工业中作为铁合金及超合金的添加剂，在原子能、航空、宇航及超导体等领域也获得了广泛的应用。

钽是银灰色有光泽的金属，其粉末呈深灰色。钽在地壳中的含量比铌少得多，仅为铌的十分之一。钽与铌的物理化学性质很相近，在矿物中往往伴生。钽的主要矿物及其提炼方法都与铌相同。钽的比重为16.67，熔点为2980℃(2900～3000℃)，呈体心立方晶格，有较高的强度和塑性；还有较大的导热率，较低的蒸汽压，较好的吸气能力，并且有很强的耐化学腐蚀能力。钽的氧化物薄膜具有整流和介电性能。因此，钽在电子工业、化学工业、原子能工业、航空工业和宇航工业等方面有着极为重要的用途。

2. 稀有轻金属

稀有轻金属包括锂、铍、铷、铯等金属元素。

锂是银白色金属，新鲜断面略带淡黄色光泽，在地壳中的储量极少。锂不仅在热核及宇航工业中有重要用途，而且在国民经济的各个部门都有很重要的用途；锂在原子能工业中是制造氢弹的爆炸性固体物质；锂的比重小，热中子俘获截面较大，因此，锂及锂化合物可用作运载反应堆的防护屏；还可用作原子反应堆的冷却剂、传热介质和中子减速剂；在液体燃料的反应堆中可用作钠和钍的熔剂。锂在飞机、导弹及宇航工业方面用途也很广。锂可用来生产硼氢化合物及新型高能燃料的加入剂，作为飞机、火箭、潜艇及等离子火箭发动机的推进剂。锂的化合物，如无水氢氧化锂和氧化锂，有很强的吸收二氧化碳的能力，是高空飞机、载人宇宙飞船、潜艇等密封舱呼吸再生系统的重要材料，作为人呼吸用氧气的发生剂和解毒剂。锂还可以为宇宙飞船重返大气层的热防护罩和人造卫星、导弹等的包裹材料，还能用作宇宙飞行器的结构材料。在电子工业方面，用锂及其化合物作电池的电解液添加剂，制造锂电池用于火箭、导弹的爬升和控制操纵及人造心脏的动力。锂及其化合物还可用作具有特殊功能的磁性材料、荧光材料和压电材料，用来制造计算机储存器、高压汞灯、激光器和太阳能电池等。此外，在冶金工业、化学工业、玻璃、陶瓷工业和医药工业等方面，锂的应用也极为广泛。

铍是一种银灰色的轻金属。铍在地壳中的含量很少，以化合物形态存在于自然界中。它的主要矿石是绿柱石，又叫绿宝石。在绿宝石中含有11%左右的氧化铍BeO。铍的密为$1.84g/cm^3$，略高于镁，为钛的2/3，钢的1/4、熔点为1284℃。固态铍呈密排六方晶格，强度大，塑性较低。它的热容量高，导热率也大，热中子俘获截面小，对X射线的可透性比铝大16倍。铍的化学性能介于镁和铝之间，在室温时容易氧化，并在表面生成氧化铍保护膜，可以防止里层铍的进一步氧化，铍与酸和碱的溶液都能发生反应，但不和氨水起反应。它在一定温度下对空气、二氧化碳、水和一些碱金属比较稳定，如在500℃时与熔融钠不起作用。所以，铍是原子能工业的重要材料。铍主要用在原子能工业和航空工业方面，在冶金工业上用得很少，主要用作合金元素加入剂，如铁青铜等。铍在原子能工业上主要用作反应堆的减速剂和反射剂，制造散热元件的结构材料，还可用作核燃料和稀释剂等；在航空及宇航工业上，铍可用来制造火箭、导弹、宇宙飞船的转接壳体和蒙皮，可用作大型飞船和空间渡船的结构材料，还能制造导弹、飞船、飞机惯性导航系统中的零部件，也可以制造飞机的防护板、机翼箱、方向舵、天线罩、喷气发动机的零部件、压力舵、太阳能面板及光学镜等。

铷和铯都是银白色金属，其新鲜断面具有金属光泽。铷和铯在地壳中的储量较少，在锂云母中含有一定量的铷，所以，锂云母也是提炼铷的主要资源。铷和铯的物理化学性质相近，两者常在矿床中伴生。铷的密度为1.53g/cm^3，铯的密度为1.9g/cm^3，铷的熔点为38.9℃，铯的熔点为28.6℃，它们在固态时都是体心立方晶格，具有高度的柔软性和可塑性，金属铷像石蜡一样软而可塑，而铯比铷还软，它们都具有独特的光电效应。铷和铯都是正电性很强的碱金属，化学稳定性很差，在氧及空气中能自燃，在氟和氯气中能着火，它们与水、液体溴、硫和磷作用能发生爆炸，因此必须妥善保管，避免与上述物质接触。由于铷和铯的性能相近，所以它们的用途也基本相同。铷和铯的主要用途是制造光电仪器，用在各种生产过程的自动化装置、控制系统和调节装置上；还用于电视、雷达、无线电传真、通信等方面。由于它们具有将红外线、X射线转变为可见光的特性，故可用来制造夜视仪、摄像管、显像管和宇宙电视等。在原子能工业中，铷和铯的化合物可用作高能固体燃料，金属铷还可用作原子能反应堆的冷却剂及热交换介质。铷和铯不但在光学技术、无线电和电子学、红外技术、分析技术及冶金、医疗等方面得到应用，而且在航空、宇航和国防等工业方面有着极其重要的作用。

3. 稀土金属

稀土金属包括镧系元素和与镧系元素在化学性质上相近的钪和钇。通常把它们分为两组：一组为轻稀土，包括镧、铈、镨、钕、钐和铕；一组为重稀土，包括钆、铽、镝、钬、铒、铥、镱、镥、钪和钇。另外，钷也是稀土金属的一种，不过它是人造元素，是铀裂变的产物。稀土金属呈银肉色或灰色，镨和钕呈浅黄色。大多数稀土金属的晶体构造是密排六方或面心立方，但钐为菱形晶体，铕为体心立方晶格。稀土金属的硬度较低，但塑性很大，可以拉成细丝和压成薄板。纯稀土金属具有良好的导电性能，随着金属纯度降低，其导电性能下降，以致能成为不良导体。纯稀土金属在低温下(−268.78℃)具有超导电性。大多数稀土金属在常温时为顺磁性物质，有很高的磁化率。它们的化合物也不例外，同样具有顺磁性，但是钐、钆和镝却为铁磁性物质。

稀土元素在冶金工业中主要用作合金原料、还原剂、脱氧剂、去硫剂、变质剂。它们在金属材料中的作用是多方面的，如改善材料的热加工性能和高温蠕变性能，提高韧性，增加耐热性和耐蚀性等。由于稀土元素与氧、碳、氮及硫的化学亲和力很大，在金属材料的冶炼过程中只要添加微量稀土元素来脱氧、去硫，效果就非常明显。

在石油和化学工业中应用稀土元素作催化剂和分析试剂，在玻璃和陶瓷工业中用稀土化合物作抛光材料、脱色剂、着色剂；还用稀土元素制造特种玻璃和光学玻璃；还可作瓷釉和陶釉。

在电子工业方面用稀土金属制造激光材料、荧光材料、半导体材料和超导材料等，它们还可用来制造永久磁体和计算机元件。所有这些元件在微型加工、彩色电视、摄影、电影及照明用具和通信技术等方面都有着重要作用。

在原子能工业中应用稀土金属作控制材料、结构材料、核燃料及减速材料等。

在医药工业中应用稀土元素及其化合物制备药品，用来治疗各种肿瘤、结核病、麻风病、湿疹、关节炎、风湿病和糖尿病等。

稀土元素在农业和轻工业方面应用也很广泛，如农作物中用的微量元素肥料及农药；纺织品生产中的加入剂和鞣革剂。稀土的盐类还可以用作香水和除臭剂。

4. 稀散金属

稀散金属也叫稀有分散金属，它包括镓、锗、铟、铊等元素。它们在自然界中分布极广，但数量甚少、分散性大，因此叫做稀散金属。

镓在自然界中分布甚广，但含量极少，绝大多数与其他矿物伴生，并以化合物形态存在于矿石之中。因此，炼锌和炼铝的残渣是提取镓的重要原料。金属镓是柔软的银白色金属，略带蓝色光泽。镓的密度为 5.904g/cm^3，熔点为 29.8℃，高纯度镓的过冷现象很严重，液态温度范围较宽，在理论结晶温度以下仍能长期保持液态。固态镓呈斜方晶格，单晶镓有很好的塑性，并有显著的各向异性特征。镓在高温时能与硫、硒、磷、砷和锑起化学反应生成化合物。

镓在电子工业上的应用主要是用作半导体化合物砷化镓、磷化镓等的原料；在制造锗和硅半导体材料时，常用它作掺杂元素。镓化合物的半导体材料有砷化镓、磷化镓、碲化镓、硒化镓、锑化镓和硫化镓等。这些化合物是制造整流器、晶体管、光导体、光源、激光、量子放大器及冷冻器件等的重要材料。在原子能工业方面用纯镓及其低熔点合金作热交换介质。镓与某些有色金属形成低熔点合金，可用作易熔合金，制造防火信号和消防用的自动喷水灭火熔断器等。由于镓的液态温度范围大，沸点高，在温度升高时体积膨胀很均匀，所以可用来制造高温温度计的填充材料。镓还可以用作电光源和化学电源，它还可用作牙科合金，代替银汞填补牙齿，镓铂、镓铟和镓钯合金都是很好的镶牙材料。

锗在地壳中的含量很少，它以化合物形态分散在硅酸盐及硫化物等矿物中，独立的锗矿很稀少。含锗较高的矿物有硫银锗矿、锗石、硫锗铁铜矿等。锗是浅灰色的脆性金属，密度为 5.323g/cm^3，熔点为 958℃，呈金刚石型晶体。锗不能透过可见光和紫外线，但能透过红外线。锗属于半导体材料，它在室温时比较稳定，对氧、盐酸、氢氟酸和稀释的强碱有耐蚀能力，硝酸和硫酸对它能起缓慢的腐蚀作用，过氧化氢或次氯酸钠对锗有强烈的腐蚀作用。

锗是重要的半导体材料，主要用来制造锗二极管、锗整流器、检查波器、锗晶体管、热敏电阻、光电池、薄膜电阻、锗半导体辐射探测器、红外线光学材料、激光器和高温超导材料等。

铟在地壳中的含量较少，它呈分散状态伴生在铅、锌、铝、铜、锡等金属矿物中，闪锌矿是提取铟的主要矿源。

铟是银白色而有光泽的金属，密度为 7.31g/cm^3，熔点为 156℃，属四方晶系，柔软且可塑性好，可压成极薄的铟片。铟在常温下不与空气起反应，但在红热状态会燃烧，火焰呈蓝色，同时生成三氧化二铟。海绵状铟或铟粉末与水作用生成氢氧化铟，但是块状铟与水不起反应。铟是半导体工业的重要材料，主要用来制造锗晶体管的集电极和发射极等。铟的化合物磷化铟、锑化铟等是制造红外线检测器元件、红外线滤光器、半导体元件和离子元件等的主要材料。铟化合物在原子能工业上主要用作反应堆的控制棒、高温控制材料、中子吸收材料和反应堆中的指示器等。铟在机械工业上主要用作镀敷材料，提高零件的耐蚀性和润滑性。此外，铟在玻璃和陶瓷工业方面用作镀敷材料和钎焊材料，铟的化合物还可以用作着色剂。

铊在地壳中的含量很少，常以化合物形态伴生在方铅矿、闪锌矿、黄铁矿、黄铜矿及硅酸盐中。目前，铊的主要来源是从处理硫化矿得到的废料中提取。铊是银白色金属，新鲜断面具有金属光泽。铊的密度为11.85g/cm^3，熔点为303℃，具有密排六方和面心立方两种晶型，有很好的延展性，物理性能与铅相近。铊在空气中氧化缓慢，但在100℃以上氧化迅速，并生成Tl_2O和Tl_2O_3的混合物。与水作用能生成氢氧化铊，所以，铊必须存放在油中保存。在工业上很少用纯铊，主要应用铊的化合物和铊的合金。在铊的化合物中，氧硫化铊对红外线特别灵敏，可以用它来制造辐射热测量计、光电池、光电曝光器、光学高温计、星体测量器；在碘化钠晶体中加入铊，可以制造探寻放射性矿石的闪烁计数器，铊的其他化合物还可以制造光学仪器和光学玻璃等。铊的合金可以制造轴承、不溶阳极、熔丝及高温焊料等。铊汞合金还可以用作低温温度计。

综 合 习 题

一、填空题

1. 原子间的键合可分为化学键和物理键两大类。其中化学键包括________、________和________。

2. 铁碳合金可按含碳量来分类，含碳量低于2.11%的为________（含碳量低于0.0218%的为工业纯铁），含碳量大于2.11%的为________。

3. 以________为唯一的或主要的合金元素的铜合金称为黄铜。

二、名词解释

1. 加工硬化
2. 热处理
3. 白口铸铁

三、简答题

1. 固态金属具有什么特征？如何解释？
2. 简述含碳量对碳钢力学性能的影响。
3. 钢的普通热处理工艺有哪些？分别有什么作用？
4. 简述铝及铝合金的特点及应用。

第2章 陶瓷材料

知识要点	掌握程度	相关知识
陶瓷和陶瓷材料	了解常用的陶瓷和陶瓷材料	陶瓷材料的发展历程
结构陶瓷和功能陶瓷	掌握陶瓷材料的分类方法及各分类陶瓷的典型代表	了解常用的功能陶瓷和结构陶瓷材料的特性
陶瓷材料的形变特征	了解陶瓷材料的力学性能及指标	陶瓷材料的塑性形变 陶瓷材料的弹性形变 陶瓷材料的断裂韧性 陶瓷材料的抗热冲击性
陶瓷的制备工艺	了解粉体的制备方法，了解坯料的成型、干燥、烧结工艺，了解制品的后加工工艺，掌握影响陶瓷成品性能的因素	

导入案例

陶瓷材料的发展

陶瓷在人类生活和社会生产中是不可或缺的材料，它和金属材料、高分子材料并列为当代三大固体材料。我国的陶瓷研究历史悠久、成就辉煌，陶瓷材料是中华文明的伟大象征之一，在我国的文化和发展史上占有非常重要的地位。

20世纪以来，特别是第二次世界大战之后，随着人类对宇宙的探索，原子能工业的兴起和电子工业的迅速发展，对陶瓷材料，从性质、品种到质量等方面，均提出越来越高的要求。这促使陶瓷材料发展成为一系列具有特殊功能的无机非金属材料，如氧化物陶瓷、压电陶瓷、金属陶瓷等各种高温和功能陶瓷，陶瓷研究已经进入了先进陶瓷阶段。在这个阶段，陶瓷制备技术飞速发展，在成型方面有等静压成型、热压注成型、注射成型、离心注浆成型、压力注浆成形等方法；在烧结上则有热压烧结、热等静压烧结、反应烧结、快速烧结、微波烧结、自蔓延烧结等方法。此时采用的原料已不再使用或很少使用黏土等传统原料，而开始使用化工原料和合成矿物，甚至是非硅酸盐、非氧化物原料，组成范围也延伸到无机非金属材料范围。因此，我们可以认为，广义的陶瓷概念已是用陶瓷生产方法制造的无机非金属固体材料和制品的统称。先进陶瓷包括结构陶瓷和功能陶瓷，结构陶瓷主要用作耐磨损、高强度、耐热、耐冲击、硬质、高刚性、低热胀性和隔热等结构材料；功能陶瓷包括电磁功能、光学功能和生物化学功能等陶瓷材料和制品(图 2.01)。

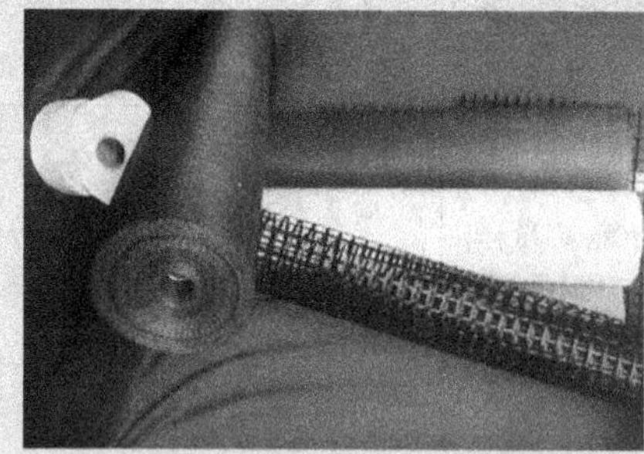

图 2.01 陶瓷制品

到了20世纪90年代，陶瓷研究已进入纳米陶瓷阶段。所谓纳米陶瓷，是指显微结构中晶粒尺寸、晶界宽度、第二相分布、气孔尺寸、缺陷尺寸等均在纳米量级的尺度上。纳米陶瓷由于晶粒细化，晶界数目及扩散蠕变速率的增加，可使材料的强度、韧性和超塑性大为提高，并对材料的电学、热学、磁学、光学等性能产生重要的影响。纳米陶瓷是当今陶瓷材料研究中一个十分重要的发展方向，它将促使陶瓷材料的研究从工艺到理论、从性能到应用都提高到一个崭新的水平。

2.1 陶瓷材料概述

2.1.1 陶瓷和陶瓷材料

陶瓷是陶器和瓷器的总称。中国人早在公元前8000—公元前2000年(新石器时代)就发明了陶器。传统的陶瓷是以黏土为主要原料的各种天然矿物，经过粉碎加工、成型和煅烧制得的。由于它使用的原料主要是硅酸盐矿物，所以归属于硅酸盐类材料。随着生产的发展与科学技术的进步，人们充分利用了陶瓷材料的力学性质和物理化学性质，制造出许多新的品种，使陶瓷从古老的工艺与艺术领域进入现代材料科学的行列。这些陶瓷的新品种，如高温陶瓷、介电陶瓷、压电陶瓷、集成电路板用高导热陶瓷、高耐腐蚀性的化工及化学陶瓷等，常称为特种陶瓷。特种陶瓷的生产过程虽然基本上还是沿用了传统的工艺方法，但所采用的原料已不仅仅是天然矿物，而是扩大到经过人工提纯加工或合成的化工原料，其组成已经扩展到所有无机非金属材料的范围。

陶瓷材料，即构成陶瓷的基础物质。通过对陶瓷的认识，可以总结出：陶瓷材料，是用天然或合成化合物经过成型和高温烧结制成的一类无机非金属材料，是除金属和高聚物以外的无机非金属材料的通称。陶瓷材料具有高熔点、高硬度、高耐磨性、耐氧化等优点，可用作结构材料、刀具材料。由于陶瓷还具有某些特殊的性能，又可作为功能材料。

随着现代科学技术的飞速发展，陶瓷材料特别是具有优良性能的特种陶瓷得到了广泛应用，如图 2.1 所示。陶瓷是人们日常生活中不可缺少的日用品，是几千年来人类用以生活的主要餐具、茶具和容器；又是一个原料来源丰富，传统技艺悠久，具有坚硬、耐用及

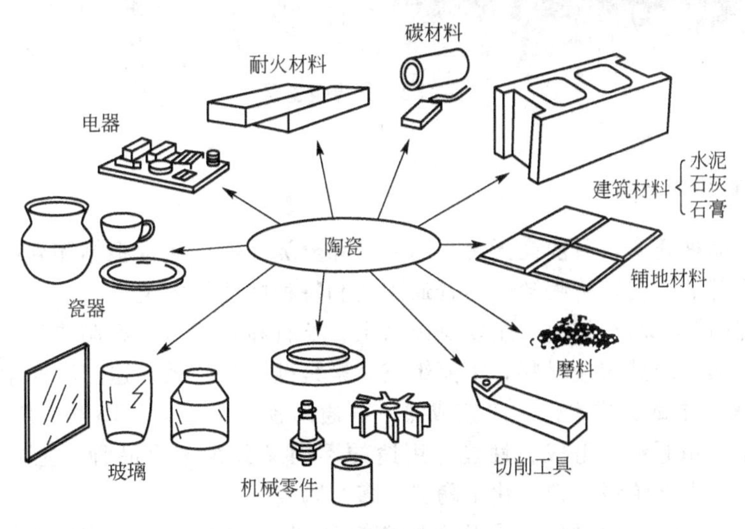

图 2.1 陶瓷的应用

一系列优良性质的材料，在建筑、电力、电子、化学、冶金工业等，甚至农业和农产品加工中都大量应用。另外，陶瓷又是制造美术陈设器皿的最耐久、最富于装饰性的材料，在我国外贸中占有一定的地位。

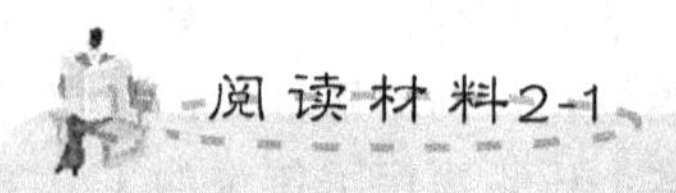

阅读材料2-1

中国陶瓷的发展历史

大约在70万年以前的原始时代，人们发现将泥巴晾干后加火烧就变得坚硬，可以做成各种形状的容器用以盛水，放食物等。这便是陶器的雏形。从我国河北省阳原县泥河湾地区发现的旧石器时代晚期的陶片来看，中国陶瓷的产生距今已有11700多年的悠久历史。1977年在河南省新郑县裴李岗村发现的陶器经碳十四测定距今约8000年，同时在河北省武安县磁山也发现同时期的文化遗址。距今7000多年的仰韶文化彩陶，具有浓厚的生活气息和独特的艺术风格，它是在陶器未烧以前就画在陶坯上，烧成后彩纹固定在器物表面。距今6000多年的大汶口文化红陶和距今4000多年的龙山文化的黑陶与白陶都反映了当时陶瓷的工艺水平。其中黑陶的烧成温度达1000℃左右，有细泥、泥质和夹砂三种，尤以细泥薄壁黑陶制作水平最高，有“黑如漆、薄如纸”的美称。这种黑陶的陶土经过淘洗轮制，胎壁厚仅0.5～1mm，再经打磨，烧成后漆黑光亮，有“蛋壳陶”之称，表现出惊人的技巧，享誉中外景德镇瓷器(图2.2)已成为中国国家地理标志产品。陶瓷的发明显示了人类利用自然、改造自然、与自然做斗争的能力，是人类生产发展史上的一个里程碑。

图2.2　景德镇瓷器

2.1.2　陶瓷材料的分类

陶瓷材料品种繁多，目前尚无统一的命名和分类标准。通常根据陶瓷的化学组成、性能特点、用途等的不同，将陶瓷分为普通陶瓷和特种陶瓷两大类。

普通陶瓷(传统陶瓷)材料，主要是由黏土、长石和石英为原料制成的，故又称为三组分陶瓷。它是典型的硅酸盐材料，主要组成元素是硅、铝、氧，这三种元素占地壳元素总量的90%，来源丰富、成本低、工艺成熟。普通陶瓷分为土器、陶器、炻器和瓷器四类，普通陶瓷根据所用原料、组成、性能、用途的不同又分为多个品种。主要制品有日用陶瓷、建筑陶瓷、电器绝缘陶瓷、化工陶瓷、多孔陶瓷。

特种陶瓷(现代陶瓷)材料，是以纯度较高的人工合成化合物为主要原料，利用精密控制工艺成型烧结制成的人工合成化合物，如Al_2O_3、ZrO_2、SiC、Si_3N_4、BN等。特种陶瓷一般具有某些特殊的力学、光、声、电、磁、热等性能，以适应各种需要。根据其主要成分，特种陶瓷又可分为氧化物陶瓷、氮化物陶瓷、碳化物陶瓷、金属陶瓷(硬质合金)等。

按陶瓷材料的性能，可以将陶瓷材料分为：高强度陶瓷材料、高温陶瓷材料、压电陶瓷材料、磁性陶瓷材料、半导体陶瓷材料、生物陶瓷材料。

按陶瓷材料的用途，可以将陶瓷材料分为：日用陶瓷材料、工业陶瓷材料。

按陶瓷的用途，特种陶瓷材料又可分为结构陶瓷、功能陶瓷。

2.1.3 结构陶瓷

结构陶瓷主要是指先进陶瓷中发挥其机械、热、化学等效能的一大类材料。由于它们具有耐高温、耐腐蚀、耐磨损、耐冲刷等一系列性能，可以承受金属材料和高分子材料难以承受的苛刻工作环境，也可以称为高温结构陶瓷或者工程陶瓷。

按材料的主要组分，结构陶瓷可分为氧化铝陶瓷、氮化硅陶瓷、碳化硅陶瓷等。

(1) 氧化铝陶瓷的主要组成物为 Al_2O_3，一般含量大于45%，同时含有少量的 SiO_2，又称高铝陶瓷(图2.3)。根据 Al_2O_3 含量的不同，氧化铝陶瓷分为75瓷(含75%Al_2O_3，又称刚玉-莫来石瓷)、95瓷和99瓷，后两者又称刚玉瓷。

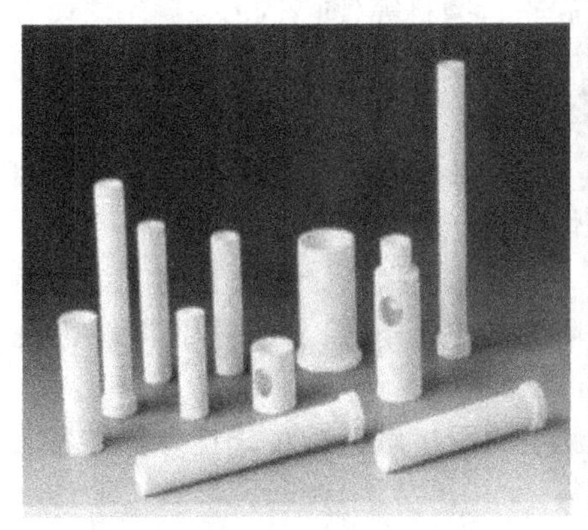

(a) 氧化铝化工、耐磨陶瓷配件

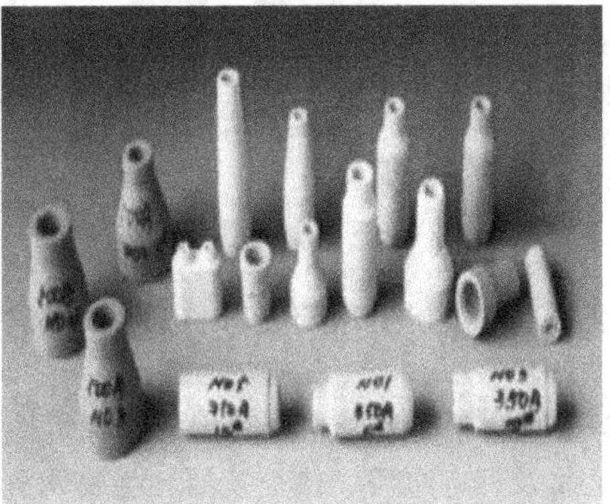

(b) 氧化铝耐高温喷嘴

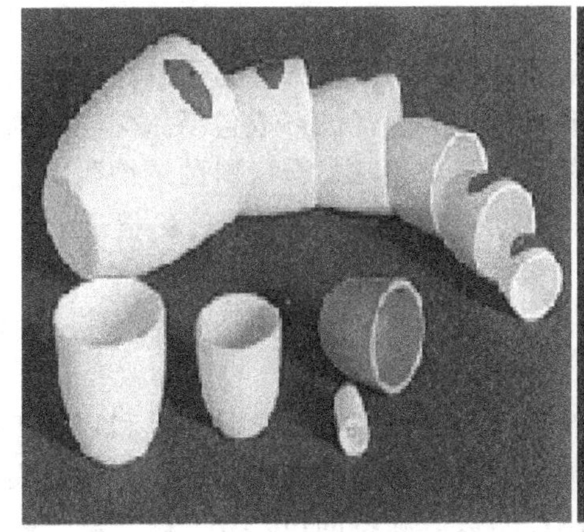

(c) 氧化铝陶瓷坩埚

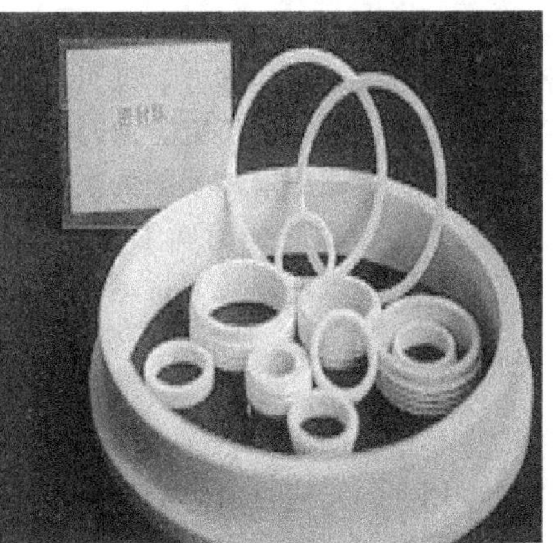

(d) 氧化铝陶瓷密封环

图2.3 氧化铝陶瓷

(2) 氮化硅陶瓷的主要组成物是 Si_3N_4。这是一种高温强度高、高硬度(仅次于金刚石、碳化硼等)、耐磨、耐腐蚀并能自润滑的高温陶瓷。线膨胀系数在各种陶瓷中最小，使用温度高达1400℃，具有极好的耐腐蚀性。除氢氟酸外，能耐其他各种酸的腐蚀，并能耐碱、各种金属的腐蚀，并具有优良的电绝缘性和耐辐射性。可用作高温轴承、在腐蚀介质中使用的密封环、热电偶套管，也可用作金属切削刀具。

(3) 碳化硅陶瓷的主要组成物是 SiC，是用石英砂(SiO_2)加焦炭直接加热至高温还原而成：

$$SiO_2 + 3C \rightarrow SiC + 2CO$$

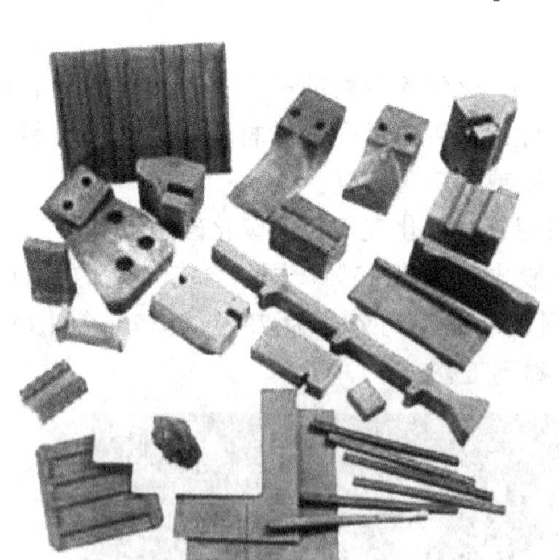

图 2.4 SiC 陶瓷件

这是一种高强度、高硬度的耐高温陶瓷，在1200～1400℃使用仍能保持高的抗弯强度，是目前高温强度最高的陶瓷。碳化硅陶瓷还具有良好的导热性、抗氧化性、导电性和高的冲击韧度。它是良好的高温结构材料，可用于火箭尾喷管和喷嘴、热电偶套管、炉管等高温下工作的部件；利用它的导热性可制作高温下的热交换器材料；利用它的高硬度和耐磨性可制作砂轮、磨料等(图 2.4)。

按照使用领域分类，结构陶瓷可分为以下几类。

(1) 机械陶瓷。主要利用其高硬度、高耐磨性，用于机械零件、轴等。

(2) 热机陶瓷。主要利用其耐热性、耐磨性及高强、高韧特点，用于车用耐磨、轻量陶瓷部件，隔热、耐热部件，燃机轮机叶片等。

(3) 生物化工陶瓷。主要利用耐腐蚀特性及生物团接触化学稳定性好等特征，用于冶炼有色金属及稀有金属、热交换器、生物陶瓷等。

(4) 核陶瓷及其他。利用其特有的俘获和吸收中子的特点，作为各自核反应堆的结构材料。

结构陶瓷的最大缺点是脆性、低可靠性和重复性差。近年来，为了解决这类问题，科研工作者开展了深入的基础研究，取得了突破性的进展。现已形成包括氮化硅系列、碳化硅系列和氧化锆、氧化铝增韧系统的高温结构陶瓷及陶瓷基复合材料的结构陶瓷，用于热机部件、切削刀具、耐磨损面腐蚀部件，进入机械工业、汽车工业、化学工业、造纸工业、纺织工业等传统工业领域，推动产品的升级换代。

2.1.4 功能陶瓷

功能陶瓷是指在微电子、光电子信息和自动化技术及生物医学、能源和环保工程等基础产品领域中用到的陶瓷材料，如制造电子线路中的电容器用的电介质瓷，制造集成电路基片和管壳用的高频绝缘瓷等。功能陶瓷(图 2.5)以其独特的声、光、热、电、磁等物理特征和生物、化学及适当的力学等特征，在相应的工程和技术中起到重要作用。

我国有功能陶瓷生产厂、研究所和设计院近百个，涉及的主要是在微电子、光电子

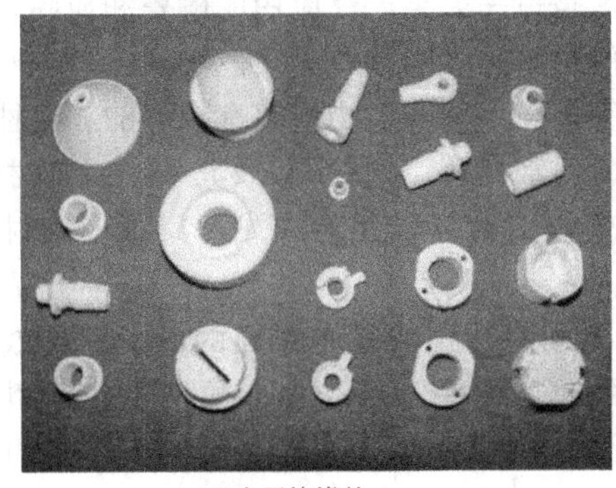

(a) 电子绝缘件

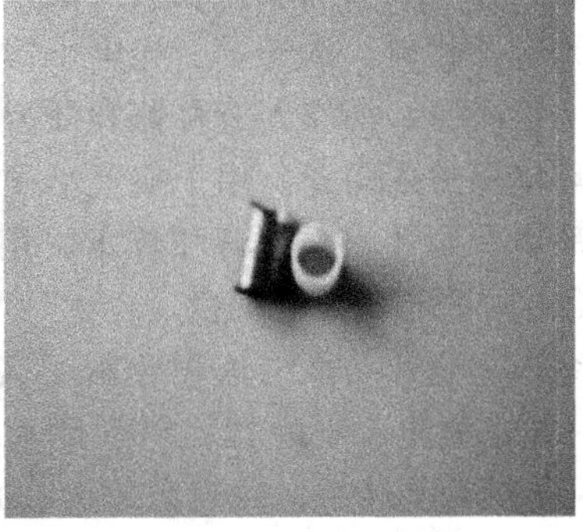

(b) 氧化锆陶瓷光学导管

图 2.5 功能陶瓷

信息和自动化技术中应用的电子陶瓷。功能陶瓷工业在我国已经形成了独立完整的工业生产体系。

1. 常用功能陶瓷

(1) 高频绝缘零件瓷。主要用作高频绝缘支柱、板、管等各种绝缘子及紧固件。包括滑石瓷、低碱莫来石瓷、刚玉-莫来石瓷、各种氧化铝瓷等。

(2) 电阻基体和电感基体瓷。主要用作电阻器和电感器的基体。包括低碱莫来石瓷、刚玉-莫来石瓷和氧化铝瓷等。

(3) 电真空瓷。主要用于真空电子器件中的绝缘、耐热、支撑件、密封件、集成电路管壳和基片等。包括镁橄榄石次、刚玉瓷、氧化铍瓷、氮化铝瓷等。

(4) 电容器瓷。主要用于高频电路的起温度稳定作用的电容器瓷，如四钛钡瓷、镁镧钛瓷、钙钛硅瓷等；用于高频电路起温度补偿作用的电容器瓷，如金红石瓷、钛酸钙瓷、钛锶铋瓷、锡酸盐和锆盐瓷等；还有用于高频高功率电路、高压电路和高脉冲电路的多种陶瓷，这是电子陶瓷中产量最大、品种最多的一类陶瓷。

(5) 铁电陶瓷。它是一种不含铁或极少含铁的功能陶瓷。其特点是在陶瓷体中存在自发的带电小区域，称为电铸。因而，它具有许多特殊的功能，除有极高的介电常数外，还有介电常数随温度、电场变化的非线性，对光的各向异性，双折射特性，电致应变及相变引起的各种特性变化和耦合等性能。

(6) 压电陶瓷。经极化处理后的铁电陶瓷，是一种将变化的力转化为电或将电转化为振动的功能陶瓷，用作换能器(transducer)、调节器(actuator)、超声波发生器等。

(7) 半导体陶瓷。导电性介于金属和绝缘体之间的陶瓷，其电导率受控于外界条件。因此，它可用于制造敏感元件(sensor)和传感器(transducer)，如热敏、电压敏、光敏、气敏、湿敏等。其主要组成有 $BaTiO_3$、$SrTiO_3$、SiC、ZnO、SnO_2、CdS、$MgCr_2O_4$ 等一种或多种复合材料。

(8) 导电陶瓷。有 SiC、石墨陶瓷、$BaPbO_3$、ZrO_2、$LaSrCrO_3$ 等，可做高温发热体、微波吸收材料、大功率电阻器等，SnO_2 系统薄膜可作为透明电极，用于各种显示器件。

(9) 超导陶瓷。超导材料过去几十年都是金属材料，它们在超低温(几至十几开)下才呈现超导特性，只是近年才有突破。

(10) 磁性瓷。又称铁氧体或铁淦氧，这是另一大类广泛应用的陶瓷和薄膜。

(11) 光电子材料。激光器、光电子器件用单晶、陶瓷及薄膜。

(12) 生物陶瓷。用作人造骨骼和牙齿等，与人体和生物组织有较好的相容性。

(13) 环境保护用陶瓷。用于空气洁净、污水处理，如 TiO_2 及其掺杂系列材料。

(14) 环境协调性陶瓷材料和技术。用于制造对环境无污染或污染很小的材料和制造技术，如无铅的铁电和压电陶瓷。

(15) 纳米陶瓷。功能纳米陶瓷由于其多样的结构特征和奇异的量子限域效应，受到材料学家的普遍关注，成为材料科学研究的热门课题。将光功能的纳米粒子引入到聚合物、玻璃或陶瓷等基体中，发现光放大、光吸收、荧光和非线性光学特征。它具有结构稳定性和可处理性，利用半导体纳米粒子的光电特性，可将复合物制成新型非线性光学材料、电致发光材料和激光放大材料，可加工成波导和光纤器件。

(16) 陶瓷薄膜。陶瓷薄膜的制备方法来源于硅技术，也常采用真空蒸发、溅射、扩散、离子注入等方法。由于陶瓷薄膜多为多晶或多组分化合物，因此，还常采用气象反应法、溶胶-凝胶法等生成大面积薄膜。陶瓷薄膜的一般厚度为 0.1～10μm。陶瓷薄膜主要与集成电路工艺结合制造新型传感器，如采用 ZnO 薄膜制造压力传感器和声表面波器件，$PbTiO_3$ 薄膜制造超声传感器和红外传感器，SiC、CoO－MnO 等热敏陶瓷材料制造温度传感器。

(17) 多功能材料。一种陶瓷材料具有两种以上的功能特性，因而可制成多种功能的传感器件，如 $MgCr_2O_4$－TiO_2 系统可做湿-气敏元件。$BaTiO_3$－$SrTiO_3$ 固溶体温湿敏元件和温、湿、气敏元件等。这种多功能传感器具有体积小、响应迅速、灵敏度高等特点。

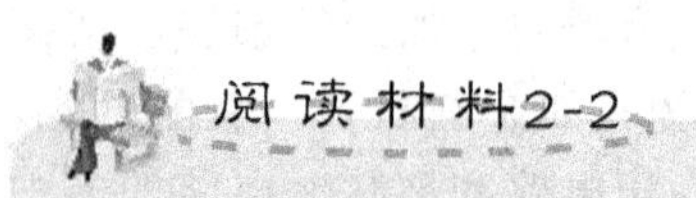

功能陶瓷发展的趋势

当前功能陶瓷发展的趋势可以归纳为以下几点：复合化、多功能化、低维化、智能化和设计、材料、工艺一体化。单一材料的特性和功能往往难以满足新技术对材料综合性能的要求。材料复合化技术可以通过加和效应与耦合乘积效应开发出原材料并不存在的新的功能效应或获得远高于单一材料的综合功能效应。最近提出的梯度功能材料也可看做一类特殊的复合材料。功能性与结构性结合的材料，或者具有多种良好功能性的材料为提高产品的性能和可靠性，促使产品向薄、轻、小方向发展成为可能。当材料的特征尺寸小到纳米级，由于量子效应和表面效应十分显著，可能产生独特的电、磁、光、热等物理和化学特性。功能陶瓷进入纳米技术领域是研究的热点之一，如铁电薄和超细粉体的制备等。智能材料是功能陶瓷发展的更高阶段，它是人类社会的需求和现代科学技术发展的必然结果。

目前，世界各国功能材料的研究极为活跃，充满了机遇和挑战。新技术、新专利层出不穷，发达国家企图通过知识产权的形式在特种功能材料领域形成技术垄断，并试图占领中国广阔的市场，这种态势已引起我国的高度重视。近年来，我国在新型稀土永磁、生物医用、生态环境材料、催化材料与技术等领域加强了专利保护。但是，应该看到，我国目前功能材料的创新性研究还不够，申报的专利数尤其是具有原创性的国际专利数与我国的地位远不相称。我国功能材料在系统集成方面也存在不足，有待改进和发展。图 2.6 所示为功能陶瓷在汽车工业中的应用。

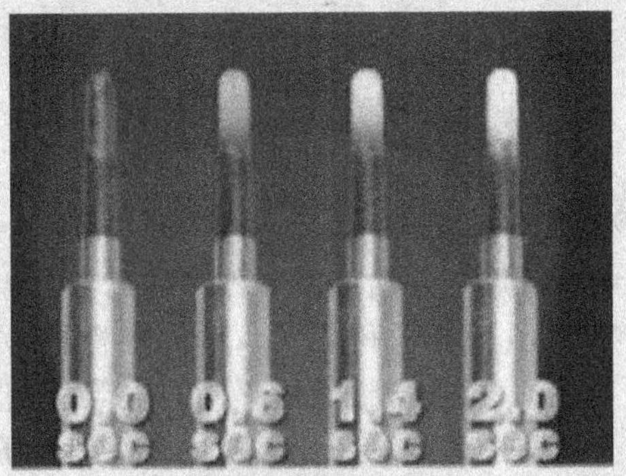

柴油机起动用陶瓷电热塞

陶瓷排气管衬里

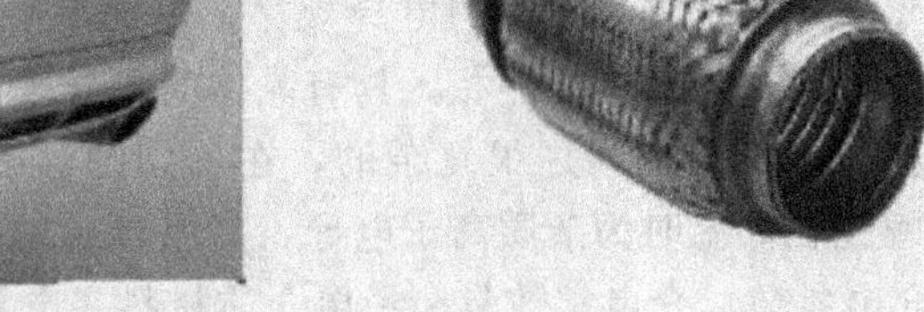

图 2.6　功能陶瓷的应用

2. 功能陶瓷的基本性质

1) 电学性质

功能陶瓷最基本的电学性质的参数是电导率、介电常数、介质损耗角正切值和击穿电场强度。

(1) 电导率。功能陶瓷试样在弱电压 U 作用时(如不特别指出时，作用电场均为试样不被破坏的电场)，试样的电阻 R 和通过试样的电流 I 与作用电压 U 间的关系符合欧姆定律，若试样在强电压作用下三者之间的关系则不符合欧姆定律。这是因为功能陶瓷试样的电阻不仅取决于试样的本身组成和结构，还与材料的表面组成、状态、结构和环境等因素有很大关系，如试样表面是否被污染，开口气孔的情况，是否亲水，温度和湿度等。为此，国际标准和国家标准都要分别测量和计算陶瓷试样的体积电阻率和表面电阻率。这种测量是采用三电极系统测量陶瓷材料的体积电阻和表面电阻，再根据陶瓷试样的几何尺寸计算得到的。

$$R_V=\frac{\rho_V h}{S} \tag{2-1}$$

$$R_S=\frac{\rho_S h}{l} \tag{2-2}$$

式中，h 为试样电极间的距离(cm)；l 为电极的长度(cm)；S 为电极的面积(cm^2)；R_V、R_S 为试样的体积电阻(Ω)和表面电阻(Ω)。由以上二式求出陶瓷试样的体积电阻率 ρ_V 和表面电阻 ρ_S：

$$\rho_V=\frac{R_V S}{h} \tag{2-3}$$

$$\rho_S=\frac{2\pi R_S}{\ln\frac{D_2}{D_1}} \tag{2-4}$$

式中，D_1 为试样的测量电极直径(cm)；D_2 为环电极内径(cm)。

陶瓷材料中存在着传递电荷的质点，这些质点称为载流子。金属材料中的载流子是自由电子，而陶瓷中的载流子有离子、电子和空穴。不同陶瓷材料的载流子可能是其中一种，也可能是其中几种同时存在。根据载流子的不同，电导机制分为离子电导和电子电导。一般来说，室温下，电介质陶瓷和绝缘陶瓷材料主要呈现离子电导，半导体陶瓷、导电陶瓷和超导陶瓷主要为电子电导。

实际的陶瓷材料，由于其组成和结构不同，往往具有不同的电导机制。通常，晶相的电导率比玻璃相小，在玻璃相含量较多的陶瓷中，如含碱金属离子较多的陶瓷材料，电导主要取决于玻璃相，具有玻璃的电导规律，电导率一般比较大；玻璃相含量极少的陶瓷，如刚玉陶瓷，其电导取决于晶相，具有晶体的电导规律，电导率小。

陶瓷材料的导电机理是很复杂的，在不同的温度范围，载流子的种类可能不同。例如，刚玉陶瓷在低温时为杂质离子电导，高温(1100℃)时则呈现明显的电子电导。

(2) 介电常数。介电常数是衡量电介质材料在电场作用下的极化行为或储存电荷能力的参数，通常又叫介电系数或电容率，是材料的特征参数。设真空介质的介电常数为 1，则非真空电介质材料的介电常数 ε 为

$$\varepsilon=\frac{Q}{Q_0} \tag{2-5}$$

式中，Q_0 为真空介质电极上的电荷量；Q 为同一电场和电极系数中介质为非真空电介质电极上的电荷量。

由于用途不同，对陶瓷材料的介电常数要求也不同。例如，装置瓷、电真空陶瓷要求介电常数必须很小，一般为 2～12。介电常数若偏大，则会使电子线路的分布电容较大，从而影响线路参数，导致线路的工作状态恶化。介电常数大的陶瓷介质材料可用来制作电容量大、体积小的电容器。

(3) 介质损耗。陶瓷材料在电场作用下能存储电能，同时电导和部分极化过程都不可避免地要消耗能量，即将一部分电能转变为热能等消耗掉。单位时间所消耗的电场能叫介质损耗。在直流电场作用下，陶瓷材料的介质损耗由电导过程引起，即介质损耗取决于陶瓷材料的电导和电场强度，表示为

$$P=\frac{U^2}{R}GU^2 \tag{2-6}$$

式中，P 为介质损耗；U 为作用于试样上的电压；R 为试样的电阻；G 为试样的电导，则

$$G=\frac{1}{R} \tag{2-7}$$

介质损耗对陶瓷材料的化学组成、相组成、微观结构等因素都很敏感。凡是影响陶瓷材料电导和极化的因素都对其介质损耗有直接的影响。

(4) 绝缘强度。陶瓷材料和其他介质一样，其绝缘性能和介电性能是在一定的电压范围内具有的性质。当作用于陶瓷材料上的电场强度超过某一临界值时，它就丧失了绝缘性能，由介电状态转变为导电状态，这种现象称为介电强度的破坏和介质的击穿。击穿时的电压称为击穿电压U_j，相应的电场强度称为击穿电场强度，也称为绝缘强度、介电强度、抗电强度等，用E_j表示。由于击穿时的电流急剧增大，在击穿处往往产生局部高温、火花、炸碎，形成小孔、裂缝，或击穿时整个瓷体炸裂的现象，造成材料本身不可逆的破坏。当作用电场均匀时，U_j与E_j的关系为

$$E_j=\frac{U_j}{h} \tag{2-8}$$

式中，h为击穿处介质的厚度(cm)；E_j的单位常用kV/cm。

陶瓷材料的击穿电压与试样的厚度、电极的形状、结构，试验时的温度、湿度，作用电压的种类，施加电压的时间及试样的环境等很多因素有关，过程比较复杂。发生击穿过程的时间约10^{-7}s。一般介质的击穿分为电击穿和热击穿。电击穿是指在电场直接作用下，陶瓷介质中载流子迅速增殖造成的击穿，该过程约在10^{-7}s完成。电击穿电场强度较高，约为10^3～10^4kV/cm。热击穿是指陶瓷介质在电场作用下由于电导和极化等介质损耗使陶瓷介质的温度升高造成热不稳定而迅速导致的破坏。由于热击穿有一个热量积累过程，所以不像电击穿那样迅速。热击穿电场强度较低，一般为10^1～10^2kV/cm。实际陶瓷介质材料的击穿强度一般为40～600 kV/cm。

2) 热学性质

功能陶瓷材料应用于不同的温度条件下，其热学性质也是非常重要的性质。一般陶瓷材料的热学性质用热容、热膨胀系数、热导率、热稳定性及抗热冲击性等参数来表征。

(1) 热容。热容是物体温度升高1K所需要增加的热量。陶瓷材料的热容与其结构的关系不大。相变时，由于热量不连续变化，热容有突然变化。

(2) 热膨胀系数。物体的体积或长度随温度升高而增大的现象称为热膨胀。温度升高1℃而引起的体积或长度的相对变化叫做该物体的体膨胀系数或线膨胀系数，其关系表示如下：

$$\frac{dV}{V}=\alpha_V dT \tag{2-9}$$

$$\frac{dl}{l}=\alpha_l dT \tag{2-10}$$

式中，α_V和α_l分别为材料的体膨胀系数和线膨胀系数。陶瓷材料的α_V和α_l很小，一般$\alpha_V\approx 3\alpha_l$，通常用线膨胀系数就能表示这类材料的热膨胀系数。一般陶瓷的膨胀系数是正值，也有少数是负的。热膨胀系数是陶瓷材料的重要参数之一，尤其在陶瓷材料与金属的封接、多相材料的复合及梯度材料等方面，需要特别注意不同材料间热膨胀系数的区别、选择和匹配，以及对材料性能的影响。陶瓷材料的热膨胀系数实际上并不是常数，而是与温度有关的量，即随温度变化，一般随温度升高增大。陶瓷材料的线膨胀系数较小，为(10^{-7}～10^{-5})/℃。膨胀系数较大的陶瓷材料，随温度的变化，其体积变化较大，往往会造成较大的内应力。当温度急剧变化时，可能会造成瓷体的炸裂，这对配制釉料及金属陶瓷封接尤

为重要。

(3) 热导率。热量从固体材料温度高的一端传到冷的一端的现象称为热传导。不同材料的热传导能力不同，一般绝缘体的导热能力小。但是，也有特殊情况，如氧化铍陶瓷、氮化硼陶瓷等材料的绝缘和导热能力都比较好。实际使用中，应按照使用的要求，合理地选择具有不同导热性能的陶瓷材料。

(4) 抗热冲击性。抗热冲击性是指物体能承受温度剧烈变化而不被破坏的能力，也叫抗热振性，用规定条件下的热冲击次数表示。陶瓷材料在加工和实际使用过程中，常常受到环境温度急剧变化对材料产生热冲击。一般的陶瓷材料的抗热冲击性较差，热冲击损坏常见的有瞬时断裂和热冲击循环过程中表面开裂、剥落及最后碎裂和损坏。抗热冲击性与材料的膨胀系数、热导率、表面散热速率、材料的几何尺寸及形状、微观结构、弹性模量、机械强度、断裂韧性、热应力等因素有关。提高陶瓷材料的抗热冲击性对于其实际应用，尤其是在环境温度发生较大变化的条件下是非常重要的。经常采取的措施有：提高材料的强度，降低材料的弹性模量；提高材料的导热率，降低材料的热膨胀系数；减小材料的表面散热速率；减小功能陶瓷制品在传热方向的厚度；减少陶瓷的表面裂纹和陶瓷体内的微裂纹等。功能陶瓷元件在制造和应用方面必须注意抗热冲击性这一重要的技术指标。

3) 光学性质

功能陶瓷的光学性质是指其在红外光、可见光、紫外线及各种射线作用下的一些性质。在光学领域里，较为重要的光学材料是用于透镜、滤光镜、光导纤维、激光器、窗口等的光学玻璃和晶体。

4) 磁学性质

磁性陶瓷由于具有高电阻和低损耗等特性，广泛应用于电子计算机、信息存储、激光调制、自动控制等科学技术领域。磁性材料一般可分为磁化率为负的抗磁体材料和磁化率为正的顺磁体材料。

5) 耦合性质

功能陶瓷材料具有电学、力学、热学、光学、声学、磁学等各种性质，而且相互之间不是孤立的。这些都与它们的具体组成和结构有光。功能陶瓷材料的一些性质相互关联又相区别的关系称为这些性质之间的转换和耦合，如材料的光电性能、电光性能、声光性能、磁光性能、热电性能等。各种性能之间的耦合通常用吉布斯函数表示。

功能陶瓷的耦合性质都与其化学组成、微观结构等有密切关系。外界的宏观作用往往使材料的组成和结构发生相应改变，从而使表征材料特性的若干性能参数也发生相应的变化。

2.2 陶瓷材料的结构基础

材料的性能在很大程度上取决于材料的组织结构。而陶瓷材料的键合、晶体结构、组织形态等比较复杂，陶瓷材料可以通过改变晶体结构来改变其性能。例如，氟化硼陶瓷呈六方结构的为软而松散的绝缘材料，但呈立方结构的却是著名的超硬材料。因此，研究陶瓷材料的组织结构具有重要意义。

陶瓷材料主要由金属元素和非金属元素通过离子键、共价键及离子键向共价键过渡的混合键的方式结合起来(图 2.7)。例如，Al_2O_3、MgO 为离子键，Si_3N_4、SiC 为共价键。但其通常不是单一的键合类型，而是由两种或两种以上的混合键组成的，见表 2-1。正是由于陶瓷的这种键合特性，决定其具有质脆、硬度高、强度高、耐高温、耐腐蚀、对热和电的绝缘性好，但韧性和延展性较差的特点。

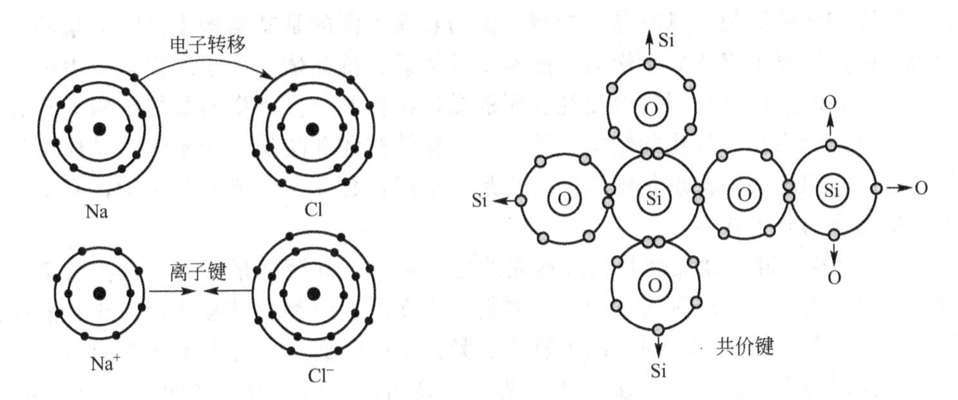

图 2.7 离子键和共价键

表 2-1 陶瓷材料离子键与共价键的混合比

化合物	LiF	MgO	Al_2O_3	SiO_2	Si_3N_4	SiC	Si
离子键/(%)	89	73	63	51	30	11	0
共价键/(%)	11	27	37	49	70	89	100

陶瓷材料一般为多晶体，其显微结构包括相分布、晶粒尺寸和形状、气孔大小和分布、杂质缺陷和晶界等。如图 2.8 所示，陶瓷的显微组织由晶体相(晶相)、玻璃相和气相组成，而且各相的相对量变化很大，分布也不够均匀。例如，在普通陶瓷中，其晶体相占陶瓷材料的 25%～30%，玻璃相占陶瓷材料的 35%～60%，气相占陶瓷材料的 1%～3%。玻璃相是非晶态低熔点固体相，起黏结晶相、填充气孔、降低烧结温度等作用。气相和气孔是陶瓷材料在制备过程中不可避免留下的。气孔率增大，陶瓷材料的致密度降低，强度和硬度下降。若玻璃相分布在主晶相界面，在高温下陶瓷材料的强度下降，易发生塑性变形。对陶瓷烧结体进行热处理，使晶界玻璃相重结晶或进入晶相成为固溶体，可显著提高陶瓷材料在高温时的强度。

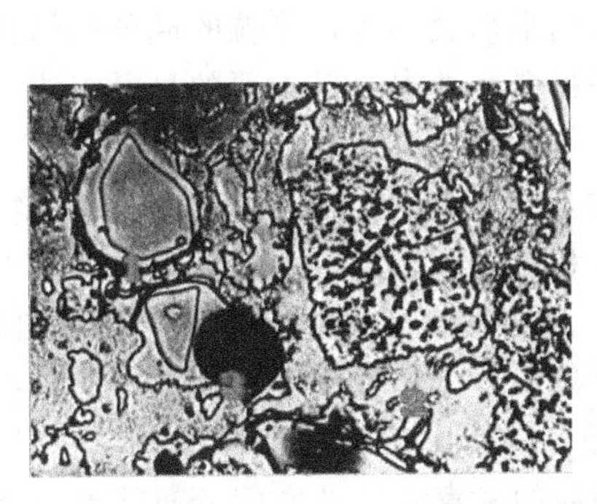

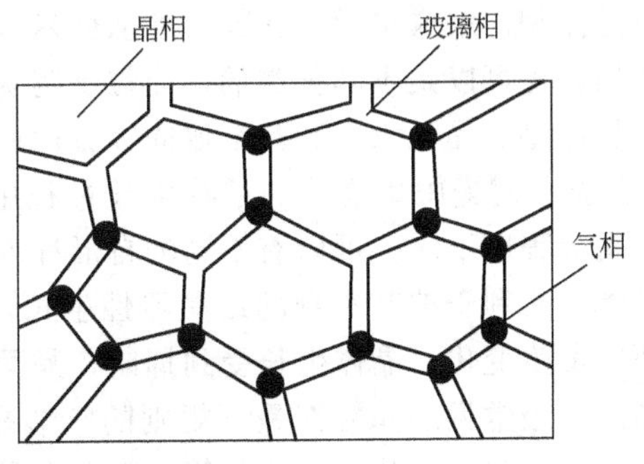

图 2.8 陶瓷的显微组织

2.2.1 晶体相

晶体相是陶瓷材料中主要的组成相，是由数量较大的细小晶粒构成的多晶集合体，对陶瓷材料的物理化学性质起决定性作用。

虽然陶瓷和金属类似，具有晶体构造，但与金属不同的是其结构中没有大量的自由电子。因为陶瓷是以离子键或共价键为主的离子晶体或共价晶体。由于陶瓷至少由两种元素组成，所以陶瓷的晶体结构通常要比纯金属的晶体结构复杂。陶瓷的晶体结构大致有硅酸盐结构、氧化物结构和非氧化物结构三种。氧化物结构和硅酸盐结构是陶瓷晶体中最重要的两类结构。它们的共同特点是结合键主要是离子键，含一定比例的共价键，有确定的成分，可以用确定的分子式表示。

(1) 酸盐结构。硅酸盐晶体是构成地壳的主要矿物，其蕴藏量丰富，种类繁多，是陶瓷、耐火材料、水泥、玻璃等工业的主要原料。很多陶瓷中都有硅酸盐，构成硅酸盐的基本结构单元为硅氧四面体(SiO_4)。四个氧原子紧密排成四面体，硅离子居于四面体中心的间隙。四面体的每个顶点的氧最多只能为两个硅氧四面体所共有。在四面体中，Si—O—Si 的键角接近于 145°。由于具有这种结构，以硅氧键为骨干的硅酸盐晶体可以构成多种结构形式，如岛状、链状、环状、片层状和网状结构。

(2) 氧化物结构。主要由离子键结合，也有一定成分的共价键。氧化物中的氧离子紧密排列，作为陶瓷结构的骨架，较小的阳离子处于骨架的间隙中，大多数氧化物结构是阳离子排列成简单六方、面心立方和体心立方三类晶体结构，金属离子位于其间隙之中。

根据组成晶相的晶体矿物的不同，晶相可以有一种或几种。对于两种以上的晶相，又可分为主晶相、次晶相、第三晶相等。

主晶相是构成陶瓷材料主体的结晶矿物。主晶相的性质、数量及其结合状态，直接决定着材料的基本性质。刚玉瓷(Al_2O_3)中的主晶相——刚玉是一种结构紧密、离子键强度大的晶体，故刚玉瓷具有机械强度高、介电性能好、耐高温、耐化学侵蚀等优良性能。因此优化设计配方，合理调整制备工艺，以控制主晶相的形成，是改善陶瓷材料性能的有效途径。

次晶相又称第二晶相。在高温下与主晶相和液相并存的次晶相，是由原料中伴随的次要成分和工艺过程中人为加入的添加物，与主要成分反应形成的新相。次晶相对陶瓷材料的性能也有较大影响，有些场合甚至对某些性能有着决定性的作用。例如，在碱性耐火材料中，与主晶相方镁石(MgO)并存的次晶相钙镁橄榄石，将使这个材料的耐蚀性和高温强度大大降低。而若将钙镁橄榄石换成铬镁尖晶石，材料将具有较高的耐侵蚀性和高温强度。

晶粒是晶相的组成单元，晶粒尺寸从微米级到毫米级不等，晶粒的成分和结构可以是同一种类的，也可以是不同种类的。晶粒是陶瓷材料最基本、最重要的显微组成。晶粒的研究主要从晶型、晶粒大小和晶粒取向 3 方面进行。

(1) 晶型。陶瓷中矿物的晶粒在生长过程中，由于物理化学条件及生长环境的影响，其晶型的发育程度不同，可以有不同的自形程度和晶体形态。在合适的生长环境下，早期结晶的晶体，有利于按其本身的结晶习性生长，晶面发育成完整的晶体，形成自形晶体；当生长环境发生变化，晶体生长受到抑制，晶面只能部分完整或者不完整，形成半自形晶甚至它形晶。最常见的晶粒都是不规则的它形晶。陶瓷中矿物的晶体形态，一般有粒状、柱状、板状、针状、片状和鳞片状等。陶瓷中晶粒的发育程度及空间分布特点直接影响陶瓷的性能。一般由自形晶等粒状均匀分布的晶粒组成的陶瓷性能优越，反之，它形晶、晶粒大小不等且分布不均匀的晶粒所组成的陶瓷，其性能较差。

(2) 晶粒大小。晶体颗粒的大小是由晶粒的粒径来度量的。测量晶粒的粒径时，对于粒状晶体只测横切面的粒径；对于柱状、板状或针状晶体需测长径和短径的长度，并同时使用长径和短径的尺寸或取其平均值来表示晶粒的大小。根据晶粒的大小不同，可将陶瓷的晶粒分为不同的粒级。

晶粒大小的不同使陶瓷显微结构有很大差别，从而使陶瓷的性能有很大变化。例如，刚玉(Al_2O_3)晶粒的平均尺寸为 200μm 时，抗弯强度为 74MPa；为 1.8μm 时抗弯强度可高达 570MPa。

晶粒的大小受工艺条件影响甚大，如原料的粒度分布，配比的化学组成控制，烧成制度(包括气氛、最高温度、保温时间及冷却方式等)都对晶粒大小起决定性作用。

(3) 晶粒取向。晶粒取向是指晶粒在空间中的位置和方向。晶粒的择优取向排列，将影响陶瓷材料的物理性能。在多晶聚集体中，某些晶粒的排列倾向于集中在某一共同方向上，即呈现出宏观性能的各向异性。例如，陶瓷晶粒定向技术作为一种提高材料压电性能的有效方法，通过工艺控制，可使原本无规则取向的陶瓷晶粒定向排列，使之具有接近单晶的性能，近年来得到了重视和广泛的研究。

2.2.2 玻璃相

玻璃相是陶瓷组织中的一种非晶态的低熔点固体，是陶瓷烧结时，各组成相与杂质产生一系列物理化学反应形成的液相在冷却凝固时形成的。其结构特点为：硅氧四面体组成不规则的空间网，形成玻璃的骨架，其成分是氧化硅和其他氧化物。

玻璃相是陶瓷材料中不可缺少的组成相。玻璃相在陶瓷中主要起黏结分散的晶体，抑制晶体相颗粒长大并防止晶体的晶型转变，填充晶体相之间的空隙，提高材料的致密度和降低陶瓷烧成温度的作用。

然而，玻璃相熔点低、热稳定性差，在较低温度下即开始软化，导致陶瓷材料在高温下发生蠕变，使其强度降低，且其中的一些金属离子会使陶瓷的绝缘性降低。因此，工业陶瓷中玻璃相的数量要予以控制，一般小于 20%～40%。

陶瓷中的玻璃体是非晶态的无定形物质。关于玻璃的结构学说目前主要有两个：晶子学说和无规则网络学说。

1. 晶子学说

晶子学说认为玻璃是由无数“晶子”组成的。“晶子”不同于一般微晶，是带有晶格变形的有序区域，它们分散在无定形介质中，并从“晶子”部分到无定形部分是逐步完成的，两者之间无明显界线。晶子学说揭示了玻璃体的一个结构特征，即微不均匀性及近程有序性。

实验表明，玻璃体的红外反射和吸收光谱与同成分的晶体是一致的。这说明玻璃中存在局部不均匀区，该区原子排列与相应晶体的原子排列大体一致。因此，结构的不均匀性和有序性是玻璃的共性。

2. 无规则网络学说

无规则网络学说认为玻璃态物质与相应的晶体一样，是由一个三维空间网络所构成的。这种网络是由离子多面体(四面体或三角面体)构筑起来的，但多面体的重复没有规律性。玻璃中的网络是由氧离子的多面体构筑起来的。多面体中心被多电荷离子，即网络形成体所占有。

2.2.3 气相

气相又称气孔，是指陶瓷在烧制过程中，其组织内部残留下来的孔洞，是生产过程中不可避免的。其数量的多少与陶瓷的种类、用途及工艺制度等有关。

气孔率：普通陶瓷5%～10%，特种陶瓷5%以下，金属陶瓷低于0.5%。

陶瓷根据气孔率可分为致密陶瓷、无开孔陶瓷和多孔陶瓷。用作保温的陶瓷和化工用的过滤多孔陶瓷等需要增加气孔率，有时气孔率可高达60%。

气孔对陶瓷的性能会产生负面影响(多孔陶瓷除外)，使陶瓷强度降低、介电损耗增大，电击穿强度下降，绝缘性降低，但同时气相的存在也可提高陶瓷抗温度波动的能力，并能吸收振动。

2.3 陶瓷材料的形变

弹性形变，是指固体受到外力作用而使各点间相对位置发生改变，当外力撤销后，物体可以恢复原状，这样的形变叫做弹性形变，如弹簧的形变等。相反地，当外力撤去后，物体不能恢复原状，这样的形变叫做塑性形变，如橡皮泥的形变等。

2.3.1 陶瓷材料的弹性形变

弹性是陶瓷材料形变的一种基本方式，绝大多数陶瓷材料在室温下拉伸或弯曲，均不产生塑性形变，呈脆性断裂特征。如图2.9所示，陶瓷材料与金属材料相比，其弹性形变具有如下特点：

(1) 弹性模量大(表2-2)，这是由其共价键和离子键的键合结构所决定的。弹性模量，是材料在弹性变形阶段内，正应力和对应的正应变的比值。共价键具有方向性，使晶体具有较高的抗晶格畸变、阻碍位错运动的能力。离子晶体结构的离子键方向性虽不明显，但滑移系(晶体中一个滑移面及该面上一个滑移方向的组合称为一个滑移系)受原子密排面与原子密排方向的限制及静电作用力的限制，其实际可动滑移系较少。此外，陶瓷材料都是多元化合物，晶体结构较复杂，点阵常系数较金属晶体大，因而陶瓷材料的弹性模量较高。

表2-2 几种陶瓷材料与金属材料的弹性模量值(室温) (单位：MPa)

材料	弹性模量	材料	弹性模量
氧化铝	3.8×10^5	碳化硅(气孔率5%)	4.7×10^5
95%氧化铝陶瓷	3.0×10^5	石英玻璃	0.73×10^5
尖晶石	2.4×10^5	碳素钢	$(2.0\sim2.2)\times10^5$
氧化镁	2.1×10^5	铜	$(1.0\sim1.2)\times10^5$
氧化锆	1.9×10^5	铝	$(0.6\sim0.75)\times10^5$

(2) 陶瓷材料的弹性模量不仅与结合键有关，还与其组成相的种类、分布比例及气孔率有关。因此，陶瓷的成型与烧结工艺对其弹性模量有重大影响。气孔率较小时，弹性模量随气孔率增加线性降低。

(3) 通常，陶瓷材料的压缩弹性模量高于拉伸弹性模量。陶瓷在压缩加载时，其 $\sigma-\varepsilon$ 曲线斜率比拉伸时的大(图 2.9)，此与陶瓷材料复杂的显微结构和不均匀性有关。从图 2.9 中还可看出，陶瓷材料的抗压强度值比其抗拉强度值大得多。在工程应用中，选用陶瓷材料时要充分注意这一特点。

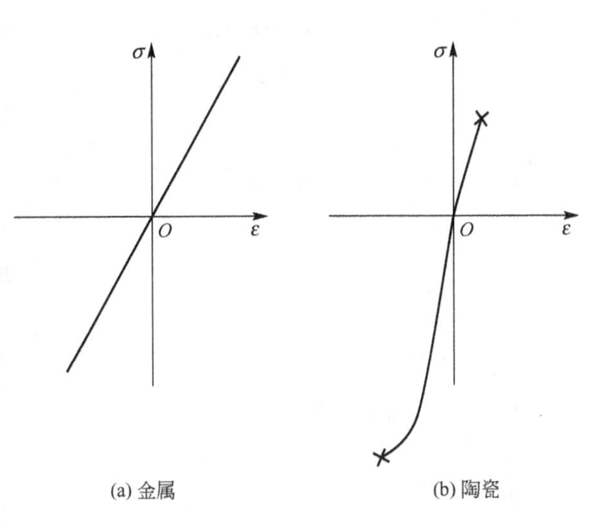

图 2.9 金属材料与陶瓷材料的 $\sigma-\varepsilon$ 曲线弹性部分

2.3.2 陶瓷材料的塑性形变

材料在断裂之前所能容忍的形变量越大，则塑性形变越大，许多陶瓷到了高温都表现出不同程度的塑性。但在室温下，绝大多数陶瓷材料均不发生塑性形变。单晶 MgO 陶瓷以离子键为主，在室温下可经受高度弯曲而不断裂。这是极个别的特例。通常在 1000℃以上高温条件下，大多数陶瓷材料才会出现主滑移系运动引起的塑性形变。

最近有研究表明，当陶瓷材料具有下述条件时，在高温下还可以显示超塑性。这些条件是：晶粒细小(小于 1μm)；晶粒是等轴的；第二相弥散分布，能抑制高温下基体晶粒的生长；晶粒间存在液相或无定形相。典型的具有超塑性的陶瓷材料是用化学共沉淀方法制备的含 Y_2O_3 的 ZrO_2 粉体，成型后在 1250℃左右烧结，可获得理论密度 98%左右的烧结体。这种陶瓷在 1250℃、3.5×10^{-2}/s 应变速率下，最大应变量可达 400%。陶瓷材料的超塑性是微晶超塑性，与晶界滑动或晶界液相流动有关；与金属一样，陶瓷材料的超塑性流动也是扩散控制过程。陶瓷材料的超塑性与晶界滑动或晶界液相流动有关。和金属一样，陶瓷材料的超塑性流动也是扩散控制过程。

利用陶瓷超塑性，可以对陶瓷材料进行超塑性加工，提高烧结体的尺寸精度和表面质量，甚至可以对 Y - TZP 陶瓷反挤压成型，制造中空的活塞环和阀门，超塑性加工还可用于扩散焊接，超塑性成型与焊接结合是一种新的复合加工方法。

2.3.3 断裂韧性

陶瓷是典型的脆性材料。陶瓷不仅脆，而且对裂缝非常敏感。用玻璃刀划玻璃，只要玻璃上有一道划痕，就可以从这道划痕开始使玻璃断成两半。即使从表面上看不出裂纹，内部细小的裂纹也足以使陶瓷制品断裂。而金属与聚合物材料就不同。即使是很脆的聚合物材料如聚苯乙烯，对裂缝或裂纹也没有这么敏感。

陶瓷材料的断裂工程是以其内部或表面存在的缺陷为起点而发生的。晶粒和气孔(及

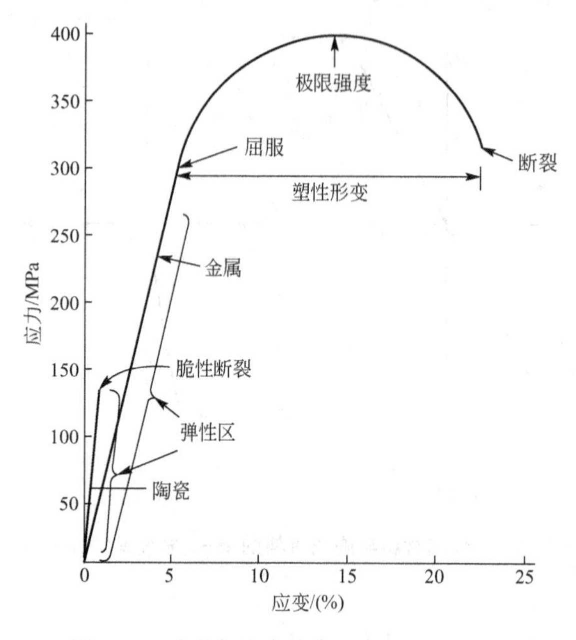

图 2.10　金属与陶瓷的典型应力-应变曲线

杂质)尺寸在决定陶瓷材料强度方面与裂纹尺寸有等效作用。缺陷的存在是概率性的。当内部缺陷成为断裂原因时，随试样体积增加，缺陷存在的概率增加，材料强度下降；当表面缺陷成为断裂源时，随表面积增加，缺陷存在概率也增加，材料强度下降。

图 2.10 是金属与陶瓷材料的典型应力-应变曲线的对比。金属能够发生较大的塑性形变，而陶瓷只有很小的弹性形变且看不到屈服点。缺乏韧性是限制陶瓷应用的最大障碍，所以陶瓷的韧性受到了较多关注。

2.3.4　抗热冲击性

热冲击是指材料经历温度突变。例如，发动机的转子要在 2s 内在 340℃与 1230℃之间变化。目前设计的汽车发动机转子要求在 2s 内在室温与 1200℃之间变化。这种骤冷骤热会导致材料的机械破坏，尤其是陶瓷材料。金属没有热冲击的问题。因为金属有大量自由电子，可以很快将热量分布均匀，且金属较容易发生弹性形变和塑性形变，不会因为骤冷骤热积蓄很大的内应力。由于陶瓷传热系数很低，局部受热会引起较大的应力。加之陶瓷的脆性，很容易造成开裂。如果一种材料具有同素异构性且在温度变化过程中发生相转变，热冲击就会直接转化为机械冲击。因为相转变必须伴随着体积的变化，这一变化往往比热膨胀要大。例如，二氧化锆在 1000℃以上为正交晶系，在 1000℃时转变为单斜晶系，并伴随剧烈的体积膨胀。这一膨胀往往会使材料崩裂。考虑材料的抗热冲击性能时，必须同时考虑弹性模量(E)、线性热膨胀系数(a)、导热系数(k)、拉伸强度(s)与断裂韧性(K_{1C})。

例如，硅酸锂铝(LAS)具有极低的热胀系数(2.0×10^{-6}/K)，尽管其导热性很低，强度与模量都很低，韧性也差，却是理想的抗热冲击材料。此外，陶瓷的孔隙率、颗粒尺寸等都是值得考虑的因素。如上所述，陶瓷中的孔隙是造成应力集中的隐患，对抗热冲击性能的影响最大。

陶瓷材料也并非抗热冲击性能都差。结构比较简单的陶瓷如碳化硅，由于碳与硅的原子大小差不多，故具有较高的导热系数，基本不受热冲击的影响。

为定量评价材料的抗热冲击性能，可以用抗热冲击指数(T_{SI})来衡量：

$$T_{SI}=\frac{s\times k}{a\times E} \tag{2-11}$$

式中，s 为拉伸强度；k 为导热系数；a 为线性热膨胀系数；E 为弹性模量(杨氏模量)。

从式(2-11)可以看出，对抗热冲击性能而言，导热系数越大越好，而线性热膨胀系数越小越好。表 2-3 是一些材料的抗热冲击指数。

表 2-3 一些材料的抗热冲击指数

材　　料	s/MPa	k/[W/(cm·K)]	α(×10^{-6})/K^{-1}	E/GPa	T_{SI}/(W/cm)
熔融 SiO_2	68	6×10^{-2}	0.6	72	94
Al_2O_3	204	3×10^{-1}	5.4	344	33
石墨	8.7	1.4	3.8	7.7	416
钠玻璃	69	2×10^{-2}	9.2	68	2.1

2.4 陶瓷的制备工艺

陶瓷材料是用各种原料，按一定的化学组成和粒度配比进行配料，经混合而成混合料，再经成型制成坯体，然后干燥或脱蜡，在高温条件下烧结并冷却而成的。陶瓷的制备过程比较复杂，主要取决于材料的类型，但基本的工艺是相同的，即包括以下五个过程：粉体的制备、坯料的成型、坯料的干燥、制品的烧结及加工。

2.4.1 粉体的制备

粉体的制备是陶瓷制备的第一步，是陶瓷材料环的第一节。绝大多数陶瓷制品是通过粉体的烧结制备的。制取方法因材料而异，下面对一些重要陶瓷材料做简单介绍。

(1) 氧化铝在自然界中以刚玉的晶体结构存在。将铝矾土粉用氢氧化钠洗涤，产生氢氧化铝沉淀，氢氧化铝经热处理转化为氧化铝。大部分氧化铝粉体被用于电解生产金属铝，少部分用于生产陶瓷，包括翻砂模具、高温水泥、摩擦部件、耐火材料等。

(2) 氧化镁从海水中的 $MgCO_3$ 制取。先从海水中取得氢氧化镁，再加热转化为氧化镁 MgO。同氧化铝一样，大量的氧化镁用于生产金属镁，但少量的氧化镁用于制备高温绝缘与耐火材料。

(3) 碳化硅(SiC)用 Acheson 法生产。将电流通过 SiO_2 与焦炭的混合物，使之达到 2200℃，在高温下焦炭与二氧化硅作用生成碳化硅与 CO 气体。碳化硅也能用其他的碳源生产，如稻糠。碳化硅是最有希望制造内燃机的陶瓷材料。

(4) 氮化硅可以用硅的金属化合物与氮气在 1250～1400℃下合成，生成的混合物在粉碎后即可使用。高纯度的氮化硅可以用 SiO_2 与氮气作用产生，也可以用 SiCl 与氨作用生成。

(5) 氧化锆通过四丁氧基锆在乙醇中水解得到。在氧化锆中混入少量氧化钇可以起到显著的增韧作用，这种增韧作用是人们广泛关注的热点。氧化锆可用于加工铜棒的挤出模具，并可作为内燃机零件的等离子喷涂保护膜。

(6) 二氧化钛大量用作涂料、塑料及纸张的增白，也有一部分用作陶瓷。它在自然界中以钛铁矿和金红石矿的形式存在。金红石中二氧化钛的含量高达 97%。当然，要加工成常用的钛白粉还要经过一系列复杂的化学过程。

以上只列举了几种陶瓷粉体的制取过程，它们代表的仅是传统的粉体制备工艺。更先进的工艺有金属有机聚合物的热解、碳热还原法、等离子体合成、激光合成等。

2.4.2 坯料的成型

坯料的成型指将坯料用一定工具或模具制成一定形状、尺寸、密度和强度的制品坯型(也称生坯)。按照不同的制备过程，坯料可以是可塑泥料、粉料或泥浆，以适应不同的成型方法。

在陶瓷生料中加入液体(一般为水)后形成一种特殊状态。大量的水可使颗粒料形成稠厚的悬浮液(泥浆)，少量的水形成可捏成团的粉料，水量适中则形成可塑的且在外力作用下可加工成各种形状的泥块(可塑泥料)。

成型的目的是将坯料加工成一定形状和尺寸的半成品，使坯料具有必要的机械强度和一定的致密度。主要的成型方法有3种：可塑成型、注浆成型、压制成型。此外，还有注射成型、爆炸成型、薄膜成型、反应成型等。

(1) 可塑成型：在坯料中加入水或塑化剂，制成塑性泥料，然后通过手工、挤压或机加工成型。这种方法在传统陶瓷中应用最多。

(2) 注浆成型：将浆料浇注到石膏模中成型。常用于制造形状复杂、精度要求不高的日用膏瓷和建筑陶瓷。

(3) 压制成型：在粉料中加入少量水或塑化剂，然后在金属模具中加较高压力成型。这种方法主要用于特种陶瓷和金属陶瓷的制备。

(4) 注射成型：将粉末和有机粘结剂混合后，用注射成型机将混合料在130～300℃下注射入金属模内，冷却后粘结剂固化。取出毛坯经脱脂处理就可按常规工艺进行烧结。

(5) 爆炸成型：利用炸药爆炸后在瞬间产生的巨大冲击(可达1×10^5MPa)作用在粉末体上，使粉体压坯获得接近理论值的密度和很高的强度。爆炸冲击波产生的高压和高温可用于烧结粉末体(爆炸烧结)，制备特种陶瓷。

(6) 薄膜成型。

轧膜法：将塑化的粉料放入转动的轧缝中，经轧辊碾压成为具有一定厚度和连续长度的薄带。

丝网印刷法：将陶瓷油墨印刷在基片上，形成所需要的电路图形，经干燥、烧结，形成3～30μm的厚膜；经多次印刷和烧结，能将导体、半导体、绝缘体和焊料等结合在一起，或将电路片、电容器、电阻、传感器等集成封装成组合件。

(7) 反应成型：通过多孔坯体同气相或液相发生化学反应，使坯体质量增加，孔隙减小，并烧结成具有一定强度和精确尺寸的产品，用这种方法可使成型和烧结同时完成。

2.4.3 坯料的干燥

通常，成型后坯体的强度不高，常含有较高的水分，为便于运输和适应后续工序(如修坯、施釉等)，必须进行干燥处理。

干燥：将坯料放在空气中，当空气中的水蒸气分压小于坯体内的水蒸气分压时，水分即从坯体内排除，干燥可以分为三个阶段。

第一阶段：水分能不受阻碍地进入周围空气中，干燥速度保持恒定而与坯体的表面积成正比，大小则由当时空气中的湿度和温度决定，必须保持空气流通而使蒸发的水分随时离开坯体表面，这一阶段的水分排出量与泥料的体积收缩相当，排出的水分越多，则坯体体积收缩越大。

第二阶段：主要排除颗粒间隙中的水分。其特点是干燥速度呈现下降趋势，坯体在继续收缩时已出现气孔，由于水分的输送主要通过毛细管进行，干燥时水分在坯体内蒸发，水蒸气要克服较大的扩散阻力才能进入周围空气中，而且微细的毛细管中水的蒸汽压也较低，因此干燥速度下降。

第三阶段：主要是排除毛细孔中残余的水分及坯体原料中的结合水。这需要采用较高的干燥温度，仅靠延长干燥时间是不够的。生产实际中，干燥只进行到第二阶段即结束，此时坯已具有一定的机械强度，可以被运输及修坯和施釉等。

2.4.4 制品的烧结

(1) 烧结是指多孔状陶瓷坯体在高温条件下，表面积减小、孔隙率降低、力学性能提高的致密化过程。

生坯经初步干燥后，进行涂釉烧结或直接烧结。高温烧结时，陶瓷内部会发生一系列物理化学变化及相变，如体积减小，密度增加，强度、硬度提高，晶粒发生相变等，使陶瓷制品达到所要求的物理性能和力学性能。

坯体经过成型及干燥过程后，颗粒间只有很小的附着力，因而强度相当低。要使颗粒相互结合以获得较高的强度，坯体需经一定高温烧成。在烧成过程中包含多种物理、化学变化和物理化学变化，如脱水、热分解和相变，熔融和溶解，固相反应和烧结及析晶、晶体长大和剩余玻璃相的凝固等过程。

如图 2.11 所示，伴随烧结发生的主要变化是颗粒间接触界面扩大并逐渐形成晶界；气孔从连通逐渐变成孤立状态并缩小，最后大部分甚至全部从坯体中被排除，使成型体的致密度和强度增加，成为具有一定性能和几何外形的整体。

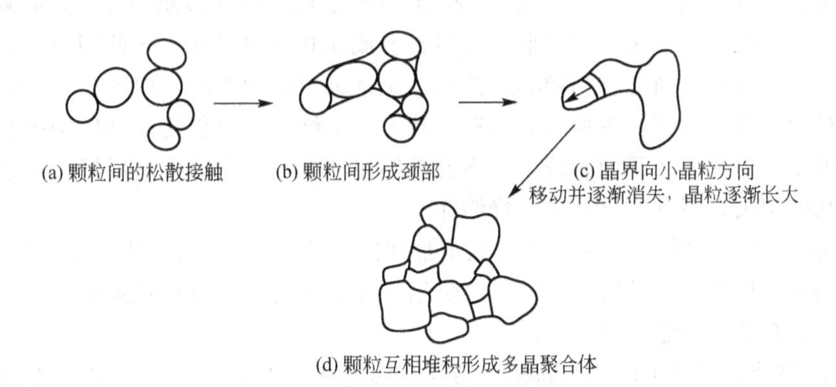

图 2.11 陶瓷烧结示意图

烧结过程可大大增加型坯的密度，达到 90%～95%。烧结过程中密度增加，粒度也增加，粒度的增大必须加以控制。因为大粒子伴随着大间隙，会降低制品的强度。当然，间隙有利于隔热，作为绝缘材料是求之不得，但作为其他材料是非常不利的。不同陶瓷制品对烧结有不同的要求。例如，Si_3N_4 必须在封闭体系中在有压力的氮气下烧结，否则就会发生分解。具有高介电损耗的陶瓷可以用微波加热，如 Al_2O_3、ZrO_2 等。利用介质加热是对陶瓷粒子表面加热，在粒子内形成温度梯度。而使用微波加热是使整个粒子均匀受热，可降低烧结温度，限制大粒子的形成，以提高制品的强度。某些材料的烧结是通过低熔点相的黏结完成的，尤其是硅酸盐类陶瓷低熔点组分首先熔融并发生流动，充满粒子间的缝隙。这种烧结不仅将粒子黏结在一起，而且可使制品的密度接近 100%。这一技术称为液相烧结法，低熔点相称为烧结助剂。

烧结可以发生在单纯的固体之间，也可以在液相参与下进行。前者称为固相烧结，后者称为液相烧结。在烧结过程中可能会发生某些化学反应，但烧结并不依赖化学反应的发生。它可以在不发生任何化学反应的情况下，简单地将固体粉料进行加热转变成坚实的致密烧结体，如各种氧化物陶瓷和粉末冶金制品的烧结就是如此。烧结过程如图 2.12 所示。

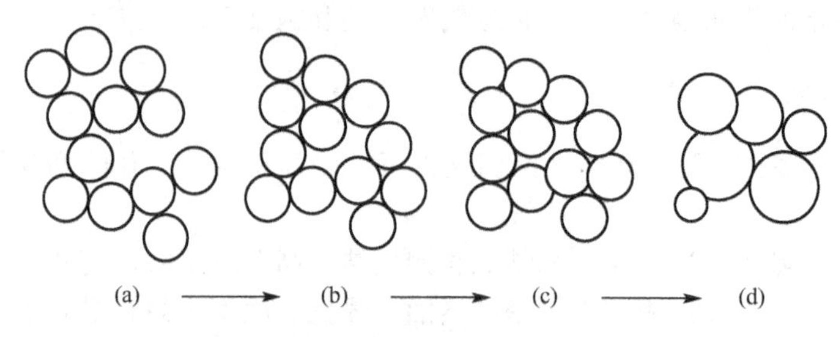

图 2.12　粉状成型体的烧结过程示意图

图 2.12(a)表示烧结前成型体中颗粒的堆积情况。这时，颗粒有的彼此以点接触，有的则互相分开，保留较多的空隙。

图 2.12(a)→(b)表明随烧结温度的提高和时间的延长，开始发生颗粒间的键合和重排。这时颗粒因重排而互相靠拢，(a)中的大空隙逐渐消失，气孔的总体积逐渐减少，但颗粒之间仍以点接触为主，颗粒的总表面积并没有减小。图 2.12(b)→(c)阶段开始有明显的传质过程，颗粒间由点接触逐渐扩大为面接触，颗粒间界面积增加，固→气表面积相应减小，但仍有部分空隙是连通的。图 2.12(c)→(d)表明，随着传质的继续，颗粒界面进一步发育长大，气孔则逐渐缩小和变形，最终转变成孤立的闭气孔。与此同时，粒界开始移动，粒子长大，气孔逐渐迁移到粒界上消失，烧结体致密度增高，如图 2.12(d)所示。

烧结过程可分为初期、中期、后期三个阶段。烧结初期只能使成型体中颗粒重排，空隙变形和缩小，但总表面积没有减小，不能最终填满空隙；烧结中、后期则可能最终排出气体，使孔隙消失，得到充分致密的烧结体。

(2) 烧结方法有多种，除粉末在室温下加压成型后再进行烧结(热压烧结)的传统方法外，还有热等静压烧结(高温恒压)、水热烧结、热挤压烧结、电火花烧结、爆炸烧结、等离子体烧结、自蔓延高温合成等方法。

① 反应烧结。有别于传统的固相烧结与液相烧结。图 2.13 显示了物理融合过程和化学融合过程的不同。图2.13(a)是物理融合过程，融合的同时伴随着体积收缩。图 2.13(b)

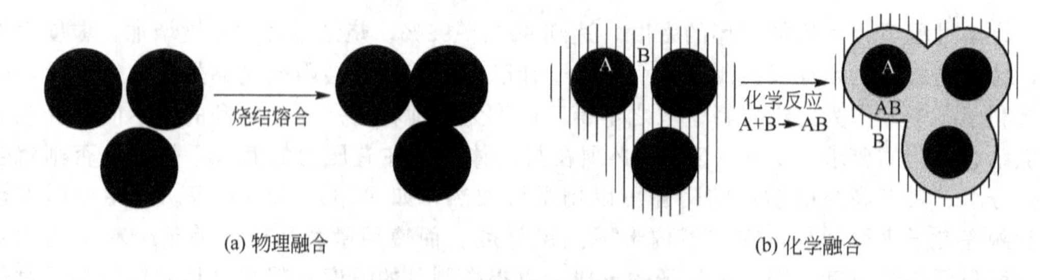

图 2.13　物理融合和化学融合

是化学融合过程，材料体积可保持不变。物理融合依赖的是颗粒的熔融，需要2000℃以上的高温，而化学融合依赖于粒子间的化学反应，只需1400℃。

② 热压烧结。包括一般热压烧结和热等静压烧结。热压烧结指在烧成过程中施加一定的压力（10～40MPa），促使材料加速流动、重排与致密化。连续热压烧结生产效率高，但设备与模具费用较高，不利于过高过厚制品的烧制(图2.14)。

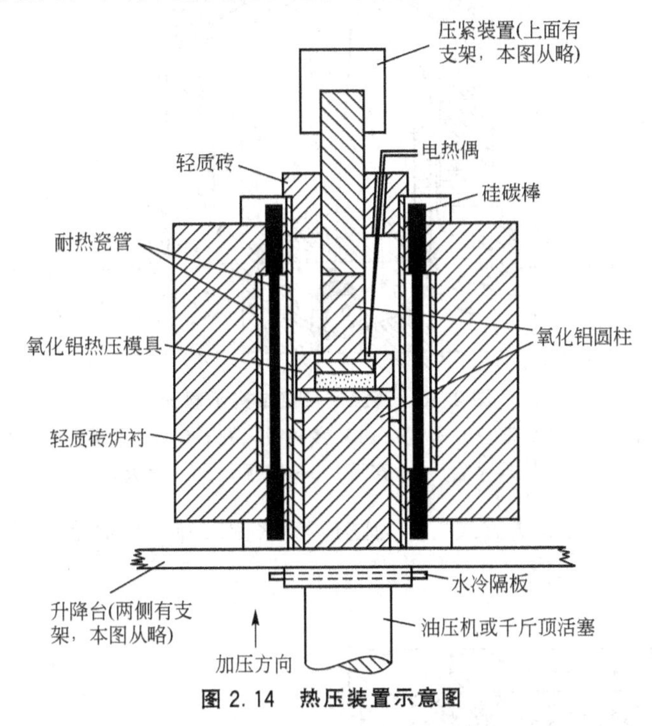

图2.14 热压装置示意图

热等静压烧结可克服上述缺点，适合形状复杂制品的生产。目前一些高科技制品，如陶瓷轴承、反射镜及军工用的核燃料、枪管等，也可采用此种烧结工艺(图2.15)。

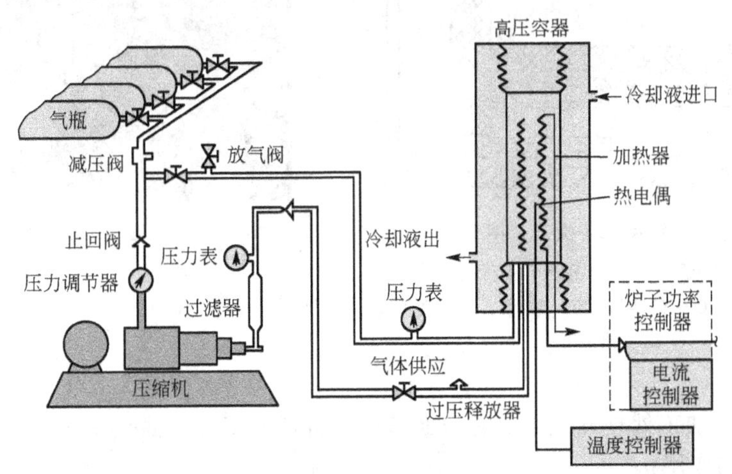

图2.15 热等静压工艺设备

优点：压力有助于致密化，降低烧结温度，缩短烧结时间；烧成的陶瓷晶粒度小，力学性质好；气孔率接近于零，密度接近于理论密度。

(3) 常见的烧结设备有：间歇式窑炉和连续式窑炉。

间歇式窑炉按其功能新颖性可分为电炉、高温倒焰窑(图 2.16)、梭式窑(图 2.17)和钟罩窑。

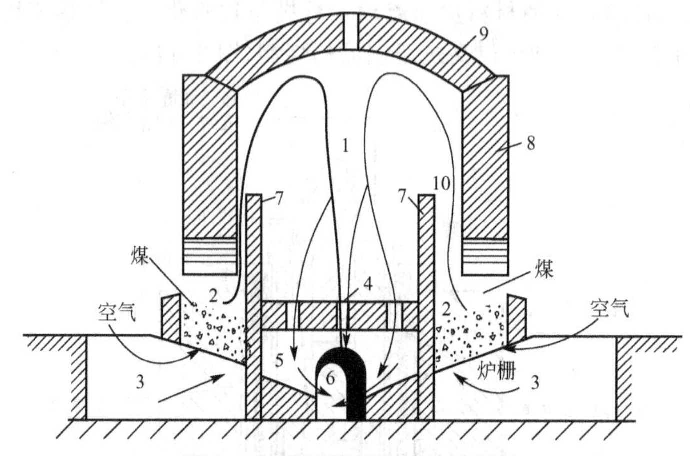

图 2.16 高温倒焰窑结构示意图

1—窑室；2—燃烧室；3—灰坑；4—窑底吸火孔；5—支烟道；6—主烟道；7—挡火墙；8—窑墙；9—窑顶；10—喷火口

连续式窑炉按制品的输送方式可分为隧道窑(图 2.18)、高温推板窑和辊道窑。

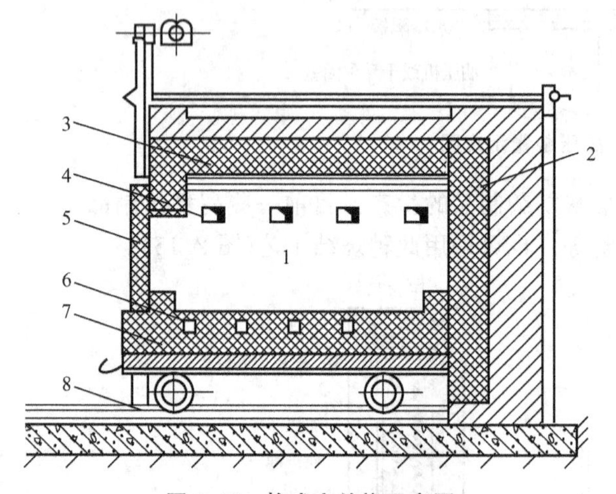

图 2.17 梭式窑结构示意图

1—窑室；2—窑墙；3—窑顶；4—烧嘴；5—升降窑门；6—支烟道；7—窑车；8—轨道

图 2.18 隧道窑

2.4.5 后加工

常见的后续加工处理方式主要有表面施釉、机械加工及表面金属化。

(1) 施釉的作用：

① 提高瓷件的机械强度与耐热冲击性能；

② 防止工件表面的低压放电；

③ 使瓷件的防潮功能提高。

(2) 机械加工：可以使陶瓷制品适应尺寸公差的要求，也可以改善陶瓷制品表面的粗糙度或去除表面的缺陷。陶瓷机械加工方法有磨削、激光和超声波加工等。

(3) 金属化：为了满足电性能的需要或实现陶瓷与金属的封接，需要在陶瓷表面牢固地镀上一层金属薄膜。常见的陶瓷金属化方法有被银法、电镀法等。陶瓷与金属的封接形式包括玻璃釉封接、金属焊接封接、活化金层封接、激光焊接、固相封接等。

2.4.6 常见陶瓷的制备工艺举例

1) 氮化硅(Si_3N_4)陶瓷

氮化硅是由 Si_3N_4 四面体(图 2.19)组成的共价键固体。氮化硅的强度高；硬度仅次于金刚石、碳化硼等；摩擦系数仅为0.1～0.2；热膨胀系数小；抗热振性大大高于其他陶瓷材料；化学稳定性高。

(1) 氮化硅的制备与烧结工艺。

工业硅直接氮化：

$$3Si + 2N_2 \rightarrow Si_3N_4$$

二氧化硅还原氮化：

$$3SiO_2 + 6C + 2N_2 \rightarrow Si_3N_4 + 6CO$$

(2) 性能特点及应用。

热压烧结氮化硅用于形状简单、精度要求不高的零件，如切削刀具、高温轴承(图 2.20)等。

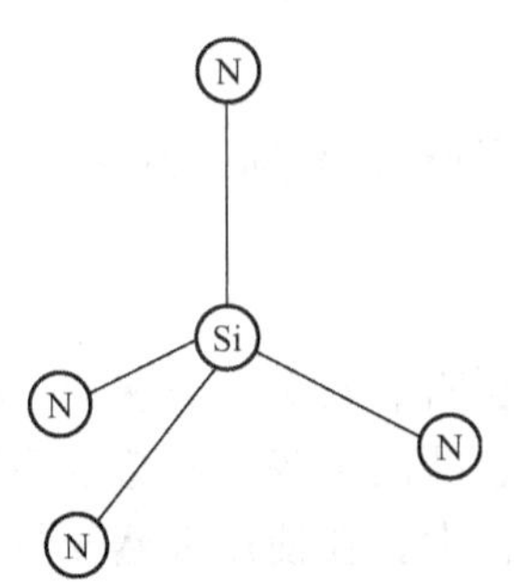

图 2.19 Si_3N_4 四面体

图 2.20 Si_3N_4 轴承

反应烧结氮化硅用于形状复杂、尺寸精度要求高的零件，如汽轮机转子(图 2.21)、叶片气阀等零件(图 2.22)。

图 2.21 汽轮机转子

图 2.22 叶片气阀等零件

图 2.23　常压烧结碳化硅

2）碳化硅(SiC)陶瓷

碳化硅是通过键能很高的共价键结合的晶体。碳化硅(图 2.23)的最大特点是高温强度高，有很好的耐磨损、耐腐蚀、抗蠕变性能，其热传导能力很强，仅次于氧化铍陶瓷。

在 2.1 节曾学过，碳化硅是用石英砂(SiO_2)加焦炭直接加热至高温还原而成：

$$SiO_2 + 3C \rightarrow SiC + 2CO$$

碳化硅的烧结工艺也有热压和反应烧结两种。由于碳化硅表面有一层薄氧化膜，因此很难烧结，需添加烧结助剂促进烧结，常加的助剂有硼、碳、铝等。

2.4.7　影响陶瓷成品性能的因素

材料的机械强度与制造过程中留在材料内部的缺陷的形态及尺寸有着重要的关系，因此性能对工艺过程有着明显的依赖性。陶瓷材料的本质特征是脆性，在受力时只有很小的变形或没有变形发生。这种本性使陶瓷材料不能采用金属材料所常用的各种工艺来制备。影响陶瓷成品显微结构的主要因素有：原料、坯体制备、烧结工艺等。

1. 原料

制造陶瓷材料所用的工业原料，可分为天然矿物岩石原料(简称天然原料)和化工原料两大类。

1）天然原料

制造陶瓷材料的天然矿物和岩石主要有各种黏土、长石、石英、石灰岩、白云岩、滑石、菱镁矿、方解石、萤石、透辉石、硅灰石、叶蜡石、硅藻土等。制造普通陶瓷主要用天然原料。随着科学技术的发展，天然原料种类在不断扩大。在使用天然原料时，要注意以下两点。

天然矿物和岩石大都是开采后被直接作为原料使用的，不同产地和成因的同种原料，化学成分及所含杂质的种类、含量(即矿石的品位)常有较大的变化。因此，在使用时必须注意原料的产地、成因和批号，必要时应进行化学成分分析和性能测试。

原料的矿物组成不同，其工艺性能相差很大。例如，黏土是黏土矿物集合体的总称，而黏土矿物则有高岭土、多水高岭土、伊利石、蒙脱石等多种，而且常常以不同比例混杂在一起，但不同的黏土矿物工艺性能相差很大。以蒙脱石为主的黏土有很好的可塑性，但含有较多的杂质，且烧成时有较大的收缩；由高岭土和多水高岭土组成的苏州土，不仅有较好的可塑性，质地较纯，具有较好的烧结性能，且烧成收缩不大，是优质的陶瓷天然原料。因此天然原料在使用前必须进行物相分析，有时还要做制作陶瓷制品的试验，对配方进行调整后才可使用。

2）化工原料

将天然矿物和岩石中提纯出来的产品或人工合成的产品作为原料，称为化工原料。化工原料的化学组成纯度较高，在当代陶瓷工业上得到广泛应用。特种陶瓷主要由化工原料制作，常用的有工业氧化铝、纯氧化铝、钛白粉(二氧化钛)、氧化镁、氧化铁，以及各种碳酸盐、硼酸盐等。在使用化工原料时，要注意以下几点。

不同厂家生产的，甚至同一厂家不同批号的同种化工原料，不仅化学组成及有害杂质含量等有所差别，在原料颗粒大小及其组成方面也会存在差异，这将影响陶瓷材料的生产工艺及制品的性能和质量。

有些化工原料组成的结晶相存在同质多相变体，使用时必须注意原料的晶体类型。例如，钛白粉(TiO_2)主要有锐钛矿和金红石两种晶型，不同晶型的钛白粉将制造出不同性能的陶瓷制品。

随着当代科学技术的发展，对制造陶瓷的化工原料制备的要求越来越高，这些要求主要有：化学成分的高纯度、高均匀性及超细的颗粒尺寸等。

不同粒度的粉体原料的工艺性能相差甚大。粒径在 1μm 下的粉料，称为超细粉体，甚至发展成纳米级的纳米粉体原料。目前，粉体原料的制备方法有粉碎法和造粒法两类。用机械粉碎制备粉体的方法。称为粉碎法，此法难以获得均匀的超细粉料，而且难免混入杂质，但由于工艺比较简单，生产量大，目前仍广泛应用于工业生产中。由离子或原子经成核和成长两个阶段制备粉体原料的化学方法，称为造粒法，此法可获得化学纯度高、均匀度好的超细粉体。造粒法中有液相沉积法、气相沉积法、溶胶-凝胶法等，由于制造工艺要求高，而且生产量小，因此只应用于特种陶瓷制备过程中。

在陶瓷的工业生产中，天然矿物原料与化工原料往往一起使用。根据需要采用不同的原料种类和配比，调节陶瓷材料的晶相组成及显微结构。

2. 坯体制备

陶瓷坯体的制备，一般均要经过原料处理、配料合成、成型和干燥 4 道工序，每道工序对制品的显微结构及质量、性能均有显著的影响。

(1) 原料的处理。陶瓷坯体的原料确定后，经选矿、粉碎、筛分和颗粒级配，有时还要经预烧等处理，才能被使用。

(2) 配料的合成。根据各原料化学组成进行瓷坯的配料计算，按配方要求将不同原料分别称量后混合，加入适量的水或其他溶液拌和均匀。有些新型陶瓷坯料中还需加入适量的有机物作为增塑剂。拌和均匀后，再经过混辗制成混合料。

(3) 瓷坯的成型。将已配制的混合料进行成型后得到陶瓷的坯体。陶瓷坯体成型方法有浇注成型、塑性成型、机压成型、胶塑成型和热压成型等多种。根据陶瓷的品种和性能要求，可采用不同方法成型，用不同方法成型所得的瓷坯经烧结后将具有不同的显微结构、理化性能和使用效果。

(4) 瓷坯的干燥。成型的坯体中总含有一定量的水分，必须进行干燥。将坯体中自由水慢慢排出后，瓷坯才能煅烧，因为水分的排出速度与环境温度密切相关，将含自由水的湿坯直接进行煅烧会造成炸裂而报废；胶塑成型的瓷坯必须进行预烧排蜡。

3. 坯体的烧成

瓷坯的烧成是制造高质量陶瓷制品的关键性工艺。在烧制过程中必须严格执行合理的烧成制度，包括升温速度、最高烧成温度及保温时间、冷却制度，还要考虑燃烧气氛等环境条件。某一环节出了问题都将直接影响瓷坯的显微结构，甚至出现废品。在不同的保温时间下，晶粒尺寸及气孔率会影响微波介质陶瓷的介电性能。

综合习题

一、填空题

1. 传统上，陶瓷的概念是指所有以________为主要原料与其他天然矿物原料经过________、________、________、________等过程而制成的各种制品。

2. 按照陶瓷坯体结构不同和坯体致密度的不同，把陶瓷制品分为两大类：和________。

3. 陶瓷的________是指晶体结构类型、对称性、晶格常数、原子排列情况及晶格缺陷等，分析精度可达数埃。

4. 陶瓷的________是指在光学显微镜(如金相显微镜、体式显微镜等)或是电子显微镜(SEM、TEM)下观察到的陶瓷内部的组织结构，也就是陶瓷的各种组成(晶相、玻璃相、气相)的形状、大小、种类、数量、分布及晶界状态、宽度等，观察范围为微米数量级。

二、名词解释

1. 玻璃相
2. 晶体相
3. 气相
4. 结构陶瓷
5. 功能陶瓷

三、简答题

1. 特种陶瓷材料与传统陶瓷材料的区别是什么？
2. 玻璃相的主要作用是什么？气相的形成原因是什么？
3. 反应烧结和热压烧结的主要优缺点是什么？
4. 简述陶瓷材料烧结前干燥的目的。
5. 成型对坯料提出哪些方面的要求？烧结应满足哪些要求？

第3章 高分子材料

知识要点	掌握程度	相关知识
高分子材料的基本概念	熟悉高分子材料的定义、组成及命名	高分子的定义、化学组成、命名
高分子材料的制备	熟悉高分子材料的两种制备方法及原理	加聚反应、缩聚反应
高分子材料的结构	掌握高分子材料大分子链结构的组成、结构； 了解高分子材料的聚集态结构	大分子链的化学组成、空间构型、支化与交联； 非晶态、结晶态
高分子材料的基本性能	掌握高分子材料力学性能的基本特点； 掌握高分子材料溶液性能的基本特点； 了解高分子材料的热、电性能及高分子液体流变性	高弹性与粘弹性； 高聚物的溶解过程； 四种热性能、电学性能定义、流变性基本性能

导入案例

高分子体系的形成起源

自有人类以来，人们在衣食住行等方面就依赖于天然高分子材料，如穿皮毛、吃黍粟、住木屋、乘独木舟等。但长期以来，对于天然高分子物质如纤维素、淀粉、蛋白质等的本质并不了解。即使在第一次工业革命之后的有机化学相当发达的时期，由于有机小分子理论、研究方法和实验技术方面的局限，对“树枝状物质”不能用分馏或结晶方法提纯，无法表征，限制了对高分子物质的探索。当时流行的胶体学说，也对高分子学说的创建起了阻滞作用。一直到20世纪的二三十年代，人们用新的物理化学方法，测得和观察到这些物质的分子量和结构，确认了其分子量的本质是线链型的大分子，而不是由小分子聚合起来的胶体，从而创立了高分子线链型学说，进而创建了高分子化学和高分子物理，形成了高分子体系。图3.01示出了几种高分子材料。

高分子体系防水材料——三元乙丙橡胶

高分子材料体系——护树板

高分子体系导电材料

图3.01 高分子材料

3.1 高分子材料概述

3.1.1 高分子材料在现代材料中的地位

高分子材料是材料领域的后起之秀，它的出现给材料领域带来重大变革，形成了金属材料、无机非金属材料、高分子材料和复合材料多角度共存的格局。随着高分子材料科学及石油化工的蓬勃兴起，高分子材料在尖端技术、国防建设和国民经济各个领域得到广泛应用，已成为现代社会生活不可或缺的重要资源。高分子科学是一门新兴的综合性科学，是以研究高分子材料基本规律为内容，促进高分子工业发展为目的的科学，是一门理论和应用密切相结合的科学。高分子材料原料丰富，制造方便，品种繁多，性能各异，加工容易，用途广泛，在材料领域中的地位日益突出，所占比例越来越大。早在20世纪80年代中期，世界上塑料的体积产量已接近钢的体积产量；化学纤维年产量已接近天然纤维；合成橡胶年产量已是天然橡胶的两倍。从某种意义上来说，人类已进入高分子合成材料的时代。

3.1.2 高分子材料研究的主要内容

高分子学科主要包括以下三个分支：高分子化学、高分子物理和高分子工艺。高分子化学是研究聚合物的合成方法和反应规律的学科。特别重视传统聚合物产品合成方法的改善和新型聚合物产品的合成。高分子物理是研究聚合物结构、性质和相互关系的学科，用来指导高分子的合成反应和高分子的加工过程。高分子工艺是研究聚合物材料加工方法、加工过程和产品应用的学科。因此高分子学科是一门具有很强的交叉学科特点的学科。

基于高分子在人类生活和社会发展中的重要性，了解高分子、普及高分子、掌握高分子的基本特性和使用方法应成为人们的基本常识，使高分子在我们的工作和生活中发挥更大的作用。这也是开设这门课的宗旨和主要目的。

3.1.3 高分子材料的发展概况

(1) 蒙昧期：19 世纪中叶以前，人们无意识地使用高分子材料。

(2) 萌芽期：20 世纪初期，出现化学改性和人工合成的高分子。

(3) 争鸣期：20 世纪初期到 30 年代，高分子(Macromolecule Polymer)概念形成。

1920 年德国学者 H. Staudinger 发表了他的划时代的文献《论聚合》，提出异戊二烯构成橡胶，葡萄糖构成淀粉，纤维素氨基酸构成蛋白质，都是以共价键彼此连接，并提出高分子长链结构的概念。

1932 年，H. Staudinger 提出了溶液黏度与分子量的关系式，并测定出大分子的分子量。

从此，进入合成高分子科学的时代，相继合成了尼龙(聚酰胺)聚氯丁橡胶、丁苯橡胶等许多高分子材料，形成了高分子化学研究领域。

(4) 发展期：20 世纪 30 至 50 年代，随着大批新合成高分子的出现，人们开始对这些聚合物的性能表征及其结构对性能的影响等问题进行研究。从 20 世纪 50 年代开始，随着物理学家、化学家的投入，开始形成高分子物理研究领域。以下是获得诺贝尔奖的几项较为突出的成就：

1953 年 H. Staudinger(德国)把“高分子”这个概念引进科学领域，并确立了高分子溶液的黏度与分子量之间的关系，并获得了 1953 年诺贝尔奖。

1963 年，Karl Ziegler(德国)和 Giulio Natta(意大利)发现了乙烯、丙烯配位聚合，并获得了 1963 年诺贝尔奖。

1974 年，Paul J. Flory(美国)发现了聚合反应原理、高分子物理性质与结构的关系，并获得 1974 年诺贝尔奖。Flory 在高分子科学中最早的工作是研究聚合物动力学。在缩聚反应中，Flory 质疑了末端基团反应活性随链增长而降低的设想，通过论证反应活性与高分子尺寸无关，他成功地证明了链数量随尺寸增加而成倍减少这一结论。在加聚反应中，他引入了链转移这个重要概念，改进了动力学方程，使高分子尺寸分布更易被理解。

1991 年，Pierre-Gilles de Gennes(法国)发现了软物质、普适性、标度，并获得了 1991 年诺贝尔奖。德热纳的主要贡献在于：为研究简单系统中的有序现象而创造的方法，能够推广到研究较复杂的物质形态，特别是液晶和聚合物等物质中。

【科学家简介】

H. Staudinger（1881—1965年）于1903年获得博士学位。曾在卡尔斯鲁厄理工学院教书，在那里他与哈伯合作，直至1912年。他的大部分职业生涯是在弗赖堡大学度过的，1951年以后成为该校的荣誉教授。他的杰出工作是关于聚合物性质的研究。他一生最大的理论成就便是提出了聚合物是由大分子构成的，而这些大分子本身由一系列小的单元组成，就好像是一条绳上串了许多念珠。淀粉和纤维素是天然聚合物，是由一些葡萄糖分子脱水连接成的；而蛋白质是由一些氨基酸脱水连接成的。

Karl Ziegler（1903—1979年）于1923年曾在马尔堡大学和法兰克福大学短期执教，1926年起任海德堡大学教授，随后十年一直在海德堡大学执教和研究有机化学。1936—1945年，他担任哈雷-维滕贝格大学教授并任化学所所长，同时任芝加哥大学访问教授。战后Ziegler积极参加了德国化学会的建立工作，并担任了五年主席，于1954—1957年担任德国石油科学与煤化学学会主席。Ziegler攻读博士学位时发表的第一篇重要文章就是如何从甲醇合成加酸显色的盐类，早期的研究已经证实加酸显色的盐类中的叔碳自由基（R3C·）中的取代基团R必须是芳香基团。1930年，Ziegler以金属锂和卤代烃为反应物，合成了有机锂试剂。1935年因对叔碳自由基和杂环化合物合成的研究而获得李比希奖章。

Giulio Natta（1898—1973年）意大利化学家，在聚合反应的催化剂研究上做出很大贡献，因此与德国化学家Karl Ziegler共同获得1963年的诺贝尔化学奖。1932—1935年，Giulio Natta担任帕维亚大学正教授和普通化学研究所所长，期间他从事用X射线衍射和电子衍射确定高分子结构和不饱和化合物的选择氢化反应的研究，其中最主要的成就是甲醇的合成。1938年起，他开始关注烯烃的合成。1953年，意大利化学工业公司Montecatini资助纳塔研究，希望扩展由Karl Ziegler发现的催化剂，用于合成等规聚合物，如一直很难合成的等规聚丙烯。从此他开始和Karl Ziegler合作，发展了Ziegler-Natta催化剂。

Paul J. Flory（1910—1985年）美国化学家，诺贝尔奖得主，生于伊利诺伊州斯特灵，以其在高分子领域的大量工作和杰出成就闻名于世。他是高分子溶液理论的先驱之一，因“在高分子物理学科理论和实验方面的卓著贡献”获得1974年诺贝尔化学奖。Flory在高分子物理领域建立了众多的理论和数学模型，其中有一种方法用来估算高分子链在良溶剂中的尺寸，即Flory-Huggins溶液理论，还有Flory指数，用来描述高分子在溶液中的运动。

Pierre-Gilles de Gennes（1932—2007年），1991年诺贝尔物理奖得主。他的成就不仅仅在高分子化学方面，而且在超导、液晶、聚合物及其界面等材料科

学方面广有研究。1955—1959 年，他身为原子能机构的工程师，主要研究中子散射和磁现象。1959 年，他在伯克利大学担任访问博士后，在法国军队中服役 27 个月。1961 年他成为 Orsay 的助理教授，并且在学校组织了关于超导体的研究小组。1968 年，他开始了对于液晶的研究。1971 年升职为教授，并且成为了 STRASACOL(Strasbourg，Saclay 和法兰西大学的一个联合组织)的参与者。1980 年以后，他开始研究界面问题，特别是湿润的动力学研究，很快这一问题得到了物理化学理论方面的支持。

3.1.4 高分子材料的基本概念

1. 高分子材料的定义

高分子材料是以高分子化合物为基材的一大类材料的总称。

高分子化合物简称高分子或大分子，又称聚合物，或高聚物。通常情况下，人们并不严格区分这些概念的微细差别，而认为是同一类材料的不同称谓。

高分子化合物是一类相对分子质量很高的物质，通常是指相对分子质量为 10^4～10^6，原子间以共价键连接起来的大分子化合物。由于这类化合物表现出与无机金属和有机的小分子化合物完全不同的机械和化学性质，因而成为化学学科领域中的一个重要分支。

有机化合物几乎无一例外的都是由碳、氢、氧、氮以一定的比例组合而成的：原子间以共价键连接在一起，形成很稳定的分子。最简单的有机分子是由碳原子和氢原子组成的，因而被称为碳氢化合物或烃类。最小的有机高分子是甲烷(CH_4)，分子中只包含一个碳原子和四个氢原子，相对分子质量为 16，常温下是气体。这种甲烷气是沼气的主要成分，通常当作燃料使用。大多数化合物的组成要复杂得多，到 20 世纪初发现的最大的有机化合物的分子已含有 100～200 个原子，相对分子质量达几千。但是不管这些化合物的分子有多大，它们都有确切的组成和非常固定的熔点、沸点和相对分子质量。这种化合物既不能用一般的方法提纯，又没有固定的熔点，就连相对分子质量也无法用常规的办法测定。它们不是纯粹的化合物，而是由小分子化合物通过某种分子间的相互作用力结合而成的聚集体。

1920 年，德国化学家施陶丁格在他发表的划时代文献《论聚合》中，首次使用了大分子的名词，提出了大分子的概念。他认为，大分子是由数以万计的原子组成的，它们的相对分子质量可以高达几万、几十万甚至上百万，在它们的分子中包含了许多以共价键连接在一起的、结构相同的重复单元。由于施陶丁格在高分子化学领域的重要发现，他获得了 1953 年的诺贝尔化学奖。

2. 高分子的组成

高分子化合物包括有机高分子和无机高分子两类。有机高分子无论在产量和用途上都处于垄断的地位。因此，本章只介绍有机高分子化合物，它们的分子主要由 C、H、O、N 等元素组成。

高分子的相对分子质量很大，同一个分子中包含许多不同的结构单元。这些组成高分子的结构单元可以是相同的，也可以是不同的。生物大分子的组成十分复杂，由许许多多不同的结构单元构成。例如，蛋白质分子是由不同的氨基酸分子按一定的序列结合而成的。只要其中一个氨基酸分子的种类和排列方式发生改变，蛋白质的性质就会改变。镰刀形贫血症就是这种分子组装引起的遗传性疾病。

另一类高分子化合物的分子中虽然也包含了成千上万个结构单元，但是所有的结构单元都是相同的，是由很多相同的单元连接在一起的。不少天然的有机高分子材料都有这样的结构，如天然橡胶的主要成分是异戊二烯，棉纤维的主要成分是纤维素。这类高分子化合物的结构比蛋白质等生物大分子简单得多，人们通过化学反应就能够把它们合成出来，因此是目前高分子科学研究的主要对象。例如，用来做塑料地板或塑料凉鞋的高分子材料——聚氯乙烯，它是用氯乙烯分子通过聚合反应制备出来的。氯乙烯是一种气体，相对分子质量仅 62.5，聚合得到的产物是一种相对分子质量为几万的白色固体粉末。整个反应可用下面的反应式来表示：

$$\underset{\text{单体(氯乙烯)}}{CH_2{=}\underset{|\atop Cl}{CH}} \longrightarrow \underset{\text{聚合物(聚氯乙烯)}}{\sim\sim CH_2{-}\underset{|\atop Cl}{CH}{-}CH_2{-}\underset{|\atop Cl}{CH}{-}\underset{|\atop Cl}{CH_2}{-}\underset{|\atop Cl}{CH}\sim\sim} \longrightarrow \underset{\text{聚合物的简化表示，括号内为重复单元}}{[CH_2{-}\underset{|\atop Cl}{CH}]_n}$$

构成大分子的最小重复结构单元，称为重复单元，或称链节。构成结构单元的小分子称为单体。我们把起始的小分子化合物氯乙烯称为单体，生成的高分子产物称为聚合物或高聚物，在工业上称作树脂。把组成聚合物的单元称为重复单元或结构单元，重复单元的数目 n 称为聚合度。所以，一个高分子的聚合度通常是在 $10^3 \sim 10^5$。从上面的例子可以知道，高分子化合物的相对分子质量虽然很高，但化学结构却非常简单。我们平时接触到的许多高分子化合物都有类似的结构，如用作食品包装薄膜的聚乙烯 $[CH_2{-}CH_2]_n$ 是由乙烯($CH_2{=}CH_2$)聚合而成的。

有机玻璃 $[CH_2{-}\overset{CH_3}{\underset{COOCH_3}{C}}]_n$，则是由甲基丙烯酸甲酯 $CH_2{=}\overset{CH_3}{\underset{COOCH_3}{C}}$ 单体聚合而成的。

还有一类化合物是由两种不同的单体相互间发生反应生成的，如尼龙袜的原料尼龙－66，是用己二胺同己二酸反应聚合而成的。它的重复单元中包含了上述两种分子的结构。

$$\underset{\text{己二胺(单体Ⅰ)}}{H_2N{-}(CH_2)_6{-}NH_2} + \underset{\text{己二酸(单体Ⅱ)}}{HOOC{-}(CH_2)_4{-}COOH} \longrightarrow [\underset{\text{结构单元Ⅰ}}{NH{-}(CH_2)_6{-}NH}{-}\underset{\text{结构单元Ⅱ}}{\overset{O}{\overset{\|}{C}}{-}(CH_2)_4{-}\overset{O}{\overset{\|}{C}}}]_n$$

←——重复单元——→

严格地讲，高分子化合物与聚合物不完全等同。因为有些高分子化合物并非由简单的重复单元连接而成，而仅是相对分子质量很高的物质。聚合物按重复结构单元的多少，或按聚合度的大小又分为低聚物(oligomer)和高聚物(polymer)。由一种单体聚合而成的聚合物称为均聚物，如聚乙烯、聚丙烯、聚苯乙烯等；由两种或两种以上单体共聚合而成的聚合物称为共聚物，如丁二烯与苯乙烯共聚合成丁苯橡胶；乙烯与辛烯等共聚合成聚烯烃热塑性弹性体等。

相对分子质量是表征高分子材料物理性质的最重要物理量。聚合物的相对分子质量有两大特点：一是相对分子质量很高，达几万至几百万；二是多分散。也就是说，一种聚合物的大分子虽然化学结构相同，但分子链长度不等，聚合度大小各异。因此，聚合物可看成由相对分子质量不等的同系列物组成的混合物。原则上，聚合物的相对分子质量只有统计平均的意义。根据统计平均的方法不同，有数均相对分子质量$\overline{M_n}$、重均相对分子质量$\overline{M_w}$、粘均相对分子质量$\overline{M_\eta}$之别。根据相对分子质量分布函数或分布曲线，还可定义相对分子质量分布的宽度，用以表征其多分散性的程度。

3. 高分子材料的命名

高分子由许多简单的结构单元连接而成，因此，高分子化合物的正规命名法，又称IUPAC系统命名法，是在聚合物的重复单元的系统命名前冠以“聚”字构成的。这个方法是由国际纯粹与应用化学联合会规定的，如聚氯乙烯应称为聚(1-氯代乙烯)。

1) 根据单体的名称来命名

这种命名方法常用在加成聚合形成的聚合物中。例如，用乙烯得到的聚合物就称为“聚”乙烯。其他如聚丙烯、聚苯乙烯、聚甲基丙烯酸甲酯(有机玻璃)、聚氯乙烯等也都是用这种方法命名的。

2) 按聚合物中所含的官能团来命名

用缩合聚合的方法得到的高分子化合物的主链中常含有一些特殊的官能团，如酰胺基、酯基等。我们把含酰胺基—CO—NH—的这类聚合物统称为聚酰胺(尼龙)；而把分子中含有酯基—COOR的一类聚合物统称为聚酯。此外，还有聚碳酸酯［—O—R—O—C(O)—］$_n$和聚砜［—O—R—O—R—(O)S(O)—R—］$_n$等。

3) 按聚合物的组成来命名

这种命名方法在热固性树脂和橡胶类聚合物中常用。例如，酚醛树脂是由苯酚同甲醛聚合而成的，环氧树脂是由环氧化合物为原料聚合而成的。丁苯橡胶是由丁二烯和苯乙烯共聚而成的，此外还有丁腈橡胶、顺丁橡胶、氯丁橡胶等。

4) 按商品名称或习惯名来命名

几乎所有的纤维都称为“纶”，如聚酯纤维是涤纶、聚丙烯腈纤维为腈纶、聚丙烯纤维为丙纶、此外还有氯纶(聚氯乙烯)、维尼纶(聚乙烯醇缩甲醛)、锦纶(聚己内酰胺)、氨纶(聚氨基甲酸酯)等。平时，我们把聚甲基丙烯酸甲酯叫做有机玻璃，把聚醋酸乙烯酯称为白胶，都是习惯命名或商品命名法。

有些高分子材料，以这类材料中所有品种共有的特征化学单元来命名。例如，环氧树脂(EP)是一大类材料的统称，该类材料都具有特征化学单元——环氧基，故统称环氧树脂。另如聚酰胺(PA)、聚酯、聚氨酯区别，如聚酰胺(PU)等杂链高分子材料也均以此法命名，它们分别含有特征化学单元——酰胺基、酯基、氨基，各类材料中的某一具体品种往往还有更具体的名称以示区别，如聚酰胺(PA)中有尼龙6、尼龙66等品种；聚酯中的PETP称聚对苯二甲酸乙二醇酯，PBTP称聚对苯二甲酸丁二醇酯等。

还有些高分子材料，用生产该聚合物的原料来命名。例如，生产酚醛树脂的原材料为苯酚和甲醛，生产脲醛树脂的原料为尿素和甲醛。取其原料简称，后面再加上“树脂”二字，构成高分子材料名称。

共聚物的名称多从其共聚单体的名称中各取一字组成，有些共聚物为树脂，则再加“树脂”二字构成其新名，如ABS树脂，A、B、S三字母分别取自其共聚单体丙烯腈、丁二烯、苯乙烯的英文名称；有些共聚物为橡胶，则在共聚单体中各取一字，再加“橡胶”二字构成新名，如丁苯橡胶的丁、苯二字取自共聚单体“丁二烯”、“苯乙烯”，乙丙橡胶的乙、丙二字取自共聚单体“乙烯”、“丙烯”等。

除化学结构名称外，许多高分子材料还有商品名称、专利商标名称及习惯名称等。商品名称、专利商标名称多由材料制造商自行命名，许多厂家制订了形形色色的企业标准，由商品名不仅能了解到主要的高分子材料基材品质，有的还能了解到配方、添加剂、工艺及材料性能等信息。习惯名称是沿用已久的习惯叫法，如聚酯纤维习惯叫涤纶，聚丙烯腈纤维习惯叫腈纶等。

高分子材料化学名称的标准英文名缩写因其简捷方便在国内外被广泛采用。英文名缩写采用印刷体、大写、不加标点。表 3-1 列举了常见的高分子材料缩写名称。

表 3-1　常见的高分子材料缩写名称

高分子材料	缩写	高分子材料	缩写	高分子材料	缩写
聚乙烯	PE	聚甲醛	POM	天然橡胶	NR
聚丙烯	PP	聚碳酸酯	PC	顺丁橡胶	BR
聚苯乙烯	PS	聚酰胺	PA	丁苯橡胶	SBR
聚氯乙烯	PVC	ABS 树脂	ABS	氯丁橡胶	CR
聚丙烯腈	PAN	聚氨酯	PU	丁基橡胶	HR
聚丙烯酸甲酯	PMA	乙酸纤维素	CA	乙丙橡胶	EPR

4. 高分子材料的分类和用途

高分子材料有多种分类方法，主要可按化学结构、性能和用途分类。

1) 按大分子主链结构分类

根据主链结构，高分子材料可分为碳链高分子、杂链高分子、元素有机高分子、无机高分子等几类。

碳链高分子指主链完全由碳原子构成的大分子。这是最重要的一类高分子化合物，绝大多数烯烃类和二烯烃链高分子材料都属于碳链高分子。根据主链上碳原子间化学键的类型，又分为饱和键和不饱和键碳链高分子。凡主链上只有饱和的 σ 键者为饱和链高分子；主链上含有不饱和的 π 键者，称不饱和链高分子。表 3-2 列举了一些重要的碳链高分子及其重复结构单元。

表 3-2　一些重要的碳链高分子

高分子材料	缩写符号	重复结构单元	单体结构式
聚乙烯	PE	$-CH_2-CH_2-$	$CH_2=CH_2$
聚丙烯	PP	$-CH_2-\underset{\displaystyle CH_3}{\underset{\vert}{CH}}-$	$CH_2=\underset{\displaystyle CH_3}{\underset{\vert}{CH}}$
聚苯乙烯	PS	$-CH_2-\underset{\displaystyle C_6H_5}{\underset{\vert}{CH}}-$	$CH_2=\underset{\displaystyle C_6H_5}{\underset{\vert}{CH}}$

（续）

高分子材料	缩写符号	重复结构单元	单体结构式
聚异丁烯	PIB	$—CH_2—C(CH_3)(CH_3)—$	$CH_2=C(CH_3)(CH_3)$
聚氯乙烯	PVC	$—CH_2—CH(Cl)—$	$CH_2=CH(Cl)$
聚偏氯乙烯	PVDC	$—CH_2—CH(Cl)(Cl)—$	$CH_2=CH(Cl)(Cl)$
聚四氟乙烯	PTFE	$—CF_2—CF_2—$	$CF_2=CF_2$
聚丙烯酸	PAA	$—CH_2—CH(COOH)—$	$CH_2=CH(COOH)$
聚丙烯酰胺	PAM	$—CH_2—CH(CONH_2)—$	$CH_2=CH(CONH_2)$
聚丙烯酸甲酯	PMA	$—CH_2—CH(COOH_3)—$	$CH_2=CH(COOCH_3)$
聚丙烯腈	PAN	$—CH_2—CH(CN)—$	$CH_2=CH(CN)$
聚醋酸乙烯酯	PVAc	$—CH_2—CH(OCOCH_3)—$	$CH_2=CH(OCOCH_3)$
聚丁二烯	PB	$—CH_2—CH=CH—CH_2—$	$CH_2=CH—CH=CH_2$
聚异戊二烯	PIP	$—CH_2—CH(CH_3)—CH_2—CH_2—$	$CH_2=CH(CH_3)—CH_2=CH_2$
聚氯丁二烯	PCP	$—CH_2—CH(Cl)—CH_2—CH_2—$	$CH_2=CH(Cl)—CH_2=CH_2$

杂链高分子是指大分子主链中既有碳原子，又有氧、氮、硫等其他原子。常见的这类高分子材料有聚醚、聚酯、聚酰胺、聚脲、聚砜、聚硫橡胶等。

元素有机高分子是指大分子主链中没有碳原子，而由硅、硼、铝、氧、氮、硫、磷等原子组成，但侧基却由有机基团如甲基、乙基、芳基等组成。典型的例子是有机硅橡胶。表 3-3 给出了一些常见的杂链高分子和元素有机高分子。

表 3-3　一些常见的杂链高分子和元素有机高分子

高分子材料	重复结构单元	单体结构式
聚甲醛	$—O—CH_2—$	$CH_2═O$ 或 环状三聚甲醛（$O—CH_2—O—CH_2—O—CH_2$ 成环）
聚环氧乙烷	$—O—CH_2—CH_2—$	环氧乙烷（$CH_2—CH_2$，两个 CH_2 经 O 成三元环）
聚环氧丙烷	$—O—CH_2—CH(CH_3)—$	环氧丙烷（$CH_2—CH—CH_2$，前两个碳经 O 成三元环）
聚苯醚	$—O—C_6H_3(CH_3)_2—$（O 的两个邻位各连一个 CH_3）	$HO—C_6H_3(CH_3)_2$（OH 的两个邻位各连一个 CH_3）
聚对苯二甲酸乙二醇酯	$—OCH_2CH_2—O—C(=O)—C_6H_4—C(=O)—$	$HOCH_2CH_2OH + HOOC—C_6H_4—COOH$
环氧树脂	$—O—C_6H_4—C(CH_3)_2—C_6H_4—OCH_2CHCH_2—$（中间的 CH 上连 OH）	$HO—C_6H_4—C(CH_3)_2—C_6H_4—CH_2\ CHCH_2—$（$CH_2$ 与 CH 经 O 成环氧环）
聚砜	$—O—C_6H_4—C(CH_3)_2—C_6H_4—O—$；$C_6H_5—S—C_6H_5$	$HO—C_6H_4—C(CH_3)_2—C_6H_4—OH$；$Cl—C_6H_4—S(=O)_2—C_6H_4—Cl$
尼龙 6	$—NH—CH_2CH_2CH_2CH_2CH_2—CO—$	$NH—CH_2CH_2CH_2CH_2CH_2—CO$（NH 与 CO 相连成环）
酚醛树脂	$—C_6H_3(OH)—CH_2—$（OH 的两个邻位各连一个键）	$C_6H_5OH + HOCHO$

若主链和侧基上均无碳原子，这类高分子称无机高分子。

2）按性能和用途分类

按照材料的凝聚态结构，主要物理、力学性能，材料制备方法和在国民经济建设中的主要用途，高分子材料大致可分为塑料、橡胶、纤维、粘合剂、涂料等类型。在使用条件下，材料处于玻璃态和结晶态，主要利用其刚性、韧性作为结构材料者称为塑料；使用条件下，材料处于高弹态，主要利用其高弹性作为缓冲或密封材料者称为橡胶。纤维、粘合剂、涂料主要根据其用途来区分。近年来，一批新型高分子材料被赋予新的功能，如导电、导磁、光学性能、阻尼性能、生物功能等，于是又划分出一类新的功能高分子材料。

严格地讲，上述这种分类法不是很科学。因为一种高分子化合物，根据配方和加工方法、加工条件的不同，可能在一种条件下制作成塑料，在另一种条件下又制作成纤维或粘合剂。例如，聚氯乙烯在多数情况下用作塑料，但也可纺丝而制成氯纶纤维；尼龙和涤纶是典型的纤维，但生产尼龙、涤纶的原料聚酰胺和聚酯又是非常好的工程塑料原料。

3）按来源分类

根据高分子的来源，高分子化合物可以分为天然高分子、人造高分子和合成高分子。

高分子化合物在自然界的存在相当普遍，天然高分子是指自然界中存在的高分子化合物。我们平时衣食住行所必需的棉花、蚕丝、淀粉、蛋白质、木材、天然橡胶等都是天然高分子材料。可以毫不夸张地说，如果没有高分子，就不会有世界和生命。

人造高分子是将天然高分子经化学处理后制成的高分子化合物。世界上第一个人造高分子材料是硝酸纤维素。它是用天然的纤维素，如棉花或棉布用浓硝酸和浓硫酸处理后制成的。

合成高分子则是由小分子化合物用化学方法聚合得到的高分子化合物。我们日常生活中使用的聚乙烯塑料和尼龙纤维等都是用化学方法制备而成的合成高分子化合物。显然，高分子科学研究的主要对象是合成高分子和人造高分子。

4）按使用分类

按使用来分类，高分子化合物可以分为大家所熟知的塑料、橡胶、纤维等，它们之间的关系如图 3.1 所示。

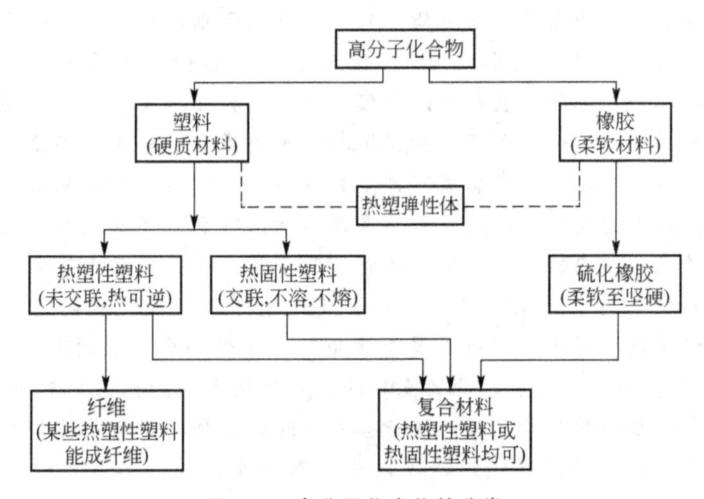

图 3.1 高分子化合物的分类

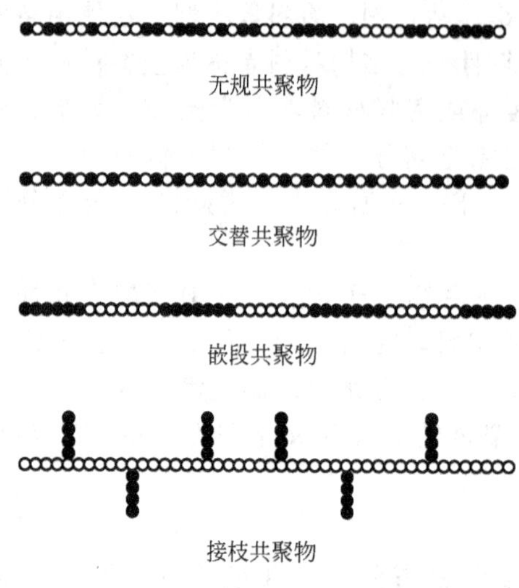

图 3.2 共聚物的链接方式

共聚物又可根据结构单元的排列方式不同而分为接枝共聚物、嵌段共聚物、交替共聚物和无规共聚物等，如图 3.2 所示。

高分子材料的用途是多方面的，主要用于制备塑料、橡胶和纤维。我们可以用塑料制成各种用品，用橡胶制备轮胎，用纤维织成各种精美的织物等。随着材料应用领域的不断扩大，高分子材料在涂料、胶黏剂和功能高分子方面也有大量的发展。因此，我们也可以把高分子材料按此六种用途来进行分类。

不过，同一种高分子材料往往可以有多种用途。以聚氨酯树脂为例，这种材料十分耐磨，可以制作塑胶跑道和溜冰鞋的轮子；聚氨酯发泡后可以做成硬度不同的泡沫塑料，用于制作家具、坐垫和保温材料；由于富有弹性，聚氨酯可以代替橡胶做运动鞋的鞋底；把它拉成丝可以制备高强度高弹性的莱卡纤维；聚氨酯涂料是一种高性能的耐磨耐水涂料，可以用于制备高强度的地板漆和工业用漆；用聚氨酯制备的胶黏剂强度非常高，是一种性能优异的结构胶黏剂；而且，由于聚氨酯良好的生物和血液相容性，它在医用材料中也崭露头角。这种能够适应多用途需要的特点也是高分子材料备受人们青睐的重要原因。

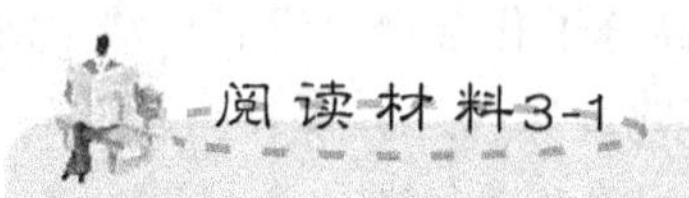

离子交换树脂

离子交换树脂是最早工业化的功能高分子材料。经过各种官能化的聚苯乙烯树脂，含有 H^+ 离子结构，能交换各种阳离子的称为阳离子交换树脂；含有 OH^- 离子结构能交换各种阴离子的称为阴离子交换树脂。它们主要用于水的处理。离子交换膜还可以用于饮用水处理、海水淡化、废水处理、甘露醇、柠檬酸糖液的钝化、牛奶和酱油的脱盐、酸的回收以及作为电解隔膜和电池隔膜。离子交换技术有相当长的历史，某些天然物质如泡沸石和用煤经过磺化制得的磺化煤都可用作离子交换剂。但是，随着现代有机合成工业技术的迅速发展，研究制成了许多种性能优良的离子交换树脂，并开发了多种新的应用方法。离子交换技术迅速发展，在许多行业特别是高新技术产业和科研领域中广泛应用。近年来，国内外生产的树脂品种达数百种，年产量数十万吨。

在工业应用中，离子交换树脂的优点主要是处理能力大，脱色范围广，脱色容量高，能除去各种不同的离子，可以反复再生使用，工作寿命长，运行费用较低(虽然一次投入费用较大)。以离子交换树脂为基础的多种新技术，如色谱分离法、离子排斥法、电渗析法等，各具独特的功能，可以进行各种特殊的工作，是其他方法难以做到的。离子交换技术的开发和应用还在迅速发展之中。离子交换树脂的基本形态和成型形态如图 3.3 所示。

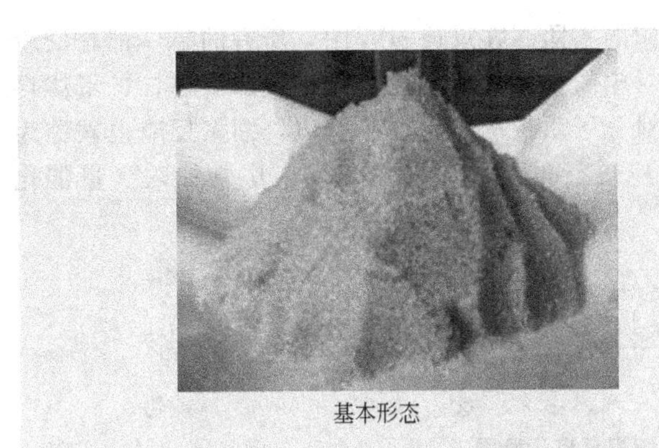
基本形态

成型形态

图 3.3 离子交换树脂的基本形态和成型形态

3.2 高分子材料的制备

合成高分子化学家们要研究如何通过化学反应从最简单的小分子化合物出发来制备性能优异的聚合物材料。显然，要使小分子的单体一个个地连接在一起，形成具有很高相对分子质量和性能优异的聚合物不是一件容易的事情[10]。

并不是所有的小分子化合物都能聚合形成高相对分子质量的材料，能够聚合的单体必须具有能同相邻的单体分子形成双键的能力，互相牵起了才能够形成一条长链。具备这种聚合能力的单体有两大类：一类是分子中含有两个或两个以上可反应基团的化合物；另一类是具有不饱和双键的烯烃类化合物。不过，这两类单体采用的聚合方法是不同的，前者采用缩合聚合的方法(简称缩聚)，后者采用加成聚合的方法(简称加聚)。我们之前介绍的两种聚合物，尼龙－66 和聚氯乙烯就是分别用这两种方法聚合的。

3.2.1 缩聚反应

在有机化学中已经学到，酸同醇反应会生成酯，酸同胺反应会生成酰胺等。反应过程中会脱去一分子的水，因此是一类缩合反应。

$$\underset{\text{酸}}{\mathrm{R{-}\overset{\overset{\displaystyle O}{\|}}{C}{-}OH}} + \underset{\text{醇}}{\mathrm{R'{-}OH}} \qquad \underset{\text{酯}}{\mathrm{R{-}\overset{\overset{\displaystyle O}{\|}}{C}{-}O{-}R'}} + \underset{\text{水}}{\mathrm{H_2O}}$$

$$\underset{\text{酸}}{\mathrm{R{-}\overset{\overset{\displaystyle O}{\|}}{C}{-}OH}} + \underset{\text{胺}}{\mathrm{R'{-}NH_2}} \qquad \underset{\text{酰胺}}{\mathrm{R{-}\overset{\overset{\displaystyle O}{\|}}{C}{-}O{-}NHR'}} + \underset{\text{水}}{\mathrm{H_2O}}$$

如果我们用一个含有两个羧酸基的二元酸分子同一个含有两个羟基的二元醇分子或含有两个胺基的二元胺分子反应，情况又会怎么样呢？很显然，反应得到的化合物两端分别含有一个羧基和羟基(或胺基)。它们还能同其他的羟基(或胺基)及羧基进一步反应，使相对分子质量不断增加，最后形成相对分子质量很高的聚合物。

缩聚反应的单体自身含有两个可以反应的基团。在反应过程中，所有的单体都是反应的活性中心，它们在反应的每一时刻都同对应的基团进行反应。先生成二聚体，二聚体再反应生成三聚体或四聚体，依此类推，相对分子质量逐步增加。所以，缩聚反应也被称为逐步聚合反应，如图 3.4 所示。为了使反应进行得快些，在缩聚反应中常加入少量催化剂，如聚酯合成常用的催化剂是硫酸等。

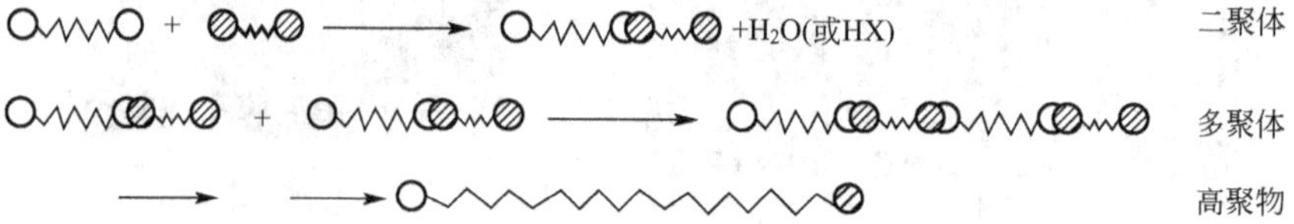

图 3.4　缩聚反应示意图

要通过缩聚反应生成相对分子质量高的聚合物并不是一件容易的事，除了单体本身的反应活性外，还必须对单体的纯度和配比有严格的要求。可以想象，如果在聚酯的合成中，每 100 个单体分子中混入一个可反应的单官能团杂质如乙酸或乙醇，最后得到聚酯的平均聚合度不可能高于 100。同样，如果其中一种单体过量 1%，得到的聚酯的平均聚合度不可能高于 100。在聚合体系中加入微量的单官能团单体或让其中一个单体稍稍过量是缩聚反应控制聚合物相对分子质量最常用的方法(图 3.5)。

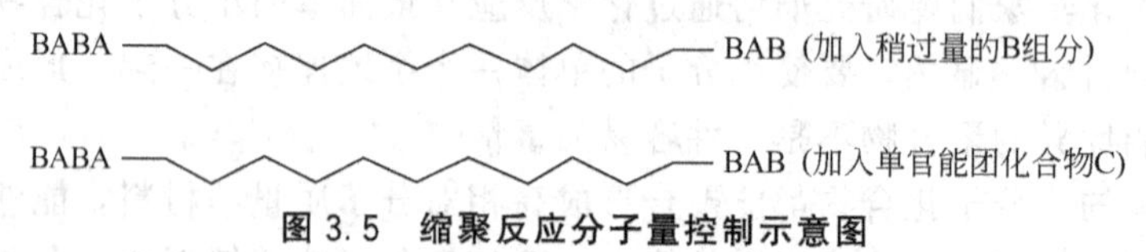

图 3.5　缩聚反应分子量控制示意图

此外，缩聚反应是可逆反应，如果不把反应过程中生成的小分子化合物从聚合体系中除去，也不可能获得相对分子质量很高的聚合物。在合成聚酯的反应中，如果要得到聚合度大于 100 的缩聚物，要求水分的残余量低于 4×10^{-4} mol/L(约 7mg/L)。不难想象，要把那么微量的水从聚合体系中除去，不是一件容易的事情。特别是当反应进行到一定程度，体系的黏度会变得很大。因此，反应须在高温和高真空度下进行，才能将体系中的这些残留水分脱除。

如果在上述反应体系中加入一定量的三官能团或多官能团单体，最后形成的聚合物就不是线型分子，而是形成体形的交联结构，得到不溶、不熔的聚合物。许多热固性树脂、油漆和胶黏剂就是利用这一原理制备的(图 3.6)。

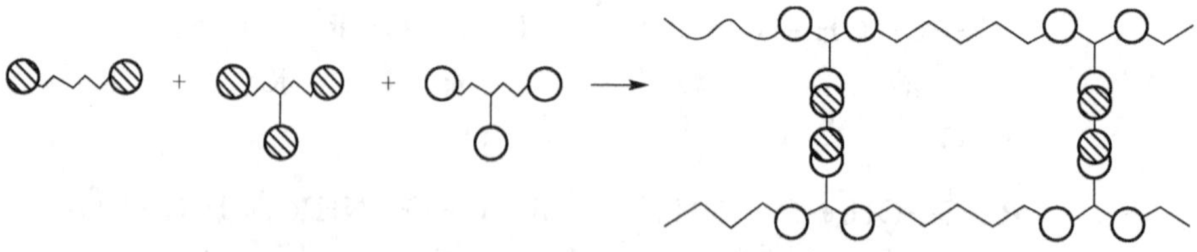

图 3.6　体型缩聚反应示意图

3.2.2　加聚反应

烯类单体是一类在分子中含有不饱和双键的化合物，最简单的烯类化合物是乙烯

$CH_2=CH_2$，其他的烯烃化合物都可以看成乙烯分子中的一个或两个氢原子被其他元素或基团所取代后生成的衍生物。氯乙烯 $CH_2=CH(Cl)$、苯乙烯（C_6H_5—$CH=CH_2$）就是乙烯分子中的一个氢原子被氯原子和苯基取代后形成的。这类烯烃化合物在一种特殊的化合物作用下，就能发生聚合反应，这种特殊的化合物称为引发剂。

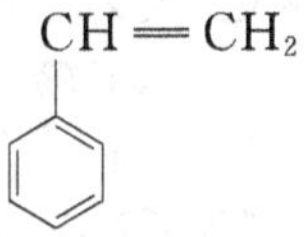

引发剂是一种非常不稳定的小分子化合物，在它们的分子中含有一个在较低的温度下就会离解的共价键，它们在受热分解时，或生成两个自由基，或生成一个阳离子和一个阴离子。

均裂生成自由基　　$R\cdot|\cdot R \longrightarrow 2R\cdot$

异裂生成离子　　$A|:B \longrightarrow A^+ + :B^-$

生成的自由基或离子都是非常活泼的，它们能在较低的温度下同烯类单体反应，使它们把双键打开，进行聚合反应，所以称为引发剂。我们把由自由基引发的聚合反应称为自由基聚合，用阳离子或阴离子引发的聚合反应分别称为阳离子聚合反应或阴离子聚合反应，统称离子聚合。这三种方法虽然各有特色，但都属于加成聚合，分别适用于不同烯类单体的聚合，如氯乙烯只能用自由基引发聚合，异丁烯只能用阳离子引发聚合。有的单体，如苯乙烯在这三种不同类型的引发剂作用下都能聚合，但得到的产品性能却有相当大的差别。

在加成聚合中，最重要的反应是自由基聚合反应。在工业上，有60%以上的聚合物是用这种方法制备的。

用于自由基聚合的引发剂是一些分子中含有过氧键(—O—O—)或偶氮键(—N=N—)的小分子化合物。这些共价键的键能很低，在较低的温度下(60～100℃)发生均裂，产生两个带有单电子的基团，称为自由基。

$$R—R \longrightarrow 2R\cdot$$

引发剂分子　　引发剂自由基

自由基是非常不稳定的，它们能很快地同体系中的烯烃分子作用，使π键打开生成一个单体自由基。

$$R\cdot + CH_2=CH_2 \longrightarrow R\sim CH_2—CH_2\cdot$$

引发剂自由基　　单体　　　　单体自由基

这种使π键打开的方式有点类似于接力赛跑时接力棒的传递，所需的能量非常低。所以一旦体系中有一个引发剂自由基存在，它们马上就会同单体反应，生成单体自由基。生成的单体自由基又会迅速地同另一个单体分子反应，使单体分子一个个地加成上去。自由基变得越来越长，直到最后遇到另一个自由基，相互合并在一起，变成一个稳定的大分子为止。这种终止形式称为偶合终止。如果两个自由基间有氢原子的交换，最后生成两个聚合物分子，则称为歧化终止。整个加成聚合过程包括链引发、链增长和链终止三个阶段。其聚合过程如图3.7所示。

常用的引发剂有偶氮化合物，如偶氮二异丁腈(AIBN)和过氧化物，如过氧化二苯甲酰(BPO)或过氧化氢(H_2O_2)。它们都能在较低的温度下分解，生成相应的自由基。

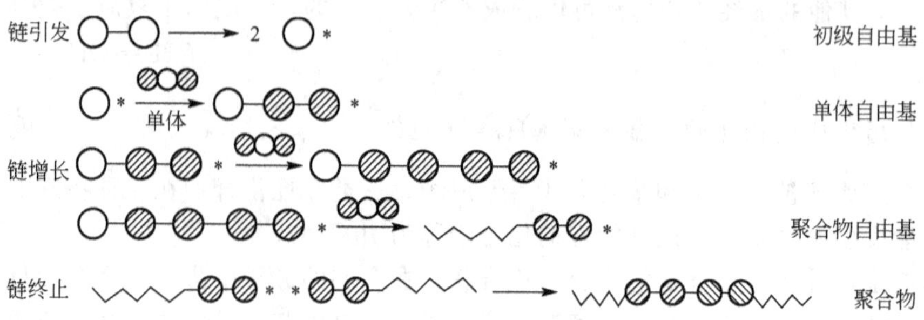

链引发 初级自由基

单体 单体自由基

链增长

聚合物自由基

链终止 聚合物

图 3.7 自由基聚合反应示意图

$$\text{AIBN}\quad (CH_3)_2-\underset{\displaystyle CN}{\underset{|}{C}}-N=N-\underset{\displaystyle CN}{\underset{|}{C}}-(CH_3)_2 \longrightarrow 2(CH_3)_2-\underset{\displaystyle CN}{\underset{|}{C}}\cdot + 2N_2$$

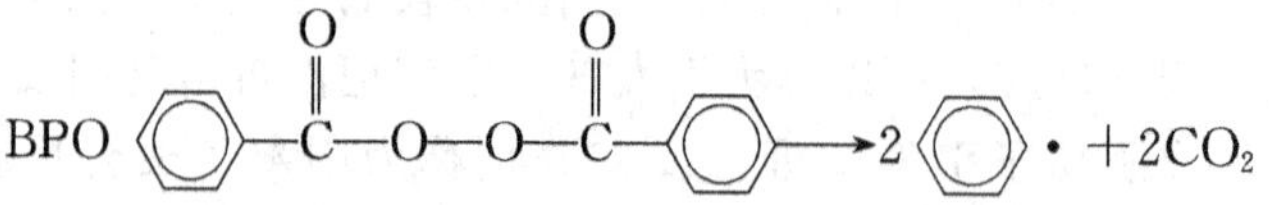

$$\text{BPO}\quad C_6H_5-\overset{\displaystyle O}{\overset{\|}{C}}-O-O-\overset{\displaystyle O}{\overset{\|}{C}}-C_6H_5 \longrightarrow 2\,C_6H_5\cdot + 2CO_2$$

显然，引发剂的作用就像爆竹的引信一样。一旦引信被点燃，爆竹在瞬间爆炸。而在烯烃的聚合反应中，只要引发剂分解产生自由基，加成聚合反应就会在瞬间进行，生成一个聚合物分子。自由基源源不断地产生，体系中生成的聚合物分子也越来越多。最后，大部分单体变成了聚合物。加聚反应具有连锁反应的特点，所以我们又把它称为连锁聚合。在加成聚合中，聚合物生成的多少和快慢与引发剂的用量和分解速度有密切关系。

在整个聚合体系中，加入的引发剂的量是很小的，它们的浓度仅是单体浓度的千分之一或万分之一。由于聚合物的相对分子质量很大，引发剂在整个聚合物分子中所占的比例是很小的，对聚合物的性质影响也很小，所以在书写聚合物的结构式时，不必写出引发剂的结构。

以下表示了用 BPO 引发氯乙烯单体生成聚氯乙烯的聚合过程：

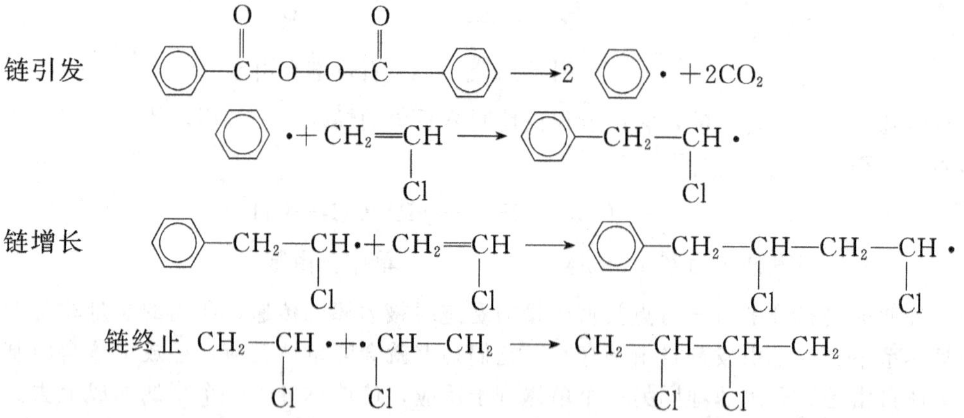

链引发

$$C_6H_5-\overset{\displaystyle O}{\overset{\|}{C}}-O-O-\overset{\displaystyle O}{\overset{\|}{C}}-C_6H_5 \longrightarrow 2\,C_6H_5\cdot + 2CO_2$$

$$C_6H_5\cdot + CH_2=\underset{\displaystyle Cl}{\underset{|}{CH}} \longrightarrow C_6H_5-CH_2-\underset{\displaystyle Cl}{\underset{|}{CH}}\cdot$$

链增长

$$C_6H_5-CH_2-\underset{\displaystyle Cl}{\underset{|}{CH}}\cdot + CH_2=\underset{\displaystyle Cl}{\underset{|}{CH}} \longrightarrow C_6H_5-CH_2-\underset{\displaystyle Cl}{\underset{|}{CH}}-CH_2-\underset{\displaystyle Cl}{\underset{|}{CH}}\cdot$$

链终止

$$CH_2-\underset{\displaystyle Cl}{\underset{|}{CH}}\cdot + \cdot\underset{\displaystyle Cl}{\underset{|}{CH}}-CH_2 \longrightarrow CH_2-\underset{\displaystyle Cl}{\underset{|}{CH}}-\underset{\displaystyle Cl}{\underset{|}{CH}}-CH_2$$

在自由基聚合反应中，聚合物的相对分子质量是通过加入一种叫链转移剂的试剂(HS)来控制的。这些链转移剂分子很容易同体系中的大分子链自由基反应，使原来的自由基终止，另外形成一个新的自由基(S·)。这个新生成的自由基又可以引发其他单体的聚合反应。

$$\underset{\text{链自由基}}{R\cdot} + \underset{\text{链转移剂}}{HS} \longrightarrow \underset{\text{聚合物}}{R-H} + \underset{\text{链转移自由基}}{S\cdot}$$

S· ＋ M ⟶ SM·

单体　　新的单体自由基

很显然，原来一个引发剂自由基只能得到一个聚合物分子。经过一次链转移反应能生成两个聚合物分子，它的相对分子质量只有原先的一半。转移的次数越多，聚合物的相对分子质量就越小。因此，通过调节链转移剂在聚合体系中的含量，就可将聚合物的相对分子质量控制在一定的范围内。

3.3 高分子材料的结构

高分子材料有非常优异的性能，可以做成各种不同的产品。高分子材料的多用途和性质的多样性是高分子材料区别于其他材料的独到之处和优势所在。在所有的材料中，高分子材料是用途最为广泛，变化最为多端的材料了。不仅不同种类的高分子材料的性质之间存在很大的差别，即便是同一种聚合物产品，性能也会有很大的差别。那么，究竟是什么原因使高分子材料在性能上产生如此大的差异呢?

高分子材料的结构、分子运动的最大特点是具有多尺度性、多层次性。从结构上看，高分子材料的结构可分为两个主层次：大分子链结构和聚集态结构。分子链结构又细分为两个层次，一是结构单元的化学组成及立体化学结构；二是整条分子链的结构与形状，分别称近程结构和远程结构。近程结构是指单个大分子结构单元的化学组成、连接方式和立体构型等；远程结构是指分子的大小与形态；链的柔顺性及分子的构象。聚集态结构是指高聚物材料整体的内部结构，即分子间的结构形式，包括晶态结构、非晶态结构、取向态结构、液晶态结构等。凝聚态结构又可分为均相体系的凝聚态结构和多相体系的织态结构(共混态、共聚态等)。不同的结构层次具有不同的特征运动方式。因此，高分子物理的主要研究内容是：大分子的多层次结构、多层次运动(化学键运动、链段运动、分子链运动)和多层次相互作用(分子内、分子间相互作用)的联系，以及各种结构因素对高分子作为材料使用的性能和功能的影响。这对于合理选择、使用高分子材料，正确制定高分子制品加工工艺和设计开发新型材料和产品，具有重要的指导意义。

3.3.1 大分子链结构

1. 大分子链的化学组成

高聚物分子链的结构首先取决于其结构单元的化学组成。高分子链的化学组成不同，高聚物的化学和物理性能也不同。虽然高聚物的分子量很大，但其化学组成往往比较简单，通常由C、H、O、N、Si等元素组成。高分子化合物中大分子链中的原子之间、链节之间的相互作用是强大的共价键结合，这种结合力称为主价力，其大小取决于链的化学组成。大分子之间的相互作用是范德华力和氢键，这类结合力称为次价力。其大小比主价力小得多，只有主价力的1%～10%。但是，对于分子量很大的高聚物来说，因其分子链特别长，故其总的次价力超过主价力。此时，次价力则对高聚物的性能产生主要影响。

高分子链的结构单元或链节的化学组成，由参与聚合的单体化学组成和聚合方式决定。按化学组成的不同，高分子可分为以下几大类型。

(1) 碳链高分子：大分子主链全部由碳原子构成，碳原子间以共价键连接，常见的如聚乙烯、聚丙烯、聚苯乙烯、聚氯乙烯、聚异戊二烯等。它们大多由加聚反应制得，具有可塑性良好、容易成型加工等优点。但因 C—C 键能较低(347kJ/mol)，故耐热性差，容易燃烧，易老化，不宜在苛刻条件下使用。

(2) 杂链高分子：分子主链除碳原子外，还有氧、氮、硫等其他原子，原子间均以共价键相连接，如聚酯、聚醚、聚酰胺、聚脲、聚砜等。杂链高分子多通过缩聚反应或开环聚合制得，其耐热性和强度均比碳链高分子大，但主链带有极性，较易水解、醇解或酸解。

(3) 元素有机高分子：主链由 Si、B、P、Al、Ti、As、O 等元素组成，不含 C 原子，侧基为有机取代基团，这类大分子称为元素有机高分子。它兼有无机物的热稳定性和有机物的弹塑性。典型的代表是聚二甲苯硅氧烷，也称硅橡胶。它既具有橡胶的高弹性，硅氧键又赋予其优异的高低温使用性能。

(4) 无机高分子：主链和侧基都不含碳原子的高分子称为无机高分子。代表性的例子是聚氯化磷腈(聚二氯化磷)。其结构单元式为：

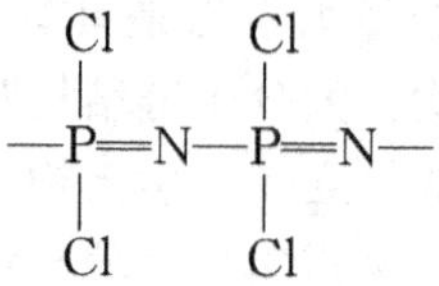

$$
\begin{array}{cccc}
 & Cl & & Cl \\
 & | & & | \\
— & P{=}N & — & P{=}N— \\
 & | & & | \\
 & Cl & & Cl
\end{array}
$$

该材料因富有弹性而被称为磷腈橡胶。无机高分子的最大特点是耐高温性能好，但力学强度较低，化学稳定性较差。

(5) 梯形高分子和双螺旋高分子：大分子主链不是一条，而是具有“梯子”或“双螺线”的结构。例如，聚丙烯腈纤维在受热升温过程中会发生环化芳构化，形成梯形结构，再经高温处理变成碳纤维。

需要指出的是，除主链结构单元的化学组成外，侧基和端基的组成对高分子材料性能的影响也相当突出。聚乙烯是塑料，而氯磺化聚乙烯(部分—H 被—SO_2Cl 取代)是一种橡胶材料。聚碳酸酯的羟基和酰氯端基都会影响材料的热稳定性。若在聚合时加入苯酚类化合物进行“封端”，则体系热稳定性显著提高。

2. 结构单元的连接方式和空间构型

结构单元在链中的连接方式和顺序取决于单体和合成反应的性质。缩聚反应的产物变化比较少，结构规整统一。加聚反应时，若链节中有不对称原子或原子团，则结构单元的连接方式有头-尾连接、头-头连接、尾-尾连接。其中头-尾连接的结构最规整，强度也较高。例如，在具有两个单体的共聚物［CHR—CH_2］中，—CHR 为头，—CH_2—为尾，其结构单元的链接方式为头-尾连接。

头-头连接：

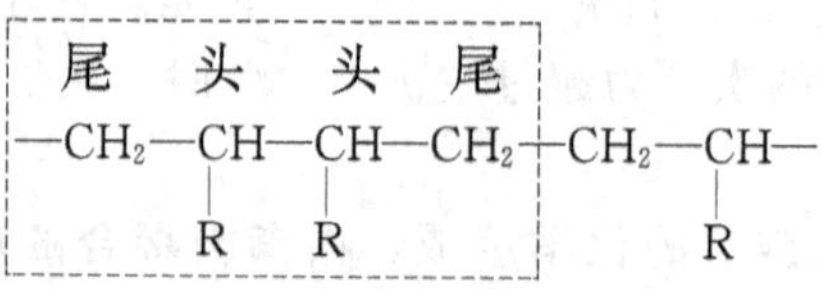

$$
\begin{array}{cccccc}
尾 & 头 & 头 & 尾 & & \\
—CH_2— & CH— & CH— & CH_2— & CH_2— & CH— \\
 & | & | & & & | \\
 & R & R & & & R
\end{array}
$$

头-尾连接：

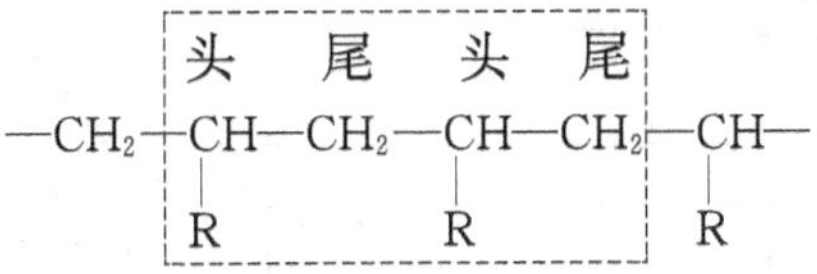

$$\begin{array}{cccccccccccc} & & \text{头} & & \text{尾} & & \text{头} & & \text{尾} & & & \\ -CH_2- & & CH & - & CH_2 & - & CH & - & CH_2 & - & CH & - \\ & & | & & & & | & & & & | & \\ & & R & & & & R & & & & R & \end{array}$$

尾-尾连接：

$$\begin{array}{cccccccccccccc} & & & & & & \text{头} & & \text{尾} & & \text{尾} & & \text{头} & \\ -CH_2 & - & CH & - & CH_2 & - & CH & - & CH_2 & - & CH_2 & - & CH & - \\ & & | & & & & | & & & & & & | & \\ & & R & & & & R & & & & & & R & \end{array}$$

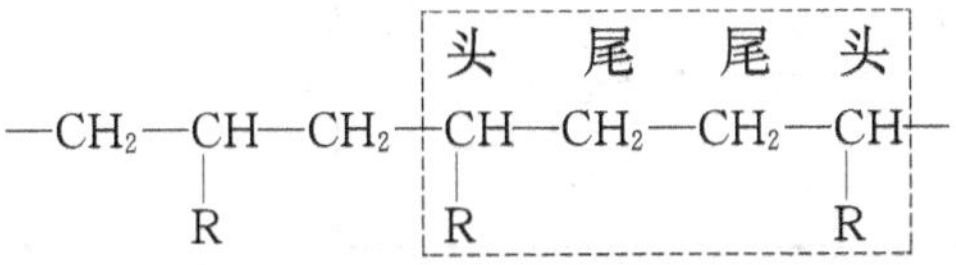

在两种以上单体的共聚中，连接的方式更为多样，可以是无规、交替、嵌段或接枝共聚等。究竟以哪一种连接方式存在，则以使聚合物能量最低为原则。不同的连接方式对聚合物的性能有很大影响。对于具有［CH_2—CHR］链节的高聚物，取代基 R 的排列方式不同，链的空间构型则不同。取代基 R 在主链一侧的称为全同立构，取代基 R 相间地分布在主链两侧的称为间同立构，其他称为无规立构。在实际生产中主要应用全同立构和间同立构。因为它们的高聚物容易结晶，是很好的纤维材料和定向聚合材料。

构型是指分子链中由化学键所固定的原子在空间的几何排列。这种排列是化学稳定的，要改变分子的构型必须经过化学键的断裂和重建。

由构型不同而形成的异构体有两类：旋光异构体和几何异构体。在配位阴离子聚合中介绍的 α-烯烃聚合得到的全同立构、间同立构、无规立构聚烯烃，属于旋光异构体。所谓旋光异构，是指饱和碳氢原子化合物分子中由于存在有不同取代基的不对称碳原子 C^*，形成两种互成镜像关系的构型，从而表现出不同的旋光性。

3．高分子链的支化与交联

大分子除线型链状结构外，还存在分子链支化、交联、互穿网络等结构异构体。支化与交联是由于在聚合过程发生链转移反应，或双烯类单体中第二双键活化，或缩聚过程中有三官能度以上的单体存在而引起的。

高聚物大分子链有线型、支化型和体型结构三类。线型分子链如同一根细长的铁丝，可以蜷曲成团，也可以伸展成直线，这取决于分子本身的柔顺性及外部条件。支化型分子链，在线型大分子主链上有一些或长或短的小支链，整个大分子呈树枝状。支化高聚物的化学性质与线型分子相似，但支化对物理力学性能的影响有时相当显著。例如，高压聚乙烯(低密度聚乙烯)，由于支化使其结晶度大大降低，其密度、熔点和硬度等都低于线型分子的低压聚乙烯(高密度聚乙烯)。

体型高聚物是大分子链之间通过支链或化学键连接成的一个三维空间网型大分子，处于网型状态的高聚物是不溶、不熔的，如热固性塑料酚醛树脂、环氧树脂等。

支化的结果是使高分子主链带上了长短不一的支链。短链支化一般呈梳形，长链支化除梳形支链外，还有星形支化和无规支化等类型。星形支化是从一个支化点放射出三个以上的支链。图 3.8 给出支化高分子的可能的几何结构模型。

支化高分子与线型高分子的化学性质相同，但支化对材料的物理、力学性能影响很大。以聚乙烯为例，高压下由自由基聚合得到的低密度聚乙烯为长链支化型高分子。而在低压下，由齐格勒-纳塔型催化剂配位聚合得到的高密度聚乙烯属于线型高分子，只有少

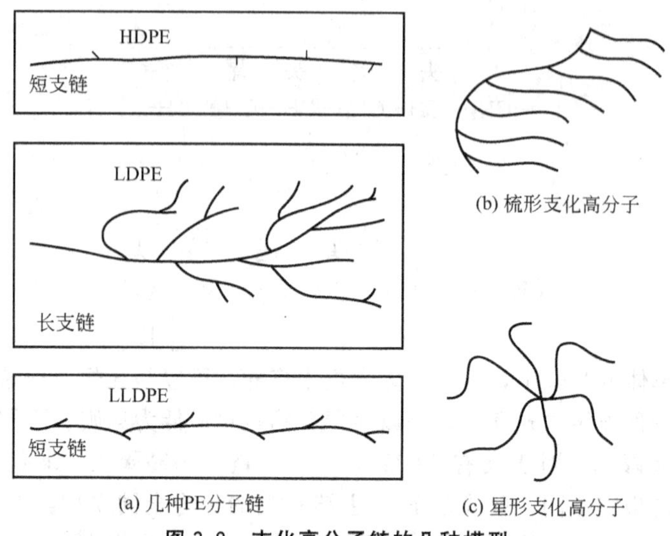

(a) 几种PE分子链　(b) 梳形支化高分子　(c) 星形支化高分子

图 3.8　支化高分子链的几种模型

量的短支链。两者化学性质相同，但其结晶度、熔点、密度等性质差别很大。低密度聚乙烯的结晶度 X_c 约为 65%，熔点为 135℃，密度为 0.964g/cm^3。这种性能上的差异主要是由于支化结构不同造成的。

支链的长短同样对高分子材料的性能有影响。一般短链支化主要对材料的熔点、屈服强度、刚性、透气性及与分子链结晶性有关的物理性能影响较大，而长链支化则对粘弹性和熔体流动性能有较大影响。

表征支化结构的参数有支化度、支链长度、支化点密度等。聚乙烯的支化度可用红外光谱法通过测量端甲基浓度求得。

大分子链之间通过支链或某种化学键相连接，形成一个分子量无限大的三维网状结构的过程称为交联(或硫化)，形成的立体网络状结构称为交联结构。热固性塑料、硫化橡胶属于交联高分子，如硫化天然橡胶是聚异戊二烯分子链通过硫桥形成的网状结构。交联后，整块材料可看成一个大分子。

交联高分子的最大特点是既不能溶解也不能熔融，这与支化结构有本质的区别。支化高分子能够溶于合适的溶剂，而交联高分子只能在溶剂中发生溶胀，其分子链间因有化学键连接而不能相对滑移，因而不能溶解。生橡胶在未经交联前，既能溶于溶剂，受热、受力后又变软发粘，塑性形变大，无多大使用价值；经过交联(硫化)以后，分子链形成具有一定强度的网状结构，不仅有良好的耐热、耐溶性能，还具有高弹性和相当的强度，成为性能优良的弹性体材料。

4. 高分子链的柔顺性

内旋转在小分子化合物中不起很大作用。小分子化合物是一个时刻变换着的内旋转异构体的混合物，因此各内旋转异构体的化学性质都相同，所以不影响小分子化合物的基本性能。

共聚物结构单元通过共价键重复连接形成线型大分子。共价键的特点是键能大(130～630kJ/mol)，原子间距离短((1.1～106)×10^{-6} cm)，两键间夹角基本一定。例如，碳—碳键角约 109°28′(图 3.9)。碳—碳单键可以绕轴旋转，一个高分子链中有许多单键，每一个单键都能内旋转，因此可以想象，高分子在空间的形态具有无穷多个，通常并不是伸直的，而是卷曲起来，使分子处于各种形态，称为无规线团，如同一条长长卷曲的高速切削的钢切屑，对外力有很大的适应性，并表现出范围很广的伸缩能力。大分子由于单键内旋转而产生的分子在空间的不同形态称为构象，能由构象变化获得不同卷曲程度的特性，即为大分子链的柔顺性。这是高聚物的许多性能不同于其他固体材料的根本原因。

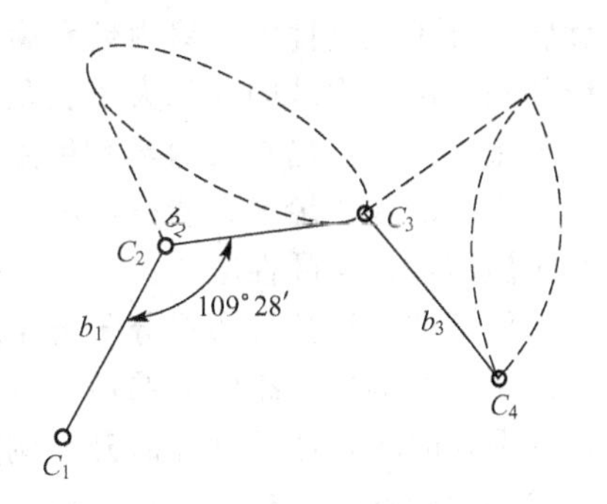

图 3.9 单间内旋转

构象多意味着高分子链特别柔软，能卷曲成团，而外力能使内旋转异构体发生转换。若把这样一个柔软卷曲成团的长链分子拉伸，一旦松手，分子热运动的能量足以使它收缩回原来的卷曲状态。也就是说，内旋转使单个高分子链具备了高弹性。

影响大分子链柔顺性的因素有大分子的结构和其所处的条件和温度、压力、介质等。下面讨论分子结构的影响。

1）主链结构

主链结构对高分子链柔顺性的影响很显著。通常主链结构除了由—C—C—键组成外，还有—Si—O—、—C—O—等，其中—Si—O—键柔顺性最好，—C—O—键次之，—C—C—键最差。因为氧原子周围没有其他原子和基团，旋转阻力小。而且—Si—O—键角大(142°)，内旋转更为容易，所以—Si—O—键高分子链很柔顺。主链中含有芳杂环时，由于它不能内旋转，所以柔顺性很低，而刚性较好，耐高温，如聚酰亚胺可在250～300℃长期使用。

当主链中引入苯基、联苯基、萘基和聚酸二酰胺基等芳杂环以后，链上可以内旋转的单键比例相对减少，分子链的刚性增大。例如，芳香族聚酯、聚碳酸酯、聚酰胺、聚砜和聚苯醚等都具有比相应的脂肪族聚合物低得多的柔顺性，它们是一类耐热性较好的工程塑料。

与此相反，主链中含有孤立双键的高分子链都比较柔顺，所以 T_g 都比较低。天然橡胶和许多合成橡胶的分子都属于这种结构。天然橡胶的 $T_g=-73℃$，因此，即使在零下好几十度，它仍能保持高弹性。

在共轭二烯烃聚合物中，存在几何异构体，因其电子云相互交盖形成大 π 键，一旦发生内旋转会使双键电子云变形或破裂，故这类分子的化学键不能旋转，属于刚性很大的刚性链高分子。反式异构体的分子链较为刚性。从 T_g 大小就可以看出，顺式聚1，4-丁二烯的 T_g 是−108℃，反式聚1，4-丁二烯的 T_g 是−83℃；顺式聚1，4-异戊二烯的 T_g 是−73℃，反式聚1，4-异戊二烯的 T_g 是−60℃。

聚乙炔 ～—CH═CH—CH═CH—CH═CH—CH═CH—～

聚苯 $\left[\!\!\bigcirc\!\!\right]_n$（$-\!\!\left(C_6H_4\right)\!\!-_n$）

2）侧基

侧基极性的强弱对高分子链的柔顺性影响很大。侧基极性强，其相互间作用力大，单键内旋转困难，因而柔顺性差。取代基的体积对柔顺性也有影响。体积大对内旋转不利，柔性低，如聚丙烯比聚乙烯柔顺性差。

非极性取代基的体积对分子链柔顺性有两方面的影响。一方面，取代基的存在增加了内旋转的空间位阻，使柔性降低；另一方面，取代基也增大了分子链间距，降低分子间相互作用，使柔性增大。聚苯乙烯中苯基的极性小，但体积大，空间位阻大，使单键不易内旋转，分子链刚性大于聚丙烯和聚乙烯。聚丙烯酸酯类分子链侧基的主要作用是增大分子链间距，由于丙基的体积大于乙基、甲基的体积，因而，聚丙烯酸丙酯分子链的柔顺性要优于聚丙烯酸乙酯与聚丙烯酸甲酯。

在单取代乙烯聚合物$-(CH_2-CHX)_n$中，随着取代基—X的体积增大，分子链内旋转位阻增加，柔顺性减小。

侧基的对称性分布对分子链柔顺性有一定的影响，一般侧基对称性分布的分子链柔顺性高于非对称性分布的柔顺性。如果在季碳原子上做对称双取代，则主链内旋转位垒反而比单取代时小，链柔顺性回升。例如，聚异丁烯比聚丙烯柔顺性好，聚偏二氟乙烯比聚氟乙烯的柔顺性好，聚偏二氯乙烯比聚氯乙烯的柔顺性好。从以下玻璃化温度即可看出：

$$\text{-}\!\!(CH_2-\underset{|}{\overset{}{C}}H(CH_3))_n\ \ T_g=10℃；\quad \text{-}\!\!(CH_2-CHF)_n\ \ T_g=40℃；\quad \text{-}\!\!(CH_2-CHCl)_n\ \ T_g=87℃；$$

$$\text{-}\!\!(CH_2-C(CH_3)_2)_n\ \ T_g=70℃；\quad \text{-}\!\!(CH_2-CF_2)_n\ \ T_g=-40℃；\quad \text{-}\!\!(CH_2-CCl_2)_n\ \ T_g=-17℃$$

3）分子间力的影响

旁侧基团的极性，对分子链的内旋转和分子间的相互作用都会产生很大的影响。侧基的极性越强，柔顺性越差。例如，聚乙烯的$T_g=-68℃$，引入弱极性基团—CH3 后，聚丙烯的$T_g=-20℃$；引入—Cl，—OH 后，聚氯乙烯和聚乙烯醇的T_g升高到 80℃以上；引入强极性基团—CN 后，聚丙烯腈的T_g超过 100℃。

分子间氢键的引入会使柔顺性降低。例如，聚辛二酸丁二酯和尼龙 66 的T_g相差 107℃，主要由于后者有氢键。聚合物的离子键对T_g的影响很大。例如，聚丙烯酸中加入金属离子可大幅度提高T_g，当加入Na^+，T_g从 106℃提高到 280℃；加入Cu^{2+}，T_g提高到 500℃。

同时，分子间作用力的大小对分子链柔顺性也有很大影响。

4）其他影响因素

相对分子质量的大小对柔顺性的影响是，相对分子质量越大，柔顺性越好，这与σ单间数目增多有关。分子链规整性对柔顺性的影响是，规整性越好的分子链往往越容易结晶，从而柔顺性下降。例如，聚乙烯从主链结构看应当具有较好的柔顺性，但由于其分子链简单规整，很容易结晶。一旦结晶，分子中的原子或基团被严格固定在晶格上，单键内旋转不能进行。因此，聚乙烯材料内部出现两相区，晶相的分子链呈刚性，非晶相的分子链呈柔性。这种结构特征使聚乙烯呈现塑料的性质，而不能作为橡胶使用。

此外，交联、共混、增塑，甚至温度、外力作用速度等因素，都会不同程度地影响高分子的柔顺性。

3.3.2 高聚物的聚集态结构

高聚物的聚集态结构指材料本体内大分子链间的几何排列和堆砌结构，此是决定高聚物性质的主要因素。高聚物聚集态结构一般有非晶态、结晶态、取向态、液晶态、高分子合金等状态。

1. 非晶态高聚物的结构

通常高分子材料中晶态与非晶态结构是共存的。以晶态结构为主的高分子材料，称结晶高分子材料；非晶态或以非晶态占绝对优势的高分子材料称非晶(或无定性)高分子材料。与小分子晶体相仿，结晶高分子材料在高温下(超过熔点)也会熔融，变成无规线团的非晶态结构。

非晶态高聚物又称无定型高聚物。许多高聚物如聚氯乙烯、聚苯乙烯、有机玻璃及用作橡胶的高聚物都属于非晶态结构。在非晶态高聚物的本体中，分子链的构象与在溶液中一样，呈无规线团状，线团分子间是无规缠结的。

体型高分子的高聚物由于分子链间存在大量交联，分子链不可能做有序排列，所以都具有无定型结构，如图 3.10 所示。

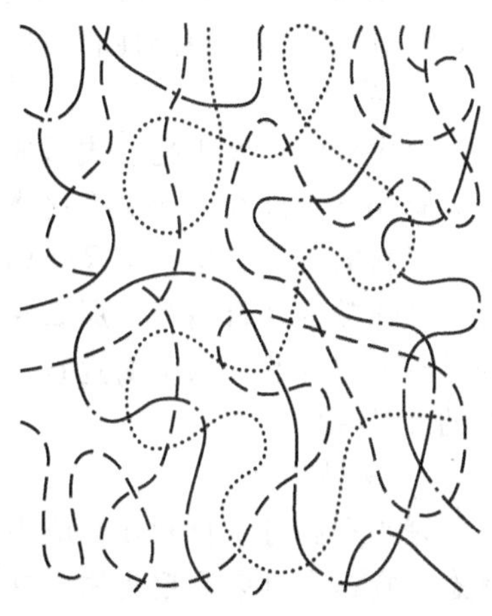

图 3.10 无规线团模型

由于非晶态高聚物在聚集态结构上是均匀的，因而材料各个方向的性质(如硬度、弹性模量、折射率、热膨胀系数等)都相同。

非晶态结构的主要特点是分子排列无长程有序，用 X 射线衍射得不到清晰点阵图像。Flory 根据统计热力学理论推导并实验测量了大分子链的均方末端距和回转半径，提出非晶态结构高分子材料的无规线团模型。认为在非晶高分子材料本体中，大分子链以无规线团的方式互相穿插，缠结在一起，分子链构象与其在 θ 溶剂中的无扰分子链构象相似。这一观点可以如下理解：非晶态高分子材料中的一个分子链，相当于溶解在化学性质与其等同的其他分子链构成的“溶剂”中，分子链链段作用力与分子间链段作用力相等。因此，处于“无扰”状态。

2. 晶态高聚物的结构

柔性长链线型高聚物分子固化时可以结晶，但由于这些细长缠结的分子在固化时黏度很大，运动较困难，不可能完全进行有规则的排列，因而有相当一部分保留为非晶态过冷液体。所以晶态高聚物如聚氯乙烯、聚四氟乙烯等，一般都只有 50%～80% 的结晶度(晶区所占有的质量分数)，实际为两相结构。为表征这一结构，人们提出了各种模型，广为接受的是樱状微束模型，如图 3.11 所示。

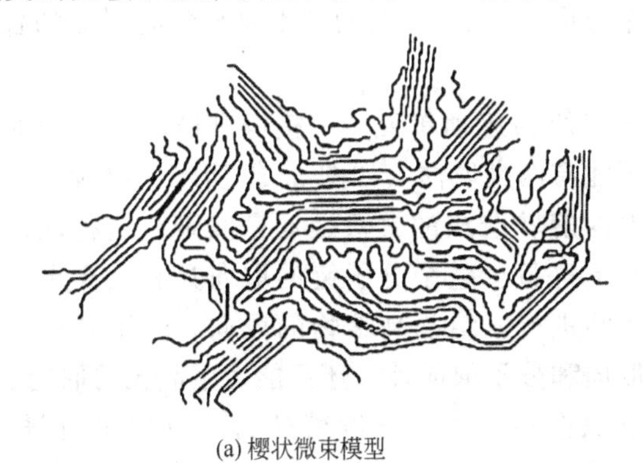

(a) 樱状微束模型

(b) 樱状微束的概念理解示意图

图 3.11 樱状微束模型

樱状微束模型认为，在结晶聚合物中，晶区与非晶区相互穿插，同时存在，一个大分子链可以同时穿过几个晶区和非晶区。在非晶区中，分子链仍是卷起并相互缠结的。这种模型又称为两相结构模型。

高聚物的结晶能力有大有小，主要取决于大分子的结构，如链的规整性和链的对称性等。

晶态高聚物的分子排列规整、致密，分子间的作用力大，所以强度、硬度和刚度较高，熔点也较高，耐热性和耐蚀性较好，而弹性、塑性则较低。

1）单晶

对大分子链以折叠方式形成晶片的认识，是从发现高分子材料的单晶开始的。Keller等人首先从浓度0.01%的聚乙烯-三氯甲烷溶液中培养出聚乙烯单晶，而后又得到其他高分子材料的单晶。这些单晶呈四方或菱形或六角形片状，厚度均在10nm左右。已知分子链长度通常为几百纳米，那么它们在晶片中是如何排列的呢？电子衍射结果表明，分子链的链轴方向与片晶的平面垂直，由此可知，分子链只能以折叠方式排列在厚度仅10nm左右的片晶中。

2）球晶

球晶是高分子材料在无应力状态下，在溶液或熔体结晶时得到的一种最为普遍的结晶状态。它是一种多晶聚集体，基本结构仍是折叠链片晶。结晶初期，首先生成的是一些晶核，也称“微球晶”。在适当条件下，晶体从晶核四面八方生长，发展成球状聚集体，尺寸小的约0.1μm，大的可达厘米数量级。

在正交偏光显微镜下，球晶呈现特有的黑十字消光图。用电子显微镜观察发现，球晶的亚结构单元晶片在径向生长过程中以扭曲的形式出现，晶片中分子链的方向（c轴方向）总垂直于球晶的半径方向。

球晶在生长过程中，不断把小分子添加物、不结晶成分及不结晶的分子链或链段排斥到片晶或片晶束或球晶之间，形成了大量的连接链，它们对高分子材料的性能，特别是力学性能有很大影响。在高分子材料的加工过程中，由于加工条件的不同，使球晶的尺寸、结构和类型发生变化，这些都对产品性能有显著的影响。

3. 高聚物的取向态结构

高聚物的取向态是在外力作用下，卷曲的大分子链沿外力方向平行排列而成的一种定向结构。其中有单轴（一个方向）与双轴（两个方向）取向。取向的高聚物材料有明显的各向异性，而未取向时则是各向同性的。

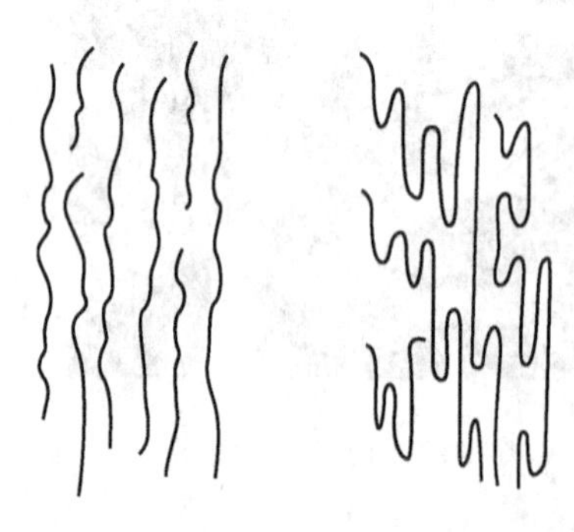

图3.12 高分子取向示意图

高分子有两种运动单元——整链和链段，因此非晶态高聚物可能有两类取向，如图3.12所示。链段取向可以通过单键内旋转造成的链段运动来实现。这种取向过程在高弹态下进行。整个分子链的取向只有当高聚物处于粘流态才能进行。结晶高聚物的取向，除了其中非晶区的链段取向和分子取向外，还可能发生晶粒的取向。

高聚物取向后，大分子顺着外力的方向平行排列，使断裂时破坏主价键的比例大大增加，而主价键的强度比范德华力的强度高20倍左右。另外，取向后可以阻碍裂缝向纵深发展，因而取向可以使材料的强度提高几倍甚至几十倍。这在合成纤维工业中是提高纤维强度的一个重要的措施。对于薄膜和板材也可以利用在相互垂直方向上双向取向来提高强度。例如，飞机座舱用的抗冲击有机玻璃机舱罩和各种胶片、磁带基片等都是双轴取向结构。此外，取向对高聚物材料的光学性质、热性质等均有影响。

单轴取向：在一个方向施以外力，使沿一个方向取向。例如，纤维纺丝，单向拉伸薄膜(捆扎绳)，橡胶的压延操作使橡胶分子单轴取向，如图 3.13 所示。

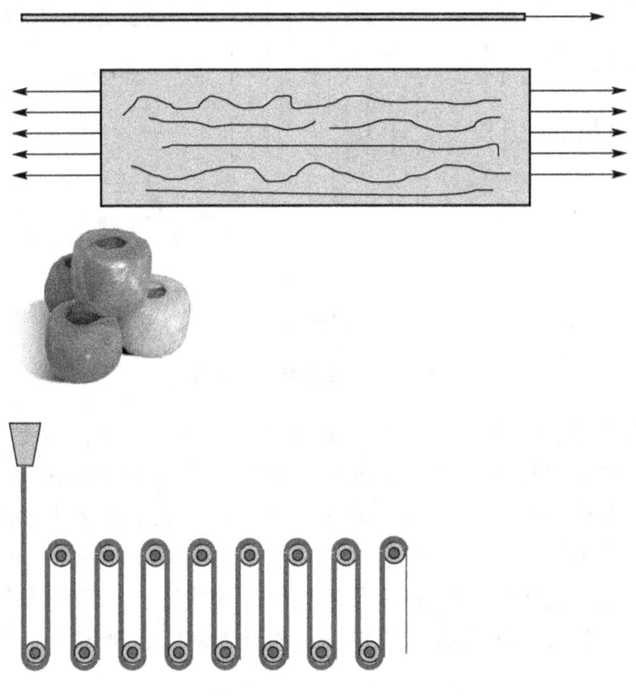

图 3.13　纤维单轴拉伸示意图

双轴取向：在垂直两个方向或平面内施以外力，使在平面内取向。例如，双向拉伸薄膜，吹塑工艺，如图 3.14 所示。

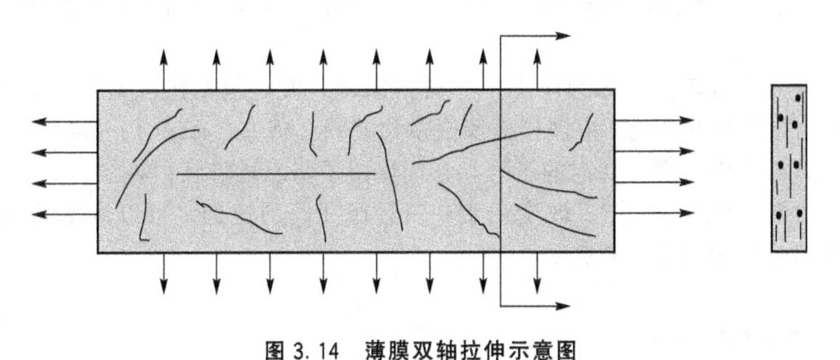

图 3.14　薄膜双轴拉伸示意图

4. 高聚物的液晶态结构

液晶态是介于晶态和液态之间的一种热力学稳定相态。液晶既有晶体的各向异性，又有流体的流动性。根据分子排列的形式和有序性的不同，液晶有三种不同的结构类型：近晶型、向列型和胆甾型，如图 3.15 所示。

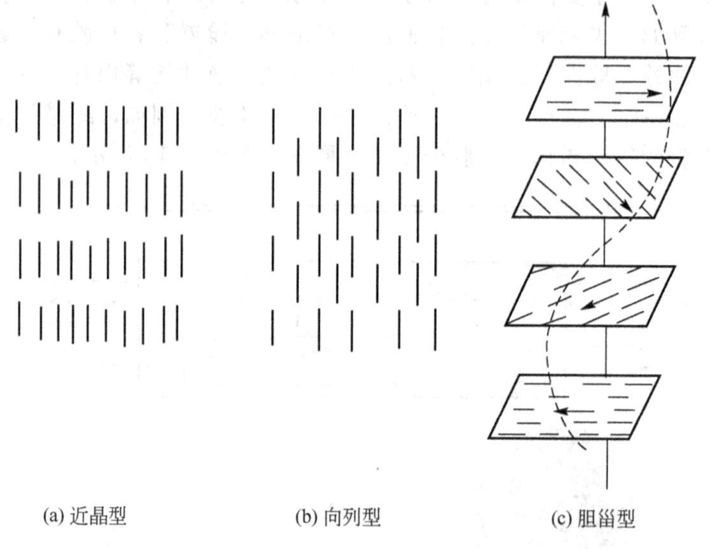

(a) 近晶型　　(b) 向列型　　(c) 胆甾型

图 3.15　液晶结构示意图

液晶技术已经得到了广泛应用，最熟悉的是液晶显示技术。这是利用向列型液晶的灵敏的电响应特性和光学特性，把透明的液晶薄膜夹在两块导电玻璃板之间，对某点施加适当电压的，此点很快变成不透明。因此，当电压以某种图形加到液晶薄膜上时，便产生图像。这一原理可用于液晶屏幕电视、广告、数码显示器等。刚性高分子溶液的液晶体系具有高浓度、低黏度的低切变速率下的高取向度的特性。利用液晶特性进行纺丝可制成超高强度的纤维。例如，芳纶纤维，它的强度相当于钢丝的 6～7 倍，已用于宇航工业中。

5. 高分子合金

利用现有高聚物品种，通过适当的工艺过程，制备高分子-高分子混合物多组分体系。多组分之间彼此弥补性能上的缺点，或者起协同作用，显示出特有的优越性，这种材料更能符合使用要求。由于共混高聚物与合金有许多相似之处，因而也被形象地称为高分子合金。

高分子合金的制备方法分为两类：一类是物理共混，包括机械共混、溶液和乳液共混；另一类为化学共混，包括溶液接枝和嵌段共聚等。例如，ABS 是丙烯腈(A)、丁二烯(B)和苯乙烯(S)三者共聚和共混的产物，它们保留了苯乙烯价廉、易加工，丁二烯的弹性和韧性及丙烯腈的硬度等优点。改变树脂中三种组元间的比例，可以调整其性能。所以，ABS 是综合性能优异的工程塑料。

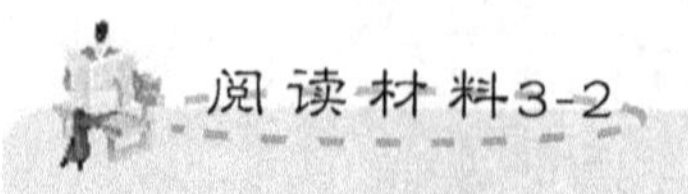

液晶高分子

液晶态是物质的一种存在形态，它具有晶体的光学各向异性性质，又具有液体的流动性质。如果一个物质已部分或全部地丧失了其结构上的平移有序性而仍保留取向有序性，即处于液晶态。液晶态与晶态的区别在于它部分缺乏或完全没有平移序，而与液态的区别在于它仍然存在一定的取向有序性。它具有晶体的光学各向异性性质，又具有液体的流动性质。对液晶态的了解要追溯到1888年，奥地利植物学家F. Reinitzer观察到胆甾醇酯具有双熔点现象，而且从升温和降温到这两个熔点之间呈现出不同的光学各向异性。为了解这种现象的相变本质，他把所观察到的现象描述给了德国的物理学家Lehmann，Lehmann肯定了Reinitzer观察到的现象。正是由于他们对液晶的研究，人们才开始对液晶有了基本的了解。因此，Reinitzer和Lehmann被称为液晶科学之父。高分子液晶材料制品如图3.16所示。

图3.16 高分子液晶材料制品

3.4 高分子材料的性能

高分子材料与小分子物质相比具有多方面的独特性能，其性能的复杂性源于其结构的特殊性和复杂性。联系材料微观结构和宏观性质的桥梁是材料内部分子运动的状态。一种结构确定的材料，当分子运动形式确定，其性能也就确定；当改变外部环境使分子运动状态变化，其物理性能也将随之改变。这种从一种分子运动模式到另一种分子运动模式的改变，按照热力学的观点称为转变；按照动力学的观点称为松弛。例如，天然橡胶在常温下是良好的弹性体，而在低温时(<－100℃)失去弹性变成玻璃态(转变)；在短时间内拉伸，形变可以恢复，而在长时间外力作用下，就会产生永久的残余形变(松弛)。聚甲基丙烯酸甲酯(PMMA)在常温下是模量高、硬而脆的固体，当温度高于玻璃化转变温度(≈100℃)后，大分子链运动能力增强而变得如橡胶般柔软；温度进一步升高，分子链重心发生位移，变成具有良好可塑性的流体。

顺着“结构—分子运动—物理性能”的思路，本节选择性地介绍高分子材料的热性能、力学性能、流变性、高弹性和粘弹性。同时，通过介绍结构与性能的关系，帮助我们根据使用环境和要求，有目的地选择、使用、改进和设计高分子材料。

3.4.1 聚合物的力学性能

力学性能是作为材料来使用的高聚物的所有性能中最重要的，是决定高聚物材料合理应用的主导因素。例如，某种高聚物具有优异的绝缘性能，但如果没有足够的强度是不能用作电线包层的。

高聚物力学性能的最大特点是它的高弹性和粘弹性。此外，高聚物的力学行为依赖于外力作用的时间，这个依赖关系不是材料性能的改变引起的，而是由于它们的分子对外力的响应达不到平衡，是一个速率过程。再者，高聚物的力学行为有很大的温度依赖性。时间和温度是研究高聚物力学性能时特别需要考虑的两个重要参数。加上高聚物材料的应力-应变关系是非线形的，塑性行为中又有许多特殊点，使得高聚物材料的力学性能比无机金属复杂得多。

1. 橡胶的高弹性

高聚物在其玻璃化温度以上是橡胶，具有独特的力学状态——高弹态。高聚物在高弹态的力学性能是极其特殊的，它兼备了固体、液体和气体的某些性质。橡胶稳定的外形尺寸，在小变形(剪切小于5%)时，其弹性响应符合胡克定律，像个固体。但它的热膨胀系数和等温压缩系数等与液体有相同的数量级，表明橡胶分子间的相互作用又与液体相似。此外，使橡胶发生形变的应力随温度的增加而增加，又与气体的压力随温度增加有相似性。如果单就高聚物在高弹态所呈现的力学性能而言，有以下几个特点。

(1) 可逆弹性形变变大，最高可达10^3%，而一般金属材料的可逆弹性形变不超过1%。

(2) 弹性模量(高弹模量)小，为10^5～10^6N/m^2，比一般金属的弹性模量10^{10}N/m^{2}小4～5个量级。

(3)高弹模量随温度增加而增加，而金属材料的弹性模量随温度的增加而减小。如图3.17所示，随着温度升高，橡胶与气体一样，弹性增加，而金属则弹性变差。

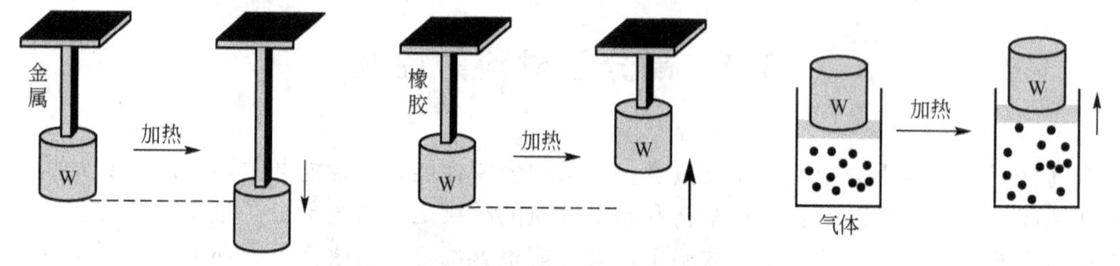

图3.17 橡胶高弹模量与金属的弹性模量随温度的变化图

(4) 快速拉伸(绝热过程)时，橡胶会因放热而升温，金属材料则会因吸热而降温。

(5) 高弹性本质上是一种熵弹性，而一般材料的普弹性则是能量弹性。

2. 聚合物的力学松弛——粘弹性

一个理想的弹性体，当受到外力后，平衡变形是瞬时的，与时间无关；一个理想的粘性体，当受到外力后，形变是随时间线性发展的；而高分子材料的形变性质是与时间有关的。这种关系介于理想弹性体和理想粘性体之间(图3.18)，因此高分子材料常被称为弹性体材料。粘弹性是高分子材料的另一个重要的特性。

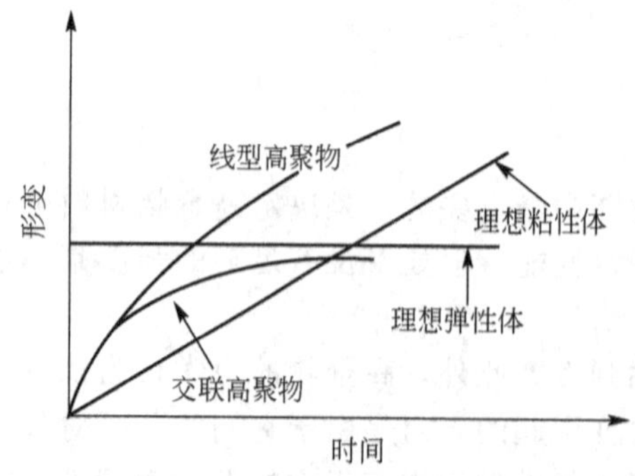

图3.18 不同材料在恒应力下形变与时间的关系

聚合物的力学性质随时间的变化统称为力学松弛。根据高分子材料受到外力作用的情况不同，可以观察到不同类型的力学松弛现象，最基本的有蠕变、应力松弛、滞后现象和力学损耗等。下面分别进行讨论。

1) 蠕变

蠕变是指在一定温度和较小的恒定外力(拉力、压力和扭力等)作用下，材料的形变随时间的增加而逐渐增大的现象。例如，软聚氯乙烯丝(含增塑剂)钩着一定质量的砝码，就会慢慢地伸长，解下砝码后，丝会慢慢缩回去，这就是聚氯乙烯丝的蠕变现象。图 3.19 描述了这一过程的蠕变曲线，其中 t_1 是加载时间；t_2 是释荷时间。

2) 应力松弛

应力松弛是在恒定温度和形变保持不变的情况下，聚合物内部的应力随时间而逐渐衰减的现象。例如，拉伸一块未交联的橡胶到一定长度，并保持长度不变，随时间的增加，这块橡胶的回弹力会逐渐减小，甚至可以减小到零(图 3.20)。此时应力与时间成指数关系：

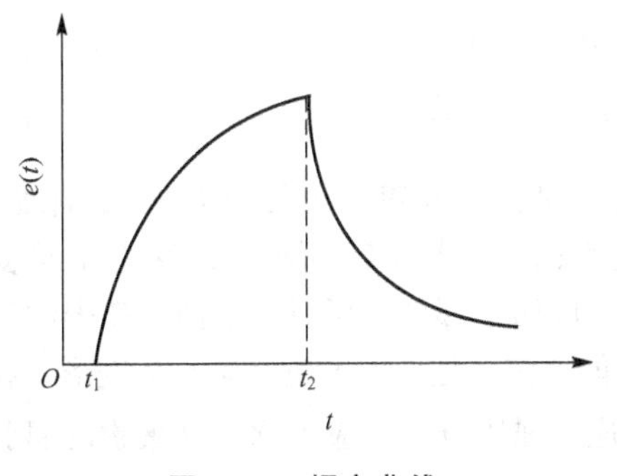

图 3.19 蠕变曲线

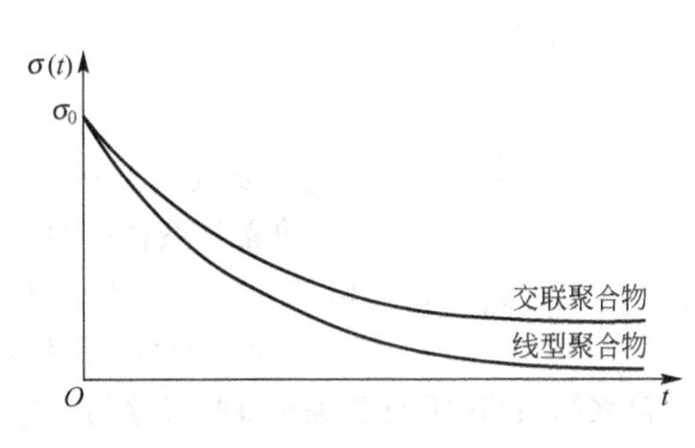

图 3.20 聚合物的应力松弛曲线

$$\sigma=\sigma_0 e^{-t/\tau}$$

式中，σ_0 是起始应力，τ 是松弛时间。

聚合物中的应力为什么会松弛呢？其实应力松弛和蠕变是一个问题的两个方面，反映了聚合物内部分子的三种运动情况。当聚合物一开始被拉长时，其中分子处于不平衡的构象，要逐渐过渡到平衡的构象，也就是链段顺着外力的方向摩擦力很大，链段运动的能力很弱，所以应力松弛很慢。例如，运动可以减少或消除内部应力。如果温度很高，远远超过 T_g，像常温下的橡胶，链段运动时受到的内摩擦力很小，应力很快就松弛掉，甚至可以快到几乎觉察不到的地步。如果温度太低，比 T_g 低很多，如常温下的塑料，虽然链段受到很大的应力，但是由于内摩擦力很大，链段运动的能力很弱，所以应力松弛极慢，也就不容易觉察到。只有在玻璃化温度附近的几十摄氏度范围内，应力松弛现象比较明显。例如，含有增塑剂的聚氯乙烯丝，用它缚物，开始扎得很紧，后来会松动，就是应力松弛现象比较明显的例子。对于交联的聚合物，由于分子间不能滑移，所以应力不会松弛到零，只能松弛到某一数值，因此，橡胶制品都是经过交联的。

3) 滞后现象

聚合物作为结构材料，在实际应用时，往往受到交变力(应力大小呈周期性变化)的作用，如轮胎、传送皮带、齿轮、消振器等，都是在交变力作用的场合使用的。滞后现象发生是由于链段在运动时要受到内摩擦力的作用。当外力变化时，链段的运动跟不上外力的变化，所以形成落后于应力，有一个相位差。

4) 力学损耗

当应力的变化和形变相一致时，没有滞后现象，每次形变所做的功等于恢复原状时取得的功，没有功的消耗。如果形变的变化落后于应力的变化，发生滞后现象，则每一循环变化中就要消耗功，称为力学损耗，有时也称为内耗。

3. 聚合物的应力-应变曲线

高聚物的屈服行为是通过应力-应变曲线来进行研究的，应力-应变曲线是一种使用极广的力学试验结果。

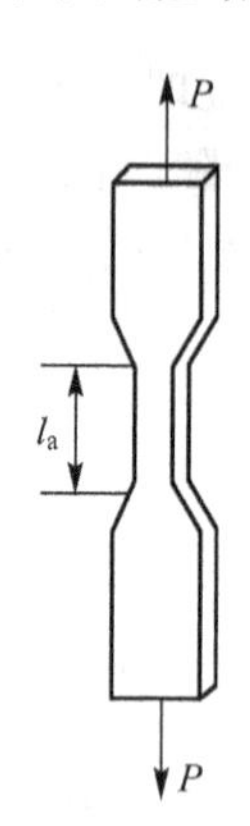

图 3.21 试样的拉伸

以拉伸试验为例，在拉伸试验机上将图 3.21 所示的试样沿纵轴方向以均匀的速率拉伸，直到试样断裂为止。试验过程中要随时测量加于试样上的载荷 P 和相应的标线间长度的改变 $\Delta l=l-l_0$。如果试样起始截面积为 A，以标距原长为 l，按习惯的工程应力、应变定义，它们分别为：

$$\sigma=P/A_0$$

$$\varepsilon=\frac{l-l_0}{l_0}=\frac{\Delta l}{l_0} \tag{3-1}$$

以应力 σ 做纵坐标，应变 ε 为横坐标，即得到工程应力-应变曲线。

非晶高聚物典型的应力-应变曲线如图 3.22 所示。整条应力-应变曲线以屈服点 γ 为界，可以大致分成两个部分。屈服点以前，高聚物处在弹性区域($O\gamma$ 段)，卸载后形变能全部回复，不出现任何永久变形。屈服点是高聚物在卸载后还能完全保持弹性的临界点，相应于屈服点 γ 的应力称为高聚物的屈服强度或屈服应力 σ_γ。屈服点以后，高聚物进入塑性区域，具有典型的塑性特征。卸载后形变不可能完全回复，出现永久变形或残余应变。高聚物在塑性区域内的应力-应变关系呈现复杂情况，先经由一小段应变软化，应变增加，应力基本保持不变(AC 段)；又经取向硬化，应力急剧增加(CB 段)，最后在 B 点断裂。相应于 B 点的应力称为强度极限，也就是工程上重要的力学性能指标——拉伸强度(抗张强度)。而断裂伸长率则是高聚物在断裂时的相对伸长。材料的弹性模量 E 为工程应力-应变曲线起始部分 $O\gamma$ 段的斜率，杨氏模量越大，即材料的刚度越大，越不易变形。用来测量应力-应变的电子万能试验机如图 3.23 所示。

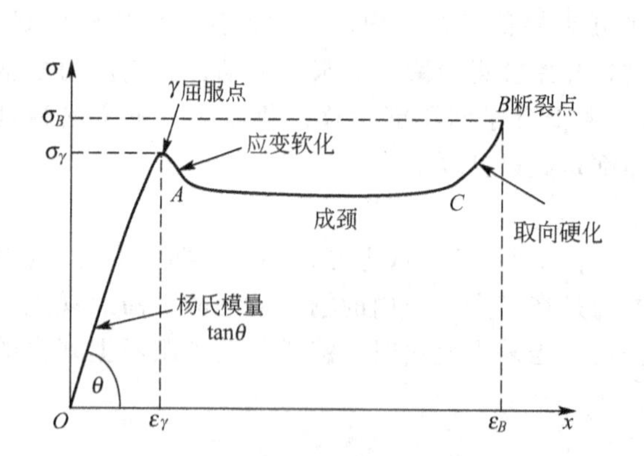

图 3.22 典型非结晶高聚物的拉伸应力-应变曲线

图 3.23 电子万能材料试验机

由于高分子材料种类繁多，故实际得到的材料应力-应变曲线具有多种形状。归纳起来，可分为以下 5 类，如图 3.24 所示。

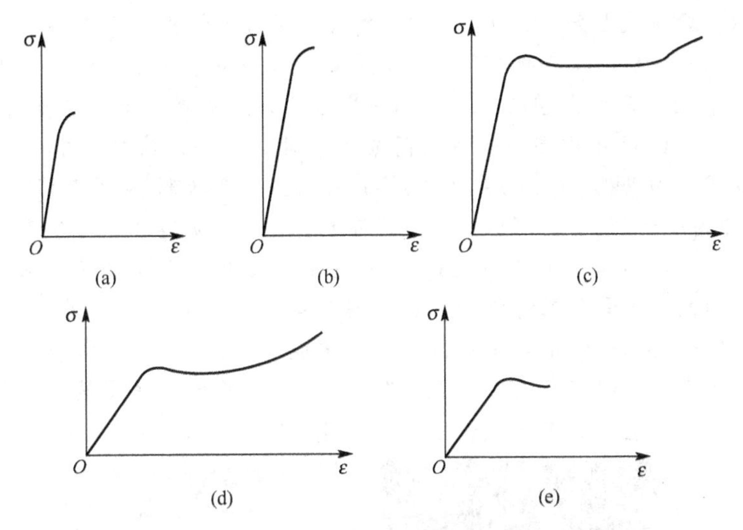

图 3.24 高分子材料应力-应变曲线的类型

(1) 硬而脆型：如图 3.24(a)所示，此类材料弹性模量高($O\gamma$ 段斜率大)，而断裂伸长率很小。在很小的应变下，材料尚未出现屈服已经断裂，拉伸强度较高。在室温或室温之下，聚苯乙烯、聚甲基丙烯酸甲酯、酚醛树脂等表现出硬而脆的拉伸行为。

(2) 硬而强型：如图 3.24(b)所示，此类材料弹性模量高，拉伸强度高，断裂伸长率小。通常材料拉伸到屈服点附近就发生破坏(ε_B 大约为 5%)。硬质聚氯乙烯制品属于这种类型。

(3) 硬而韧型：如图 3.24(c)所示，此类材料弹性模量、屈服应力及拉伸强度都很高，断裂伸长率也很大，应力-应变曲线下的面积很大，说明材料韧性好，是优良的工程材料。硬而韧的材料，在拉伸过程中显示出明显的屈服、冷拉或缩颈现象，缩颈部分可产生非常大的形变。随着形变的增大，缩颈部分向试样两端扩展，直至全部试样测试区都变成缩颈。很多工程塑料如聚酰胺、聚碳酸酯及醋酸纤维素、硝酸纤维素等属于这种材料。

(4) 软而韧型：如图 3.24(d)所示，此类材料弹性模量和屈服应力较低，断裂伸长率大(20%～1000%)，拉伸强度可能较高，应力-应变曲线下的面积大。各种橡胶制品和增塑聚氯乙烯具有这种应力-应变特征。

(5) 软而弱型：如图 3.24(e)所示，此类材料弹性模量和拉伸强度低，断裂伸长率也不大。一些高分子材料软凝胶和干酪状材料具有这种特性。

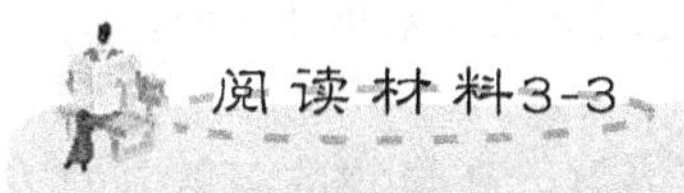

超高分子量聚乙烯

超高分子量聚乙烯(UHMW-PE)是一种线型结构的具有优异综合性能的热塑性工程塑料。其发展十分迅速，20 世纪 80 年代以前，世界平均年增长率为 8.5%，进入 80 年代以后，增长率高达 15%～20%。而我国的平均年增长率在 30%以上。1978 年世界消耗量为 12000～12500t，而到 1990 年世界需求量约 5 万吨，其中美国占 70%。2007—2009 年中国逐步成为世界工程塑料工厂，超分子量聚乙烯产业发展更是十分迅速。

超高分子量聚乙烯发展史如下：20世纪30年代最早有人提出关于超高分子量聚乙烯纤维的基础理论；凝胶纺丝法和增塑纺丝法的出现使超高分子量聚乙烯在技术上取得重大突破；70年代，英国利兹大学的Capaccio和Ward首先研制成功分子量为10万的高分子量聚乙烯纤维；1964年中国研制成功高分子量聚乙烯并投入工业生产；1975年荷兰利用十氢萘做溶剂发明了凝胶纺丝法(Gelspinning)，成功制备出了UHMWPE纤维，并于1979年申请了专利。此后经过10年的努力研究，证实凝胶纺丝法是制造高强聚乙烯纤维的有效方法，具有工业化前途；1983年日本采用凝胶挤压超倍拉伸法，以石蜡作溶剂，生产超高分子量聚乙烯纤维；在我国超高分子量聚乙烯管材于2001年被科学技术部国科计字(2000)056号文件列为国家科技成果重点推广计划，属化工类新材料、新产品。国家计委科技部将超高分子量聚乙烯管材列为当前优先发展的高科技产业重点领域项目。超高分子量聚乙烯及其成型材料如图3.25所示。

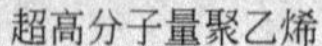
超高分子量聚乙烯

超高分子量聚乙烯成型材料

图3.25 超高分子量聚乙烯及其成型材料

3.4.2 聚合物的溶液性能

首先必须强调的是高聚物溶液不是胶体，而是高聚物以分子状态分散在溶剂中所形成的均相聚合物，热力学上稳定的二元或多元体系。尽管由于高聚物的高相对分子质量和链状结构使得单个高分子链线团体积与小分子凝聚成的胶体粒子相当，从而有些行为与胶体类似，但高聚物溶液是真溶液。

我们把高聚物分为极稀溶液、稀溶液、亚浓溶液、浓溶液、极浓溶液，但高聚物浓溶液和稀溶液之间并没有一个绝对的界线。判定一种高聚物溶液属于稀溶液或浓溶液，应根据溶液性质，而不是溶液浓度高低。稀溶液和浓溶液的本质区别在于稀溶液中单个大分子链线团是孤立存在的，相互之间没有交叠；而在浓溶液中，高分子链之间发生聚集和缠结。

高聚物溶液性质有以下特点。

(1) 高聚物的溶解过程通常经过两个阶段，即先溶胀后溶解。高聚物的溶解是自发的。溶解过程实际上是溶剂分子进入高聚物中，克服高分子链间的作用力(溶剂化)，达到高分子链和溶剂分子相互混合的过程。既然高聚物溶液是分子分散的均相体系，要达到分子分散，必须使原本相互缠结的高分子链不再缠结。由于分子间作用力较大，所以一定是小分子溶剂首先扩散到高聚物中，使高聚物体积膨胀，然后才是高分子链均匀分散到溶剂中(图3.26)。因此，高聚物的溶解过程非常耗时，一般要好几天，甚至长达几个星期。

(2) 高聚物溶解的黏度比纯溶剂的大很多。浓度1%～2%的高聚物溶液，其黏度比纯

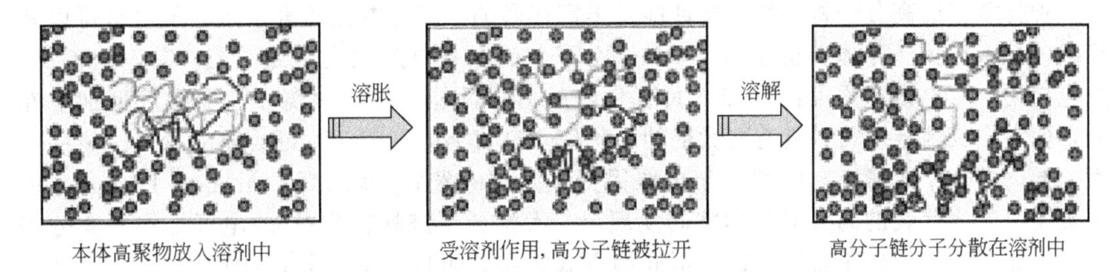

图 3.26 高聚物溶解过程的两个阶段——先溶胀后溶解

溶剂的大 15～20 倍。通常用来测定高聚物相对分子质量的溶液黏度约为 0.01%量级。即使这样，用黏度计测定高聚物溶液的流出时间也会比纯溶剂的流出时间长 1 倍左右；高聚物溶液浓度为 1%时，高聚物溶液的黏度可有数量级的增加，而有的高聚物溶液在浓度达 5%时已成冻胶状态(如 5%的天然橡胶的苯溶液就为冻胶状态)。因为高分子链虽然被大量溶剂包围，但运动时仍有相当大的内摩擦力。

(3) 高聚物的溶解-沉淀是热力学可逆平衡，可以用热力学平衡来研究(注意：胶体是多相非平衡体系，不能用热力学平衡，只能用动力学方法进行研究)。高聚物溶液的行为与理想溶液有很大偏离，特别是高聚物溶液的混合熵比小分子溶液的混合熵大很多。

(4) 高聚物溶液性能存在着明显的相对分子质量依赖性。高聚物的这种相对分子质量多分散性增加了研究的复杂性。许多高聚物溶液的参数，像高聚物溶液的渗透压与相对分子质量的关系式，要外推到零浓度时才能求得高聚物的相对分子质量。另外，高聚物溶解度的相对分子质量依赖性正是高聚物按相对分子质量大小分级的基础。

3.4.3 聚合物的热性能

聚合物的热性能包括耐热性、热稳定性、导热性能和热膨胀性能等。

1. 耐热性

耐热性是指在受负荷下，材料失去其物理机械强度而发生形变的温度。

2. 热稳定性

短期热稳定性所表征的是材料的热物理变化。热稳定性是指材料化学结合开始变化的温度。通常用聚合物在惰性气体(或空气)中开始分解的温度(T_d)表征热稳定性(或热氧稳定性)，或用热失重(T_g)来表示。在受热过程中，高分子材料的物理变化将导致化学变化，而化学变化则以物理性能变化(如分子量降低)的形式表示出来。

3. 热膨胀性

热膨胀是由温度变化引起的材料尺寸和外形的变化。通常材料受热时均会膨胀。热膨胀系数作为表征聚合物基本性质的参数之一，在工程中有着极为广泛的应用，对聚合物及聚合物基复合材料的生产、加工及应用有着重要的指导作用。

3.4.4 聚合物的电学性能

高分子材料的电学性能是指在外加电场作用下材料所表现出来的介电性能、导电性能、电击穿性质以及其他材料接触、摩擦时所引起的表面静电性质等。

种类繁多的高分子材料的电学性能是丰富多彩的。就导电性而言，高分子材料可以是绝缘体、半导体、导体和超导体。多数高分子材料具有卓越的电绝缘性能，其电阻率高、介电损耗小，电击穿强度高，加之具有良好的力学性能、耐化学腐蚀性及易成型加工性能，使它比其他绝缘材料具有更大的使用价值，已成为电气工业不可或缺的材料。另一方面，导电高分子的研究和应用近年来取得突飞猛进的发展。以 MacDiarmid、Heeger、白川英树等人为代表的高分子科学家们发现，一大批分子链具有共轭 π-电子结构的高分子材料，如聚乙炔、聚苯胺等，通过不同的方式掺杂，可以具有半导体(电导率 $\sigma=10^{-10}\sim 100\text{S/cm}$)，甚至导体($\sigma=100\sim 10^{6}\text{ S/cm}$)的电导率。通过结构修饰(衍生物、接枝、共聚)、掺杂诱导、乳液聚合、化学复合等方法，人们克服了导电高分子不溶、不熔的缺点，获得可溶性或水分散性导电高分子，大大改善了加工性，使导电高分子进入实用领域。

3.4.5 高分子液体的流变性

高分子液体包括高分子熔体和高分子溶液。高分子熔体指高分子材料熔融后(T 大于粘流温度 T_f 或熔点 T_m)的凝聚状态；高分子溶液在这里多指浓溶液。高分子熔体和溶液具有流变性，是高分子材料可以加工成不同形状制品的依据。所谓高分子液体的流变性就是指其流动过程中的粘弹性。与前面讨论的线性粘弹性不同，高分子液体粘弹性属于非线性粘弹性。研究这种粘弹性有助于人们深刻认识高分子的各种非线性性质。研究高分子液体流变性还具有重要的工程意义。迄今未终止，几乎所有高分子材料制品都是在熔体或(和)溶液状态下进行加工的。因此，研究其流变规律性，对于聚合工程和高分子材料加工工艺的合理设计、正确操作，对于获得性能良好的制品，实现高产、优质、低耗具有重要指导意义。

综 合 习 题

一、填空题

1. 高聚物的静态粘弹性行为表现有________、________。
2. 聚合物在溶液中通常呈________构象，在晶体中呈________或________。

二、名词解释

1. 球晶
2. 取向
3. 液晶态

三、简答题

1. 各举三例说明下列聚合物：
(1) 天然无机高分子，天然有机高分子，生物高分子。
(2) 碳链聚合物，杂链聚合物。
(3) 塑料，橡胶，化学纤维，功能高分子。
2. 简述何谓高分子化合物，何谓高分子材料。
3. 与低分子化合物比较，简述高分子化合物的特征。

第4章 复合材料

知识要点	掌握程度	相关知识
复合材料的基本结构	熟悉复合材料基体的分类； 熟悉复合材料增强体的分类； 了解复合材料的界面；	金属基体、陶瓷基体及聚合物基体的特点； 纤维增强体、颗粒增强体、片状增强体的特性； 复合材料的界面效应
金属基复合材料	了解金属基复合材料的制备方法； 了解金属基复合材料的界面； 掌握金属基复合材料的性能	界面模型； 界面结合形式； 性能参数
陶瓷基复合材料	了解陶瓷基复合材料的制备方法； 了解陶瓷基复合材料的界面； 掌握陶瓷基复合材料的性能	机械结合； 化学结合； 性能参数
聚合物基复合材料	了解聚合物基复合材料的制备方法； 了解聚合物基复合材料的界面； 掌握聚合物基复合材料的性能	界面结合形式； 性能参数

导入案例

复合材料与未来汽车

未来的汽车应是适应环境保护的绿色汽车，因而需要使用对环境友好的环保材料。复合材料能提高材料性能，延长使用期，加强功能性，这些都是对环境有利的特性。但应认真对待并努力克服复合材料的再生问题，使复合材料朝着环境协调化的方向发展。

复合材料零件的再生利用是非常难的，会对环境产生不利的影响。目前发展最快、应用最高的聚合物基复合材料中绝大多数属易燃物，燃烧时会放出大量有毒气体，污染环境；且在成型时，基体中的挥发成分即溶剂会扩散到空气中，造成污染。复合材料本身就是由多种组分材料构成的，属多相材料，难以粉碎、磨细、熔融及降解。复合零件分解成单一材料的零件，这种分解工艺成本和再生成本较高，而且要使其恢复原有性能十分困难。因此再生利用的主要条件是零件容易拆卸，尽可能是单一品种材料，即便是复合材料也要尽量使用复合性少的材料。基于上述原则，热塑性聚烯烃弹性体、聚丙烯发泡材料及GMT增强板材的应用量还会大幅度增加，而热固性树脂的用量将受到限制。目前在再生性和降解性方面的研究工作已经取得了很大进展。当今社会，人们的关注点逐渐转到人与自然的关系问题上，环境与能源问题成为世界上任一国家能否生存和发展的关键。随着人们环保意识的不断提高及环保法规的相继出台，绿色汽车已经成为未来汽车发展的必然趋势。因而如何使汽车满足环境保护的要求，便提上了汽车生产厂商们的议事日程。而复合材料作为未来汽车材料(图 4.01)发展的主流，必将在其中扮演非常重要的角色。

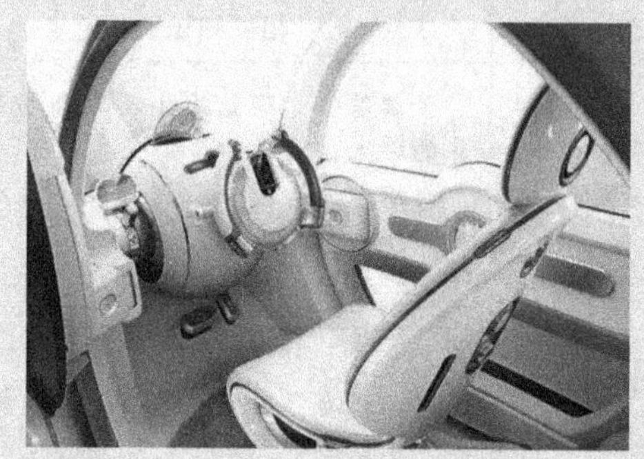

图 4.01　复合材料汽车上的应用

随着科学技术的迅速发展，特别是尖端科学技术的突飞猛进，对材料性能提出了更高、更严和更多的要求。在许多方面，传统单一材料的缺点越来越明显，已不能满足人们对材料性能的要求。例如，金属材料的强度、模量和高温性能等已几乎开发到了极限；陶瓷的脆性、有机高分子材料的低模量、低熔点等固有缺点极大地限制了其应用。这些都促使人们研究开发并按预定性能设计新型材料。人们研究发现，将两种或两种以上性质不同的材料，采用一定的复合工艺可制造出一种新型材料。各组分之间性能“取长补短”，起到“协同作用”。因此这些新型材料具有单一材料无法比拟的综合性能，极大地满足了人类发展对新材料的需求。此外，这些新型材料还具有可设计性，即可根据其使用要求进行组元选材设计、复合结构设计及材料性能设计，可见该类新型材料具有极大的生命力。根据其组成、结构及加工工艺的特点，该类新型材料称为复合材料。复合材料的出现和发展是现代科学技术不断进步的结果，是材料设计的一个突破，也是材料研究和发展的一个里程碑。目前，复合材料在电气工业、军械、航空、体育用品、农渔业、建筑业、化工及机械制造工业等都有较广泛应用，如图 4.1 所示。

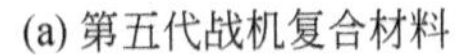
(a) 第五代战机复合材料

(b) 再生树脂复合材料

(c) Verton复合材料

图 4.1 复合材料的应用

4.1 复合材料的基本结构

复合材料由基体和增强体两个组分构成。复合材料的基体通常为一个连续相；而增强体是以独立的形态分布在整个基体中的分散相，指能够提高基体材料机械强度、弹性模量等力学性能的材料。通常，由于增强体作为主要承力组成，对复合材料的硬度、强度、模量等的影响较基体大，且增强体的性能越优越，复合材料的性能改善与增强越显著。在提高复合材料力学性能的同时，增强体还可赋予复合材料热、电、磁、光等新的物理性能。此外，增强体还能降低复合材料的成型收缩率，提高其热变形温度等。基体与增强体之间通过明显界面粘结在一起，界面粘结强度大小直接影响复合材料的强度。

4.1.1 复合材料的基体

复合材料中的基体与增强体粘结成为整体，同时将载荷转递到增强体。复合材料的基体包括金属基体、陶瓷基体及聚合物基体。

1. 金属基体

金属与合金的品种很多，450℃以下时可选用铝、镁及其合金作为基体材料；450～700℃时可选用钛及其合金作为基体材料；用于1000℃高温复合材料的金属基体材料有高温合金(如铁基、镍基和钴基高温合金)和金属间化合物(Ni_3Al、TiAl、Pt_2Si、PtSi等)。正确选择基体材料有利于充分组合和发挥基体与增强体的特点，使复合材料具有预期的优异综合性能。在选择金属基体材料时，通常应综合考虑复合材料的使用性能、复合材料的组成特点及基体与增强体的相容性等。

在考虑复合材料的性能时，通常要同时考虑增强体和基体的性能。一般而言，金属基体的强度可通过各种强化机制来提高，但其弹性模量即使通过合金化，一般也难以奏效。考虑复合材料组成结构时，要充分分析和考虑增强体的特点从而正确选择基体合金。此外，要尽可能选择既有利于金属基体与增强体浸润复合，又有利于形成稳定界面的合金元素。表4-1为金属基复合材料所选用的各基体金属的主要特性。

表 4-1 FRM 用基体金属的性能

金属	密度/(g/cm^3)	熔点℃	比热容/[kJ/(kg·℃)]	热导率/[W/(m·℃)]	热膨胀系数($\times 10^{-6}$)/$℃^{-1}$	抗拉强度/(N/mm^2)	弹性模量/(kN/mm^2)
Al	2.8	580	0.96	171	23.4	310	70
Cu	8.9	1080	0.38	391	17.6	340	120
Pb	11.3	320	0.13	33	28.8	20	10
Mg	1.7	570	1.00	76	25.2	280	40
Ni	8.9	1440	0.46	62	13.3	760	210
Nb	8.6	2470	0.25	55	6.8	280	100
钢	7.8	1460	0.46	29	13.3	2070	210
超合金	8.3	1390	0.42	19	10.7	1100	210
Ta	16.6	2990	0.17	55	6.5	410	190
Sn	7.2	230	0.21	64	23.4	10	40
Ti	4.4	1650	0.59	7	9.5	1170	110
W	19.4	3410	0.13	168	4.5	1520	410
Zn	6.6	390	0.42	112	27.4	280	70

2. 陶瓷基体

陶瓷是金属与非金属的固体化合物，以离子键、共价键及离子键和共价键的混合键结合在一起。陶瓷材料的显微结构通常由晶相、玻璃相和气相(孔)等不同的相组成。陶瓷材料具有熔点高、硬度高、化学稳定性好、耐高温、耐磨损、耐氧化和腐蚀、抗老化、比重小、强度和模量高等优点，可在各种恶劣的环境中工作。另外，陶瓷材料在磁、电、光、热等方面的性能和用途具有多样性和可变性，是非常重要的功能材料。但陶瓷材料的致命弱点是脆性大、韧性差，常由于裂纹、空隙、杂质等缺陷的存在而引发不可预见的灾难性后果，因而大大限制了陶瓷作为承载结构材料的应用。

用于复合材料的基体材料的陶瓷通常具有优异的高温稳定性，并且与纤维或晶须之间有良好的界面相容性及较好的工艺性，此外还有较好的工艺性。陶瓷基复合材料是改变陶瓷脆性、提高韧性的有效途径。用于复合材料的陶瓷基体主要有氧化物陶瓷基体(氧化铝陶瓷基体、氧化锆陶瓷基体等)、非氧化物陶瓷基体(氮化硅陶瓷基体、氮化铝陶瓷基体、碳化硅陶瓷基体及石英玻璃)。

这些先进陶瓷复合材料具有耐高温、强度和刚度高、相对质量轻、耐腐蚀等优异性能，而采用高强度、高弹性的纤维与基体复合，有效阻止了裂纹的扩展，提高了其韧性和可靠性。

3. 聚合物基体

聚合物基体材料是以合成树脂为主的基体材料。通常根据加工方法的不同，树脂可分为热固性树脂和热塑性树脂。

热固性树脂是发展较早，应用最广的树脂基体，通常为无定型结构，具有耐热性好，刚度大，电性能、加工性能和尺寸稳定性好等优点。它是分子量较小的液态或固态预聚体，经加热或加固化剂发生交联化学反应，并经过凝胶化和固化阶段后，形成不溶、不熔的三维网状高分子(图 4.2)，如环氧树脂、酚醛树脂、双马树脂、聚酰亚胺树脂等。热固性树脂在初始阶段流动性很好，容易浸透增强体，且工艺过程比较容易控制。因此，这类树脂几乎适合于各种类型的增强体。常用的热固性树脂基体有不饱和聚酯树脂，其以室温低压成型的突出优点，成为玻璃纤维增强塑料用的主要树脂；环氧树脂，广泛用作碳纤维复合材料及绝缘复合材料；酚醛树脂，大量用作摩擦复合材料。

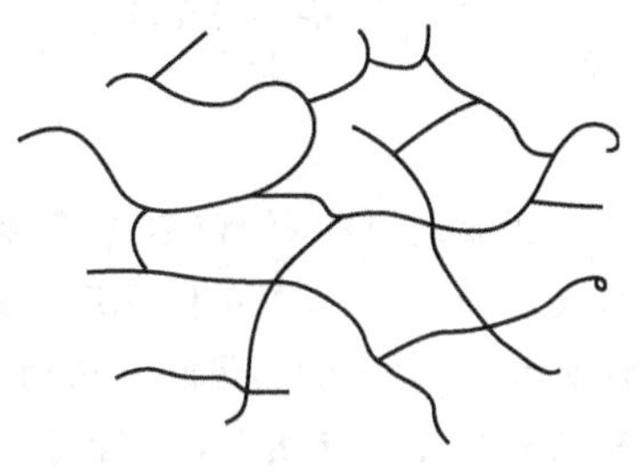

图 4.2　热固体树脂的形态特征

热塑性树脂具有质轻，比强度高，电绝缘、化学稳定性、耐磨润滑性好，生产效率高等优点，且在外力作用下形变大，具有相当大的断裂延伸率(图 4.3)，抗冲击性能较好。它是一类线形或有支链的固态高分子(图 4.4)，可溶、可熔，经反复加工而无化学变化。加热到一定温度时可以软化甚至流动，从而在压力和模具的作用下成型，并在冷却后硬化固定。这类树脂必须与增强体制成连续的片(布)、带状和粒状预浸料后，才能进一步加工成各种复合材料构件。它又分为非晶和结晶两类。常用的热塑性树脂有聚氯乙烯、聚乙烯、聚丙烯、聚苯乙烯、聚酰胺、聚甲醛、聚苯醚、聚酯、聚碳酸酯等。

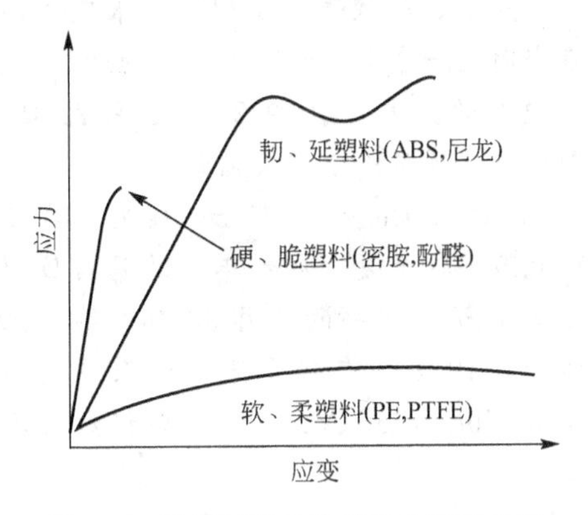

图 4.3　不同树脂材料的应力应变曲线

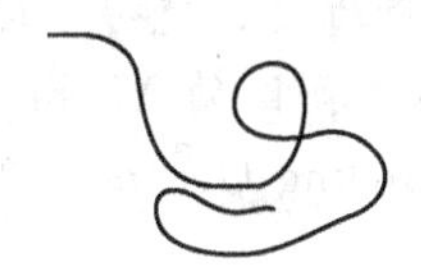

图 4.4　热塑性树脂的形态特征

除了上述两种树脂外，目前共混树脂基体也是研究的重点。两种或两种以上热塑性树脂经适当的共混改性后获得的具有优良综合性能的高分子共混物称为共混树脂。热塑性树脂可通过共混改性和增强填充改性提高其性能。两种树脂混合的主要方法有机械共混、接枝共聚、嵌段共聚及两种聚合物网络互相贯穿等。

通常，复合材料用聚合物作为基体材料时要考虑以下几方面的因素。

(1) 产品性能。这是选择基体材料的重要依据，必须根据产品的要求选择适当的聚合物。

(2) 与增强体的浸润性和粘附力。良好的浸润性和粘附力可提高复合材料的力学性能，在选择时应综合考虑固化剂和树脂。

(3) 工艺性。在加工过程中要求胶液的黏度低且稳定，使用寿命适当，成型和固化的温度不宜过高，毒性小，刺激性小，且配方中不含有难挥发的溶剂等。

(4) 来源方便，价格低廉。

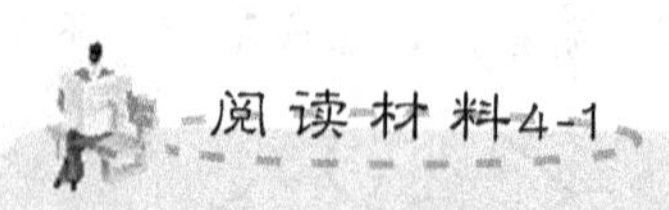

复合材料在汽车中的发展史

树脂基复合材料(以下简称复合材料)自1932年在美国诞生之后，至今已有近75年的发展历史。但真正批量用于汽车应始于1953年。1951年当时任通用汽车公司车身设计负责人的Harley Early从通用公司展示的玻纤增强复合材料概念车中得到启发，憧憬有朝一日能设计出一款可供批量生产的全玻纤增强复合材料车身的两座美国跑车，这款跑车具有所有欧洲汽车的优点。他的这一想法很快得到了通用公司副总裁Harlow Curtice的支持。1952年他们将一款原准备用常规钢铁材料生产的跑车改为用玻纤增强复合材料来制造，并将原名为Opel的这款车改名为Corvette(图4.5)。Corvette意译为轻巡洋舰，其含义充分表达了轻型、快速和操控性强的设计理念。

图4.5 Corvette跑车

第一批Corvette车身是采用手工糊制的工艺来制作的。即将设计好的玻纤增强材料铺设在开放式的模具内，然后通过树脂浸渍、滚压赶泡、固化反应、脱模等一系列工序来完成制作。这在当时是一个全新的汽车车身制造工艺。经过全体员工的努力，于1952年12月22日，通用公司的这个项目终于正式完成。

1953年1月17日，一辆锃亮的装有红色内饰的白颜色Chevrolet Corvette跑车在美国纽约的Waldorf宾馆正式向观众展示，这是世界上第一辆全复合材料车身的两座位跑车。这一天也是汽车复合材料历史上值得永远纪念的日子。同年的6月30日，第一批试生产的300辆Corvette车在美国的Michigan投产，1954年车辆生产地移至美国的St. Louis，1984年又转到Bowling Green生产，现在Chevrolet Corvette车型仍然在那里生产。

一个当年谁也没有预料到的事实是：Chevrolet Corvette车型现在已经成为世界车辆的经典，自从1953年推出此款车型以来，通用汽车公司已经售出130万余辆。另外一个不容忽视的事实是：1953年Chevrolet Corvette两座跑车以世界上第一辆全复合材料车身车辆出现之后，引发了一场世界范围的复合材料应用的革命：从车头到车尾，从内饰件到外饰件，从A级表面的车身面板到结构组装件，从皮卡车厢到发动机气门盖、油底壳，从传动轴到板弹簧等部件，复合材料提供了低模具投资成本、低汽车质量、高设计自由度、高零部件集成度等优点，这些显著的优点使其特别适合应用于汽车行业，这也是复合材料在汽车行业备受推崇的重要原因。

4.1.2 复合材料的增强体

从增强体的几何形状来看，增强体有纤维增强体、颗粒增强体、片状增强体。其中纤维增强体是作用最明显、应用最广泛的一类增强体。

1. 纤维增强体

纤维增强体的增强机理是高强度、高模量的纤维承受载荷，而基体只作为分散和传递载荷的介质。纤维的体积分数、排列、分布、断裂形式等都对材料的最终性能产生影响。

纤维增强体按纤维种数可分为玻璃纤维增强体、碳纤维增强体、硼纤维增强体、芳纶纤维增强体、陶瓷纤维增强体、金属纤维增强体、一般纤维增强体等；按纤维种类可分为单一纤维增强体和混杂纤维增强体；按纤维长短可分为连续纤维增强体、短纤维增强体及晶须纤维增强体；按纤维形状可分为单向纤维增强体、二向织物层合增强体、三向及多向编织层合增强体。

1）玻璃纤维增强体

玻璃纤维是纤维增强体中应用最广泛的一种。具有成本低，不燃烧，耐热、耐化学腐蚀性好，断裂延伸率小，拉伸强度和冲击强度高，绝缘性及绝热性好等特点。

2）碳纤维增强体

碳纤维是由有机纤维经碳化及石墨化等固相反应转变而成的纤维状聚合物碳，其碳纤维的微观结构与人造石墨类似，是乱层石墨结构。含碳量95%左右的称为碳纤维，含碳量99%左右的称为石墨纤维。

碳纤维最突出的特点是比强度高、比模量大、密度小、耐热、耐腐蚀、热膨胀系数小、耐疲劳性好、无蠕变。此外，碳纤维成本低，批生产量大，是一类极其重要的高性能增强体。但其耐冲击性较差，容易损伤，在强酸作用下发生氧化，与金属复合时会发生金属碳化、渗碳及电化学腐蚀等现象。因此，碳纤维在使用前必须进行表面处理。

碳纤维的力学性能非常出众。其相对密度不及钢的1/4，但碳纤维树脂复合材料的抗拉强度一般都在3500MPa以上，其比模量也比钢高。材料的比强度越高，则构件自重越小，比模量越高，则构件的刚度越大，因此碳纤维在工程上具有广阔的应用前景。

碳纤维按制造原材料可分为聚丙烯腈碳纤维、沥青碳纤维和人造丝碳纤维；按状态分为长丝、短纤维和短切纤维；按力学性能分为超高模量纤维(UHM)、高模量纤维(HM)、超高强度纤维(VHS)和高强度纤维(HS)。各种纤维力学性能的差别见表4-2。目前应用较普遍的碳纤维主要是聚丙烯腈碳纤维和沥青碳纤维。

表4-2 各种碳纤维的性能

性　　能	聚丙烯腈碳纤维	沥青碳纤维	人造丝碳纤维
抗拉强度/GPa	2.5～3.1	1.6	2.1～2.8
拉伸弹性模量/GPa	207～345	379	414～552
密度/(mg/m^3)	～1.8	1.7	2.0
延伸率/(%)	0.6～1.2	1	

碳纤维的制造包括拉丝、牵丝、热稳定化(预氧化)、碳化、石墨化等五个过程，其间

伴随的化学变化包括脱氢、环化、氧化及脱氧等。具体制备工艺如下。

(1) 拉丝：湿法、干法或熔融纺丝法。

(2) 牵伸：通常在100～300℃范围内进行，控制着最终纤维的模量。

(3) 热稳定化：在400℃加热氧化，显著降低热失重，保证高度石墨和取得更好的性能。

(4) 碳化：在1000～2000℃范围内进行，非碳原子(氮、氢、氧等)逐渐被去除，碳含量逐渐增加，固相间发生脱氢、环化、交链和缩聚等化学反应，形成由小的乱层石墨晶体组成的碳纤维。

(5) 石墨化：在2000～3000℃范围内进行，进一步去除非碳原子，反应形成的芳环平面渐增，排列较规则，取向度显著提高，由二维乱层石墨结构向三维有序结构转化。

3) 硼纤维增强体

硼纤维是在金属丝上沉积硼而形成的无机纤维(图4.6)。通常用氢和三氯化硼在炽热的钨丝上反应，置换出的无定形的硼沉积于钨丝表面得到，如图4.7所示。其抗拉强度约350MPa，弹性模量400GPa，密度只有钢材的1/4，抗压缩性能好；在惰性气体中，高温性能良好。由于其具有高的比强度和比模量，因此广泛应用于航空、航天和军工领域。硼纤维活性大，在制作复合材料时易与基体相互作用，影响材料的使用，故通常在其上涂敷碳化硼、碳化硅等涂料，以提高其惰性。硼纤维性能见表4-3。

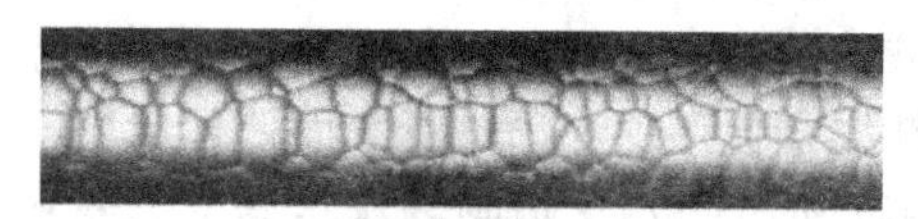

(a) 硼纤维的表面形貌

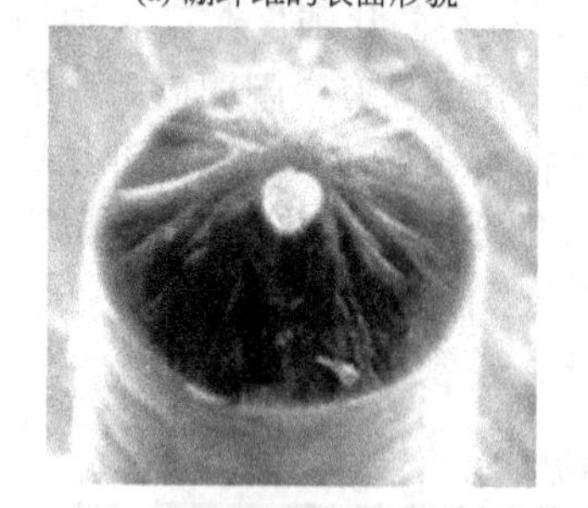

(b) 硼纤维的断口形貌

图4.6 硼纤维

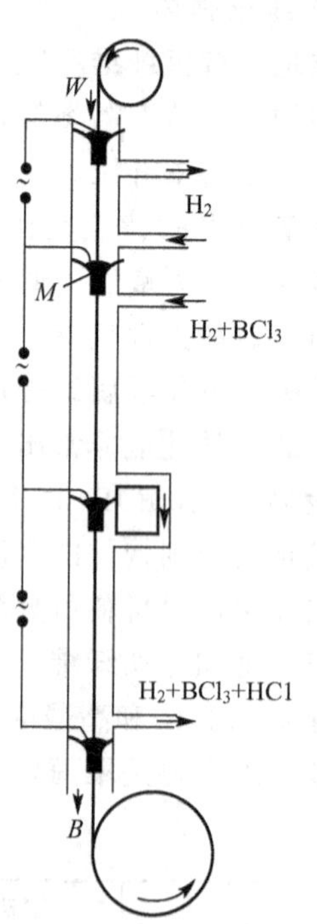

图4.7 CVD法制备硼纤维工艺流程示意图

表4-3 硼纤维性能

性　能	典　型　值	性　能	典　型　值
拉伸强度/GPa	＞3.45	线膨胀系数($\times10^{-6}$)/K^{-1}	1.5
拉伸弹性模量/GPa	400	密度/(mg/m^3)	2.4～2.6

4）芳纶纤维增强体

芳纶纤维是发展较快的一种纤维。自从石棉被公认为是一种强致癌物质后，芳纶纤维已在很多领域得到广泛应用。芳纶主要分为两种，对位芳酰胺纤维(PPTA)和间位芳酰胺纤维(PMIA)，其中最常见的是芳香族聚酰胺纤维。芳纶纤维的化学结构是长链状聚酰胺，其中至少85%的酰胺直接键合在芳香环上(图4.8)。这种刚硬直线状分子链纤维在轴向上是高度定向的，各聚合物由氢键做横向连接。这种沿纤维方向的强共价键和横向的弱氢键使得纤维性能呈各向异性，具有轴向强度及刚度高而横向强度低的特点。

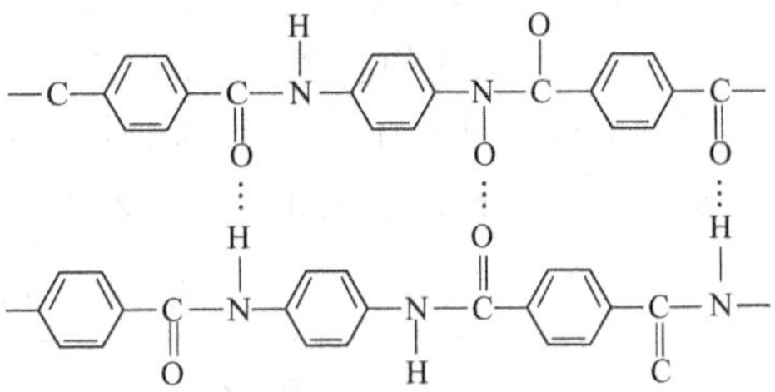

图4.8 芳纶纤维结构

芳纶纤维具有超高强度、高弹性模量、耐高温、耐酸碱腐蚀、绝缘性好、韧性好、密度小等优良性能。其强度是钢丝的5～6倍，模量为钢丝或玻璃纤维的2～3倍，韧性是钢丝的2倍，而质量仅为钢丝的1/5左右，在560℃的温度下，不分解，不融化。

5）碳化硅纤维增强体

碳化硅纤维是以有机硅化合物为原料经纺丝、碳化或气相沉积而制得的具有β-碳化硅结构的无机纤维。碳化硅纤维具有比强度高、比刚度高、耐腐蚀、抗热震、热传导系数大、热膨胀系数小等优点，此外还具有良好的抗氧化和高温性能，其室温性能可保持到1200℃。同时，其成本下降的潜力较大，适合于制备树脂、金属及陶瓷基复合材料。碳化硅纤维的主要性能见表4-4。碳化硅纤维的制备方法有先驱体转化法和CVD法两种。

表4-4 碳化硅纤维性能

性　能	典型值	性　能	典型值
直径/mm	0.14	剪切模量/GPa	166
抗拉强度/GPa	>3.35	线膨胀系数($\times10^{-6}$)/K^{-1}	1.50
拉伸弹性模量/GPa	400	密度/(mg/m^3)	3.05

碳化硅纤维主要用作耐高温材料和增强材料。耐高温材料包括热屏蔽材料、耐高温输送带、过滤高温气体或熔融金属的滤布等。用作增强材料时，以增强金属(如铝)和陶瓷为主，常与碳纤维或玻璃纤维合用，如做成喷气式飞机的刹车片、发动机叶片、着陆齿轮箱和机身结构材料等，还可用作体育用品，其短切纤维可用作高温炉材等。

6）金属纤维增强体

广义的金属纤维包括外涂塑料的金属纤维，外涂金属的塑料纤维及外包金属的芯线纤维。大多数用物理方法和化学方法制备。前者早期采用拉细金属丝或切割滚卷的金属箔来制造，现已采用熔体纺丝法制取。后者有还原法、蒸镀法、生长法等。金属纤维比重大、质硬、不吸汗、易生锈，所以不适宜作衣着之用。但可用作室内装饰品、帷帐、挂景等。工业上用作轮胎帘子线、带电工作服、电工材料等。

7）晶须增强体

晶须是指在人工控制条件下以单晶形式生长成的一种纤维。其直径非常小(0.1至几个微米)，长度一般为数十至数千微米，可见其长径比很大。晶须中不含普通材料中存在的缺陷，其原子排列高度有序，因而其强度接近于完整晶体的理论值。晶须的高度取向结构不仅使其具有高强度、高模量和高伸长率(表 4-5)，还具有电、光、磁、介电、导电、超导等性质。晶须的种类有碳化物晶须(SiC、TiC、ZrC、WC、B_4C)、氮化物晶须(Si_3N_4、TiN、BN、AlN)、氧化物晶须(MgO、ZnO、BeO、)、金属晶须(Ni、Fe、Cu、Si、Ag、Ti)、硼化物晶须(TiB_2、ZrB_2、TaB_2)、无机盐晶须($K_2Ti_6O_{13}$、$Al_{18}B_4O_{33}$)等。各类纤维的性能见表 4-6。晶须的制备方法有化学气相沉积(CVD)法、溶胶-凝胶法、气液固法、液相生长法、固相生长法和原位生长法等。

表 4-5　晶须的力学性能一览表

晶须种类	熔点/℃	密度/(mg/m^3)	抗拉强度/GPa	比强度/[GPa/(g/cm^3)]	弹性模量($\times 10^2$)/GPa	比弹性模量/[GPa/(g/cm^3)]
Al_2O_3	2040	3.96	14～28	53	4.3	110
BeO	2570	2.85	13	47	3.5	120
B_4C	2450	2.52	14	56	4.9	190
α-SiC	2316	3.15	21(7～35)	—	4.823	—
β-SiC	2316	3.15	21(7～35)	—	5.512～8.279	—
Si_3N_4	1960	3.18	14	44	3.8	120
(石墨)	3650	1.66	20	100	7.1	360
TiN	—	5.2	7	—	2～3	—
AlN	2199	3.3	14.21	—	3.445	—
MgO	2799	3.6	7.14	—	3.445	—
Cr	1890	7.20	9	13	2.4	34
Cu	1080	8.91	3.3	3.7	1.2	14
Fe	1540	7.83	13	17	2.0	26
Ni	1450	8.97	3.9	4.3	2.1	24

表 4-6　各类纤维的性能比较

性　　能	密度/(mg/m^3)	抗拉强度/GPa	拉伸弹性模量/GPa	比强度/(MN/kg)	比模量/(MN/kg)
A-玻璃纤维	2.45	3.1	72	1.3	29
E-玻璃纤维	2.56	3.6	76	1.4	29
R-玻璃纤维	2.58	4.4	85	1.7	33
S-玻璃纤维	2.49	4.5	86	1.8	34
碳纤维Ⅰ型(高模)	1.87	2.1	330	1.1	176
碳纤维Ⅱ型(高强)	1.76	2.6	235	1.5	133

（续）

性　　能	密度/(mg/m³)	抗拉强度/GPa	拉伸弹性模量/GPa	比强度/(MN/kg)	比模量/(MN/kg)
碳纤维Ⅲ型	1.82	2.3	200	1.3	110
芳纶 Kevlar29	1.44	2.76	58	1.9	40
芳纶 Kevlar49	1.45	2.94	130	2.0	90
石棉	2.5	0.7～1.4	135～170	0.28～0.56	54～68
棉花	1.6	0.3～0.7		0.19～0.44	
麻	1.3	0.8		0.61	
铝	2.8	0.5	75	0.18	27
钢	7.8	1.0	200	0.13	26
钛(DTD5173)	4.5	0.96	110	0.21	25
硼	2.62	3.4	344	1.3	130
铍	1.82	1.03	310	0.57	170

2. 颗粒增强体

复合材料中的颗粒增强体按颗粒尺寸的大小可以分为两类，一类是颗粒尺寸在0.1～1μm以上的颗粒增强体，它们与金属基体或陶瓷基体复合的材料在耐热性能、耐磨性能及超硬性能方面都有较好的应用前景；另一类是颗粒尺寸在0.01～0.1μm的微粒增强体，其强化机理与第一类不同，由于微粒对基体位错运动的阻碍而产生强化，属于弥散强化。按颗粒所起作用的不同，颗粒增强体又分为延性颗粒增强体和刚性颗粒增强体。延性颗粒增强体一般为金属颗粒，通常加入到玻璃、陶瓷、微晶玻璃等脆性基体中以增加其韧性，但高温力学性能有所下降。

刚性颗粒增强体可分为氧化物颗粒(如Al_2O_3、ZrO_3、TiO_2等)和非氧化物颗粒(如Si_3N_4、SiC、TiB_2、BC、Al_4C_3、Cr_7C_3等)。该类增强体具有高强度、高模量、耐热、耐磨、耐高温等特点(表4-7)，加入到基体材料中可提高其耐磨、耐热、强度、模量和韧性等。同时其成本低，易于批量生产。

表4-7　颗粒的力学性能一览表

颗粒名称	密度/(g/cm³)	熔点/℃	热膨胀系数(×10⁻⁶)/℃⁻¹	导热系数/[kal/(cm·℃)]	硬度/MPa	弯曲强度/MPa	弹性模量/GPa
SiC	3.21	2700	4.0	0.18	27000	400～500	
B_4C	2.52	2450	5.73		27000	300～500	360～460
TiC	4.92	3300	7.4		26000	500	
Al_2O_3		2050	9				
Si_3N_4	3.2	2100	2.5～3.2	0.03～0.07	HRA89～93	900	330
TiB_2	4.5	2980					

3. 其他增强体

1）片状增强体

片状增强体一般为长与宽相近的薄片。片状增强体有天然、人造及在复合工艺过程中自身生长的三种类型。天然片状增强体的典型代表是云母；人造的片状增强体有玻璃、铝、银、铱等；复合工艺过程中自身生长的为二元共晶合金如 $CuAl_2-Al$ 中的 $CuAl_2$ 片状晶。

2）天然增强体

天然增强体是指存在于自然界中的各种增强材料，可分为无机增强体和有机增强体两类。天然无机增强体是地球由灼热熔融状态冷却固化时，经高温高压而生成的，如石棉，可用作热固性树脂和层压制件的增强材料。有机类增强体包括以天然高分子纤维为主要成分的各种植物纤维，如亚麻、大麻、黄麻、苎麻、棉花等。

4.1.3 复合材料的界面

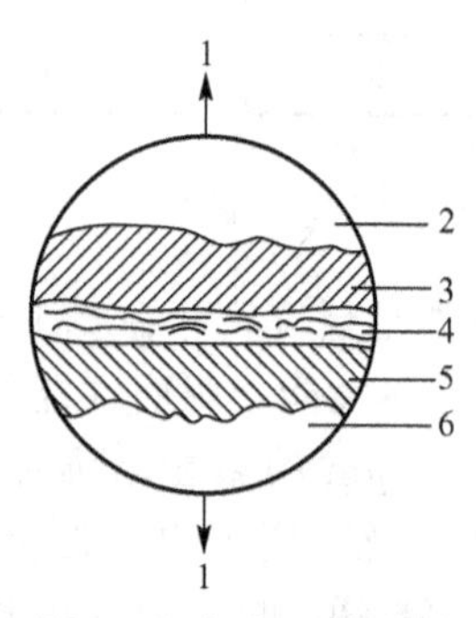

图 4.9 复合材料的界面示意图

1—外立场；2—基体；3—基体表面层；4—相互渗透区；5—增强体表面区

复合材料的界面是指复合材料中增强体与基体之间化学成分有显著变化的、构成彼此结合的、能起载荷传递作用的微小区域。复合材料的界面是一个多层结构的过渡区域，该区域具有纳米级以上厚度，且结构与性质均不同于基体相与增强相中的任何一相，如图 4.9 所示，复合材料的界面通常由五个亚层组成，每一亚层的性质都与基体及增强体的性质、材料的成型方法有关。不同类型的复合材料，基体与增强体间的相互作用也不同，所构成的界面结合形势也不同。常见的界面结合形式主要有粘结结合界面、溶解和润湿结合界面、反应结合界面三种。

复合材料界面的结构很大程度上影响着材料整体的性能，如结构复合材料通过界面来传递应力，而功能复合材料通过界面来协调功能效应。界面所起的效应具体可归纳为以下几种。

（1）传递效应：界面可将基体承受的外力传递给增强体，起到桥梁作用。

（2）阻断效应：基体和增强体之间结合力适当的界面可阻止裂纹扩展，减缓应力集中。

（3）不连续效应：在界面上产生物理性能的不连续性和界面摩擦的现象，如抗电性、电感应性、磁性、磁场尺寸稳定性和耐热性等。

（4）散射和吸收效应：声波、光波、热弹性波、冲击波等在界面产生散射和吸收，如透光性、隔热性、隔音性、耐冲击性等。

（5）诱导效应：由于诱导作用，增强体的表面结构可使与之接触的物质结构发生改变，产生强弹性、低膨胀性、耐热性等现象。

界面性能较差时，复合材料呈剪切破坏，同时可观察到界面脱粘、纤维拔出、纤维应力松弛等现象。若界面结合过强，则复合材料呈脆性断裂。当界面结合达到最佳状态且受力发生开裂时，裂纹能转化为区域而不产生进一步界面脱粘，即这时的复合材料具有最大的断裂能和一定的韧性。

如图4.10和图4.11所示，界面的微观结构、形貌及厚度可通过俄歇电子谱仪、电子探针、X光电子能谱仪、扫描二次离子质谱仪、电子能量损失仪、X射线反射谱仪、透射电子显微镜、扫描电子显微镜及拉曼光谱仪等仪器进行观察分析。

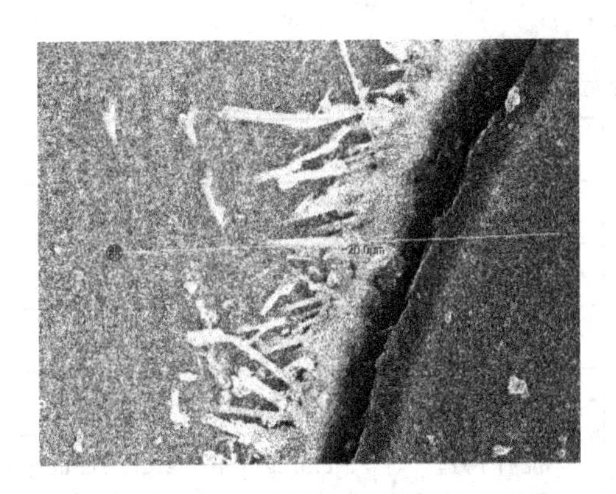

图4.10 TiB_2 纤维表面涂层 SiC_F/Ti 复合材料界面SEM分析照片

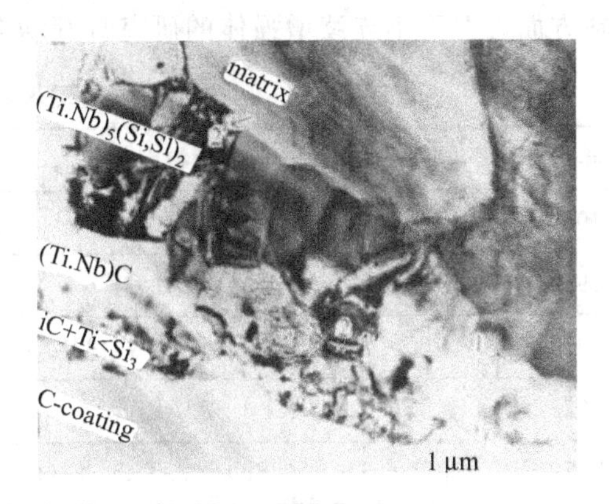

图4.11 SCS6/25Al-10Nb-3V-1Mo复合材料界面透射电镜照片

4.2 金属基复合材料

4.2.1 金属基复合材料概述

金属基复合材料是以金属或合金为基体，以不同材料的纤维或颗粒为增强物的复合材料。金属基复合材料(MMC)包括很广的成分及结构范围，但是其共同点是有连续的金属或合金基体，而其他组元相均匀分布在金属基体中。在个别情况下，增强体虽为难熔金属更合适，但是通常以某种陶瓷做增强体。金属基复合材料是最常用的工程复合材料。金属基复合材料是20世纪60年代开始出现的。1961年，Koppenaal和Parikk试制的短纤维和铝粉末复合，成为最初的碳纤维增强铝基复合材料。近代金属基复合材料的发展的过程见表4-8。但人们对金属基复合材料的应用可追溯到古文明时期。在土耳其出土的公元前7000年的含有非金属的铜锥子由锻打叠合方式制成。20世纪30年代出现的金属沉淀强化理论为原位颗粒增强金属基复合材料的研究奠定了基础，从而成为当今颗粒增强金属基复合材料的先驱。20世纪50—60年代，人们对金属基复合材料进行了广泛研究。而纤维金属基复合材料的蓬勃发展开始于20世纪60年代，主要集中在以钨和硼纤维增强的铝和铜为基的体系中。非连续强化金属基复合材料在20世纪80年代得到迅速发展，研究热点集中在以碳化物或氧化铝粒子或短纤维增强的铝基复合材料。该类材料具有优良的横向性能、低消耗及可压力加工性等优点，使得这类材料成为许多应用领域中最具商业吸引力的材料。金属基复合材料的真正发展始于80年代。80年代美国的复合材料开始转入实用化阶段，同时将复合材料大量用在航空航天工业。1981年，美国发射的哥伦比亚号航天飞机上的货舱桁架使用的就是硼纤维增强铝基复合材料。在美国实际应用金属基复合材料两年后，日本本田汽车公司首次将 Al_2O_3 短纤维增强铝合金复合材料应用到汽车缸体活塞上，并实现了大规模工业化生产。此外，日本还大规模制造了长纤维、晶须等多种类型的 MMCs 增强体。目前，日本有大量公司在进行金属基复合材料的开发研究，如丰田、本田、铃木、富士重工、日本制钢、三菱重工、日立及住友等。俄罗斯在金属基复合材料研究、生产和应用方面也具有很强的实力。其研究和应用主要集中在硼纤维增强铝基复合材料方面，对于不连续增强体的研究日渐增多。

表 4-8 金属基复合材料的发展过程

年份	国家	复合材料体系	制备工艺	研究者
1965	美国	AlCr	气吸及搅拌	Badia，Rohatgi
1968	印度	$AlAl_2O_3$	搅拌铸造	Ray，Rohatgi
1974	印度	AlSiC，$AlAl_2O_3$，AlMgCa	搅拌铸造	Rohatgi，Surappa
1975	美国	$AlAl_2O_3$	搅融铸造	Mehrabian，Sato
1979	印度	$AlSiO_2$，$AlTiO_2/ZrO_2$	搅拌铸造	Fiemings，Rohatgi，Bamerjee
1980	美国	AlSiC	搅拌铸造	Skibo，Schuster
1981	日本	AlCr	压力铸造	Snowa
1982	美国	$AlAl_2O_3$	压力铸造	Dhingra
1983	日本	Al Sattil 纤维	挤压铸造	—
1984	印度	Al 孔	搅拌铸造	Rohatgi，Das
1985	挪威	AlSiC	搅拌铸造	—
1985	美国	AlTiC	原位铸造	—
1986	美国	AlSiC	压力侵渗	Comieoh Ruaael
1987	澳大利亚	$AlAl_2O_3$	搅拌铸造	Flemings
1988	法国	AlSiC	搅拌铸造	Millicee Suery
1988	日本	$AlAl_2O_3C$	压力铸造	Hayashi，Ushio，Ebisawa
1989	美国	Al $AlAl_2O_3$ 碳化物	无压侵渗	Aghaianan，Burke，Rocazella

按增强材料金属基，复合材料可分为纤维增强金属基复合材料及颗粒、晶须增强金属基复合材料；按基体材料金属基，复合材料可分为铝基复合材料、镁基复合材料、钛基复合材料、高温合金基复合材料、金属间化合物基复合材料。

金属基复合材料的研究重点主要包括：不同基体与不同增强体间的复合效果、复合设计及最终性能，基体与增强体界面的优化及设计，制备工艺的研究，新型增强体的研究，复合材料的扩大应用。

4.2.2 金属基复合材料的制备

复合材料不仅在性能上与传统材料有所不同，其制备工艺也有独特之处，具体体现如下。

(1) 复合材料的成型与后续成品的成型通常是同时完成的。

(2) 复合过程中，增强体通过其表面与基体相粘结，固定于基体中。虽然其化学、物理状态及几何形状一般不会变化，但会受到机械作用及湿热效应的影响。同时，基体材料要经历从状态到性质的巨大变化，其程度随基体材料的不同而不同。

(3) 通常，基体与增强体的结合界面上会出现润湿、溶解和化学反应，且界面结合情况对复合材料的性能有很大影响。

根据上述特点，对复合材料的制备工艺有以下要求。

(1) 提供基体材料从原料到最终状态的适当转化条件，使基体与增强体的界面结合紧密，在复合材料中无空隙。

(2) 增强体表面与基体紧密结合，并能按预定的方向和层次排列，且均匀分布在基体中，形成致密的整体，同时使机械作用及湿热效应的影响降到最低。

(3) 满足成品的尺寸、形状及表面质量要求。

可见，由于金属基体的耐热性和延展性，金属基复合材料生产工艺的难点在于很多金属及其合金与增强体之间几乎不润湿，从而对制备工艺要求较高。为了改善两相之间的润湿性，需要专门的设备，且工艺过程很复杂，以致复合材料的成本较高。经过多年的发展，比较成熟的工艺主要有粉末冶金法、挤压铸造法、半固态搅拌法等。

一般情况下，复合材料的生产工艺可分为固态成型和液态成型两种。常用的金属基复合材料固态成型法有粉末冶金、真空热压扩散结合、热等静压和模压成型、超塑性成型、等离子喷涂法等。而常用的金属基复合材料在液态成型时，经凝固过程形成，金属基体包围着颗粒或纤维。液态成型包括压铸、真空吸铸、喷射沉积、液态金属搅拌铸造等。事实上，液态成型可归纳为四大类：第一类是将液态金属挤入渗有增强体的预制型中；第二类是将分散的颗粒、晶须、纤维等增强体加入到金属基体中(图 4.12)；第三类是快速凝固及喷射铸造；第四类是原位成型。

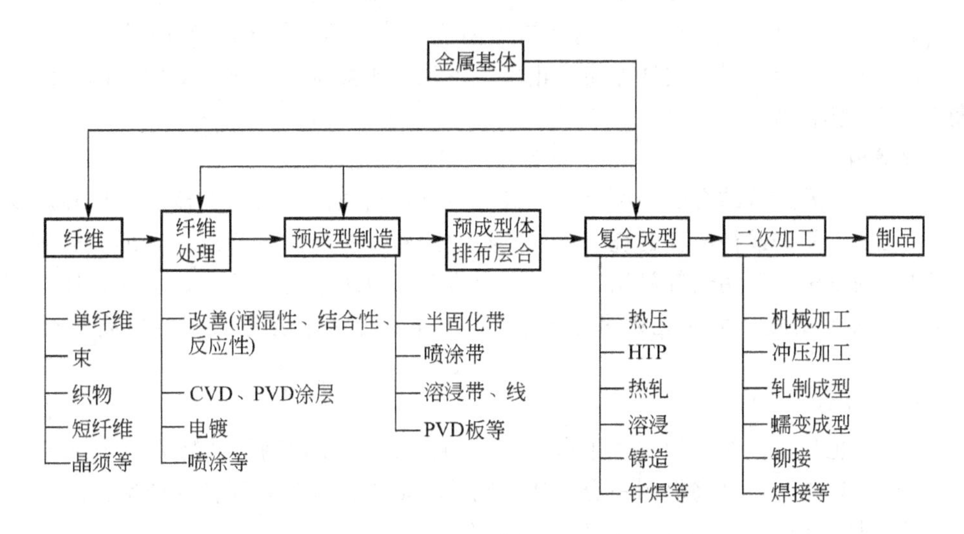

图 4.12 纤维增强金属基复合材料的制造过程

1. 固态成型法

固态成型法是指基体处于固态下制备金属基复合材料的方法。先将基体(金属粉末或

金属箔)与增强体以一定的含量、分布、方向混合排列在一起，再通过加热、加压将基体与增强体复合粘结在一起。整个制备过程中，基体与增强体均为固态，温度大多控制在基体的液相线与固相线之间，为了避免基体和增强体之间的界面反应应尽量将温度控制在较低范围内。温度、时间及压力是固态法制备工艺的主要参数。固态成型法主要有以下几种。

1）粉末冶金法

粉末冶金法是制备金属基复合材料的主要工艺，被广泛用于制备颗粒、片层、晶须及短纤维增强的铝、铜、银、钛、高温合金等金属及金属间化合物基复合材料，有时也可用于制备长纤维增强金属基复合材料。粉末冶金法通常先将金属粉末或预合金粉与增强体一起均匀混合，制得复合坯料，经不同固化技术制成锭块，再通过烧结、挤压、轧制、锻造等二次加工制成型材。基体金属粉末与晶须预型和均匀混合是制备优质复合材料的首要问题。此外，粉末冶金法中常用聚合物作为粘接剂，其关键是聚合物粘接剂能够完全挥发。若不能完全挥发，则聚合物残留在复合材料的界面，严重影响复合材料的性能。因此，粘接剂要选择在有较低体积比的情况下有足够黏度的，此外在真空状态的低温下能否完全挥发也是至关重要的。

粉末冶金法是一种比较成熟的制备技术，与其他方法相比，颗粒(晶须)的含量不受限制，尺寸也可在较大范围内变化。但工艺环节多、制造成本高，制造大尺寸的零件和坯料有一定困难。主要用于制造高含量及高性能颗粒和晶须增强铝基、钛基及耐高温金属基复合材料的零件。

2）真空热压扩散结合

扩散结合是制备连续纤维金属基复合材料的传统工艺。在温度和压力一定的真空环境中，均匀排放在新鲜清洁表面的基体箔片或(复合)先驱丝通过基体金属表面原子的相互扩散而连接在一起。该制备方法的关键是热压温度、热压压力和热压时间等工艺参数的控制。其压力应有一定下限，这样才能防止压力不足造成金属不能充分扩散包围纤维而形成“眼角”空洞缺陷。

3）热等静压

热等静压也是扩散结合的一种手段。该工艺是在高温高压密封容器中，以高压氩气为介质，对其中的粉末或待压实的烧结坯料(或零件)施加各向均等静压力，形成高致密度坯料(或零件)的方法。采用热等静压工艺时，所得制品组织细化、致密、均匀，通常不会产生偏析、偏聚等缺陷，可使孔隙和其他内部缺陷得到明显改善，从而提高复合材料的性能。

4）模压成型

模压成型也是扩散结合的一种手段。它是将纤维/基体预制体放置在具有一定形状的模具中进行扩散结合，最终得到一定形状的制品。常用这种工艺制备各种型材。

5）超塑性成型

超塑性是指在特定的条件下，即在低的应变速率($\varepsilon=10^{-2}\sim10^{-4}/s$)，一定的变形温度(约为热力学熔化温度的一半)和稳定而细小的晶粒度($0.5\sim5\mu m$)的条件下，某些金属或合金呈现低强度和大伸长率的特性。常用的超塑性成型的材料主要有铝/铝合金基复合材料、镁合金/镁合金基复合材料、高温合金基复合材料等。

2. 液态成型法

液态成型法是制备金属基复合材料的主要方法。液态成型法的特点是金属基体在制备过程中处于液态，流动性较好，金属基体容易填到增强体的周围，增强体也容易分散到液态金属基体中。液相法是目前制备颗粒、晶须和短纤维增强金属基复合材料的主要工艺。与固态成型法相比，液态成型法的工艺和设备较简单，制备成本较低，可实现批量生产。因此，发展迅速，也比较成熟。对于不同类型的金属基复合材料可选用多种工艺来制备。液态成型法主要有以下几种。

1) 压铸

压铸成型是在高压下，将液态金属以一定速度充填压铸铸型或增强材料预制体的空隙中，在压力下快速凝固成型。其主要影响因素有熔融金属的温度、模具预热温度、压力和加压速度等。该工艺可制备高尺寸精度、高表面质量的复合材料铸件。

2) 真空吸铸

真空吸铸是在铸型内形成一定负压，使液态金属或颗粒增强金属基复合材料自上而下吸入型腔，凝固后形成铸件的工艺方法。真空吸铸工艺可用于重熔颗粒增强铝的铸造，其工艺与普通铝合金相似，浇铸真空度一般为0.06～0.08MPa。采用真空吸铸可提高复合材料的可铸性，满足航空航天产品复杂薄壁零件成型的要求，并减少金属流动充型过程形成的气孔夹杂缺陷。真空吸铸通常作为浇注手段与熔模精密铸造配合使用。

3) 喷射沉积

喷射沉积是20世纪80年代逐渐成熟的将粉末冶金工艺中混合与凝固两个过程相结合的新工艺。如图4.13所示，该工艺是将金属基体放入坩埚中熔炼，再在压力作用下通过喷嘴送入雾化器，然后在高速惰性气体射流的作用下，液态金属被分散为细小的液滴，形成“雾化锥”；同时通过一个或多个喷嘴向“雾化锥”喷射入增强颗粒，使之与金属雾化液滴一齐在基板(收集器)上沉积并快速凝固成颗粒增强金属基复合材料。如果是纤维，可以用某种方式加入基体。通常，喷雾沉积的特征是快速凝固，致密度高，氧化物含量低，工艺流程简单，效率高等，但孔隙量明显，且难以得到均匀分布的增强体。

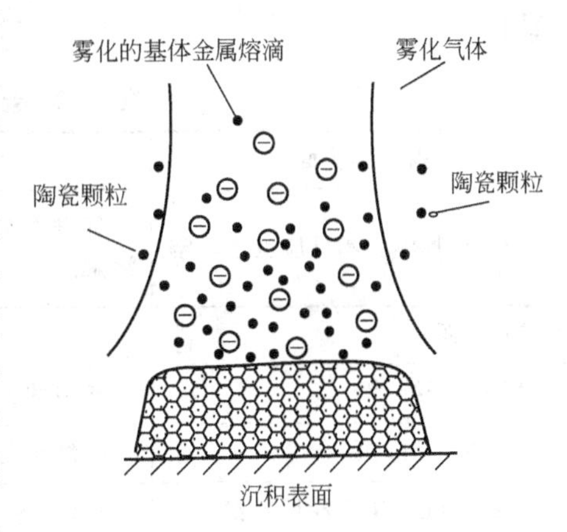

图4.13 喷射成型法示意图

4) 液态金属搅拌铸造

液态金属搅拌铸造是生产颗粒增强金属基复合材料的主要方法。将增强颗粒直接加入金属基体中，经搅拌后，增强颗粒均匀地分散在金属基体中且相互复合，然后再浇注成锭坯、板坯、棒坯、铸锭等。按照搅拌装置不同，液态金属搅拌铸造有机械搅拌和电磁搅拌两种。液态金属搅拌铸造工艺简单，生产效率高、成本低。但其颗粒的体积分数($\leqslant 20\%$)和颗粒的尺寸($>75\mu m$)需在一定范围内，否则不可能均匀分布。

5) 真空压力浸渗

真空压力浸渗成型是在真空下将增强体预制件和熔融基体金属合金加热到预定温度，

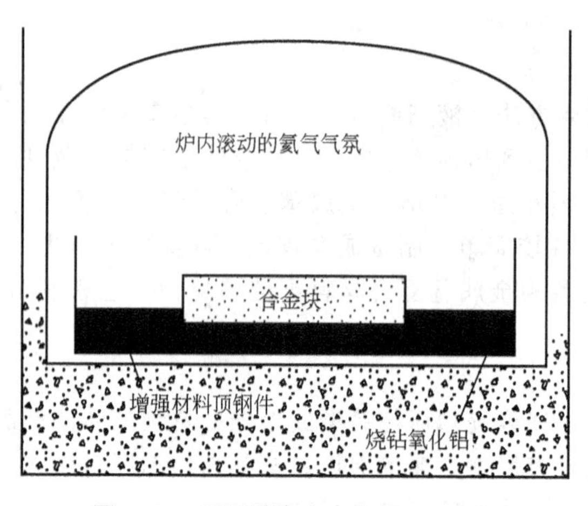

图 4.14　无压浸渗法工艺原理示意图

再通入 Ar 或 N_2 高压气体，将金属熔体压渗入增强剂预制件中，制成金属基复合材料。其既能对预制件和金属熔体分别控制加热，又能在真空及保护性气氛中制备。真空压力浸渗的主要工艺参数有预制件温度、金属基体温度、浸渗压力和冷却速度。

6）无压浸渗

无压浸渗法是美国 Lanxide 公司开发的一种新工艺。如图 4.14 所示，将增强体制成预制体置于氧化铝容器中，再将金属基体坯料置于增强材料预制体上部，然后一同放入有流动氮气的加热炉中。加热后，金属基体熔化，并自发浸渗入网络状增强材料预制体中。

4.2.3　金属基复合材料的界面

1. 金属基复合材料界面的类型

根据界面处基体与增强体的相互作用，金属基复合材料的界面可分为以下三种类型(表 4－9)。

表 4－9　金属基复合材料界面类型

第一类界面	第二类界面	第三类界面
纤维与基体互不反应也不溶解	纤维与基体互不反应但相互溶解	纤维与基体反应形成界面反应层
钨丝/铜		钨丝/铜-钛合金
Al_2O_3 纤维/铜	镀铬的钨丝/铜	碳纤维/铝(＞580℃)
Al_2O_3 纤维/银	碳纤维/镍	Al_2O_3 纤维/钛
硼纤维(BN 表面涂层)/铝	钨丝/镍	硼纤维/钛
不锈钢丝/铝	合金共晶体丝/同一合金	硼纤维/钛-铝
SiC 纤维/铝		SiC 纤维/钛
硼纤维/铝		SiO_2 纤维/钛
硼纤维/镁		

(1) 第一类界面：基体与增强体既不相互反应也不互溶。这类界面只有分子层厚度，且微观是平整的，界面除了原组元外，基本不含其他物质。

(2) 第二类界面：基体与增强体相互不反应，但经过扩散-渗透作用而相互溶解后形成界面。这类界面通常在增强相周围。

(3) 第三类界面：界面处有微米及亚微米级的界面反应物质层。有时并不是一个完整的界面层，而是在界面上存在界面反应产物。

2. 金属基复合材料界面的结合形式

金属基复合材料界面的结合形式基本上可分为四类：①物理结合，主要由基体与增强体之间原子中电子的交互作用，即以范德华力来结合；②化学结合，主要由基体与增强体之间发生化学反应，生成新的化合物层，由化学键提供结合力；③扩散结合，某些复合体系的基体与增强体虽无界面反应但可发生原子的相互扩散作用，此作用也能提供一定的结合力；④机械结合，由于某些增强体表面粗糙，当与熔融基体金属浸渗而凝固后，增强体的粗糙表面的机械“锚固”力和基体的收缩应力将“包紧”增强体产生摩擦力而结合。

一般而言，大多数金属基复合材料的基体与增强体之间在热力学上是非平衡的，即在界面处存在一定的化学梯度。当基体相与增强相之间具有有利动力学条件时，就会发生相互扩散和化学反应。因此，金属基复合材料以界面的化学结合为主，有时也有两种或两种以上界面结合方式并存的现象。

3. 金属基复合材料界面的设计及优化

金属基复合材料界面研究中，改善基体与增强体的润湿性，控制界面的反应，形成最佳的界面结构一直是重点。因而对其界面进行设计和优化是必需的。

1）增强体表面改性

增强体的表面改性及涂层处理可以改善增强体与基体的润湿性和粘着性，提高增强体的力学性能，抵御增强体的外来物理和化学损伤，防止增强体与基体之间的扩散、渗透及反应，减缓增强体与基体间由于各种因素所造成的物理不相容，促进增强体与基体的化学结合。常用的增强体表面处理方法有 PVD、CVD、电化学、溶胶-凝胶法等。例如，Textron 公司生产的 C、SiC、Si 复合涂层的碳化硅纤维、SCS－2、SCS－6 等，均可制备出高性能的金属基复合材料。

2）金属基体改性

金属基体的改性主要是在金属基体中添加适当的微量合金元素，以改善增强体与基体的润湿性，有效控制界面反应，形成稳定的界面结构。对于金属基复合材料，增强体常常是主要承载体，而金属基体主要起闭结增强体和传递载荷的作用。因此，合金元素的添加是为了获得最佳的界面结构，增加基体的塑性，同时使纤维的性能和增强作用得以充分发挥。在选择合金元素时，应尽量选择能抑制界面反应、增加基体合金流动性、提高界团稳定性、改善润湿性的元素，避免易参与界面反应生成界面脆性相、造成强界面结合的合金元素。

3）优化制备工艺方法和参数

由于高温下基体和增强体的化学活性均迅速增加，因此在确保复合完好的情况下，制备温度应尽可能低，复合过程和复合后在高温下的保温时间应尽可能短，在界面反应温度区冷却尽可能快，低于反应温度后冷却速度应减小，以避免造成大的残余应力，影响材料性能。其他工艺参数如压力、气氛等不可忽视，必须综合考虑。

4.2.4 金属基复合材料的性能

1. 比强度和比模量高

比强度和比模量分别指材料的强度和模量与材料密度的比值。增强体通常为高强度、高模量、低密度的纤维、晶须或颗粒。当加入纤维增强体时，复合材料的比强度、比模量明显高于金属基体；加入颗粒增强体时，复合材料的比强度无明显增加，比模量明显增大。金属基复合材料的横向模量和剪切模量远高于聚合物基复合材料。金属基复合材料的力学性能见表 4-10。

表 4-10　金属基复合材料的力学性能一览表

复合材料	增强(相含量体积百分数)/(%)	抗拉强度/MPa	拉伸模量/GPa	密度/(g/cm^3)
B_F/Al	50	1200～1500	200～220	2.6
CVD SiC_F/Al	50	1300～1500	210～230	2.85～3.0
Nicalon SiC_F/Al	35～40	700～900	95～110	2.6
C_F/Al	35	500～800	100～150	2.4
FP Al_2O_{3F}/Al	50	650	220	3.3
Sumica Al_2O_{3F}/Al	50	900	130	2.9
SiC_W/Al	18～20	500～620	96～138	2.8
SiC_P/Al	20	400～510	100	2.8
CVD SiC_F/Ti	35	1500～1750	210～230	3.9
B_F/Ti	45	1300～1500	220	3.7

2. 韧性和抗冲击性能高

金属基复合材料中的金属基体为韧性材料，增强体为线弹性体。因此，复合材料的韧性和抗冲击性能主要决定于基体金属。当材料受到冲击作用时，基体可通过塑性变形吸收能量，使裂纹钝化(图 4.15 和图 4.16)，减少应力集中，从而改善韧性。

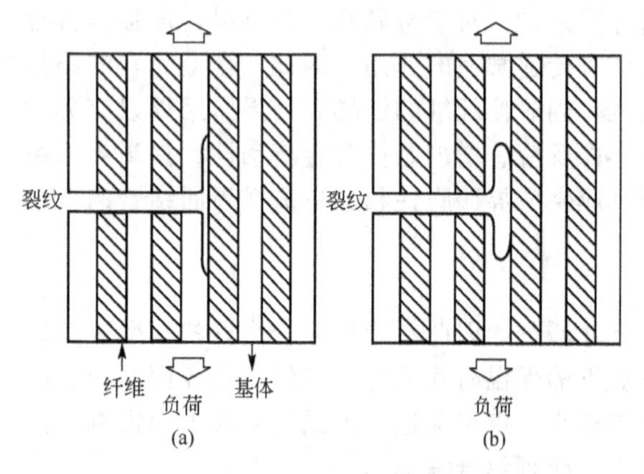

图 4.15　金属基复合材料中裂纹的钝化

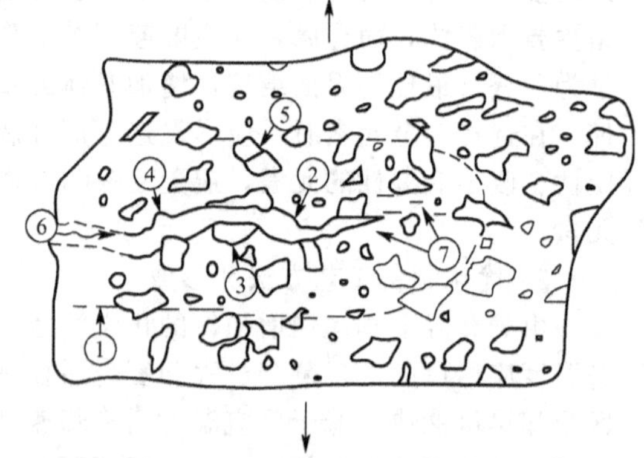

图 4.16　颗粒增强金属基复合材料疲劳裂纹扩展的影响因素

3. 导热和导电性好

金属基复合材料的良好导热和导电性主要来源于材料中的金属基体。由于基体所占的体积分数较大，复合材料在受热后可迅速散热，使构件具有较好的尺寸稳定性。另外，良好的导电性对飞行器构件具有十分重要的作用，它可避免产生危险的静电聚集现象。

4. 温度敏感度低

金属基复合材料的性能对温度不敏感，其物理性能和力学性能都具有较高的温度稳定性，因此常用金属作为高模量结构复合材料的基体材料。

5. 耐磨性能好

金属基复合材料中基体可通过塑性变形吸收能量，或使裂纹钝化，因而表面耐磨性好，表面缺陷敏感性低。尤其是晶须、颗粒增强复合材料常用作耐磨部件。例如，陶瓷增强金属基复合材料，硬度高且耐磨性好，因此不仅提高了材料的强度，也提高了材料的耐磨性。

6. 抗疲劳性能好

通常情况下，金属材料的疲劳是在无预兆情况下发生的脆性断裂。但金属基复合材料中，尤其是以纤维作为增强体时，纤维本身的缺陷少，耐疲劳性能好，且可阻碍或破坏裂纹的扩展；金属基体的塑性较好，能够减少或消除应力集中区域的尺寸和数量，使疲劳源难以萌生。因此，金属基复合材料的疲劳破坏从纤维最薄弱环节开始，逐渐扩展到界面上，破坏前是有预兆的。

7. 减振性能好

由于金属基复合材料的比模量较大，且其中的相界面较多，而界面具有吸收及反射振动的作用，使材料阻尼能力大大提高，可使激起的振动迅速衰减，因此具有较好的减振性。

此外，金属基复合材料还具有热匹配性好、性能再现性好、耐蚀性好、可设计性强等特点。由于金属基复合材料具有以上特点，因而广泛应用于航天、航空、汽车等工业部门，以满足轻质、高性能的需要，在许多领域都具有广泛的应用前景。

然而，由于金属基复合材料中基体金属种类繁多，其熔点也会有较大差异，加工温度分布范围广，因而增加了加工的难度和灵活性。另外，其制造工艺复杂，价格相对较高等不利因素的影响，使其应用受到一定的限制。金属基复合材料用基体金属的性能见表4-11。

表4-11 金属基复合材料用基体金属的性能

金属	密度/(g/cm^3)	熔点/℃	比热容/[kJ/(kg·℃)]	热导率/[W/(m·℃)]	热膨胀系数($\times10^{-6}$)/$℃^{-1}$	抗拉强度/(N/mm^2)	弹性模量/(kN/mm^2)
Al	2.8	580	0.96	171	23.4	310	70
Cu	8.9	1080	0.38	391	17.6	340	120
Pb	11.3	320	0.13	33	28.8	20	10
Mg	1.7	570	1.00	76	25.2	280	40
Ni	8.9	1440	0.46	62	13.3	760	210

（续）

金属	密度/(g/cm³)	熔点/℃	比热容/[kJ/(kg·℃)]	热导率/[W/(m·℃)]	热膨胀系数($\times10^{-6}$)/℃$^{-1}$	抗拉强度/(N/mm²)	弹性模量/(kN/mm²)
Nb	8.6	2470	0.25	55	6.8	280	100
钢	7.8	1460	0.46	29	13.3	2070	210
超合金	8.3	1390	0.42	19	10.7	1100	210
Ta	16.6	2990	0.17	55	6.5	410	190
Sn	7.2	230	0.21	64	23.4	10	40
Ti	4.4	1650	0.59	7	9.5	1170	110
W	19.4	3410	0.13	168	4.5	1520	410
Zn	6.6	390	0.42	112	27.4	280	70

4.3 陶瓷基复合材料

4.3.1 陶瓷基复合材料概述

陶瓷具有高熔点、高硬度、耐磨性好、耐腐蚀、抗氧化、抗老化等优点，但陶瓷同时也具有脆性大、韧性差、耐热振性能差、对细微缺陷敏感等缺点。因此，陶瓷材料作为结构材料在工业上的应用受到了很大限制。如何改善其脆性，提高其韧性成为陶瓷材料研究领域的焦点。陶瓷基复合材料是在陶瓷基体中加入第二相材料(颗粒、晶须、连续纤维、层状材料)，如图 4.17 所示，使其韧性大大提高的同时，其强度、模量都有所增加。陶瓷基复合材料又称为“多相复合陶瓷”或“复相陶瓷”。

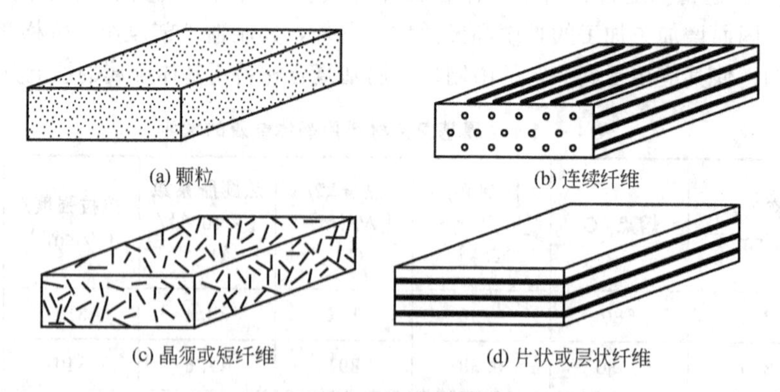

图 4.17 不同增强体的陶瓷基复合材料

陶瓷基复合材料包括纤维(或晶须)增韧(或增强)陶瓷基复合材料、异相颗粒弥散强化复相陶瓷、原位生长陶瓷复合材料、梯度功能陶瓷复合材料、纳米陶瓷复合材料等。我国从20世纪70年代初开始对碳纤维增强陶瓷进行研究，碳纤维与陶瓷基体具有较好的化学相容性，并且物理匹配也适中，因而具有较好的增韧增强效果。目前，这一材料在我国空间技术上应用较好。异相颗粒弥散强化复相陶瓷通常在陶瓷基体中弥散分布，第二相颗粒构成复相陶瓷，这也是陶瓷材料中增韧的一种主要途径。原位生长陶瓷复合材料是在制备过程中调整其制备工艺或热处理过程，使其晶粒生长成具有一定长径比的柱状和板状，产生类似于晶须的增强效果。该类材料中等轴状晶粒与外加晶须增强体可实现均匀混合。现已在Si-Al-O-N体系中生长出具有一定长径比的柱状晶粒。梯度功能陶瓷复合材料是在金属上涂覆陶瓷层时，使涂层的组分做梯度变化，用以消除陶瓷和金属之间热膨胀系数差异带来的热应力，使涂层与金属更紧密的结合。随着纳米技术的广泛应用，纳米陶瓷随之产生，希望以此来克服陶瓷材料的脆性，使陶瓷具有较好的柔韧性和可加工性。英国材料学家Cahn指出，纳米陶瓷是解决陶瓷脆性的战略途径。我国在纳米陶瓷的研究上与世界其他国家几乎同时起步，且已取得一些较好的实验结果。

4.3.2 陶瓷基复合材料的制备

由于陶瓷基复合材料中含有增强相，因此在生产制备上除了传统的陶瓷制备工艺又有许多新工艺，如浆体法、液态浸渍法、溶胶-凝胶法等。这些新工艺主要用于纤维增强陶瓷基复合材料的制备。由于增强颗粒一般不进行或很少进行特殊处理，因此颗粒增强陶瓷基复合材料多沿用传统陶瓷的制备工艺。

1. 浆体法

浆体法主要用于解决粉末冶金法中各组元混合不均的问题。通过调整水溶液的pH及搅拌使混合体中各组元呈弥散分布的絮凝状。然后再将弥散的浆体直接浇铸成型或热(冷)压后烧结成型，如图4.18所示。

该方法适用于颗粒、晶须及短纤维增韧陶瓷基复合材料的制备。采用该方法增韧陶瓷基复合材料纤维分布均匀，气孔率低。

2. 液态浸渍法

液态浸渍法是将陶瓷熔体经毛细作用渗入增强体预制件的孔隙的方法。在浸渍过程中，施加压力或抽真空都有利于浸渍(图4.19)。由于陶瓷熔体的温度可能比增强体的熔融温度高许多，故浸渍预制件相当困难。此外，还可能发生陶瓷基体和增强体之间在高温下发生反应、陶瓷基体与增强体的热膨胀失配、陶瓷复合材料产生裂纹等情况，因此用液态浸渍法制备陶瓷基复合材料首先要考虑化学反应性、熔体熟度、熔体对增强体的浸润性等问题。这些因素都将直接影响陶瓷基复合材料的性能。

假如预制件中的孔隙呈一束有规则间隔的平行通道，则可用Poisseuiue方程计算出浸渍高度h：

$$h=\sqrt{(\gamma rt\cos\theta)(2\eta)}$$

式中，r是圆柱型孔隙管道半径；t是时间；γ是浸渍剂的表面能；θ是接触角；η是黏度。采用该方法可以获得纤维定向排列、孔隙率低、高强度的陶瓷基复合材料。但由于陶瓷的熔点较高，熔体与增强体之间发生化学反应，基体与增强体的热膨胀系数相差较大并由此产生裂纹。

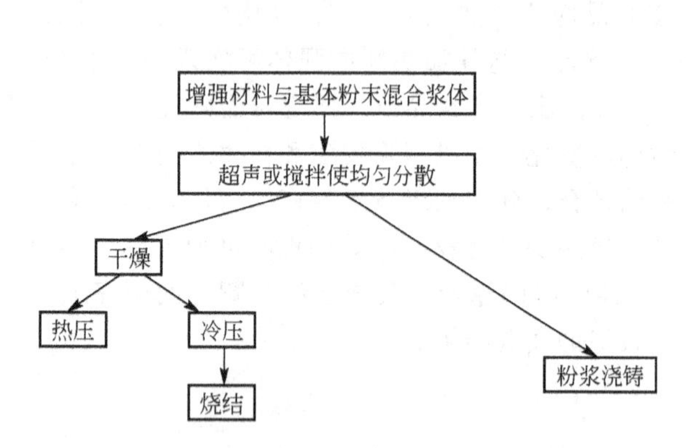

图 4.18 浆体法制备陶瓷基复合材料示意图

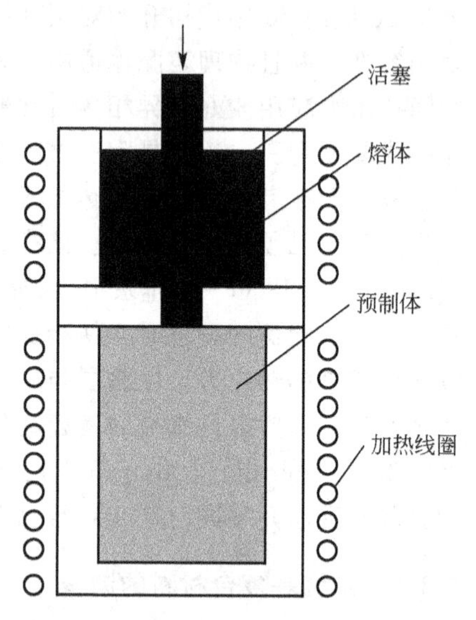

图 4.19 液态浸渍法制备陶瓷基复合材料

3. 直接氧化法

直接氧化法是由美国 Lanxide 公司发明的，因此又称为“Lanxide 法”，它是由液态浸渍法演变而来的。首先按部件形状制备颗粒或纤维板增强体预制件，然后在预制件表面放置隔板以阻止基体的生长。熔融金属在氧气的作用下将发生直接氧化反应并生成所需的产物，由于氧化产物中的空隙管道的液吸作用，熔融金属会连续不断地供给到反应前沿。以金属铝为例，在空气或氮气气氛中主要发生下列反应：

$$Al+空气\longrightarrow Al_2O_3$$

$$Al+氮气\longrightarrow AlN$$

采用直接氧化沉积工艺对增强体基本上没有损伤，且其分布比较均匀；在制备过程中不存在收缩，因而复合材料之间的尺寸精确；工艺简单，生产效率较高，成本低。所制得的材料具有比强度高、韧性好及耐高温等特性，但产品中残余的金属很难完全被氧化或除去，同时难以用来生产一些较大、较复杂的部件。

4. 溶胶-凝胶法

溶胶是具有液体特征的胶体体系，分散的粒子(直径 1～1000nm)是固体或者大分子。而凝胶是具有固体特征的胶体体系，被分散的物质形成连续的网状骨架，骨架空隙中充有液体或气体，凝胶中分散相的含量很低，一般在 1%～3%。溶胶-凝胶法就是在液相下将含化学活性组分的化合物前体均匀混合，并进行水解、缩合化学反应，在溶液中形成稳定的透明溶胶体系。溶胶经陈化胶粒间缓慢聚合，形成三维空间凝胶网络结构，凝胶网络间充满了失去流动性的溶剂，形成凝胶。凝胶经过干燥、烧结固化后制备出分子乃至纳米结构的材料。

采用溶胶-凝胶法制备陶瓷基复合材料是将各种增强体加入基体溶胶中搅拌均匀，当基体溶胶形成凝胶后，增强体可稳定、均匀地分布在基体中，经过干燥或一定温度热处理，然后压制烧结形成相应的复合材料。溶胶-凝胶法还可与其他制造工艺相结合，发挥更好的作用。例如，用在浆料浸渍工艺中，溶胶可以作为增强体和基体的联结剂，在随后除去易结剂的工艺中，溶胶经烧结后变成与陶瓷基体相同的材料，有效减少复合材料的孔隙率。

溶胶-凝胶法制备陶瓷基复合材料时具有基体成分容易控制，复合材料的均匀性好，加工条件温和，所得复合材料性能良好等优点。但该法所制的复合材料收缩率大，导致基体经常发生开裂，此外工艺过程比较复杂，不适合于部分非氧化物陶瓷基复合材料的制备。

5. 聚合物先驱体热解法

聚合物先驱体热解法又称为“热解法”。它是通过对高分子聚合物先驱体发生热解反应转化为无机物质，然后再经高温烧结制备成陶瓷基复合材料的方法。此方法可精确控制产品的化学组成、纯度及形状。最常用的高聚物是有机硅(聚碳硅烷等)。现在常用的高聚物先驱体成型的方法有以下两种：

制备增强剂预制体→浸渍聚合物先驱体→热解→再浸渍→再热解

陶瓷粉＋聚合物先驱体→均匀混合→模压成型→热解

上述两种方法中，前者周期较长，后者气孔率较高，收缩变形大，但两者均难以得到密度较高的材料。

除了上述方法，陶瓷基复合材料的制备方法还有化学气相浸渍法、化学气相沉积法、自蔓延高温合成法、原位复合法等。由于篇幅有限，这里就不做介绍了。

4.3.3 陶瓷基复合材料的界面

陶瓷基复合材料的界面结合形式通常有机械结合和化学结合两种。由于制备工艺上的特点，在界面上往往容易形成固溶体和化合物。此时其界面是具有一定厚度的反应区，它与基体和增强体都能较好的结合，但通常是脆性的。

陶瓷基复合材料通常应做到“强”“弱”结合(图 4.20)，即具有能传递轴向载荷的能力及较高的横向强度，同时要能够沿界面发生横向裂纹及裂纹偏转直到纤维拔出。界面粘结过强容易导致脆性破坏，使陶瓷基复合材料平面断裂。若界面结合过弱，当基体中的裂纹扩展至纤维增强体时，将导致界面脱粘，发生裂纹偏转、裂纹搭桥、纤维断裂以至于最后纤维拔出。

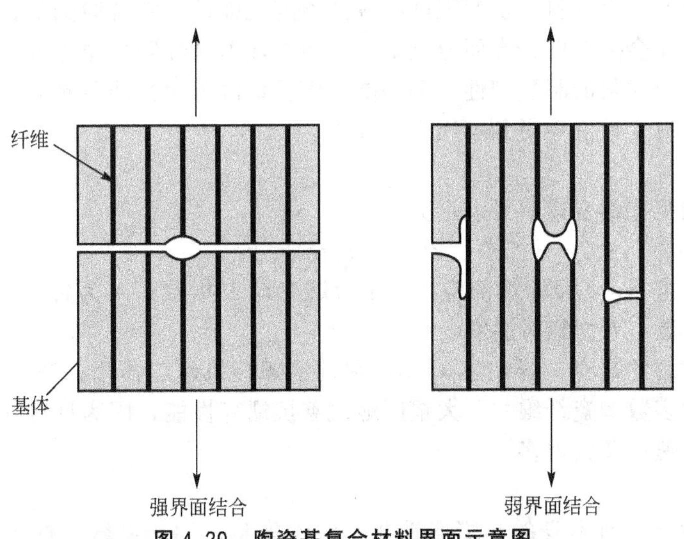

图 4.20 陶瓷基复合材料界面示意图

为了获得最佳界面结合强度，应避免界面化学反应或降低其程度和范围。这就要求所选用的增强体和基体在制备、服役期间能形成热动力学稳定的界面，再就是对纤维表面进行涂层处理。纤维表面的涂层可起到保护作用。

4.3.4 陶瓷基复合材料的性能

陶瓷基复合材料由于基体、增强体及制备工艺的不同，其性质各不相同。对于陶瓷基复合材料而言，其室温性能，尤其是高温性能一直引起人们的广泛关注。

1. 室温性能

1）拉伸强度及弹性模量

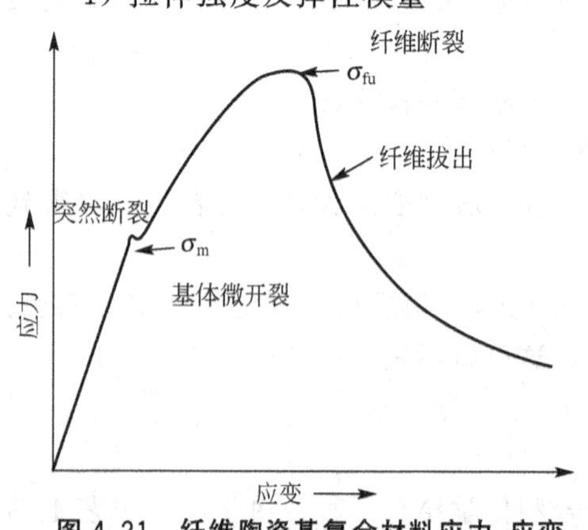

图 4.21 纤维陶瓷基复合材料应力-应变曲线示意图

陶瓷基复合材料中陶瓷基体的失效应变低于纤维增强体的失效应变，从而最初的失效常常是由基体晶体中的缺陷引起的开裂，如图 4.21 所示。材料的拉伸失效：当增强体尤其是纤维增强体强度较低，而界面结合强度高时，基体中的裂纹将穿过纤维扩展，导致复合材料突然失效；相反，如果纤维强度较高，而界面结合较弱，基体中的裂纹将沿着纤维扩展。纤维失效前，纤维/基体界面在基体的裂纹尖端和尾部脱粘，复合材料不会突然失效，复合材料的最终失效应变大于基体的失效应变。

2）断裂韧性

纤维拔出与裂纹偏转是复合材料韧性提高的主要机制。纤维含量增多，可阻止裂纹扩展的势垒增加，材料的断裂韧性增加。但当纤维含量超过一定量时，纤维局部分布不均，相对密度降低，气孔率增加，其抗弯强度反而降低。

2. 高温性能

1）强度

通常，陶瓷基复合材料的抗弯强度在较高温度也能保持室温时的值，但当超过某一临界温度后，其强度会随温度升高而急剧增加，但弹性模量却随着温度升高而下降。研究结果表明，不仅复合材料的断裂韧性得到提高，而且室温力学性能及高温力学性能、抗热冲击性能及抗高温蠕变性能均得到本质上的改善。

2）蠕变

陶瓷材料的稳态蠕变速率可表示为：

$$\dot{\varepsilon}=A\sigma^{n}\exp^{(-\Delta Q/RT)}$$

式中，$\dot{\varepsilon}$ 为蠕变速率；σ 为施加的应力；n 为蠕变应力指数；A 为常数；ΔQ 为蠕变激活能；R 为气体常数；T 为绝对温度。

对于陶瓷材料的蠕变，若 n 为 3～5，则位错攀移机制起作用；若 n 为 1～2，则扩散机制起作用。大多数陶瓷纤维并不大幅度地改善抗蠕变性能，因为许多纤维的蠕变速率比对应陶瓷的蠕变速率要大得多。

3）抗热冲击性

抗热冲击性与材料本身的热膨胀系数、弹性模量、导热系数、抗张强度及材料中气相、玻璃相及其晶相的粒度有关。普通陶瓷在经受剧烈的冷热变化时，容易发生开裂而破坏，而陶瓷基复合材料改善了材料的抗热振性。

影响上述性能的因素包括增强相的体积分数、密度、界面、颗粒含量和粒径等。

4.4 聚合物基复合材料

4.4.1 聚合物基复合材料概述

聚合物基复合材料通常是以合成树脂为主要基体材料的复合材料。聚合物基复合材料是目前结构复合材料中发展最早、研究最多、应用最广、规模最大的一类。聚合物基复合材料的发展可以分为三个阶段。第一阶段是20世纪40年代初期至60年代中期，这一阶段研究的重点是玻璃纤维增强塑料(GFRP)，但是玻璃纤维模量低，不能满足航空、宇航材料的要求。第二阶段是20世纪60年代中期到80年代初期，该阶段是先进复合材料日益成熟和发展的阶段，硼纤维、碳纤维、聚芳酰胺纤维性能的不断提高，使聚合物基复合材料的发展和应用更为迅速。20世纪80年代以后，聚合物基复合材料在制备工艺、增强理论等方面的研究逐渐完善，除了玻璃钢的普遍使用外，先进复合材料在航空航天、船舶、汽车、建筑、文体用品等各个领域都得到广泛应用，至此也是聚合物基复合材料发展的第三阶段。聚合物基复合材料是由一种或多种微米级增强体分散于聚合物塑料基体中形成的。按增强体的形状，可分为纤维增强聚合物基复合材料、颗粒增强聚合物基复合材料、晶须增强聚合物基复合材料。按增强体的纤维种类不同，可分为玻璃纤维增强聚合物基复合材料(GFRP)、碳纤维增强聚合物基复合材料(CFRP)、芳香族聚酰胺合成纤维增强聚合物基复合材料(ArFRP)、硼纤维增强聚合物基复合材料(BFRP)等。按聚合物基体材料不同，可分为热固性聚合物基复合材料和热塑性聚合物基复合材料。

聚合物基体是聚合物基复合材料的一个必需组分。在其成型过程中，聚合物基体经过复杂的物理、化学变化，与增强体复合成具有一定形状的整体，可见基体性能直接影响复合材料的性能。基体的作用主要有：将纤维增强体粘合成整体并使纤维位置固定，在纤维间传递载荷，并使载荷均衡；决定复合材料的耐热性、横向性能、剪切性能、耐腐蚀性等性能；决定复合材料制备工艺及工艺参数的选择；保护增强体免受各种损伤。

4.4.2 聚合物基复合材料的制备

聚合物基复合材料的制备通常采用两种方法，即一步法和二步法。一步法是将原材料直接形成复合材料，二步法是先将原材料进行预加工，使其成为半成品，然后再将半成品形成复合材料。下面简单介绍几种常用工艺。

1. 半成品制备

半成品是制备过程中的一种中间材料。按加工方法不同，半成品可分为预浸料和稠化料两种。

1) 预浸料

预浸料通常指定向排列的连续纤维(单向、织物等)浸渍树脂后经烘干或预聚所形成的厚度均匀的薄片状半成品。预浸料的技术指标包括厚度、挥发物含量、树脂含量、树脂流动性及适用期等。根据制备时预浸树脂的状态，可分为湿法(溶液浸渍法)和干法。按预浸料加工设备的不同，又分为辊筒缠绕法和阵列式连续铺排法，前者多采用湿法工艺，后者则由湿法向干法发展。

如图4.22所示，湿法工艺是将许多平行整齐排列的纤维束(或织物)同时放入浸渍槽，浸渍树脂后由挤胶器除去多余胶液，经烘干炉除去溶剂后，加隔离纸并经辊压整平，最后收卷。在采用湿法工艺制备预浸料时，要严格控制环境温度、胶液浓度、辊筒缝隙等工艺参数。湿法工艺难以制备挥发物含量很低的预浸料。

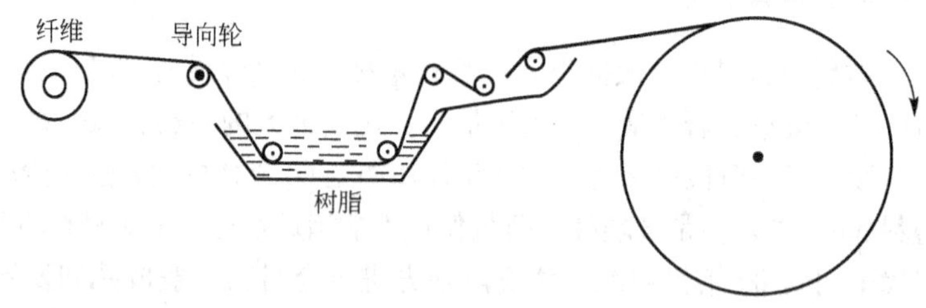

图4.22 湿法工艺

干法工艺适合制备挥发物含量低的预浸料，又有熔融法和胶膜法两种。熔融法是熔融状态树脂从漏槽流到隔离纸上，通过利刀刮涂在隔离纸上形成一层厚度均匀的胶膜，经导向辊与经过整经后平行排列的纤维或织物叠合，通过热鼓时树脂熔融并浸渍纤维，再经辊压使树脂充分浸渍纤维，冷却后收卷。胶膜法是将纱束铺排整齐后，夹于干胶膜之间，再通过加热辊挤压，使纤维浸嵌于树脂模，加附隔离纸载体压实后收卷。

2）预混料

预混料按形状可分为块状预混料(BMC)和片状预混料(SMC)。SMC和BMC是一类可直接进行模压成型而不需先进行固化、干燥等其他工序的纤维增强热固性塑料。其组成包括玻璃纤维、树脂、引发剂、固化剂、填料、内脱模剂、颜料、增稠剂等。SMC一般用专用SMC机组制备，而BMC常用捏合法制备。

GMT是一种类似于热固性SMC的复合材料半成品。它除了具有与热固性SMC相似甚至更好的力学性能外，还具有生产过程无污染、成型周期短、废品回收率高等优点。通常GMT采用的增强剂是无碱玻璃、无纺毡或连续纤维。其制造工艺有熔融浸渍法和悬浮浸渍法。IMC（颗粒状注塑模塑料）一般采用双螺杆挤出机制备，再由切割机切断，长度一般为3～6 mm。

3）粒状料

纤维增强的热塑性预混料通常为粒状。热塑性粒料一般可分为长纤维粒料和短纤维粒料。表4-12为粒状料的制备工艺。

表4-12 粒状料制备工艺

粒料类型	制备工艺	工艺路线	优　点	缺　点	备　注
长纤维粒料	电缆式包覆法	玻璃粗纱通过十字形挤出机头被熔融树脂包覆，经冷却牵引切粒而成	连续生产；效率高；粒料质量高；劳动条件好	粒料不宜在柱塞式注射机内成型	普遍使用

（续）

粒料类型	制备工艺	工艺路线	优　点	缺　点	备　注
长纤维粒料	管道反应法	单体与纤维同时由管道口加入，通过管道聚合反应，出料口即得到增强调料（如MC尼龙）	工艺简单；连续化生产	聚合物质量较好；强度较差	
	聚合釜包覆法	在聚合釜出料口安装包覆机头，待聚合物出料时被纤维包覆	减少树脂热老化次数；简化工艺	减慢了出料速度因而降低了聚合物产量	
短纤维粒料	短纤维单螺杆挤出法	将树脂与短纤维按比例加入挤出机中，重复2～3次挤出造粒	纤维和树脂均匀混合，可供柱塞式注射机成型	纤维强度损失严重；严重磨损设备；生产率低；劳动条件差	注意劳动保护
	单螺杆排气式挤出机回挤造粒法	将长纤维粒料加入到单螺杆排气挤出机中回挤一次造粒，若物料低分子挥发物少，可用普通挤出机	连续化生产；粒料外观较好，质地紧密；劳动条件好	树脂可能发生部分热老化，粒子外观无双螺杆排气式挤出机好	使用较多
	双螺杆排气式挤出法	树脂由加料口与连续玻璃纤维或开刀丝由进丝口直接按比例自动加进挤出机挤出造粒	连续化生产；粒料外观极好，质地紧密；劳动条件好	对设备要求高；噪声很大	采用者多
	混合法	纤维和树脂预先在混合器内混合后再送入挤出机进一步塑练，最后挤出造粒	物料混合均匀，外观质量好	间歇生产，纤维损伤较大	

4）稠化料

稠化料主要是聚酯树脂用作基体的半成品。制备这种半成品时要在树脂中加入增稠剂，所成型的半成品为有粘性但不粘手的凝胶状物料，在下一步成型时可以被软化并具有一定的流动性。

2. 成型方法与工艺

1）手糊成型

手糊成型是以手工作业为主的成型方法，是制备热固性树脂复合材料的一种最原始、最简单的成型工艺。它是将增强材料铺放于模具中，用浇、刷或喷的方法加上树脂，并排除气泡，如此反复，直到所需厚度。然后再进行固化、脱模、修整、打磨飞边毛刺。固化一般在常温、常压下进行，也可适当加热，或常温时加入催化剂或促进剂以加快固化。手糊成型工艺示意图如图 4.23 所示。

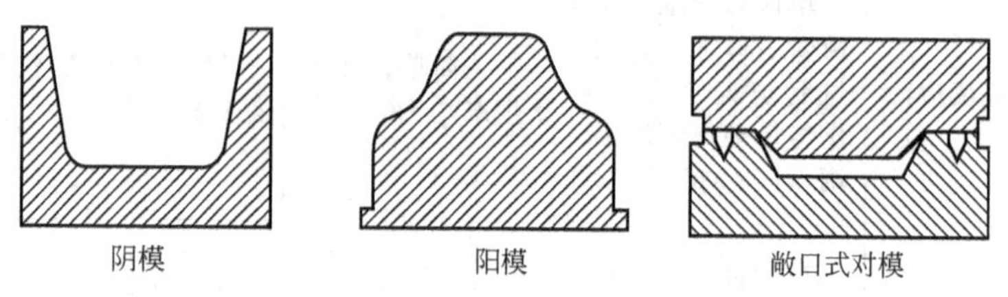

图 4.23　手糊成型工艺示意图

2）袋压成型

袋压成型是应用最早、最广泛的工艺之一，包括压力袋、真空袋、真空袋-热压罐成型法。它是将铺层铺放于模具中，依次铺上脱膜布、吸胶层、隔离膜、袋膜等，再在热压下经所需的固化周期后，形成具有一定结构形状的构件。该方法是利用成型袋和模具之间的真空形成负压或在袋外施加压力，使坯料紧贴模具，经固化成型的方法。图 4.24 为典型袋系统示意图。

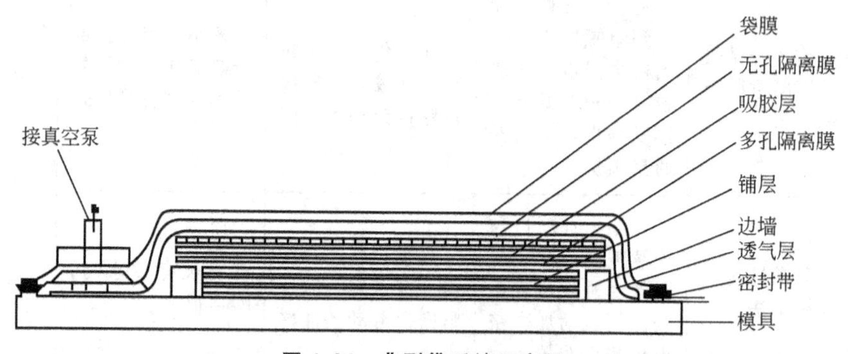

图 4.24　典型袋系统示意图

3）缠绕成型

缠绕成型是将浸渍了树脂的纱或丝束缠绕在回转芯模上，常压下在室温或较高温度下固化成型的一种复合材料制造工艺。根据缠绕时树脂基体所处的物理化学状态不同，缠绕成型可分为干法、湿法及半干法。其中湿法缠绕是最普通的缠绕方法，其工艺原理如图 4.25 所示。

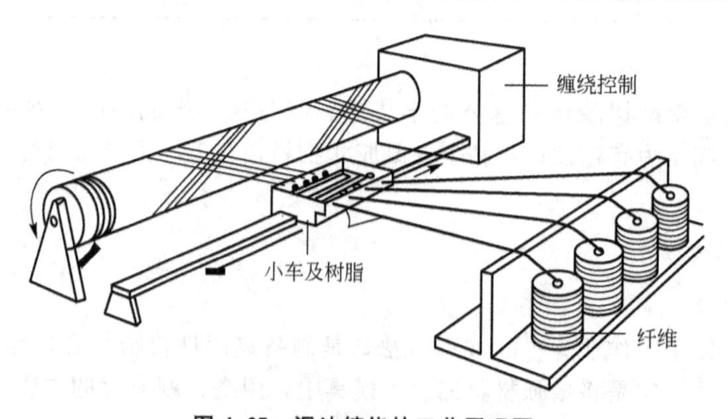

图 4.25　湿法缠绕的工艺原理图

缠绕成型以纤维、树脂、芯模和内衬为基本材料。缠绕成型主要是在缠绕机上完成，且在成型过程中，纱线必须遵循规定的路径及线型。该法具有纤维铺放的高度准确性和重复性，纤维含量高，原材料消耗小，无废料。

4）拉挤成型

拉挤成型的主要工艺包括纤维输送、纤维浸渍、成型与固化、夹持与拉拔、切割等，可用于制造各种杆棒、平板、空心管等(图 4.26)。拉挤成型用纤维主要为玻璃纤维粗纱，树脂主要为不饱和聚酯树脂，此外还有少量环氧树脂、丙烯酸酯树脂、乙烯基酯树脂等。该法生产效率较高。

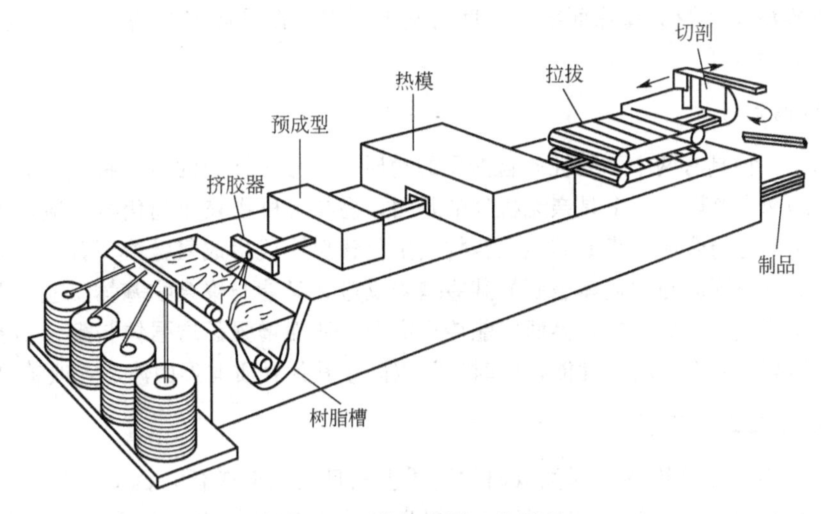

图 4.26 拉挤成型工艺原理

5）模压成型

模压成型是最普通的模压成型技术，通常分为坯料模压、片状模塑料模压和块状塑料模压。SMC 模压工艺包括在模具上涂脱膜剂、SMC 剪裁、装料、热压固化成型、脱膜、修整等步骤(图 4.27)。其关键是热压成型，因此要控制好模压温度、模压压力和时间三个工艺参数。

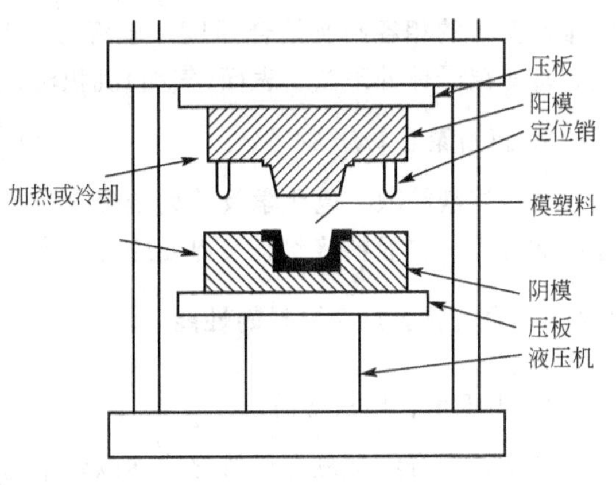

图 4.27 模压成型工艺示意图

6）注射成型

注射成型主要用于短纤维增强热塑料制品成型。注射成型的主要工艺参数有料筒温度、注射压力、塑化时间、模具温度、锁模力和保压冷却时间等。

7）喷射成型

喷射成型是一种半机械化成型技术。它是将混有引发剂的树脂和混有促进剂的树脂分别从喷枪两侧喷出或混合后喷出，同时将纤维用切断器切断并从喷枪中心喷出，与树脂一起均匀地沉积在模具上，待材料在模具上沉积一定厚度后，再用手辊压实，除去气泡并使纤维浸透树脂，最后固化成制品。

4.4.3 聚合物基复合材料的界面

聚合物基复合材料的界面结构包括增强体表面、与基体的结合层或偶联剂参与的反应层及接近反应层的基体拟制层。通常，聚合物基复合材料的界面大多数为物理粘结，结合力主要来源于色散力、偶极力、氢键等，结合强度较低。偶联剂与增强体的结合也不稳定，很容易被水、化学介质等环境破坏。但在较低温度下，其界面可保持相对稳定。

为了更好地了解界面的组成、结构及物理、化学性质，通常使用电子显微镜、红外光谱、拉曼光谱、二次离子质谱等对界面层的化学结构进行表征。

根据改善浸润性及提高界面结合强度的基本原则，在设计聚合物基复合材料界面时应从以下几个方面入手。

1. 使用偶联剂

偶联剂是一种具有两个不同性质官能团的物质。其分子结构的最大特点是分子中含有化学性质不同的两个基团，一个是亲无机物的基团，易与无机物表面起化学反应；另一个是亲有机物的基团，能与合成树脂或其他聚合物发生化学反应或生成氢键溶于其中。偶联剂在聚合物基复合材料中既能与增强体表面的某些基团反应，又能与聚合物基体反应，在增强体与聚合物基体间形成一个界面层。界面层能传递应力，从而增强了增强体与聚合物基体之间的粘合强度，提高了复合材料的性能，同时还可以防止其他介质向界面渗透，改善界面状态。

2. 增强体表面处理

由于碳纤维是沿纤维轴向择优取向的同质多晶且表面能较低，因此纤维增强体不能被树脂基体很好地浸润。经适当的表面处理可以改变纤维结构和表面形态，使其表面能提高，从而改善浸润性或使表面生成一些能与树脂反应形成化学键的活性官能团，以此提高纤维与基体的相容性及结合强度。碳纤维常用的表面处理方法有液相氧化法、气相氧化法、冷等离子体处理法、表面(气相)沉积法、表面电聚合处理等。

3. 使用聚合物涂层

使用溶液涂敷、电化学及等离子聚合等方法可获得聚合物涂层，以此改善基体和增强体的润湿性、界面粘接状态及界面应力状态。

4.4.4 聚合物基复合材料的性能

1. 比强度、比模量高

通常，聚合物基复合材料都能够以较小的单位质量获得较高的机械强度。无论是普通塑料还是工程塑料，用玻璃纤维增强后，其强度都有所增加。

由表 4－13 所列数据可知，聚合物基复合材料的比强度和比模量基本上都明显高于金属。

表 4－13 聚合物复合材料与几种金属材料的力学性能比较

材料	GFRP	CFRP	KPRP	BFRP	钢	铝	钛
密度/(g/cm^3)	2.0	1.6	1.4	2.1	7.8	2.8	4.5
拉伸强度/GPa	1.2	1.8	1.5	1.6	1.4	0.48	1.0

(续)

材　　料	GFRP	CFRP	KPRP	BFRP	钢	铝	钛
比强度	600	1120	1150	750	180	170	210
拉伸模量/GPa	42	130	80	220	210	77	110
比模量	21	81	57	104	27	27	25
热膨胀系数($\times10^{-6}$)/K^{-1}	8	0.2	1.8	4.0	12	23	9.0

2. 设计性强

增强体类型、基体类型、铺层方法、配比、制备工艺等都对聚合物基复合材料的性能有较大影响，因而可以通过使用目的和对聚合物基结构的要求进行设计。但由于热塑性基复合材料的基体材料种类比热固性基复合材料多很多，因此其选择设计的自由度就大很多。例如，BFRP具有优异的压缩性能，可以用于制造受压杠杆，KFRP的拉伸强度高而压缩强度低，应避免其承受压缩载荷，而应使其承受拉伸载荷。

3. 抗疲劳性能好

影响聚合物基复合材料疲劳强度的因素很多。实验表明，静态强度高的聚合物基复合材料具有较高的疲劳强度。表4-14为各种聚合物基复合材料的疲劳强度。

表4-14　聚合物基复合材料的疲劳强度

树脂	增强材料	成型方法	纤维含量/(%)	试验机形式	疲劳强度/MPa
聚酯树脂	M	压制	54.5	定振幅	70
	M	压制	21.5	定振幅	30
	SC	压制	52.2	定载荷	90
	SC	真空袋	59.3	定振幅	55
	SC+M+PC	手糊	30.0	定振幅	35
	PC+M+R+M+PC	手糊	30.0	定振幅	27
	PC	压制	40.0	定振幅	70
环氧树脂	SC+R′	压制	—	定载荷	250
	SC	压制	58.0	定载荷	150
酚醛树脂	SC	压制	54.0	定载荷	120
	PC	压制	—	定振幅	70
	TC	压制	—	定振幅	25
	P	压制	—	—	25
	TC	压制	50	定载荷	29
	FC	压制	50	定载荷	27
	PC	压制	40	定载荷	57

4. 热性能好

聚合物基复合材料的热性能包括导热系数、比热、线膨胀系数和热变形温度等。普通塑料的使用温度为50～100℃，加入玻璃纤维增强体后，可提高至100℃以上。尼龙6的热变形温度为65℃，用30%玻璃纤维增强后，其使用温度可提高至190℃。聚合物基复合材料具有较低的热膨胀系数，尤其是碳纤维增强聚合物基复合材料的热膨胀系数接近于零。而且，通过合适的铺层设计，可使热膨胀系数进一步降低。例如，玻璃钢的热膨胀系数一般在$(4\sim36)\times10^{-6}$/℃内，而金属材料的一般在$(11\sim29)\times10^{-6}$/℃，二者相近。因此，在一定温度范围内，FRP具有较好的热稳定性和尺寸稳定性。利用这一点及高模量特征，可以用玻璃钢制造一些要求尺寸精密、稳定的构件，如作为量具、卫星及空间仪器的结构材料，不但质轻，而且可保持尺寸的高精度和高稳定性。

5. 耐腐蚀性好

随基体材料的不同，聚合物基复合材料的耐腐蚀性能也不一样。由于聚合物基复合材料的基体材料较多，尤其是热塑性聚合物基复合材料，且每种基体都有其各自的防腐特点，因此可根据复合材料的使用环境和介质条件对基体进行优选，以满足要求。通常热塑性聚合物基复合材料的耐水性要优于热固性聚合物基复合材料。FRP的耐腐蚀性比钢、铝等金属材料要好，因此常用FRP来制造化工设备的防腐蚀管道。玻璃纤维增强塑料在很多场合下的应用主要也是考虑其优异的防腐性能。

6. 电性能

通常热塑性聚合物基复合材料都具有较好的介电性，对无线电波不反射，对微波具有良好的透过性。在热塑性聚合物基复合材料中加入导电材料后，其导电性能可以得到改善且可防止静电的产生。

此外，聚合物基复合材料还具有减振性好、过载安全性能好、耐烧蚀性好、摩擦性能好、成型工艺多样化等优点。然而，与传统的金属材料相比，聚合物基复合材料也存在材料昂贵、在湿热环境下性能变化较大、冲击性能差等缺点。

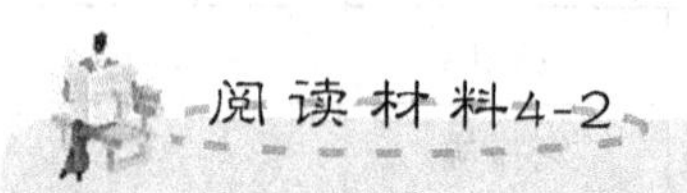

一代材料　一代飞机

100多年来，材料与飞机一直在相互推动下不断发展，飞机机体和发动机的材料结构经历了4个阶段的发展，正在跨入第五阶段。其中，从第四阶段到第五阶段的显著特点是复合材料用量的根本性变化。A380和B787分别是第四阶段和第五阶段的代表性机型。A380(图4.28)在复合材料用量上有很大突破(22%)，但铝合金用量高达61%，仍占首位；B787的复合材料用量创历史最高纪录(50%)，铝合金只占20%。上述比例都指质量百分比，由于复合材料密度小，如果按体积百分比计算，这个数据就更悬殊了。为了与竞争对手的B787项目抗衡，空中客车将正在研制中的A350XWB的复合材料比例提高到50%。

此外，A320、B737后继机的复合材料用量也将大幅提高。总体上看，复合材料在军民用飞机上的用量正逐年增加，但从安全方面考虑，在民机领域的应用一直落后于军机。与复合材料用量不断创新高的过程相对应，复合材料的应用也从民机的次承力件扩展到主承力件，其应用部位从尾翼扩展至机翼，直至机身，可以说，这是一种从量变到质变的革命性变化。目前，波音和空客的新一代大型飞机上都有大量有新意的材料技术应用，如B787采用复合材料整体机身段；A380率先在中央翼盒上大量采用复合材料(原为全金属结构)，波音787则发展全复合材料翼盒直至全复合材料机翼；A380中央翼盒重8.8t，其中复合材料占5.3t，总体减轻1.5t，等。在大型飞机上如何用上更多自主研制生产的航空材料又是我国乃至世界材料界和航空界特别关注的问题。

图 4.28　A380 内部设施

综合习题

一、填空题

1. 制作碳纤维的五个阶段分别是________、________、稳定、________和石墨化。
2. 复合材料通常有三种分类法，分别是________、________和________。

二、名词解释

1. 复合材料
2. 碳纤维
3. 拉挤成型
4. 干法缠绕

三、简答题

1. 简述增强材料(增强体、功能体)在复合材料中所起的作用，并举例说明。
2. 垂直于纤维扩展的裂纹需要克服哪些断裂？
3. 复合材料的界面具有怎样的特点？

四、论述题

1. 以玻璃纤维为例说明增强材料进行表面处理的原因及方法。
2. 举例说明树脂基复合材料发展迅速且广泛应用的原因。
3. 试对金属基复合材料的主要优缺点进行分析，并根据铝合金的特性分析铝基复合材料的应用前景。

第5章
部分新材料

知识要点	掌握程度	相关知识
纳米材料	了解纳米材料的特性； 了解纳米材料的应用	纳米材料的四个特性； 纳米材料的应用
信息材料	熟悉信息材料的类型； 了解信息材料的应用	信息技术； 信息功能材料
智能材料	了解智能材料的特性	智能材料的特性
超导材料	了解超导材料的特性	超导材料的特性
磁性材料	了解磁性材料的特性	磁性材料的特性
新型能源材料	了解新型能源材料的应用	新型能源材料的应用

导入案例

隐身技术

隐身技术是20世纪军用飞机设计的一项革命性技术。隐身技术通常指低可探测性技术。由于雷达是目前最主要的探测武器和制导武器，以下的隐身技术主要指雷达隐身技术或雷达低可探测技术。

纳米微粒的尺寸远远小于雷达发来的电磁波长，可以大大增加对这些波的透过率和减少对这些波的反射率，使得雷达接受的反射信号变得微弱，从而起到隐身的作用。纳米微粒的比表面积大，对电磁波有很强的吸收能力，这也使得雷达探测器接收到的反射信号强度大大降低。

著名的F-22“猛禽”隐身战斗机(图5.01)，把隐身外形与飞机的气动外形进行了一体化设计，再加上十分有效的纳米吸波材料和吸波涂层的优化选择和配置，使飞机达到了最佳的隐身效果，具有极强的作战能力。

图5.01 F-22战斗机

5.1 纳米材料

5.1.1 纳米材料概述

纳米材料科学是20世纪90年代兴起并迅速发展的一门新兴学科。所谓纳米材料，从狭义上说，是原子团簇、纳米颗粒、纳米线、纳米薄膜、纳米碳管和纳米固体材料的总称。从广义上说，纳米材料是指晶粒或晶界等显微构造等达到纳米尺寸(<100nm)水平的材料。材料在尺寸上的区分如图5.1所示。

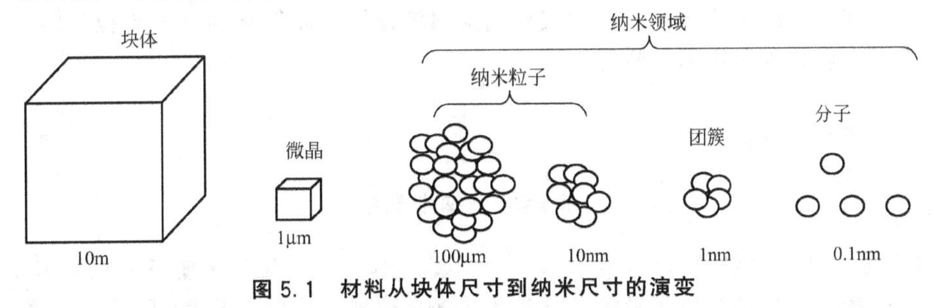

图5.1 材料从块体尺寸到纳米尺寸的演变

5.1.2 纳米材料的分类

纳米材料大致可分为纳米粉末、纳米纤维、纳米膜、纳米块体等四类。其中纳米粉末开发时间最长，技术最为成熟，是生产其他三类产品的基础。

1. 纳米粉末

纳米粉末又称为超微粉或超细粉，一般指粒度在100nm以下的粉末或颗粒，是一种介于原子、分子与宏观物体之间处于中间物态的固体颗粒材料。可用于高密度磁记录材料、吸波隐身材料、磁流体材料、防辐射材料、单晶硅和精密光学器件抛光材料、微芯片导热基片与布线材料、微电子封装材料、光电子材料、先进的电池电极材料、太阳能电池材料、高效催化剂、高效助燃剂、敏感元件、高韧性陶瓷材料(摔不裂的陶瓷，用于陶瓷发动机等)、人体修复材料、抗癌制剂等。

2. 纳米纤维

纳米纤维指直径为纳米尺度而长度较大的线状材料，如图5.2所示。可用于微导线、微光纤(未来量子计算机与光子计算机的重要元件)材料、新型激光或发光二极管材料等。

图5.2 纳米带的扫描电镜形貌图

3. 纳米膜

纳米膜分为颗粒膜与致密膜。颗粒膜是纳米颗粒粘在一起，中间有极为细小的间隙薄膜。致密膜指膜层致密但晶粒尺寸为纳米级的薄膜。可用于气体催化(如汽车尾气处理)材料、过滤器材料、高密度磁记录材料、光敏材料、平面显示器材料、超导材料等。

4. 纳米块体

纳米块体是将纳米粉末高压成型或控制金属液体结晶而得到的纳米晶粒材料。主要用于超高强度材料、智能金属材料等。

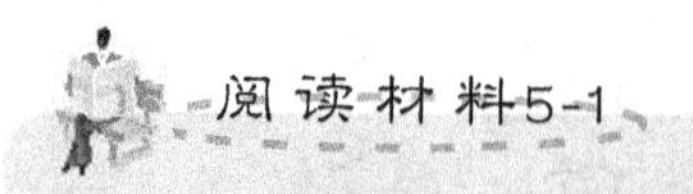
阅读材料5-1

有趣的碳纳米家族

碳元素由于其独特的sp、sp^2、sp^3三种杂化形式，构筑了丰富多彩的碳质材料世界。近25年来，从零维的富勒烯、一维的碳纳米管到二维的石墨烯(图5.3)，碳的同素异形体不断被丰富，这三种材料的发现者分别于1996年、2008年、2010年被授予诺贝尔化学奖、Kavli纳米科学奖、诺贝尔物理奖。三者中石墨烯的发现是最晚的，但富勒烯和碳纳米管均可由石墨烯转化而来。

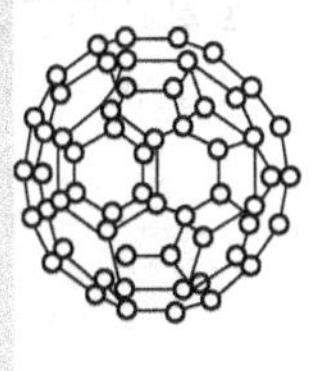
(a) 富勒烯

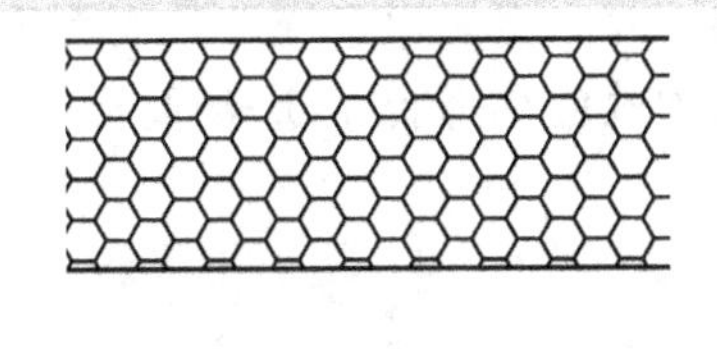
(b) 碳纳米管

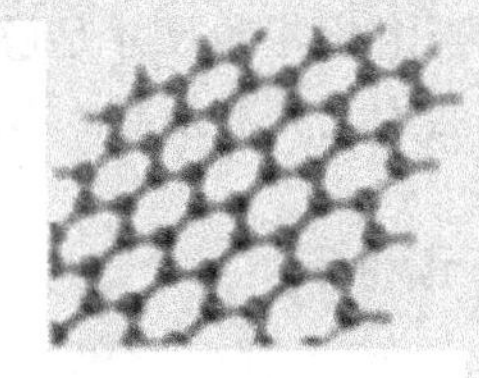
(c) 石墨烯

图 5.3 碳的同素异形体

富勒烯是由石墨烯的一部分弯曲成足球状得到的。它是由 60 个碳原子以 20 个六元环和 12 个五元环连接而成的具有 30 个碳碳双键(C ═C)的足球状空心对称分子。分子剩余的电子在球状分子中形成大 π 键，因此富勒烯有芳香性。由图 5.3(a)可以看出富勒烯分子笼状结构具有向外开放的面，而内部却是空的，这就有可能将其他物质引入到该球体内部，显著地改变富勒烯分子的物理和化学性质。

碳纳米管的主体管部分可以看做由一部分石墨烯片层卷曲而成，两端各由半个富勒烯封口。碳纳米管中的碳原子除了 sp^2 杂化外，还有部分 sp^3 杂化，这样才能呈现出弯曲的管状结构。碳纳米管有着奇特的导电性质，它会因石墨烯形成碳纳米管时的卷曲方式不同而呈现出金属性和半导体性。

石墨烯是最新发现的一种具有很多潜在应用的纳米级材料，有着较富勒烯和碳纳米管更优异的奇特性质，应用前景广。但是毕竟石墨烯只有几岁，关于它的研究还有很长的路要走，许多奇异性质还有待开发。

5.1.3 纳米材料的特性

材料特性的改变是由于所组成微粒的尺寸、相组成和界面这三个方面的相互作用来决定的。在一定条件下，这些因素中的一个或多个会起主导作用。纳米材料由于其结构的特殊性，出现特异的表面效应、小尺寸效应、量子尺寸效应和宏观量子隧道效应等不同于传统材料的独特性能。

1. 表面效应

表面效应是指纳米粒子的表面原子与总原子数之比随着纳米粒子尺寸的减小而大幅度增加，粒子的表面吉布斯函数及表面张力也随着增加，从而引起纳米粒子性质的变化。随着纳米粒径的减小，表面原子数迅速增加，由于表面原子周围缺少相邻的原子，存在许多悬空键，具有不饱和性质，因而这些表面原子具有很高的化学活性，很容易与其他原子结合。

2. 小尺寸效应

当超细微粒尺寸不断减小，与光波波长、德布罗意波长及超导态的相干长度或投射深度等特性尺寸相当或更小时，晶体周期性的边界条件将被破坏，引起材料的电、磁、光和热力学等特性都呈现新的小尺寸效应。在电学性质方面，常态下电阻较小的金属到了纳米级，电阻会增大，电阻温度系数下降甚至出现负数；原是绝缘体的氧化物到了纳米级，电阻反而下降。在磁学性质方面，纳米磁性金属的磁化率是普通磁性金属的 20 倍。在光学性质方面，金属纳米颗粒对光的反射率一般低于1%，大约几纳米厚即可消光。在热力学性质方面，当组成相的尺寸足够小时，金属原子簇熔点大大降低。这是由于在所限定的系统中有效压强大大升高所致，这种效应称为吉布斯-汤姆逊(Gibbs - Thom - son)效应。

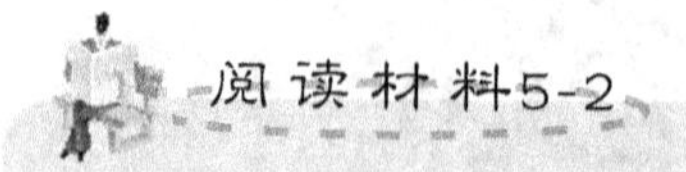

纳米粒子与金属熔点

固态物质在其形态为大尺寸时，其熔点是固定的；超细微化后发现其熔点将显著降低。例如，金的常规熔点为1064℃，当颗粒尺寸减小到2nm时，熔点仅为500℃。当粒子尺寸在150nm以上时，银的熔点为960.3℃，随着银粒子尺寸的减小，银的熔点下降，当银粒子尺寸下降到5nm时，熔点为100℃。超微颗粒熔点下降的性质对粉末冶金工业具有一定的吸引力，如在钨颗粒中附加质量分数为0.1%～0.5%的超微镍颗粒后，可使烧结温度从3000℃降低到1200～1300℃。

3. 量子尺寸效应

原子是由原子核和核外电子构成的。电子在一定的轨道(或能级)上绕核高速运动。单个原子的电子能级是分立的，而当许多原子如几个原子聚集到一起形成一个“大分子”，也就是大块固体时，按照分子轨道理论，这些原子的原子轨道彼此重叠并组成分子轨道。由于原子数目很大，原子轨道数更大，故组合后相邻分子轨道的能级差非常微小，即这些能级实际上构成一个具有一定上限和下限的能带，能带的下半部分充满了电子，上半部分则空着。大块物质由于含有几乎无限多的原子，其能带基本上是连续的。但是，对于只有有限个纳米的微粒来说，能带变得不再连续，且能隙随着微粒尺寸减小而增大。当热能、电能、磁能、光电子能量或超导态的凝聚能比平均的能级间距还小时，纳米微粒就会呈现一系列与宏观物体截然不同的反常特性，称为量子尺寸效应，如导电的金属在制成纳米粒子时就可以变成半导体或绝缘体。磁矩的大小与颗粒中电子是奇数还是偶数有关；比热容也会发生反常变化；光谱线会产生向短波长方向的移动；催化活性与原子数目有奇妙的联系，多一个原子活性很高，少一个原子活性很低。

4. 宏观量子隧道效应

电子既具有粒子性又具有波动性，它的运动范围可以超过经典力学所限制的范围。这种“超过”是穿过势垒，而不是翻过势垒，这就是量子力学中所说的隧道效应。近年来人们发现一些宏观物理量，如颗粒的磁化强度，量子相干器件中的磁通量等也显示隧道效应，故称为宏观量子隧道效应。量子尺寸效应、宏观量子隧道效应将是未来微电子、光电子器件的基础，当微电子器件进一步微小化时，必须考虑上述量子效应，如制造半导体集成电路时，当电路的尺寸接近电子波长时，电子就会通过隧道效应而溢出器件，使器件无法工作。

5.1.4 纳米材料的制备

纳米粒子的制备方法很多，可分为物理方法和化学方法。

1. 物理方法

(1) 真空凝固法。用真空蒸发、加热、高频感应等方法使原料气化或形成等粒子体，然后骤冷。其特点是，纯度高、结晶组织好、粒度可控，但技术设备要求高。

(2) 物理粉碎法。通过机械粉碎、电火花爆炸等方法得到纳米粒子。其特点是，操作简单、成本低，但产品纯度低，颗粒分布不均匀。

(3) 机械球磨法。采用球磨方法，控制适当的条件得到纯元素、合金或复合材料的纳米粒子。其特点是，操作简单、成本低，但产品纯度低，颗粒分布不均匀。

2. 化学方法

(1) 气相沉积法。利用金属化合物蒸气的化学反应合成纳米材料。其特点是，产品纯度高，粒度分布窄。

(2) 沉淀法。把沉淀剂加入到盐溶液中反应后，将沉淀热处理得到纳米材料。其特点是，简单易行，但纯度低，颗粒半径大，适合制备氧化物。

(3) 水热合成法。高温高压下在水溶液或蒸汽等流体中合成，再经分离和热处理得到纳米粒子。其特点是，纯度高，分散性好、粒度易控制。

(4) 溶胶凝胶法。金属化合物经溶液、溶胶、凝胶而固化，再经低温热处理而生成纳米粒子。其特点是，反应物种类多，产物颗粒均一，过程易控制，适于氧化物和Ⅱ～Ⅵ族化合物的制备。

(5) 微乳液法。两种互不相溶的溶剂在表面活性剂的作用下形成乳液，在微泡中经成核、聚结、团聚、热处理后的纳米粒子。其特点是，粒子的单分散和界面性好，Ⅱ～Ⅵ族半导体纳米粒子多用此法制备。

5.1.5 纳米材料的应用

纳米材料的重要意义已越来越被人们所认识。有科学家预言，在21世纪纳米材料将是“最有前途的材料”，纳米技术甚至会超过计算机和基因学，成为“决定性技术”。纳米材料在许多领域都有着潜在的应用价值，现简要介绍纳米材料在下列几个方面的应用。

1. 化学反应与催化

纳米粒子比表面积大，活性中心多，催化效率高。已发现金属纳米粒子可催化断裂H—H、C—H、C—C和C—O键。纳米铂黑可使乙烯氢化反应温度从600℃下降至室温。纳米铂黑、银、Al_2O_3、Fe_2O_3，可在高聚物氧化、还原及合成反应中做催化剂，大大提高反应效率；纳米镍粉用作火箭反应固体燃料催化剂，燃烧效率提高了100倍；纳米粒子用作光催化剂时，光催化效率高。耐热耐腐蚀的氮化物的纳米粒子会变得不稳定，如TiN纳米粒子(45nm)在空气中加热即燃烧生成白色TiO_2粒子。无机材料的纳米粒子在大气中会吸附气体，形成吸附层，利用此特性可做成气敏元件。

2. 化工与轻工

(1) 护肤用品。利用纳米TiO_2的优异的紫外线屏蔽作用、透明性及无毒特点，可做成防晒霜类护肤产品，添加量为0.5%～1.0%。

(2) 产品包装材料。紫外线会使肉食产生氧化变色，并破坏食品中的维生素和芳香化合物，从而降低食品的营养价值。添加0.1%～0.5%纳米TiO_2的透明塑料包装材料，即可防紫外线，透明度又高，比添加有机紫外线吸附剂更显优越。

(3) 功能性涂层。TiO_2纳米粒子已广泛用于汽车涂装业中。它与闪光铝粉及透明颜料用于金属面漆中时，在光照区呈现亮金黄色光，而侧光区为蓝色，使汽车涂层产生丰富而神奇的效应。这种技术首先由美国 Inmont 公司(现为 BASF 公司兼并)于 1985 年开发成功，1987 年用于汽车工业。1991 年世界有 11 种含纳米 TiO_2 的金属闪光轿车面漆被应用。随着中国轿车工业迅速发展，纳米 TiO_2 将有光明的未来。

用纳米 TiO_2 制成的油性或水性漆可保护木器家具不受紫外线损害。加入纳米 TiO_2，可使天然和人造纤维起到紫外线屏蔽作用。

3. 其他领域

(1) 纳米陶瓷材料。在陶瓷基中引入纳米分散相进行复合，能使材料的力学性能得到极大改善，其突出作用表现在可以大大提高断裂强度，大大提高断裂韧性和大大提高耐高温性能。

(2) 医学与生物工程。纳米粒子与生物体有密切的关系。例如，构成生命要素之一的核糖核酸蛋白质复合体，其线长度在 15～20nm，生物体内的病毒也是纳米粒子。此外，用纳米 SiO_2 可进行细胞分离，用纳米金粒可进行定位病变治疗，利用纳米传感器可获得各种生化反应的生化信息。

(3) 纳米磁性材料。纳米粒子的特殊结构使它可以用作永久性磁性材料；磁性纳米粒子具有单磁畴结构、矫顽力高的特性，可以用作磁记录材料以改善图像性能；当磁性材料颗粒的粒径小于临界粒径时，磁相互作用比较弱，利用这种超顺磁性便可作为磁流体。

(4) 纳米半导体材料。将硅、有机硅、砷化镓等半导体材料配制成纳米相材料，就具有很多优异性能，如纳米半导体中的量子隧道效应使电子输运反常，某些材料的电导率可显著降低，而其热导率也随着颗粒尺寸的减小而下降，甚至出现负值。这些特性在大规模集成电路器件、薄膜晶体管选择性气体传感器、光电器件及其他应用领域发挥重要作用。

5.2 信息材料

21 世纪是以信息产业为核心的知识经济时代。信息材料是信息技术和产业的基础，其产品支撑着通信、计算机、家电与网络技术等现代信息产业的发展。信息技术(information technology，IT)是以微电子学(microelectronics)和光电子学(optoelecronics)为基础，以光子学(photonics)为发展趋势，以计算机技术、通信技术、网络技术为核心，对各种信息进行收集、存储、处理、传输和显示的技术。信息的收集、存储、处理、传输和显示是通过各种功能器件来实现的，而这些器件又是以各种功能材料为主构成的，不同的器件使用不同的材料。因此，信息材料(information materials)是指与信息技术相关，用于信息收集、存储、处理、传输和显示的各类功能材料。

5.2.1 信息材料的分类

按照材料在信息技术中的功能，主要分为以下几类。

1. 信息探测材料

对电、磁、光、声、热辐射、压力变化或化学物质敏感的材料属于信息探测材料，可用来制成传感器，用于各种探测系统，如电磁敏感材料、光敏材料、压电材料等。这些材料有陶瓷、半导体和有机高分子化合物等多种。

2. 信息传输材料

信息传输材料主要是光导纤维，简称光纤。它质量轻、所占空间小、抗电磁干扰、通信保密性强，可以制成光缆以取代电缆，是一种很有发展前途的信息传输材料。

3. 信息存储材料

信息存储材料包括磁存储材料和半导体动态存储材料。前者主要是金属磁粉和钡铁氧体磁粉，用于计算机存储。光存储材料有磁光记录材料、相变光盘材料等，用于外存；铁电介质存储材料用于动态随机存取存储器，后者以硅为主，用于内存。

4. 信息处理材料

信息处理材料是制造信息处理器件如晶体管和集成电路的材料，目前使用最多的是硅。砷化镓也是一种重要的信息处理材料。

5.2.2 信息功能材料

信息技术的发展在很大程度上依赖于信息材料和元器件的进步，信息材料是信息技术发展的基础和先导。下面将对信息处理技术和材料、信息传输技术和材料、信息存储技术和材料、信息显示技术和材料及信息获取技术和材料进行介绍。

1. 信息处理技术和材料

信息处理技术目前以电子计算机为基础。电子计算机的核心处理器由超大规模集成电路构成，硅是制造超大规模集成电路的主要材料。由于需要处理的数据量成几何级数增加，因此，对电子计算机的处理能力要求越来越高，对计算机处理器(CPU)的速度和内存的要求也随之提高，相应对集成电路集成度的要求也日益提高。单纯使用硅来制成集成电路难以满足信息处理技术发展的需要，研究新型信息处理材料已经是信息处理材料领域的首要任务。

硅材料作为集成电路基础材料在过去的40年里得到了迅速发展，占集成电路的90%以上。自硅集成电路器件问世以来，其集成度提高了10^6倍，单位价格下降为原来的$1/10^6$。这主要依靠光刻线宽缩小和成品率的提高。单晶硅片的尺寸增大和质量提高起着十分重要的作用。今后，随着信息处理技术的发展，对单晶硅片的尺寸、缺陷尺寸、表面粗糙度和杂质含量等要求将不断提高。

然而，硅材料最终仍难以满足人类不断增长的对更大信息处理的需求。因此，人们正在寻求发展新材料和新技术，如以GaAs、InP和GaN等为基的化合物半导体材料，特别是半导体纳米结构材料(二维超晶格、量子阱、一维量子线和零维量子点材料)和Si基半导体异质结构材料等。但是在可以预见的时间内，硅作为集成电路材料的主导地位依然不会动摇。

2. 信息传输技术和材料

20世纪80年代以来，移动电话、卫星通信、无线通信和光纤通信形成立体通信网。宽带化、个人化、多媒体化的综合业务数字网(ISDN)发展迅速，有线通信始终是量大面广的通信手段。由于因特网和多媒体技术的迅速发展，近几年数字通信量正以每年35%的速度增长。

20世纪70年代，低损耗石英光纤和长寿命半导体激光器研制成功，使光通信成为可能。以光子作为信息载体，用光纤通信代替电缆和微波通信是20世纪通信技术的重大进步。光纤传输不仅损耗比电缆低，而且传输损耗不随传输速率升高而增大。

发展新型信息传输材料始终是信息传输技术的核心问题。近年来，人们研制出有效面积大的新型光纤，如全波光纤、叶状光纤和光子光纤等，试图提高信息的传输效率。

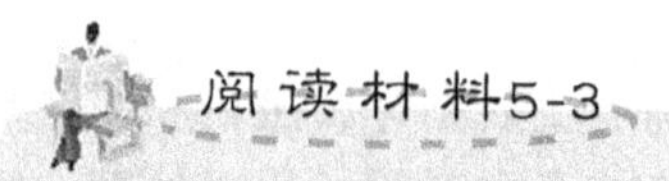
阅读材料5-3

光纤的工作原理

只要谈到电话系统、有线电视或互联网，人们就会谈到光纤电缆。光纤是又细又长且非常纯的玻璃丝，直径和人的头发相仿。光纤成束排列在光缆中，用于远距离传输光信号。光纤是如何传输信号呢？通过下面的例子，我们可以了解光纤的工作原理。假设您希望手电筒的光束照亮又长又直的走廊，那么只需将光束顺着走廊方向照去即可，光纤是沿直线传播的，这没有问题；那么如果走廊不是直的呢？您可以在拐弯处放一面镜子，在拐角周围反射光束；那如果走廊有很多拐弯呢？您可能需要沿墙放置许多面镜子来反射光束，使其沿着走廊不断反射。这就是光纤的工作原理(图5.4)。

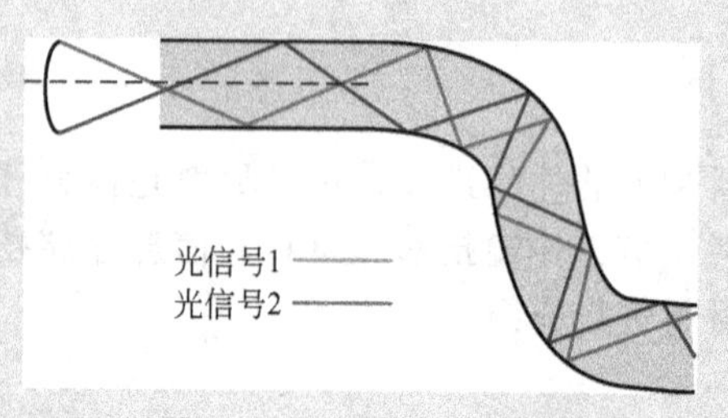

图5.4 光纤的工作原理

光纤中的光在纤芯(走廊)中通过不断反射到覆层(装满镜子的墙)来进行传播，这就是全内反射的原理。由于覆层并不会从纤芯中吸收任何光，因此光波能够传播很远的距离。然而，有些光信号在光纤内会发生衰减，这主要是由于玻璃中含有杂质。信号衰减的程度由玻璃的纯度和传输的光的波长决定(如850nm时衰减为60%～70%/km；1300nm时衰减率为50%～60%/km；1550nm时衰减率则超过50%/km)。有些优质光纤的信号衰减率非常低，1550nm时衰减率不到10%/公里。

3. 信息存储技术和材料

目前，电子计算机所用的二进位数据存储中，内存储多用半导体动态存储器(DRAM)。它的存取时间短(ns)，容量大。外存储大多数用磁记录方式，有磁带、软磁盘、硬磁盘等。随着磁记录材料和磁盘制备工艺的改进，存储密度有了很大提高。硬磁盘发展的下一个目标是面密度达$100Gb/in^2$。一般认为$40Gb/in^2$以上时，由于颗粒尺寸减小而出现超顺磁现象，会使记录位元的磁化状态不稳定。为了突破这一障碍，一方面需要采用垂直磁记录技术，使位元磁化方向垂直于介质记录表面，这样随着记录密度的增加，自退磁场减小，有利于实现高密度。另一方面还需要采用图形介质记录技术，用纳米制造技术将介质中的磁性材料制造成孤立的纳米结构，每一单元尺寸与磁畴大小相当，使每一个记录位元在孤立的材料单元中实现超高密度记录。

光盘存储技术的发展在很大程度上取决于存储介质材料的发展。特别是可录和可擦重写的光盘驱动器(或称光盘机)的结构取决于存储介质的存储机理，如磁光型或相变型等。

随着光电技术的进展，目前的光热记录方式将向光子记录方式发展。21世纪的超高密度、超快速光存储主要在几方面发展。例如，利用近场光学扫描显微镜(NSOM)进行超高密度信息存储；运用角度多功能、波长多功能、空间多功能与移运多功能等的全息存储代替聚集光束逐点存取的方式；发光三维存储技术(如光子引发的电子俘获三维存储光盘和光谱烧孔存储等高密度光存储)。21世纪初有可能研制出使用次数达百万次的多层电子俘获三维光盘，能高速和高密度地执行读、写、擦功能，实现在室温下烧孔存储的光谱烧孔多维存储。

4. 信息显示技术和材料

自20世纪初出现阴极射线管(CRT)以来，它一直是活动图像的主要显示手段。2000年以后，平板显示技术有了较快的发展，已经取代CRT成为计算机、家用视听产品的主要显示方式。平板显示技术主要指液晶显示技术(LCD)、等离子体显示技术(RDP)和发光二极管显示技术(LED)等。发光二极管显示技术出现较早，但由于价格高、制成大面积列阵比较困难，主要应用于大型显示板，作为规模生产的较大显示器发展比较缓慢。近年来，电致发光的有机材料(OLED)有了新的进展。OLED主要分为两类：一类是有机分子(如Alq_3和双胺)，可用蒸镀法制成异质结构，在10V电压下有大于1%的量子效率；另一类是共轭聚合物聚对苯乙炔(PPV)，可采用溶液旋镀法制成，在小于10V的电压下可获得1%的量子效率。

OLED是21世纪很有前途的显示器材料，但仍需要在发光亮度、量子效率、稳定性和耐用性、膜层减薄及寻找蓝色和绝色发光材料方面不断提高和改进。

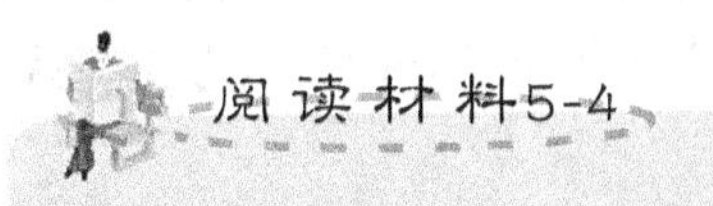

液晶电视和等离子电视的区别

液晶电视和等离子电视都属于平板电视，它们就像双胞胎，虽然表面上十分相像，但本质上却有很大差别。两者的最大区别在于使用的面板不同，也就是说它们的成像原理大不一样。液晶电视(图5.5)又叫LCD电视，是通过电流来改变液晶面板上的薄膜型晶体管内晶体的结构，使它显像。液晶电视具有众多特点，如色彩丰富，高达1670万色彩，目前32英寸以上的液晶电视的分辨率可达1366×768以上，大部分支持1920×1080的分辨率；液晶电视具较长的使用寿命，一般液晶电视的寿命为5万小时左右。此外，液晶电视还具有高亮度、高对比度等显著特点。等离子电视又叫PDP电视，依靠高电压来激活显像单元中的特殊气体，使它产生紫外线来激发磷光物质发光。等离子电视完全消除了画面晃动现象，并且清晰度高，不会造成视觉疲劳，全数字化过程没有信号损耗。同时，理论上讲，等离子可实现无法想象的大画面。应用这一技术，即使在家中也可以欣赏到剧院效果。

图5.5 液晶电视

5. 信息获取技术和材料

一般来说，获取信息主要使用探测器和传感器，如对光信息的获取，目前的主要技术手段是光电子技术。按光电转换方式不同，光电探测器分为光电导型、光生伏特型(势垒型)和热电偶型。同时，根据探测的光子波长不同，又分为窄能隙半导体材料(红外光)和宽能隙半导体材料(可见光和近紫外线)。应用于传感器的材料主要有半导体传感器材料和光纤传感器材料。半导体传感器材料在外场(光、热、电、磁等)作用下引起半导体性能发生变化，由此获得外场的信息。这就要求材料的敏感性和重复性要好。对压力敏感的半导体材料，有压阻半导体材料，在受压力影响时产生电阻变化，如 Si、Ge、InSb、GaP 等；有靠压电效应的Ⅱ～Ⅳ族和Ⅲ～V族半导体化合物，以及压电陶瓷(以 $BaTiO_3$ 为代表)等。对热敏感的半导体材料，又可分为正温度系数(NTC)和负温度系数(PTC)材料。此外，还有靠磁电阻效应和霍尔效应将磁场强度转换成电信号的磁敏半导体材料。

近年来，发现一些金属有机化合物(如酞菁、卟啉、胡萝卜等)具有优良的传感性能，通过分子组装可以发展成很敏感的传感器材料。

光在光纤传输时，在受外场作用时能引起振幅、位相、频率和偏振态的变化。采用低损耗的长光纤，可以积累外场引起的光学变化，以此提高对外场的敏感性；也可以制成特殊结构的光纤材料，如旋光材料、保偏光纤、椭圆双折射光纤、掺杂和涂层光纤等，以加强其对外场变化的敏感性。光纤已成功地应用于制作压力、磁场、温度、电压等传感器。

半导体激光器对信息技术的发展具有重要作用。由于有了低阈值、低功耗、长寿命和快速响应的半导体激光器，才使光纤通信成为现实，并以 0.8μm、1.3μm 和 1.55μm 的激光光源形成三个光通信的窗口。由于有了高功率单模半导体激光器，才使光存储技术实用化，高密度光存储技术的发展是以半导体激光波长的缩短(从 0.8μm 到 1.3μm 再到 1.55μm)为标志，形成三代光盘存储技术。

5.2.3 信息材料的应用

任何信息技术都离不开信息材料。广义上讲，所有信息技术领域，都是信息材料的应用范围。但一般而言，信息技术的应用领域可分为军用和民用两大范畴，使用信息材料的具体器件也可以分成军用和民用两大类。

军用信息技术主要包括侦察、监视、夜视、电子对抗、武器精确制导、飞机和导弹的惯性导航、火炮控制、军事通信、模拟训练等。使用信息材料的军用器件主要有半导体红外器件，电荷耦合器件(CCD)，半导体激光器件，各种微波毫米波器件，各种存储、显示器件及集成电路等，舰载、机载或单兵手持式热像仪，用于空中侦察的红外系统(如红外行扫描仪、红外热像仪、低空光电传感器、中空光电传感器等)，用于侦察卫星的实时传输的多传感器，用于预警卫星的多元双波段红外探测器等。

民用信息技术主要包括通信、广播、办公室自动化、工业生产自动化、医学诊断和治疗、遥感测绘、音像娱乐、科学研究等，这些领域都是信息材料的应用范畴。使用信息材料的民用器件主要包括通信器件，广播电视设备，工业自动化设备，办公室自动化设备，家用电子和光电子器件，医用诊断治疗设备和生物技术用器件，科学研究用实验仪器，水文、地质监测和气象预测预报系统，用于商店、银行、车站、机场、车辆、体育场等场所的电子或光电子器件及集成电路器件等。

5.2.4 信息材料的发展现状和趋势

21世纪是信息的时代，信息材料是实现高度信息化所需元器件的基础。光纤通信的出现是信息传输的一场革命。光纤通信的一个最为突出的特点是信息容量大。例如，一根13mm粗、包含144条光纤的电缆，可以同时通过48000多路电话，比同轴电缆的容量大几千倍。此外，光纤通信还有质量轻、占用空间小、抗电磁干扰、串话少、保密性强等许多优点。

敏感材料是材料中的“千里眼”与“顺风耳”，它们对光、电、热、声、磁等信号的变化反应很灵敏，是用来制造电子计算机和自动控制装置不可缺少的敏感元件。

1898年，丹麦的波尔逊发明的磁性录音机，开创了磁记录信息存储材料的先河。由于这种材料价格较便宜，使用寿命较长，所以直到今天，它仍然占据着磁记录材料的主要市场。新的磁记录材料正朝着两个方向发展：一是提高记录密度，就是在单位面积上记录更多的信息；二是提高信噪比，即使信号具有一定强度，而同时噪声尽可能低。

信息材料的总体发展趋势是向大尺寸、高均匀性、高完整性及薄膜化、多功能化和集成化方向发展。目前，信息材料逐渐走出实验室，正在成为一种产业。

5.3 智能材料

5.3.1 智能材料的定义

智能材料(intelligent materials)或灵巧材料(smart materials)是能感知外部刺激(传感功能)、能判断并适当处理(处理功能)且本身可执行(执行功能)的材料。也有的将其定义为：材料系统微结构中集成智能与生命特征，减小质量，降低能耗，并产生自适应功能。即材料能够感知外界环境刺激或内部状态发生的变化，通过自身的信息处理和反馈机制，实时地改变材料自身的性能参数，做出恰当的响应，同变化中的环境相适应。它的概念是由日本和美国科学家首先提出来的。1989年日本高木俊宜教授将信息科学与材料的特性和功能相结合，提出了智能材料(intelligent materials)的概念，即对环境具有可感知、可响应等功能的新材料。美国的Newnhain教授提出了灵巧材料(smart materials)的概念，这种材料具有传感和执行功能，且可分为主动灵巧材料、被动灵巧材料和很巧材料三大类。

智能材料是一门多学科交叉的学科，涉及物理、化学、计算机、电子学、人工智能、信息技术、材料合成与加工、生物技术及仿生学、生命科学、控制论等诸多前沿科学及高新技术领域。

智能材料构思和设计的灵感来源于大自然，自然界中许多生物结构系统经过亿万年的演变和进化(事实上是一个不断选择和优化的过程)，造就了种种优良结构形式和特性。例如，贝壳是由层层坚硬的碳酸钙构成的，在每层碳酸钙间夹有一层柔软的有机质，这种结构特点使其不易碎裂，且一旦损伤，破损部位可发生钙化，能巧妙地进行自我修复(图5.6)。科学家们模仿贝壳的结构设计出了一种摔不破的碳化硅陶瓷，并用于制造了一台陶瓷发动机，它耐高温，不需要水冷系统，装配在汽车里使汽车成为一台由陶瓷发动机驱动的新型汽车。新型的仿生陶瓷材料既坚硬又柔韧，是航空、航天理想的发动机材料，也是制造装甲车、坦克、防弹车的理想材料。例如，变色龙可以根据环境改变自身的颜色使之与所处环境一样，起到掩护自己不受其他动物伤害的作用(图 5.7)。根据这一点，科学家们设计出了可感知光线变化自动调整颜色的变色玻璃。

图 5.6　贝壳

图 5.7　变色龙

生物结构系统独特的宏观和微观结构形式及功能机制，及对环境的自适应性和生存能力及自诊断和自修复等能力，给人们以深刻启迪，值得认真研究、学习和借鉴。模仿其原理可建造智能材料系统。通过对生物结构系统的研究和考察，智能材料有了可借鉴的设计及建造思想、模型和方法。从仿生学的观点出发，智能材料应具有或至少是部分具有以下一些生物智能特性：①感知；②反馈；③信息积累和识别；④学习能力和预见性；⑤响应性；⑥自维修；⑦自诊断；⑧自动动态平衡及自适应等。

5.3.2　智能材料结构的设计

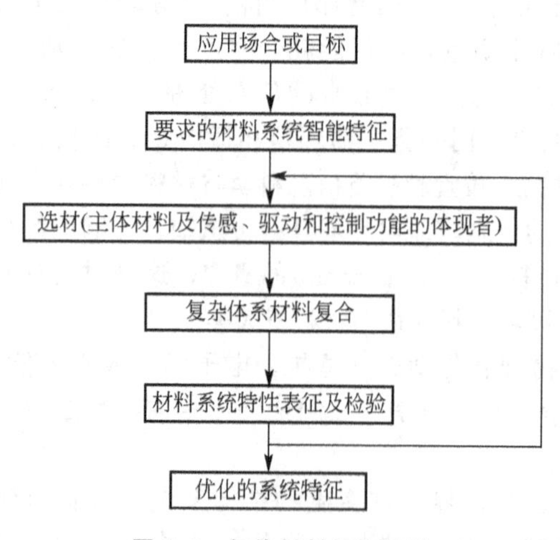

图 5.8　智能材料结构设计

目前，重点研究的智能材料的方向，是将材料和结构的设计紧密地联系在一起，形成智能材料的结构，这里必然有综合设计的问题。图 5.8 显示了智能材料结构设计的步骤。

按照图 5.8 所示步骤设计出的智能材料结构，是具有根据环境变化能够调整或改变自身结构及功能的自适应性的材料系统。具体地说，它应是：

(1) 具有响应环境变化和驱动的特性；

(2) 具有传感功能特性；

(3) 以设定的优化方式选择和控制响应；

(4) 反应灵敏、恰当；

(5) 外部刺激条件消除后，能迅速回复到原始状态。

智能材料包括感知材料(传感器材料)和驱动材料(驱动器材料)。驱动、传感和控制是智能材料的三个基本要素。

融合于材料中的传感元件相当于人体的神经系统，具有感官功能；驱动元件相当于人体的肌肉，具有行动功能；而控制系统相当于人的大脑，具有指挥功能。目前，驱动材料主要有形状记忆合金及聚合物、压电材料、磁致或电致伸缩材料、电流或磁流变体和聚合物肢体等；传感器材料有埋入式光导纤维、电阻应变丝、碳纤维传感器元件等。

5.3.3 驱动器材料

1. 形状记忆合金

材料在某一温度下受外力作用而产生变形，当外力去除后，仍保持其变形后的形状，但当温度上升到某一定值，材料会自动恢复到变形前的形状，即似乎对以前的形状保持记忆，这种材料称为形状记忆合金(shape memory alloy，SMA)。它是一种特殊的新型功能材料，集传感、驱动和执行机构于一体，其制件具有结构简单，成本低廉和控制方便等优点。

金属中发现形状记忆效应较早，但真正引起人们的重视是在20世纪60年代。当时美国海军军械研究所的Buehler发现了Ti-Ni合金中的形状记忆效应，才开创了“形状记忆”的实用阶段。在20世纪80年代初，科研工作者们终于突破了Ti-Ni合金研究中的难点。从此，形状记忆合金开始广泛应用在生产、生活的各个领域。形状记忆合金在应用开发中申请的专利也逾万件，在市场中付诸实际应用的例子已有上百种。同时，智能机构研究的兴起，又将形状记忆合金的应用推向更广泛的领域，如图5.9所示。

图5.9 Ni-Ti记忆合金“花瓣”在相应的温度下慢慢绽放

1）形状记忆合金的研究

(1) Ti-Ni系形状记忆合金。Ti-Ni系合金由于其优良的形状记忆效应和超弹性、高的耐磨耐腐蚀性能，而成为形状记忆合金家族中的佼佼者，是当今最具实用性的形状记忆合金系列。为满足实际应用对Ti-Ni系合金提出的各种要求，近年来，我国研究者对合金相变、相变热力学及第三、第四合金元素的添加等进行了大量的研究工作。

为提高Ti-Ni合金的使用温度，人们通过在Ti-Ni合金中添加Pb、Pt、Au、Zr和Hf来提高合金的相变温度。其中，Pb、Pt、Au的加入使合金的造价极为昂贵，Zr提高合金相变温度的作用又不十分显著，因而Ti-Ni-Hf合金以其价格低、相变温度高的优势受到高度重视。对Ti-Ni-Hf合金的研究表明，该合金的设计准则是：在保持Ni含量低于50%(质量百分数)的情况下，通过调整Hf的含量，使合金获得所需的相变温度及尽可能好的加工性能。与此同时，可添加其他合金元素，在不显著影响合金相变温度的前提下，改善合金的加工性能。

在生物医用多孔Ti-Ni合金研究方面也取得了较大的进展。采用燃烧合成工艺可以制成性能优良的多孔Ti-Ni形状记忆合金。

(2) 铜基系形状记忆合金。铜基合金是继Ti-Ni合金之后的又一种实用性较强的形状记忆合金。与Ti-Ni合金相比，它易于加工、成本低，但也存在一些问题，主要是晶粒粗大，热稳定性差及记忆性能易衰退等问题。为克服以上不足，人们希望通过添加合金元素或改进工艺来细化组织，阻止马氏体的稳定化。

在 Cu－Zn－Al 合金中添加微量复合稀土(0.01%～0.08%(质量百分数))，能有效细化合金组织，改善力学性能，防止合金发生马氏体稳定化现象，并能减小马氏体相变温度滞后。在 Cu－Al－Be 合金中添加微量硼可以显著细化合金的晶粒和组织，改变合金的组织形态，且在高温下能有效抑制晶粒长大，改善合金的记忆性能和力学性能。硼的加入量以 0.05%～0.10%(质量百分数)范围效果最好。

在铜基高温形状记忆合金方面也有进展。研制出的具有高强度、高塑性，同时又有较好的单向形状记忆效应的 Cu－Al－Mn－Zn－Zr 合金的 A_s 点达到 300℃。Zr 的加入使合金的组织得到细化，提高了强度和塑性。合金的强度达 250MPa 以上，延伸率达 7%以上。

(3) 铁基系形状记忆合金。Ti－Ni 基合金虽然具有优良的形状记忆效应，但价格较贵，加工困难。铜基合金价格低但性能却不稳定，因而铁基合金以其价格低廉、强度高、加工方便等特点引起工业界的重视。从实用的角度来看，Fe－Mn－Si 系形状记忆合金具有很好的应用前景。

一股情况下，Fe－Mn－Si 记忆合金的最大回复应变量为 2%，超过此应变量将会产生不可回复的应变。显然，低的回复应变量是制约铁基记忆合金工程应用的难点之一。为提高材料的回复应变量，对热机械处理或训练(即使材料经历一定变形，在高于 A_f 温度加热后再冷却到 M_s 以上，如此反复多次)工艺的研究目前受到关注。它可以显著降低诱发马氏体相变的应力，抑制滑移变形，提高回复应变量。

除以上三种外，还有 Ni－Al、Au－Cd 等贵金属形状记忆材料，形状记忆陶瓷，形状记忆聚合物等新型智能材料。

2) 形状记忆合金的应用

把形状记忆合金制成弹簧，和普通弹簧材料组成自动控制件，使之互相推压，在温度为 A_f 以上和低温时，形状记忆合金弹簧可向不同方向移动。这种构件可以作为暖气阀门、温室门窗自动开闭的控制，描笔式记录器的驱动等。由于形状记忆合金正逆变化时产生的力很大，使形状变化量也很大，可作为发动机进风口的连接器。当发动机超过一定温度时，连接器使进风口的风扇连接到旋转轴上输送冷风，达到启动控制的目的。此外，还可以用作温度安全阀和截止阀等。

在军事和航天工业上，记忆合金可以做成大型抛物面天线，在马氏体状态下形变成很小的体积，当发射到卫星轨道上以后，天线在太阳照射下温度升高，自动张开，这样便于携带。

如图 5.10 和图 5.11 所示，医学上使用的形状记忆合金主是 Ni－Ti 合金，它可以埋

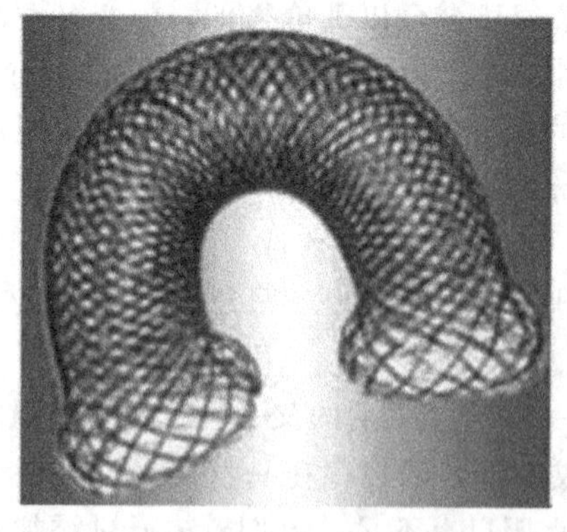

图 5.10　钛镍形状记忆合金肠道支架

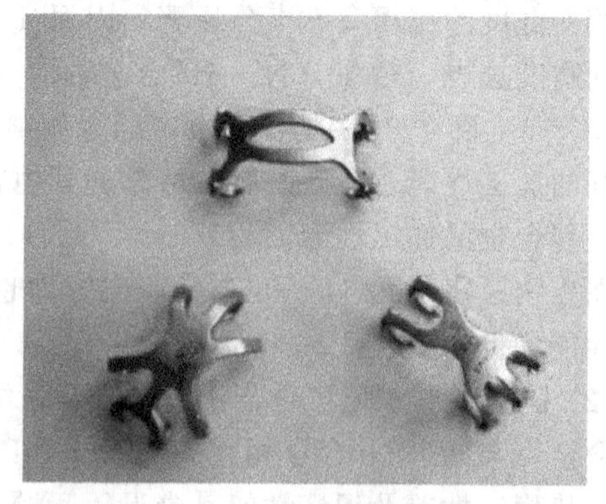

图 5.11　形状记忆合金骨科内固定物

入机体内作为移植材料，在生物体内部作固定折断骨骼的销和进行内固定接骨的接骨板。一旦植入生物体内，由于体内温度使其收缩，断骨处紧紧相接。在内科方面，可将 Ni - Ti 丝插入血管，由体温使其恢复到母相形状，消除血栓，使 95％的凝血块不流向心脏。用记忆合金制成的肌纤维与弹性体薄膜心室相配合，可以模仿心室收缩运动，制造人工心脏。

利用超弹性做成的弹簧可复原的应变量比普通弹簧大一个数量级。应力和应变之间的关系是非线性的。在高应变区，与应变相比较，应力增加不多，加载和去载时的应力具有不同值，呈现一种滞后现象。高应变区的振动吸收能相当大，利用这些性质，可以制作眼镜框架，使镜片易装易卸，冬天不易脱落。超弹性还可用于制造微型打印机等精密机械中控制振动的弹簧，也可考虑用作磁盘存取部分的缓冲材料。在医疗方面，使用最普遍的是牙齿矫正线，可依靠固定在牙齿上托架的金属线的弹力来矫正排列不整齐的牙齿，具有矫正范围大、不必经常更换金属线、安装感觉小等优点，已大量应用于临床。在整形外科方面，可以使用超弹性医疗带捆扎骨头。

2. 压电材料

压电材料既能做驱动元件又能做传感元件。所谓压电材料，是指该材料受到机械变形时，产生电压，或对它施加电压时，又有改变该尺寸产生机械变形的能力。早在 1880 年，居里兄弟发现的加力于石英晶体上产生电压的现象，称为压电效应。1881 年，利普曼将电场施加在压电性晶体上，发现该晶体产生了机械应变，称为压电逆效应。现统称为压电效应。

现在最常用的压电材料有三大类：石英晶体 SiO_2、压电陶瓷和压电聚合物。压电陶瓷主要有钛酸钡 $BaTiO_3$、锆钛酸铅 $Pb(Zr，Ti)O_3$，缩写为 PZT，如 $PbZr_{0.52}Ti_{0.48}O_3$；掺镧的锆钛酸铅(Pb，La)(Zr，Ti)O_3，缩写为 PLZT 等。压电聚合物主要有聚偏二氟乙烯，缩写为 PVDF。

3. 磁致伸缩材料

因磁化状态的改变引起磁性体产生应变的现象称为磁致伸缩。其伸缩随磁场的增加而增大，直至饱和。其基本原理是，磁性体在居里温度 T_c 以下，具有磁畴结构，每个磁畴在磁场作用下产生自发磁化，从而存在自发形变。在磁场作用下，磁畴发生旋转且方向均趋向一致，在宏观上显示出磁致伸缩应变。

最早的磁致伸缩材料为镍铁合金、镍铁氧体、镍铜钴铁氧体。以后又出现了非晶磁致伸缩材料。这两种材料的伸缩应变均小于 1.0×10^{-4}，实用性差。20 世纪 80 年代初，出现了稀土磁致伸缩材料，如 $Tb_{0.3}Dy_{0.7}Fe_2$。它的伸缩应变可达 2.0×10^{-4}，居里温度 $T_c=653K$，已成为当前实用的磁致伸缩材料。

4. 电流变(液)体

在 20 世纪发明的众多新材料中，有一种性能独特的智能流变材料——电流变液(electrorheo-logical Fluid，ERF)。1947 年，美国的 Winslow 最早报道了电流变(ER)效应。他发明了一种由介电固体颗粒和绝缘性能良好的基础液组成的悬浮液，在电场作用下，其表观黏度比没有外加电场时高几个数量级，并且呈现出固化趋势。他将这种液体命名为电流变液体。电流变液通常是由一种高介电常数、低电导率的电介质颗粒(分散质)分散于低介电常数的绝缘液体(分散相)中形成的悬浮体系。介电微粒一般为天然有机化合物粒子、金属氧化物粒子、无机盐粒子、有机高分子粒子、有机半导体材料粒子和复合材料粒子等。

作为分散相的基础液应具有高电阻、高绝缘、高密度、低黏度、高沸点、低凝点和良好的化学稳定性。基础液一般采用硅油、矿物油、卤代物和植物油等。添加剂具有增加介电微粒的表面活性、极化性和基础液的稳定性等功能。一般常用的添加剂为水、酸、碱和盐类等表面活性剂和稳定剂。稳定剂的加入可使液体中微粒与基础液之间的作用力得以增强，使电流变液体稳定。

电流变液在外电场作用下可以表现出明显的电流变效应。电流变效应是指电流变液体在电场作用下，流体的表观粘度和剪切应力急剧变化和增加，在一定的电场强度条件下，由液态转化为固态，当电场消失后又可由固态向液态转化的过程。关于产生电流变效应的机理有不同的解释。一般认为，电流变液体在未加电场时或所加电场强度不致发生电流变效应时，电流变液体中介电微粒遵循布朗运动的基本规律，电流变液体一般表现为牛顿(Newton)流体的性质，介电微粒在基础液中无序排列。当施加足够强度的电场后，分布于基础液中的介电微粒在电场作用下产生极化，介电微粒的相互作用使得所有的介电微粒按电场方向排列，集结形成连接两电极的链状结构。链状结构的方向与电场方向一致，并且链状结构的链间横向连接成网状结构，此时由电场引起的剪切应力急剧增大，流体表现为宾汉(Binham)流体的性质。当电场强度逐步增大到某一临界值时，电流变液体的黏度增加，流体由液态逐步稠化转化为固态，具有抗剪切的静态最大应力。一些电流变材料见表 5-1。

表 5-1　一些电流变材料

序　　号	溶　　剂	微粒溶质	添　加　剂
1	煤油	硅粒	水和洗涤剂
2	矿物油	二氢化铝	水
3	葵二酸二丁酯	氧化铁	水和表面活性剂
4	P-二甲苯	压电陶瓷	水和甘油酸
5	硅油	铜酞菁	无
6	变压器油	淀粉	无
7	烃油	沸石	无
8	橄榄油	明胶	无

5.3.4　传感器材料

1. 埋入式光导纤维

埋入式光导纤维传感器与传统的传感器(如超声探测、X 射线探测)相比有许多非常显著的优点。其几何尺寸小、质量轻，故易于直接固化于基材中，并尽可能地避免了对待测材料造成的不利影响；它耐腐蚀、抗电磁干扰，使用寿命长且具有广的应用范围；它易于实现分布式测量，可完成材料整体的动态监测。

其监测的基本原理是利用光纤断裂的漏光点和光纤断面的菲尼尔反射来实现对基材结构的应力、应变及损伤的监测。埋入式光导纤维传感器种类很多，但主要有强度型、干涉型和偏振型等。

强度型是应用最早的光纤传感器结构之一。较典型的传感方式有连接损耗式、泄漏损耗式和微弯损耗式。将光纤直接固化于材料内部，内部应力、温度或振动情况发生的变化，都会影响光纤的损耗特性(包括连接损耗、泄漏损耗、微弯损耗)，从而实现监测功能。

干涉型光纤传感器具有高灵敏度和高分辨率。它可以测量材料的内部应力、应变、超声发射、裂纹产生等多种物理参量和过程。这些物理参量的变化，改变了光纤中的有效光程输出干涉图样，达到光对外界的高灵敏度感知，如图 5.12 所示。

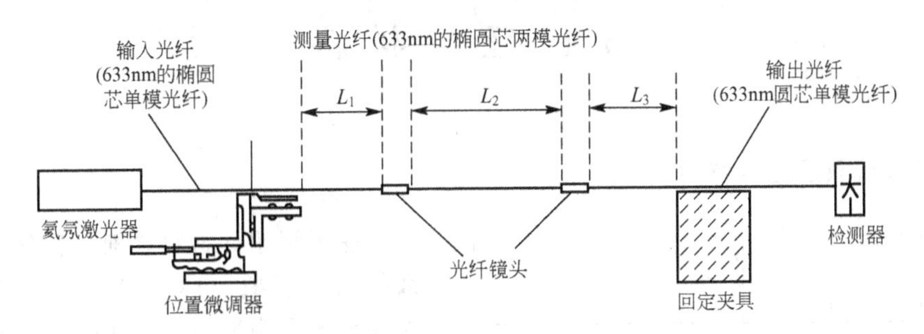

图 5.12 干涉型光纤应变传感器

偏振型光纤传感器多数基于单模光纤中基模的两个本征正交偏振态随外界条件的变化而发生相应的改变这一规律。当受到外部一定的应力或应变作用时，由于光纤产生各向异性，两个本征模的折射率产生差异，使它们分别具有不同的传输速度。通过比较输入/输出线偏振光偏振方向的改变情况，可感知材料内部的应力、应变等参量，如图 5.13 所示。

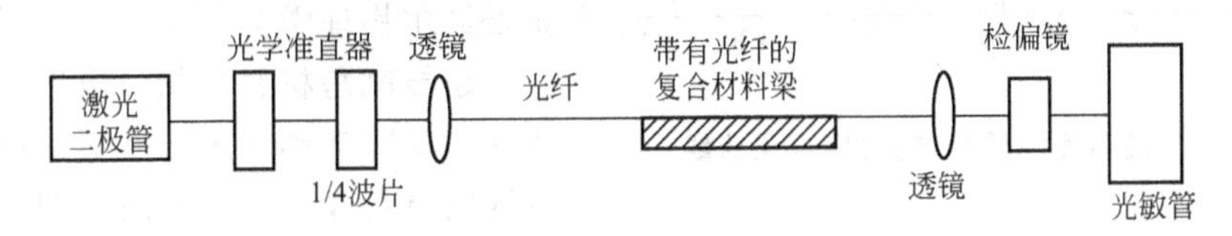

图 5.13 偏振型光纤应变传感器

2. 电阻应变丝

电阻应变丝埋入复合材料的结构中后，随着结构的变形，电阻应变丝伸长或缩短，电阻值发生相应改变。灵敏地传感出基材的应力、应变情况。又由于传感出的是电参量，它很容易和计算机及其他设备兼容。

与电阻应变丝相似的是疲劳寿命丝或箔。它专用来传感机械结构中零部件的疲劳情况。美国在 20 世纪 60 至 70 年代，研制生产了疲劳寿命丝。它的外形与电阻应变丝相似，但合金成分和热处理规范不同。

3. 碳纤维传感元件

碳纤维传感元件是最新的一类传感器。它是由聚合物纤维经绝氧燃烧而成的 7～30μm 的一股纤维。它具有下列优点。

(1) 导电，直径为 7μm 的碳纤维电阻为 10kΩ/cm；

(2) 具有较好的化学稳定性；

(3) 可以长期承受高温；

(4) 弹性模量大；

(5) 极限强度高。

将两束碳纤维正交叠在一起，汇交处的接触面会随着压力的增加而增大，接触电阻将减小。由于碳纤维具有高的强度和弹性模量，接触电阻会随着压力的变化而连续发生变化。利用这个特性，可制成压力传感元件和应变传感元件。为提高灵敏度，可将碳纤维组成碳毡的形式，其传感性能大大提高。

5.4 超导材料

5.4.1 超导现象及超导特性

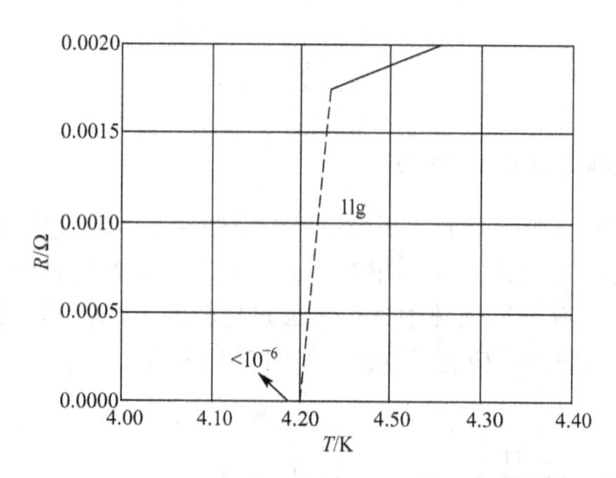

图 5.14 随温度降低 Hg 的电阻变化曲线

在了解超导材料之前，首先要知道什么是超导现象。1911 年，荷兰物理学家卡莫林·昂内斯(Kamerlingh Onnes)利用低温技术研究金属的电阻特性时发现，当温度降到 4.2K 时，金属 Pt 尚有残余电阻存在，而汞 Hg 的电阻则突然下降到零，如图 5.14 所示。后来，人们就把这种状态称为超导态。1913 年，昂内斯荣获诺贝尔物理学奖。

超导就是材料的超导电性，它是指某些材料被冷却到一定温度下，当电流通过时这些材料表现出零电阻，即失去电阻的现象。同时材料内部失去磁通成为完全抗磁性的物质。相应地，具有超导电性的材料称为超导材料(superconductor)。超导材料在电阻消失前的状态称为常导状态，电阻消失后的状态称为超导状态。Onnes 发现超导现象后，科学家们对各种金属做了同样的研究，发现不仅 Hg 具有超导电性，大约超过一半金属都有超导电性，包括一些单元素金属(如 Ta、Nb)、多元素合金(如 TaNb、PbBi、Nb_3Sn、NbTi)和过渡金属氧化物如(Ba(PbBi)O)。近年来又发现某些有机高分子材料也具有超导现象。

一般，将电阻突然降为零时的温度称为超导材料的临界温度，用 T_c 表示。超导材料在临界温度以下具有很多优异性能。

1. 完全导电性

完全导电性是指当温度降到某一数值或以下时，超导体的电阻突然变为零的现象，也称为零电阻效应。在通常状态下，任何物质都有电阻。物质就其导电性而言可分为导体、半导体和绝缘体。超导体的零电阻与常导体的零电阻在本质上完全不同。

常导体的零电阻是指理想晶体没有电阻，自由电子可以不受限制地运动。随着温度的降低，常导体的电阻随温度渐变至零。但是由于金属晶格原子的热运动、品体缺陷和杂质等因素，周期场受到破坏，电子受到散射，故而产生一定的电阻。即使温度降为零，其电阻率也不为零，仍然保留一定的剩余电阻率。金属越是不纯，剩余电阻率就越大。

超导体的零电阻是当温度下降到一个临界值时，电阻几乎跃变至零。另外需要指出的是，超导体的零电阻是指直流电阻为零，完全导电性都是相对直流而言的，超导体的交流电阻并不为零。

2. 完全抗磁性

完全抗磁性又称迈斯纳效应，是指超导体进入超导态时，超导体内的磁力线将全部被排出体外，磁感应强度恒等于零的特性。超导体无论是在磁场中冷却到某一温度，还是先冷却到某一温度再通以磁场，只要进入超导态都会出现完全抗磁性，与初始条件无关，如图5.15所示。1933年，德国科学家迈斯纳和奥森费尔德在对Ti和Pb的超导性研究中，证明超导体中的磁通量恒为零，即超导体内部磁场为零。迈斯纳效应说明，超导体和普通金属的磁性质不同。超导体的磁化状态只和外界条件如外磁场强度 H、温度 T 等有关，而和它过去的历史无关。

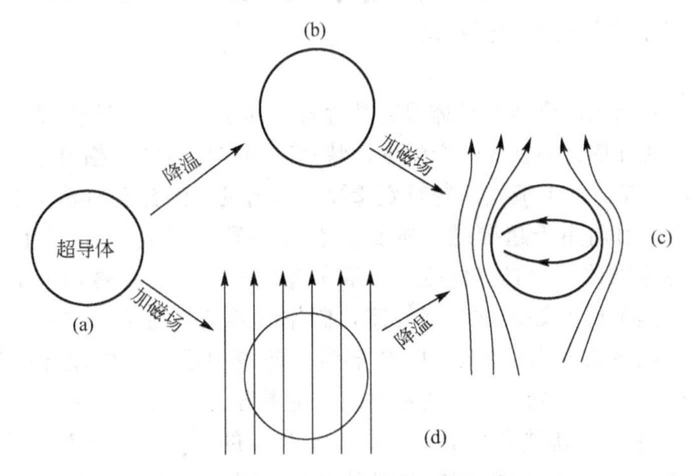

图 5.15 超导体完全抗磁性示意图

完全抗磁性产生的原因是，当超导体处于超导态时，外磁场的磁化使超导体表面产生无损耗的感应电流。这个感应电流在超导体内产生的磁场恰好与外加磁场大小相等、方向相反，从而互相抵消，使总的合成磁场为零。在超导体的外部，感应电流的磁场和原磁场叠加绕过超导体通过。超导体的感应电流起到屏蔽外磁场的作用，屏蔽电流分布在超导体表层一定厚度内，深度视材料性质而定，一般为 $10^{-8}\sim10^{-6}$m。

如果把一超导体放入磁场中，逐渐增大磁场到某一特定值后，超导体会从超导态转变为正常态，把破坏超导电性的最小磁场称为临界磁场，记为 H_c。实验表明，临界磁场是温度的函数，$H_c(T)$随温度 T 升高而下降。

5.4.2 超导材料的分类

超导材料可以按照临界转变温度分类，也可以按照磁化特性分类。按照临界转变温度，超导材料可分为低温超导体和高温超导体。

1. 低温超导体

低温超导体也称为常规超导体，是指临界转变温度较低(T_c<30 K)的超导材料。低温超导体按其化学组成又可分为元素超导体、合金超导体、化合物超导体。

1）元素超导体

在所有的金属元素中，约有半数具有超导电性。但并非所有金属都是超导体，如铜(Cu)、铁(Fe)、钠(Na)迄今在其能达到的低温下，仍然未发现超导电性。已发现的超导元素有50多种，在常压下有28种超导元素，其中临界温度最高的是铌(Nb)，其 $T_c=9.26K$，其次是锝(Tc)，$T_c=8.22K$。一些元素在常压下不表现超导电性，在高压下有可能呈现超导性，而原为超导体的元素在高压下也会改变。例如，铋(Bi)在常压下不是超导体，但在高压下表现出超导电性；镧(La)在常压下是超导体，其临界转变温度 T_c 仅为6.06K，而在15GPa高压作用所产生的新相，其 T_c 可高达12K。还有许多超导元素的超导临界转变温度随压力的增高而上升。

在单元素超导材料中，除钒(V)、铌(Nb)、锝(Tc)属于第二类超导体外，其余的均为第一类超导体。由于第一类超导体临界磁场很低，其超导状态很容易受磁场影响而遭受破坏，因此难以实用化，实用价值不高。

2）合金超导体

与单元素超导体相比，合金超导体具有塑性好、易于大量生产等优点。合金超导体大多是第二类超导体，具有较高的临界转变温度，特别高的临界磁场和临界电流密度。这对于超导体用于超导磁体、超导大电流输送等特别重要。目前发现的合金超导体主要有以下几种。

(1) 二元合金。目前用于超导磁体的二元合金超导材料以铌合金为主。Nb－Zr合金为最早商品化的超导磁体，它具有低磁场、高电流的特点，在高磁场下仍能承受很大的超导临界电流密度。其延展性好、抗拉强度高，制作线圈工艺简单。但是覆铜较困难，须采用镀铜和埋入法，制造成本高。Nb－Ti合金为目前应用最广泛的超导磁体线材，它的力学性能稳定，制造技术比较成熟，制造成本低。它易于压力加工，在线材上包覆铜钠层可获得良好的合金结合，提高热稳定性。Nb－Ti合金的 T_c 随成分而变化，在Ti含量为50%时，T_c 达到最大值9.9K。随着钛含量的增加，强磁场的特性也会提高。

(2) 三元合金。在超导性能上三元合金比二元合金有明显的提高。目前三元合金有Nb－Zr－Ti，Nb－Ti－Hf，V－ZrHf等。合金的超导性主要受合金成分、含氧量、加工程度和热处理等因素的影响。Nb－Zr－Ti合金的临界转变温度在10K左右。

(3) 化合物超导体。化合物超导体和合金超导体相比，超导临界条件(T_c、H_c、I_c)均较高，在强磁场中性能良好，但是质脆、不易加工，须采取特殊的加工方式。常见的化合物超导材料有 Nb_3Sn、V_3Ga、$Nb_3(Al, Ga)$ 等。

2. 高温超导体

1986年4月，贝德诺兹(Bednoerz)和缪勒(Mueller)发现BaLaCuO超导体，其临界温度达36K，开始了高温超导材料的新纪元。1986年12月，中国科学院物理研究所报道，在Sr-LaCuO系统中获得临界温度约48.6K的超导体。1987年2月，中国科学院物理研究所以赵忠贤、陈立泉为首的研究小组，又获得YBaCuO新型超导材料，其临界温度约为100K。1987年3月，美国休斯敦大学美籍华人教授朱经武也报道了YBaCuO的超导材料。1987年3月18日，美国物理学会在纽约举行了“高转变温度超导体专门会议”，中、美、日三国都介绍了在高温超导材料方面的成就。1987年，贝德诺兹和缪勒荣获该年诺贝尔物理奖。

高温超导材料的出现，是超导态研究的一个巨大飞跃。获得液氮温区(77K)以上的超导材料是科学家梦寐以求的，在应用和理论研究中，也有十分重要的意义。低温超导材料必须在液氢温度(20K)或液氖温度(27K)下进行工作，制备这样低温条件的花费和能耗，将比使用它可节省的费用和能耗还高。高温超导材料，如果在液氮温度(77K)甚至更高的温度下进行工作，则其使用价值不可估量。

现在的高温超导材料都是铜氧化物多相低维体系。它们的制备与精细陶瓷相仿。甚至有人称它为电子陶瓷。目前，研究得最多的是 YBaCuO、Bi3rCaCuO 和 TlBaCaCuO 三个超导体系。此外，还有 LaBaCuo、LaSrCuO、PbBaBiO 等体系。这里对前面的钇系氧化物超导体、铋系氧化物超导体和铊系氧化物超导体做简要介绍。表 5-2 是一些高温超导材料的成分和超导转变温度。

表 5-2 高温超导材料的成分和超导转变温度

	超导材料	成分	转变温度 T_c/K
Ⅰ	$La_{2-x}Ba_xCuO_4$	$0.1<x<0.2$	35
Ⅱ	$Nd_{2-x}Ce_xCuO_4$	x 约为 0.15	24
Ⅲ	$YBa_2Cu_3O_y$	$y\leqslant 7.0$	93
	$YBa_2Cu_4O_y$	$y\leqslant 8.0$	80
	$Y_2Ba_4Cu_7O_y$	$y\leqslant 15.0$	40
Ⅳ	$Bi_2Sr_2Ca_{n-1}Cu_nO_{2n+4}$	$n=1$	12
		$n=2$	80
		$n=3$	110
		$n=4$	90
Ⅴ	$Tl_2Ba_2Ca_{n-1}Cu_nO_{2n+4}$	$n=1$	90
		$n=2$	110
		$n=3$	122
		$n=4$	119
Ⅵ	$TlBa_2Ca_{n-1}Cu_nO_{2n+2.5}$	$n=1$	50
		$n=2$	90
		$n=3$	110
		$n=4$	122
		$n=5$	117
Ⅶ	$HgBa_2Ca_{n-1}Cu_nO_{2n+2.5}$	$n=1$	94
		$n=2$	128
		$n=3$	134
Ⅷ	$K_xBa_{1-x}BiO_3$	x 约为 0.4	30
Ⅸ	$BaPb_{1-x}Bi_xO_3$	x 约为 0.25	12

高温超导薄膜是近年来研究的热点。由于高温超导体大多是多组元的氧化物陶瓷，材料允许通过的电流不能满足实际的需要，而优质的膜材料可以通过较大的电流。微电子技术的发展也促进了高温超导薄膜的研制，这对高温超导体的应用具有重要意义。目前主要有 3 种体系的超导薄膜：Y-Ba-Cu-O 系、Bi-Sr-Ca-Cu-O 系、Tl-Ba-Ca-Cu-O 系。

按磁化特征分类，超导材料又可分为第一类超导体和第二类超导体。

1）第一类超导体

第一类超导体只有一个临界磁场 H_c。这类超导体的主要特征是在临界转变温度以下，当所加磁场强度比临界磁场强度 H_c 弱时，超导体能完全排斥磁力线的进入，具有完全的超导电性；如果所加磁场强度比临界磁场强度强时，这种超导特性消失，磁力线可以进入材料体内。也就是说第一类超导体在临界磁场强度以下显示出超导性，超过临界磁场立即转化为常导体。其磁化曲线如图 5.16(a)所示。

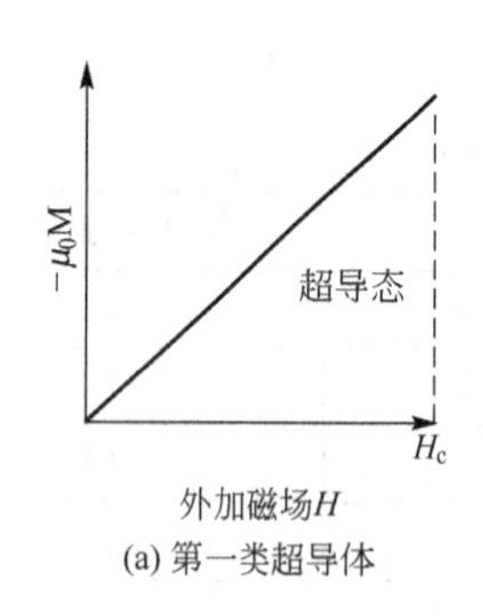

(a) 第一类超导体

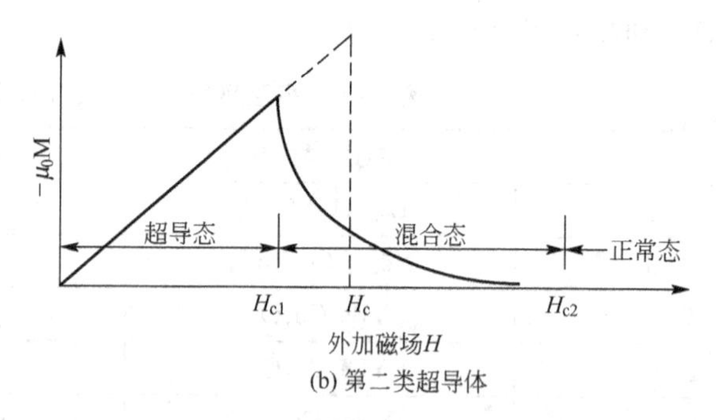

(b) 第二类超导体

图 5.16 两类超导体的磁化曲线

第一类超导体包括除 V、Nb、Tc 以外的其他超导元素。此类超导体电流仅在它的表层内部流动，且 H_c 和 I_c 都很小，当达到临界电流时超导态即被破坏，所以第一类超导体的实用价值不大。

2）第二类超导体

第二类超导体有两个临界磁场，即上临界磁场 H_{c2} 和下临界磁场 H_{c1}，如图 5.16(b)所示。当外加磁场 H 小于下临界磁场 H_{c1} 时，这类超导体处于纯粹的超导态，又称为迈斯纳状态，磁力线完全被排出体外，具有同第一类超导体完全相同的特性。当 H 加大到 H_{c1} 并逐渐增强时，体内有部分磁力线穿过，电流在超导部分流动，并随着 H 的增加透入深度增大，直到 $H=H_{c2}$，磁力线完全穿入超导体内，超导消失转为正常态。第二类超导体的 $H_{c1}<H<H_{c2}$ 体内既有超导态部分，又有正常态部分，处于混合态。这时第二类超导体仍具有零电阻，但不具有完全抗磁性。

第二类超导体包括 V、Nb、Tc 及大多数合金和化合物超导体。目前可以批量生产的铌三锡(Nb_3Sn)、钒三镓(V_3Ga)、铌-钛(NbTi)都属于第二类超导体。超导体只有当临界温度 T_c、临界磁场 H_c、临界电流 I_c 较高时才有实用价值。第一类超导体的临界磁场较低，因此应用十分有限；第二类超导体的临界磁场明显高于第一类超导体。目前有实用价值的超导体都是第二类超导体。

5.4.3 超导材料的应用

1. 强电方面的应用

1）超导输电线路

超导最直接、最诱人的应用是用超导体制造输电电线。目前高压输电线的能量损耗高达10%以上，而超导体具有无损耗输送电流的性质，如果用超导导线作输电线，由于导线电阻消失，线路损耗也就降为零，电力几乎无损耗地输送给用户，可极大地降低输电成本，节约能源以缓解能源紧张的压力。

2）超导发电机

在大型发电机或电动机中用超导体代替钢材可望实现电阻损耗极小的大功率传输。由于超导体的零电阻特性，可在截面较小的线圈中通以大电流，可以达到 10^4 A/cm^2 以上，形成很强的磁场，磁感应强度可比普通发电机提高5～10倍，而自重减小。损耗小、输出功率高、轻量化的超导发电机，不仅对于大规模电力工程很重要，而且对航海、航空的各种船舶、飞机也特别理想。超导单级直流电动机和同步发电机是目前主要的研究对象。

3）超导储能

超导材料具有高载流能力和零电阻特性，在共回路中通入电流，电流可永不减弱。因此可长时间无损耗地储存大量电能，需要时储存的能量可以连续释放出来。超导储能系统的优点是储能密度大，输出电流大，储能效率高。

4）核磁共振仪

核磁共振仪需要在一个大空间内有一个高均匀度和高稳定性的磁场，超导磁体在磁场强度方面比常规磁体有明显优势。核磁共振频率正比于磁场强度，超导磁体用于在核磁共振装置上提供1～10T的均匀磁场。目前超导磁体的70%～80%用于核磁共振领域，在医学方面核磁共振仪借助于计算机，对不同部位进行分析可得到各种组织的图像。此外，核磁共振仪还用于物理、化学、地质等方面。

2. 弱电方面的应用

1）超导探测器

利用超导器件对磁场和电磁辐射进行探测，灵敏度非常高，使微弱的电磁信号都能被采集、处理和传递，实现高精度测量和对比。弱电磁信号检测的应用基于超导量子干涉仪(SQUID)，它是目前人类所掌握的测量弱磁场的手段中最灵敏的磁测量装置。高温超导SQUID的应用更加广泛。医学上，测量心磁图用于心脏病诊断取得了很大进展；军事上，高温超导SQUID用于远距离探测潜水艇等方面。

2）超导微波器件

高温超导微波应用主要集中在移动通信基站滤波器系统、雷达接收机前端系统及卫星通信系统，其核心部件为高温超导滤波器和液氮温区工作的低噪声放大器。它可提高基站接收机的抗干扰能力，扩大基站能量，减少信号的损耗，提高系统灵敏度，从而扩大基站覆盖面，改善通话质量。

3）超导计算机

超导计算机中超大规模集成电路的连接元件用接近零电阻的超导器件制作，不存在散热问题，可使计算机具有许多优点：器件的开关速度比现有半导体器件快2～3个数量级；功率很低，只有半导体器件的千分之一左右，散热问题很易解决；输出电压在毫伏级，信号检测方便；因超导抗磁效应，电路电磁干扰完全消除；信号准确；体积更小，成本更低。

3. 抗磁性方面的应用

1）磁悬浮列车

利用超导材料的抗磁性，将超导体放在永磁体上方，由于磁体的磁力线不能穿过超导体，磁体和超导体之间产生排斥力，超导体悬浮在磁体上。利用这一磁悬浮效应可以制造

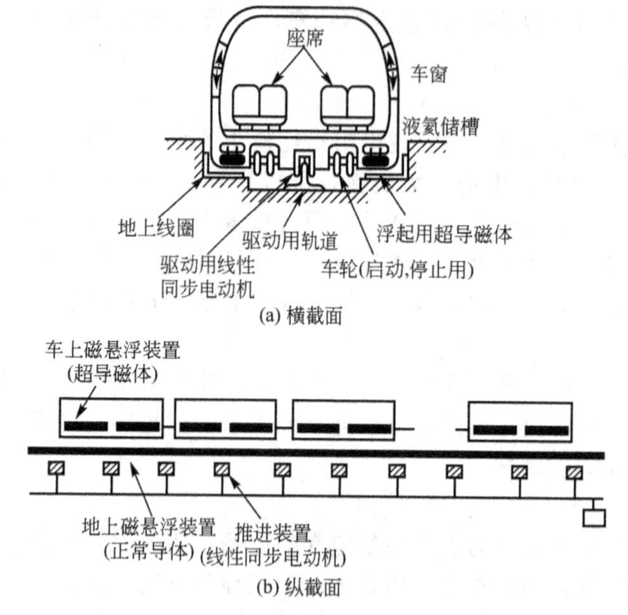

图 5.17　超导磁悬浮高速列车的原理示意图

高速磁悬浮列车。由于列车悬浮于轨道上行驶，导轨与机车间不存在实际接触，没有摩擦。时速可达几百公里而且运行平稳无噪声，是一种新型交通工具。图 5.17 为超导体磁悬浮高速列车的原理示意图。但目前制造和运行成本较高，有待进一步完善。

2）强磁场磁体

利用超导体产生强磁场，可用于高能物理受控热核反应，从而获得可控制的核聚变能源。超导材料有着广泛的应用前景，超导电缆、超导电动机、变压器、限流器、核磁共振成像、超导储能、强磁体等，在电力、交通、医学、军事等领域大有作为。但是，全面实现越导材料的实用化绝非易事，如何进一步提高超导材料的临界温度、临界电流密度、临界磁场及加工性能以满足实际应用的要求，是科技工作者面临的难题，超导材料的开发和应用还有待进一步研究。

5.5　磁性材料

磁性材料的种类很多，按照磁性的种类，可分为软磁材料、硬磁材料、半硬磁材料、旋磁材料、压磁材料及其他特殊磁性材料，如磁光、磁泡等；按照材料的化学组成，可分为金属磁性材料和非金属(陶瓷铁氧体)磁性材料；按照使用形态，又可分为块状体、粉末和薄膜型磁性材料。

5.5.1　软磁材料

软磁材料容易反复磁化，且在外磁场去掉后，容易退磁。这类材料的矫顽力较低，通常低于 10^2A/m，相对导磁率较高，一般为 $10^3 \sim 10^5$，每周期磁滞损耗小。其磁滞回线成条状，如图 5.18 所示，对温度、振动等的干扰较为稳定。由于它的导磁率高，一旦外磁场发生小的变化，材料的磁场就发生很大变化。

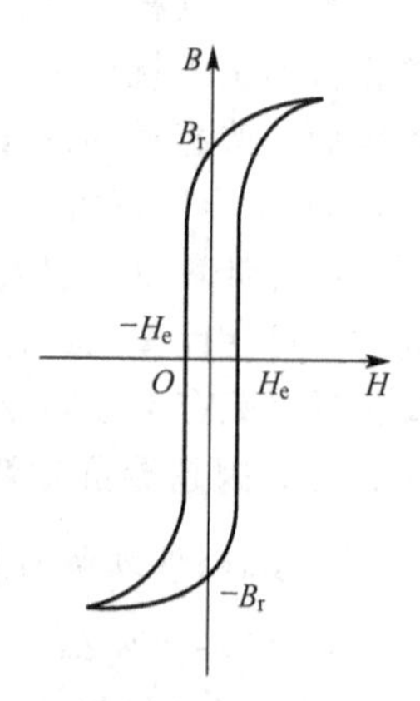

图 5.18　软磁材料的磁滞回线

这种材料可分为两大类，一类是软磁合金，主要用作各种电磁铁的极头、极靴、磁导体、磁屏蔽、电机的定子和转子、变压器及继电器的铁心，也用作各种通信、传感、记录等工程中的磁性元件。另一类是软磁铁氧体，主要由铁的氧化物组成，为非金属，它们的电阻率很高，适合在高频范围内工作的各种软磁元件。

1. 金属软磁材料

1) 电工纯铁

电工纯铁是人们最早使用的纯金属软磁材料。通常电工纯铁是指纯度在99.8%以上的铁，且不含有任何故意添加的合金化元素。一般起始磁导率 μ_i 为 300～500，最大磁导率 μ_{max} 为 6000～12000，矫顽力 H_c 为 39.8～95.5A/m。电工纯铁的含碳量是影响磁性能的主要因素。随碳含量的增加，μ_{max} 降低，H_c 升高。除 C 之外，Cu、Mn 等金属杂质，Si、N、O、S 等非金属杂质等都会对软磁性能产生有害影响。

电工纯铁主要用于制造电磁铁的铁心和磁极，继电器的磁路和各种零件，感应式和电磁式测量仪表的各种零件，制造扬声器的各种磁路，电话中的振动膜、磁屏蔽，电机中用以导引直流磁通的磁极，冶金原料等。表 5-3 列出了电工纯铁各种典型牌号的性能与用途。

表 5-3 我国电工纯铁的磁性和用途

<table>
<tr><th rowspan="2">系列</th><th rowspan="2">牌号</th><th rowspan="2">H_c/(A/m)
不大于</th><th>μ_{max}</th><th colspan="4">磁感应强度 B/T</th><th rowspan="2">用　途</th></tr>
<tr><th>不小于</th><th>B_{500}</th><th>B_{1000}</th><th>B_{1500}</th><th>B_{2000}</th></tr>
<tr><td rowspan="2">原料纯铁</td><td>DT1</td><td rowspan="2">—</td><td rowspan="2">—</td><td rowspan="11">1.4</td><td rowspan="11">1.5</td><td rowspan="11">1.62</td><td rowspan="11">1.71</td><td>重熔合金炉料</td></tr>
<tr><td>DT2</td><td>粉末冶金原料、高纯炉料</td></tr>
<tr><td rowspan="3">电子管纯铁</td><td>DT7</td><td rowspan="3">—</td><td rowspan="3">—</td><td>电子管阳极和代镍材料</td></tr>
<tr><td>DT8</td><td rowspan="2">要求气密性的电子管零件用材料</td></tr>
<tr><td>DT8A</td></tr>
<tr><td rowspan="12">电磁纯铁</td><td>DT3</td><td>96</td><td>6000</td><td rowspan="2">不保证磁时效的一般电磁元件</td></tr>
<tr><td>DT3A</td><td>72</td><td>7000</td></tr>
<tr><td>DT4</td><td>96</td><td>6000</td><td rowspan="4">保证无时效的电磁元件</td></tr>
<tr><td>DT4A</td><td>72</td><td>7000</td></tr>
<tr><td>DT4E</td><td>48</td><td>9000</td></tr>
<tr><td>DT4C</td><td>32</td><td>12000</td></tr>
<tr><td>DT5</td><td colspan="6" rowspan="2">同 DT3 系列</td><td rowspan="2">不保证磁时效的一般电磁元件</td></tr>
<tr><td>DT5A</td></tr>
<tr><td>DT6</td><td colspan="6" rowspan="4">同 DT4 系列</td><td rowspan="4">保证无时效，磁性范围稳定的电磁元件</td></tr>
<tr><td>DT6A</td></tr>
<tr><td>DT6E</td></tr>
<tr><td>DT6C</td></tr>
</table>

注：①“DT”表示电工纯铁，“DT”后的数字为序号，序号后面的字母表示电磁性能的等级，“A”为高级，“E”为特级，“C”为超级。

② B_{500}、B_{1000}、B_{2500}、B_{5000} 分别表示在磁场强度为 500A/m、1000A/m、2500A/m、5000A/m 时的磁感应强度。

2）硅钢

硅钢通常也称硅钢片或电工钢片，是碳的质量分数在0.02%以下，硅的质量分数为1.5%～4.5%的Fe合金。在纯铁中加入少量硅，形成固溶体，可提高合金电阻率，减少材料的涡流损耗，使磁体可在交变磁场下工作。常温下，Si在Fe中的固溶度大约为15%，但Fe-Si系合金随着硅含量的增加加工性能变差，因此硅含量5%质量百分数为一般硅钢制品的上限。随硅含量的增加，晶体磁各向异数常数 K 下降，磁致伸缩常数 λ_s 也下降，饱和磁化强度 B_s 和居里温度 T_c 均降低。但是，添加硅所带来的益处更大，因此硅钢仍是非常优秀的软磁材料，也是交流电器的比较理想的材料。

按照材料的生产方法、结晶织构和磁性能，电工用硅钢片可分为：热轧非织构(无取向)的硅钢片、冷轧非织构(无取向)的硅钢片、冷轧高斯织构(单取向)的硅钢片、冷轧立方织构(双取向)的硅钢片。表5-4列出了各种硅钢的特性。

表5-4　各种硅钢的特性

种类	主要成分/(%)	厚度/mm	铁损的代表值/[W/(W/kg)]	$\rho(\times10^{-8})/\Omega\cdot m$	H_c/(A/m)	μ_m ($\times10^{-3}$)	B_s/T	主要用途
无取向性硅钢板	Si0.4～0.5 其余Fe	0.35 0.50	$W_{15/50}$ 2.1～4.4 2.3～13.0	23～67	10～130	4.5～13	1.92～2.12	发电机、电动机、电感器、继电器、小型变压器等
同极薄钢带	Si约3 其余Fe	0.10 0.15	$W_{10/1k}$ 27.1 32.9	52	—	—	2.03	高频变压器、脉冲变压器、高频电感器
有取向性硅钢板	Si约3 其余Fe	0.23 0.27 0.30 0.35	$W_{17/50}$ 0.82～1.06 0.89～1.23 0.98～1.25 1.14～1.46	45～48	5.6～9.6	53～86	2.03	电力变压器、大型发电机、电流及电压变压器、电感器等
同极薄钢带		0.05 0.10 0.15	$W_{10/1k}$ 17.2 22.7 27.1	48	20	—	2.03	高频变压器、脉冲变压器、高频电感器

电工用硅钢常轧制成标准尺寸的大张板材或带材使用，广泛用于电动机、发电机、变压器、电磁机构、继电器电子器件及测量仪表中。表5-5列出了部分硅钢片的性能。

表5-5 部分硅钢片的性能

类别	牌号	厚度/mm	最小磁感应强度/T			最大铁损/(W/kg)		理论密度/(g/cm³)
			B_{10}	B_{50}	B_{100}	$P_{15/50}$	$P_{17/50}$	
热轧硅钢	DR530-50	0.50		1.61	1.74	5.30		7.75
	DR440-50	0.50		1.57	1.71	4.40		7.65
	DR360-35	0.35		1.57	1.71	3.60		7.65
	DR280-35	0.35		1.56	1.68	2.80		7.55
冷轧无取向	DW270-35	0.35		1.58		2.70		7.60
	DW310-35	0.35		1.60		3.10		7.65
	DW400-50	0.50		1.61		4.00		7.65
	DW620-50	0.50		1.66		6.20		7.75
	DW800-50	0.50		1.69		8.00		7.80
冷轧取向	DQ122G-30	0.30	1.88				1.22	7.65
	DQ133G-30	0.30	1.88				1.33	7.65
	DQ166-35	0.35	1.74				1.66	7.65
	DQ230-35	0.35	1.63				2.30	7.65

注：$P_{15/50}$、$P_{17/50}$表示当用50Hz反复磁化和按自旋形变化的磁感应强度最大值分别为12T和1.7T时的总单位铁损。

3）坡莫合金

坡莫合金来源于英文单词permalloy，意为具有高磁导率的合金，是指镍的质量分数为35%～80%的镍铁合金，具有面心立方点阵，最初为美国一家公司生产的一种镍铁合金的商品，现已成为磁学的专门名词。坡莫合金具有很高的磁导率，成分范围宽，其磁性能可以通过改变成分和热处理工艺等进行调节。不同含量的Ni及冷却条件等使其磁性能有很大的变化，因此可用作在弱磁场下具有很高磁导率的铁心材料和磁屏蔽材料，要求低剩磁和恒磁导率的脉冲变压器材料，以及各种矩磁合金、热磁合金和磁致伸缩合金等。

根据坡莫合金的不同特性，可将其分为高初始磁导率合金、矩磁合金、恒磁导率合金、磁致伸缩、温度补偿等特殊用途合金。表5-5所列为坡莫合金的分类及代表性材料。目前，坡莫合金产品已经标准化，按照冶金部标准，相应的牌号与磁性能在表5-6中列出。

表5-6 铁镍软磁合金牌号及磁性能

合金牌号	成品形状	厚度/mm	最小 μ_i	最小 μ_{max}	最大 H_c/(A/m)	最小 B_s/T	B_r/B_m
1J46	冷轧带材	0.02～0.04	2000	18000	31.8	1.5	
		0.05～0.09	2300	22000	23.9	1.5	
		0.10～0.19	2800	25000	19.9	1.5	
		0.20～0.34	3200	30000	15.9	1.5	
		0.35～2.50	3600	36000	11.9	1.5	

（续）

合金牌号	成品形状	厚度/mm	最小 μ_i	最小 μ_{max}	最大 H_c/(A/m)	最小 B_s/T	B_r/B_m
1J50	冷轧带材	0.02～0.04	2200	2000	23.9	1.5	
		0.05～0.09	2800	28000	19.9	1.5	
		0.10～0.19	3200	32000	14.3	1.5	
		0.20～0.34	3600	40000	11.1	1.5	
		0.35～1.00	4500	50000	9.5	1.5	
1J51	冷轧带材	0.005～0.01		25000	23.9	1.5	0.90
		0.02～0.04		35000	19.9	1.5	0.90
		0.05～0.09		50000	15.9	1.5	0.90
		0.10		60000	14.3	1.5	0.90
1J65	冷轧带材	0.005～0.01		80000	8.0	1.5	0.90
		0.02～0.04		100000	6.4	1.5	0.90
		0.05～0.09		150000	4.8	1.5	0.90
		0.10		220000	3.2	1.5	0.90
1J76	冷轧带材	0.02～0.04	15000	60000	4.8	0.75	
		0.05～0.09	18000	100000	3.2	0.75	
		0.10～0.19	20000	140000	2.8	0.75	
		0.20～0.50	25000	180000	1.4	0.75	
1J79	冷轧带材	0.01	12000	70000	4.8	0.75	
		0.02～0.04	15000	90000	3.6	0.75	
		0.05～0.09	18000	110000	2.4	0.75	
		0.10～0.19	20000	150000	1.6	0.75	
1J80	冷轧带材	0.005～0.01	14000	60000	4.8	0.65	
		0.02～0.04	18000	75000	4.0	0.65	
		0.05～0.09	20000	90000	3.2	0.65	
		0.10～0.19	22000	120000	2.4	0.65	
1J85	冷轧带材	0.005～0.01	16000	70000	4.8	0.70	
		0.02～0.04	18000	80000	3.6	0.70	
		0.05～0.09	28000	110000	2.4	0.70	
		0.10～0.19	30000	150000	1.6	0.70	

注：牌号中“1”代表“软磁”；字母右边的数字代表镍含量(质量百分数)。

坡莫合金被广泛地应用于电信工业、电子计算机、仪表、控制系统等领域中。根据合金组分的不同，可以用作小功率电力变压器、微电机、继电器、互感器和磁调制器等器件。

4）仙台斯特合金

仙台斯特合金的成分通常为 Fe－9.5Si－5.5Al 附近，其磁致伸缩常数 $\lambda_s \approx 0$，磁各向异性常数 $K \approx 0$，具有高的磁导率和低的矫顽力。由于其不含 Co、Ni 等高价格元素，同时还具有电阻率高、耐磨性好等优点，因此具有较好的商业价值，是磁头磁心的较理想材料。但是不宜在高频段使用。

2. 软磁铁氧体

铁氧体是一种特殊的非金属磁性材料。它是将铁的氧化物(如 Fe_2O_3)与其他金属氧化物用特殊工艺制成的复合氧化物，其磁性来源于亚铁磁性，与金属软磁相比具有较低饱和磁化强度 M_s，但电阻率较高，因此具有良好的高频特性。

软磁铁氧体是发展最早、应用最广的一类铁氧体材料，也是目前应用最广、数量最大、经济价值最高的一种。其特性要求可以概括为：高起始磁导率、高品质因数、高(时间、温度)稳定性、高截止频率。此外，在不同的使用场合还有不同的特殊要求，可以通过改变材料中各种金属元素的比例，加入微量元素和改进制造工艺等办法来获得。

软磁铁氧体按晶体结构可分为立方晶系和六方晶系两大类。图 5.19 所示为软磁铁氧体的分类图。而立方晶系中又包括尖晶石型、石榴石型和钙钛矿型几种。常用的 Ni－Zn 铁氧体、Zn－Cu 铁氧体、Mn－Zn 铁氧体等均属于尖晶石型，该类铁氧体晶体的对称性较高，磁晶各向异性较小，磁特性最软，常作为磁心材料使用。石榴石型铁氧体多以单晶体使用，常用于微波频带磁心材料。钙钛矿型铁氧体的晶体结构与天然钙钛石($CaTiO_3$)相同，属正交晶系，具有单轴各向异性，饱和磁化强度很低，其泡径较大，迁移率较低，主要用作磁泡材料。属于六方晶系的六角晶型铁氧体又称为磁铅石型铁氧体，其晶体结构对称性较差，具有较高的磁晶各向异性，根据配方的不同，可显现出单轴型各向异性和平面型各向异性。表 5－7 所示为几种软磁铁氧体的主要性能。

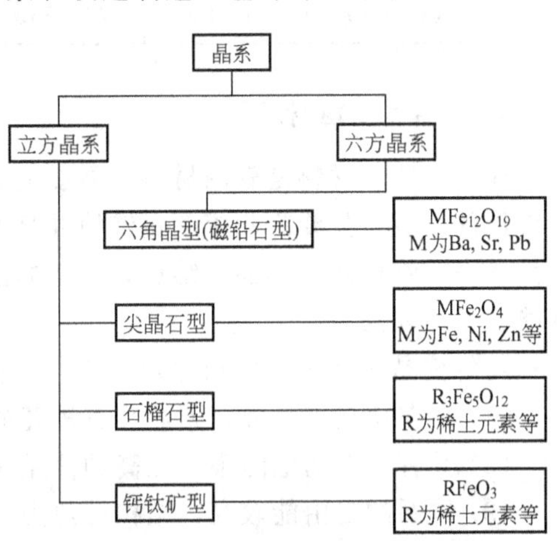

图 5.19 软磁铁氧体的分类

表 5－7 几种软磁铁氧体的主要性能

种类		适用频率 f/MHz	$\mu_i(\times 10^{-6})$/(H/m)	B_s/T	H_c/(A/m)	T_c/℃	ρ/Ω·m
高磁导率	Mn－Zn 系	0.1 0.1	>18750 >18750	0.35 0.40	2.4 4.8	100 120	0.02 0.08
高磁饱和强度	Mn－Zn 系	0.01～0.1 0.01～0.4	5625 3750	0.46 0.49	16 12	>200 200	— 0.05

（续）

种 类		适用频率 f/MHz	$\mu_i(\times10^{-6})$/(H/m)	B_s/T	H_c/(A/m)	T_c/℃	ρ/Ω·m
低损耗频率	Mn-Zn 系	0.01～0.5 0.01～0.5	2250 1000	0.39 0.40	16 40	160 200	9 5
	Ni-Zn 系	0.3～0.1 0.5～20 0.5～30 40～80 3～150	250 125 50 25 20	0.25 0.30 0.26 0.15 0.30	120 240 560 960 440	250 ＞350 ＞400 ＞400 ＞500	500 1000 ＞1000 10^5 ＞10^5
	甚高频系	100～2000	12.5～62.5	—	—	300～600	10^2～10^{14}
其他	Mg-Zn 系	1～25	62.5～625	—	400～1240	100～300	100～1000
	Cu-Zn 系	0.1～30	63.5～625	0.29～0.15	40～32	40～250	10^3～10^5
	Li-Zn 系	10～100	25～250	—	—	100～500	—

3. 非晶态软磁材料

非晶态软磁材料是软磁材料发展史上的重要里程碑，大大拓宽了软磁材料研究、生产及应用的领域。只要冷却速度足够快并且冷却至足够低的温度，使原子来不及形核结晶便凝固下来，就可制得非晶态结构，制备非晶材料的方法通常有气相沉积法、液相极冷法和高能粒子注入法。

与传统晶态软磁材料相比较，非晶态软磁材料具有以下特点：

(1) 存在位错和晶界，因此具有较高的磁导率和较低的矫顽力；

(2) 具有较高的电阻率，在高频使用时材料的涡流损耗较小；

(3) 体系的自由能较高，结构的热力学不稳定，加热时易发生结晶化；

(4) 机械强度较高且硬度较高；

(5) 具有较好的耐化学腐蚀性能。

目前已实用化的非晶态软磁材料主要有以下三类。

3d 过渡族金属(M)—非金属系。其中 M 为 Fe、Co、Ni 等；非金属为 B、C、Si、P 等，这些非金属的加入更有利于生成非晶态合金。铁基非晶态合金，如 Fe80B20、Fe78Si9B13 等，具有较高的饱和磁感应强度；铁镍基非晶态合金，如 Fe40Ni40P14B6、Fe48Ni38Mo4B8 等，具有较高的磁导率：钴基非晶态合金，如 Co70Fe5(Si，B)25、Co58Ni10Fe5(Si，B)27 等适合作为高频开关电源变压器。

3d 过渡族金属(M)～金属系。其中 M 为 Fe、Co、Ni 等，金属为 Ti、Zr、Nb、Ta 等。例如，Co-Nb-Zr 溅射薄膜，Co-Ta-Zr 溅射薄膜。

过渡族金属(M)～稀土金属(RE)系。其中 M 为 Fe、Co；RE 为 Gd、Tb、Dy、Nd 等。例如，GdTbFe、TbFeCo 等可用作磁光薄膜。

铁基非晶薄带已应用于高功率脉冲变压器、航空变压器、开关电源等领域，其损耗仅为传统 Fe-Si 合金的 1/3，但由于成本较高，目前尚难以大量取代传统材料。另外，钴基和铁镍基非晶作为防盗标签在图书馆和超级市场中也获得了大量的应用。

4. 纳米晶软磁材料

1988年，日本日立金属公司的Yoshizawa等人在FeSiB非晶态合金中通过添加少量的Cu和Nb，并将其退火得到了一种被称为“Finemet”的铁基纳米晶软磁合金。退火后，发现在非晶基体上均匀分布着许多无规取向的粒径为10nm左右的α-Fe(Si)晶粒。这种退火后形成的纳米晶合金的突出优点在于兼备了铁基非晶合金的高磁感和钴基非晶合金的高磁导率、低损耗，并且是成本低廉的铁基材料。这种合金被称为“Finemet”。Yoshizawa等人的发现掀起了世界范围内纳米晶软磁材料的研究热潮，把非晶态合金研究开发又推向一个新高潮。纳米晶合金可以替代钴基非晶合金、晶态坡莫合金和铁氧体，在高频电力电子和电子信息领域中获得了广泛应用，达到减小体积、降低成本等目的。1988年期间，日立金属公司纳米晶合金实现了产业化，并有产品推向市场。

1993年，Suzuki等报道了嵌有纳米晶粒的Fe-M-B(M=Zr，Hf，和Hb)。商品名为Nanoperm的非晶合金，具有高磁导率和高饱和磁感应强度B_s=1.5T，在这些合金中加入少量的Cu、Nb、Mo、Ta等元素后具有优良的磁性能。1998年，Willard研究发现在Finemet和Nanoperm材料中，当用Co原子替代部分Fe原子后，能明显地提高非晶和纳米晶两相的居里温度。同时形成的α-FeCo纳米晶相较Finemet和Nanoperm材料中的Fe基纳米晶相具有更高的高温磁感应强度，并以此开发出商品名为Hitperm的纳米晶(FeCo)MBCu(M=Nb，Zr，Hf)合金。该类纳米晶软磁合金优良的软磁性能可以维持到980℃发生α-γ相变为止，在高温环境中有着重要的应用价值。

纳米晶软磁合金的最大应用是电力互感器铁心。电力互感器是专门测量输变电线路上电流和电能的特种变压器。传统的冷轧硅钢片铁心往往达不到精度要求，虽然高磁导率坡莫合金可以满足精度要求，但价格高。而采用纳米晶软磁铁心不但可以达到精度要求，而且价格低于坡莫合金。

5.5.2 永磁材料

永磁材料是可用于制造磁功能器件的强磁性材料，又称硬磁材料。永磁材料与软磁材料的主要区别是永磁材料的各向异性场(H_A)高，矫顽力(H_c)高，磁滞回线面积大，磁化到技术饱和需要的磁化场大。将永磁材料在磁场中充磁至饱和，然后去掉外磁场，材料仍能保留很强的磁性，而且不易被退磁。现代永磁材料的矫顽力均大于4000kA/m。

在磁性材料开发前期，永磁材料没有软磁材料丰富多样。但近年来，永磁材料以全新的面貌崭露头角。这是由于一方面，对于要求稳定的高静磁场及扩音器类等的小马达、电动机及在核磁共振等大型仪器设备等方面的应用，永磁材料有其独到之处；另一方面，具有高饱和磁化强度、高矫顽力、高磁能积，同时相对于Sm-Co合金价格低廉的Nd-Fe-B稀土永磁的出现，实现了永磁材料的重大突破。

1. 金属永磁材料

金属永磁材料是以铁和铁族元素为重要组元的合金型永磁材料，又称永磁合金。根据形成高矫顽力的机理，金属永磁材料分为淬火硬化型永磁合金、时效硬化型永磁合金、析出硬化型永磁合金、有序硬化型永磁合金四类。淬火硬化型磁钢包括碳钢、钨钢、铬钢、钴销、铝钢等。其矫顽力主要是通过高温淬火手段，把已经加工过的零件中的原始奥氏体组织转变为马氏体组织来获得。这类磁钢的矫顽力和磁能积比较低，目前已很少使用，其典型磁性能见表5-8。

表5-8　淬火硬化型磁钢的典型磁性能

种类	成分(质量百分数)/(%)	B_r/T	$H_c(\times10^4)$/(A/m)	$(BH)_{max}$/(kJ/m³)
碳钢	0.9C，余Fe	0.95	0.40	1.59
钨钢	0.7C，0.3Cr，6W，余Fe	1.05	0.53	2.39
铬钢	0.9C，3.4Cr，余Fe	0.90	0.44	1.99
钴钢	0.7C，4Cr，7W，35Co，余Fe	1.20	2.07	7.96
铝钢	2C，8Al，余Fe	0.60	1.60	3.98

时效硬化型永磁合金通过淬火、塑性变形和时效硬化的工艺获得较高的矫顽力。这类合金力学性能较好，可以通过冲压、轧制、车削等手段加工成各种带材、片材和板材等。时效硬化型永磁合金可以分为以下几类：①α-铁基合金，包括钴钼、铁钨钴和铁钼钴合金，其磁能积较低，一般用在电话接收器上。②铁锰钛和铁钴钒合金。铁锰钛合金主要用于指南针和仪表零件等，铁钴钒合金可用于制造微型电机和录音机磁件零件。③铜基合金，主要有铜镍铁和铜镍钴两种，主要用于测速仪和转速计。④Fe-Cr-Co系永磁合金，该类合金是目前应用广泛的一类金属硬磁合金。通过改变组分含量、特别是Co含量或添加其他元素如Ti等，能进一步改善其永磁性能，通常添加的元素有Mo、Si、V、Nb、Ti、W及Cu等。目前，铁铬钴合金已部分取代铝镍钴、铁镍铜、铁钴钒等合金用于电度表、扬声器、转速表、陀螺仪、空气滤波器和磁显示器等领域。

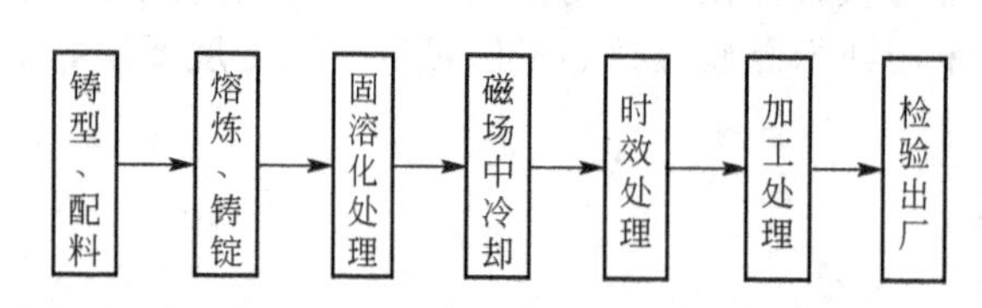

图5.20　各向异体Al-Ni-Co永磁体的制备工艺简图

析出硬化型永磁合金可分为Fe-Cu系合金，主要用于铁簧继电器等方面；Fe-Co系合金，主要用于半固定装置的存储元件；Al-Ni-Co系合金现在主要用于精密测量、精密仪器温度变化相对应的应用等稳定性要求较高的特殊领域。其中，Al-Ni-Co系永磁合金是金属永磁材料中最主要、应用最广泛的一种。但铝镍钴合金的硬度高，很难加工，多以铸造磁钢制品的形式出现。图5.20为各向异性Al-Ni-Co永磁体的制备工艺。

有序硬化型永磁合金包括银锰铝、铝铂、铁铂、锰铝和锰铝碳合金。该类合金在高温下处于无序状态，经过适当的淬火和回火后，由无序相中析出弥散分布的有序相，从而提高了合金的矫顽力。这类合金主要用来制造磁性弹簧，小型仪表元件和小型磁力马达的磁系统等。表5-9中列出了有序硬化型合金的磁性能。

表5-9　有序硬化型合金的磁性能

合金种类	成分(质量百分数)/(%)	B_r/T	$H_c(\times10^4)$/(A/m)	$(BH)_{max}$/(kJ/m³)
钴铂	78.6Pt，23.2Co	0.63	32.64	71.64
铁铂	77.8Pt，22.2Fe	0.58	127.97	24.44

（续）

合金种类	成分(质量百分数)/(%)	B_r/T	$H_c(\times10^4)$/(A/m)	$(BH)_{max}$/(kJ/m^3)
银锰铂	86.75Ag，8.8Mn，4.45Al	0.06	3.98	0.64
锰铝	72Mn，28Al	0.43	21.89	27.86
锰铝碳	69.5Mn，29.95Al，0.55C	0.28	52.54	62.09

2. *硬磁铁氧体*

硬磁铁氧体不含有 Ni、Co 等高价金属元素，因此价格较低，此外，磁各向异性大，化学稳定性好，相对质量较轻，有很大的市场优势。尽管从产值上目前已被稀土永磁超过，但仍然占有很大的市场份额。硬磁铁氧体一般可表示为 $MO\cdot xFe_2O_3$，其中 M 为 Ba、Sr 等，目前已实用化的主要有 $BaO\cdot 6Fe_2O_3$，$SrO\cdot 6Fe_2O_3$ 等。

按制备工艺的不同，永磁铁氧体可分为各向同性铁氧体和各向异性铁氧体两类。各向同性铁氧体的磁能积一般约为 8kJ/m^3。永磁铁氧体主要应用于电机(小型电动机等)、电声(扬声器等)、测量与控制器件(磁控管等)等领域。随着国内外汽车、电器、电动工具、仪器仪表的快速发展，永磁铁氧体的用量还将增加。

3. *稀土永磁材料*

稀土永磁材料是稀土元素 R(Sm、Nd、Pr 等)与过渡金属 TM(Co、Fe 等)所形成的一类高性能永磁材料。通常以技术参数量——最大磁能积$(BH)_{max}$、剩磁 B_r、磁感矫顽力 H_{cB}、内禀矫顽力 H_{cJ} 等来衡量该类物质的质量。这些量的数值越大，材料的性能越好，质量越高。

稀土永磁材料可细分为 R－Co 系和 R－Fe 系永磁体。R－Co 系包括 1∶5 型 $SmCo_5$ 磁体和 2∶17 型 $Sm_2(Co, Fe, Cu, Zr)_{17}$ 磁体；R－Fe 系磁体当前主要是指 $R_2Fe_{14}B$ 型的 Nd－Fe－B 磁体。通常把$(BH)_{max}\approx160$kJ/m^3 的 1∶5 型 $SmCo_5$ 磁体称为第一代稀土磁体；$(BH)_{max}\approx200\sim240$kJ/m^3 的 2∶17 型 Sm_2TM_{17} 磁体称为第二代稀土磁体；$(BH)_{max}\approx240\sim260$kJ/m^3 的 Nd－Fe－B 磁体称为第三代稀土磁体。迄今为止，Nd－Fe－B 永磁材料仍然以其他材料不可比拟的硬磁性能位居永磁材料应用发展之首。

1) 1∶5 型稀土钴永磁材料

在 20 世纪 60 年代中期，Hoffer 等人发现 YCo_5 不仅具有大的磁晶各向异性常数 K_1，而且有相当高的饱和磁化强度 μ_0M_s。Strnat 首先用粉末法制造出第一块 YCo_5 永磁体，最大磁能积$(BH)_{max}$达 9.60kJ/m^3。接着，又有人用同样的方法制造出 $SmCo_5$ 永磁体，其最大磁能积$(BH)_{max}$达到 40.6kJ/m^3。$SmCo_5$ 的成功研制引起了世界各国永磁材料工作者的重视，导致世界范围内掀起对稀土永磁材料的研究热潮。但是由于其中含有大量钴元素，而 Co 是昂贵的战略物资，高昂的成本阻碍了它的发展。人们开始考虑用其他元素替代 Co 元素，在 1968 年 Buschow 等人首先用 Cu 取代 Co，研制了 $Sm(Co, Cu)_5$ 型永磁体。然而用 Cu 取代 Co 也有其局限性。因为 Cu 的原子磁矩为零，Cu 在其中会起稀释作用，使合金的 B_r、K_1 和交换积分系数 A 下降，不能获得高磁能积的永磁体。

2) 2∶17 型稀土钴永磁材料

1973 年，Nesbbit 等人发现 R∶(Co, Cu)＝2∶17～1∶5 型永磁体的整个成分区中都

有沉淀硬化现象，并且还发现 Fe 取代 Co 可以补偿由于 Cu 的出现而引起的剩磁 B_r 下降现象。随后的两年，Perry 等人指出了 $Sm[(Co+Fe)_{1-x-y}Cu_xM_y]_z$ 合金均可以制造出有实用意义的永磁材料。1977 年，小岛等人制成了 $Sm(Co, Cu, Fe, Zr)_{7.2}$ 型永磁体，最大磁能积$(BH)_{max}$达到 238.8kJ/m^3，创造了新的磁性能纪录，这标志着第二代稀土永磁材料 R_2Co_{17} 的诞生。

第二代稀土永磁材料的最大磁能积$(BH)_{max}$虽然得到了提高，但其矫顽力却下降了，Sm_2Co_{17} 型稀土永磁材料的矫顽力要低于 $SmCo_5$，并且 Sm、Co 比较昂贵，大大限制了它的应用。于是人们想到用廉价的 Fe 来取代贵金属 Co。20 世纪 70 年代初 Clark 等人发现，用溅射法得到的重稀土与铁的化合物 $TbFe_2$ 膜由非晶态转变为晶态时，显示出高矫顽力的磁特性。这一发现为 R－Fe 基永磁指明了方向，即将 R－Fe 制成非晶态，然后通过晶化来实现磁硬化。

3）稀土-铁系永磁材料

由于 Sm 和 Co 比较昂贵，人们一直探索不含 Sm、Co 的高性能稀土永磁材料。在研究 Pr－Fe 和 Nd－Fe 系永磁时，为了得到非晶态，人们把 B 等金属加入。经试验后意外发现 Nd－Fe－B 三元非晶合金，经晶化后具有高矫顽力和较好的磁性能，居里温度也较高。研究发现，第三种元素特别是 B、C 等原子半径小的元素可溶在 R－Fe 化合物中，从而改变铁原子间距和铁原子周围环境，最终导致居里温度的提高和永磁性能的改善。尽管当时人们并没有意识到因为 B 等元素的加入会导致具有高各向异性的四方结构的 $Nd_2Fe_{14}B$ 出现。1983 年，佐川等人用粉末冶金法制成了$(BH)_{max}$达到 290kJ/m^3 的 Nd－Fe－B 材料，这种材料的磁性能高于 RCo 系磁体，开创了无钴高性能永磁合金。这宣告第三代稀土永磁材料——Nd－Fe－B 永磁材料的诞生。根据表 5－10 的对比可以看出，稀土系永磁材料的硬磁性能与其他材料相比，明显高出许多。Sm_2Co_{17} 型稀土永磁工业开始于 20 世纪 70 年代，但由于 Co 和 Sm 资源的短缺，到 70 年代末已有些无以为济。1984 年由佐川发明的 Nd－Fe－B 系烧结永磁体无论从资源角度还是性能角度都占有明显优势，市场潜力十分看好。

表 5－10　主要的永磁材料

材料		残留磁通密度 B_r/T	矫顽力/(kA/m)		最大磁能积 $(BH)_{max}$/(kJ/m^3)
			H_{cJ}	H_{cB}	
钢系	马氏体钢，9%Co	0.75	11	10	3.3
	马氏体钢，40%Co	1.00	21	19	8.2
铁铬钴系	各向同性	0.80	42	40	10
	各向异性	1.00 1.30	46 49	45 47	28 43
铝镍钴系	铝镍钴 5，JIS－MCB500 JIS－MCB750	1.25 1.35	— —	50.1 61.7	39.8 63.7
	铝镍钴 6	1.065	—	62.9	31.8
	铝镍钴 8(Tivonal500)	0.80	—	111	31.8
	Ticonal2000	0.74	—	167	47.7

（续）

材料		残留磁通密度 B_r/T	矫顽力/(kA/m)		最大磁能积 $(BH)_{max}$/(kJ/m³)
			H_{cJ}	H_{cB}	
铁氧体系	$BaFe_{12}O_{19}$各向同性	0.22～0.24	255～310	143～159	7.96～10.3
	$BaFe_{12}O_{19}$湿式各向异性（高磁能积型）	0.40～0.43	143～175	143～175	28.6～31.8
	$BaFe_{12}O_{19}$湿式各向异性（高矫顽力型）	0.33～0.47	239～279	223～255	9.9～30.9
	$SrFe_{12}O_{19}$湿式各向异性（高磁能积型）	0.39～0.42	199～239	191～223	26.3～30.2
	$SrFe_{12}O_{19}$湿式各向异性（高矫顽力型）	0.35～0.39	223～279	215～255	20.7～26.3
稀土	Sm_2Co_{17}	1.12	550	520	250
	$Nd_2Fe_{14}B$	1.23	960	880	360

20世纪90年代以来，Nd－Fe－B系永磁体的生产、研究开发工作发展迅速。仅以1995年为例，全球的Nd－Fe－B系永磁体的产量超过5500t。日本1995年稀土永磁体产量达2299t（年增长率17%），其中绝大部分是烧结Nd－Fe－B系磁体。1995年的稀土粘结磁体达到545t，其中Nd－Fe－B系粘结磁体约485t。日本是生产Nd－Fe－B系磁体最多的国家，其产量约占世界总产量的50%。我国1995年Nd－Fe－B系磁体的产量约1700t（1994年1200t），年增长率约为41%，已成为世界上生产Nd－Fe－B系磁体的第二大国。目前，我国几乎全是烧结Nd－Fe－B系磁体。在美国的中美合营的Magnequech International Inc. 1995年生产的快淬Nd－Fe－B系磁体合金粉末超过1000t。2000年3月，中国北京京磁技术公司购买了日本住友特殊金属公司Nd－Fe－B制造技术专利。近年来，永磁材料在国内外都呈现蓬勃发展的趋势。

4）双相纳米晶复合永磁材料

1988年，荷兰Philips研究室Coehoorn及其合作者首次在$Nd_4Fe_{87}B_9$合金中发现剩磁增强现象。进一步研究表明，该合金中含有Fe_3B软磁相和$Nd_2Fe_{14}B$硬磁相共晶存在。在$Nd_4Fe_{80}B_{20}$合金中，其硬磁相和软磁相分别由$Nd_2Fe_{14}B$和$Fe_3B+\alpha-Fe$组成。同时，Coehoorn等人在研究快淬$Nd_4Fe_{77}B_{19}$合金中也发现含软磁相和硬磁相，并且磁性能达到$\mu_0M_s=1.6T$，$H_c=240kA/m$，$(BH)_{max}=93kJ/m^3$。1991年，Kneller和Hawig用快淬法研究$Nd_{3.8}Fe_{78.2}B_{18}$和$Nd_{3.8}Fe_{73.3}B_{18}Si_{1.0}V_{3.9}$时也得到与Coehroon同样的结果，并首次提出复合永磁体的概念。1993年，Manaf及其合作者报道了合金成分为$Nd_9Fe_{85}B_6$的熔体快淬及其随后的热处理过程中发现的α－Fe软磁相。这种新颖的磁结构机制引起了人们的极大关注。它结合了硬磁相高磁晶各向异性和软磁相高饱和磁化强度的优点，通过纳米尺度下的两相间的铁磁交换耦合作用，可能获得很高的综合磁性能。这类合金的一个显著特点是具有剩磁增强效应，J_r可大于$0.5J_B$。理论预计这种纳米复合永磁材料的磁能积可高达$1MJ/m^3$，高于任何一种单相永磁材料。目前已研究过的纳米复合永磁体主要有$Nd_2Fe_{14}B/\alpha-Fe$、$Nd_2Fe_{14}B/Fe_3B$、$Sm_2Fe_{17}N_3/\alpha-Fe$、$Sm_2(Fe, M)_{17}/\alpha-Fe$、$Sm_2Co_{17}/\alpha-Fe$和

$SmCo_5/\alpha-Fe$ 等。

理论和实践均已经证明，在纳米晶双相复合永磁体中，软、硬磁相在晶体学上是共格的，而且两相晶粒间不存在界相，软、硬磁两相晶粒直接接触，原子间存在着交换耦合作用，也就是说界面处不同取向的磁矩产生交换作用，阻止其磁矩沿各自的易磁化方向取向。因此，当硬磁相晶粒的磁矩沿其易磁化方向时，由于软磁相晶粒的磁晶各向异性很低，在交换耦合作用下，硬磁相迫使与其直接接触的软磁相的磁矩偏转到硬磁相的易磁化方向上，即晶界两侧的磁矩趋向于平行方向。在有外磁场作用时，软磁相的磁矩要随硬磁相的磁矩同步转动，因此这种磁体的磁化和反磁化具有单一铁磁相的特征；在剩磁状态下，软磁相的磁矩将停留在硬磁相的平均方向上，进而各向同性的双相复合永磁体具有剩磁增强效应。晶粒的尺寸和晶粒的均匀程度都对交换耦合作用有很大的影响，若晶粒大小不均匀，则在不均匀区域有利于反向畴形核，因而使其矫顽力偏低。为得到高磁能积的纳米复合磁体，有效各向异性和矫顽力应当没有明显的下降，平均晶粒尺寸应控制在 10～15nm 之间，软磁性相的比例应限制在 50%以内。如果把平均晶粒尺寸减小到 10nm 以下，具有较高软磁性成分比例磁体的有效各向异性的相对减小量较低，考虑到明显的剩磁增强效应，可使磁能积具有较高的值，即晶粒尺寸越小，具有较高软磁性成分比例磁体的磁能积越高。

从目前已开发的纳米晶双相复合永磁合金分析，这类合金具有以下几个特点。

(1) 合金具有硬磁性相和软磁性相结构，软磁性相要在 10%(体积百分数)以上。

(2) 软、硬磁相的晶粒尺寸要求具有纳米级尺度，最好在 10nm 以下。只有在纳米级尺寸时，软磁和硬磁性之间的交换作用才起主导作用，而使这种各向同性合金的剩磁高于传统各向同性永磁合金的剩磁。

(3) 稀土含量比较低，因而原材料成本低。目前已知的最佳性能永磁材料含有至少 25 at%的稀土金属，大大增加了材料的成本。而纳米晶双相永磁合金含有较少的稀土金属，如一种典型的成分是 $Nd_{3\sim5.5}Fe_{78.5\sim76}B_{18.5}$，即含 3～5.5at%(原子百分比)的稀土金属。

(4) 由于合金中含稀土金属比传统的 $Nd_2Fe_{14}B$ 合金要少得多，所以具有较好的温度稳定性。表 5－11 为纳米晶 NdFeB 磁粉与其他磁粉的温度系数的比较。

表 5－11　纳米晶 NdFeB 磁粉与其他磁粉的温度系数

	合金成分	dM_r/dT	dH_c/dT	温度/K
纳米晶 NdFeB 磁粉	$Nd_5Fe_{78.5}B_{18.5}$	−0.043	−0.398	297～413
	$Nd_5Fe_{78.5}Co_5Ga_1B_{18.5}$	−0.074	−0.336	297～413
	$Nd_3Dy_2Fe_{78.5}Co_5Ga_1B_{18.5}$	−0.048	−0.0361	297～413
	$Nd_{5.5}Fe_{66}Co_3Cr_5B_{18.5}$	−0.05	−0.35	297～413
其他磁粉	$Nd_{15}Fe_{77}B_8$	−0.016	−0.40	297～413
	MQ	−0.10	−0.40	297～413

(5) 由于稀土元素含量减少，使合金具有较好的抗氧化性和耐腐蚀性。

(6) 由于合金中含有较多的铁，可望改善合金的脆性和加工性。

(7) 纳米晶永磁合金具有极高的潜在最大磁能积值，有望得到永磁合金中最高的磁性能。组织均匀。由于它的平均晶粒直径在纳米级范围，具有超细的结晶组织，所以制成的粘结磁体内部磁性均匀。

(8) 它具有高的可逆磁化率，低的不可逆磁化率。由于它含有大量的软磁性相，当反向场不够大时，只有软磁性相晶粒的磁化矢量磁化反转，其磁化过程几乎是可逆的。

(9) 有优异的充磁特性。由于用各向同性磁粉制成，磁体能够沿不同方向充磁，从而获得多极高性能的磁体。

(10) 纳米晶 NdFeB 系双相复合粘结磁体的力学性能好，可进行切削和钻孔。

纳米晶双相复合永磁体所用磁粉的制备方法主要有熔体快淬法、机械合金化法、HDDR 法、磁控溅射法及其他一些工艺。

5.5.3 磁记录材料

磁记录是利用磁性物质作记录、存储和再生信息的技术，录音、录像磁带、磁盘及数字处理用磁卡均属此类。磁记录中的磁性材料称为磁记录材料，包括磁记录介质和磁头材料。磁记录系统中的磁头是一种高硬度、高磁导率、高饱和磁化强度、低矫顽力的一种特殊的软磁性材料；磁记录介质是一种矫顽力较高、饱和磁化强度高、磁滞回线陡直、温度系数小的一种特殊的硬磁性材料。

1. *磁头材料*

目前磁头材料有金属磁头材料、铁氧体磁头材料和非晶态磁头材料。金属磁头硬度高，耐磨性好，但电阻率低，常由坡莫合金或 FeNiAl 合金加工而成，只能在低频下使用。铁氧体磁头通常由 MnZn 铁氧体或 NiZn 铁氧体制得，具有高导磁率、高饱和磁化强度和电阻率，可在高频中应用。非晶磁头材料，如 Fe－B 系、Fe－Ni 系 Fe－Co－B 系、Fe－Co－Ni－Zn 系等，其电阻率都高，无磁晶各向异性、无晶粒间界。

2. *磁记录介质材料*

目前常接触到的磁记录介质有磁带(ATR、VTR)、磁盘(硬盘、软盘等)和磁卡等。根据磁性记录层，磁记录介质可分为分为颗粒状涂布介质和薄膜型磁记录介质两大类。由于高密度存储的要求，颗粒状涂布介质正在被薄膜型磁记录介质取代。

对于磁记录介质，要求其具有高的记录密度、高出力、高可靠性及低噪声。因此要求磁记录介质材料具有高饱和磁感应强度、大矩形比、高矫顽力、磁性能分布均匀，随机偏差小，表面平滑，耐磨损，不容易导电等特性。

对于颗粒状涂布介质，颗粒状介质最好为单畴，颗粒尺寸一般应在 0.04～1μm，这种颗粒一旦磁化，即可保持很长时间。颗粒的形状以针状为最佳，且越细越好，这样可以保证磁化的择优取向与长轴一致，提高矫顽力。此外，理想的颗粒状材料应由大量、稳定的颗粒组成，堆积密度越高越好。开关场分布尽可能窄，矫顽力在磁头允许的情况下足够高且有较好的环境稳定性。饱和磁化强度和剩余磁化强度应尽可能高，但应与所选择的矫顽力相匹配。居里温度高于材料在使用、存贮和运输中的温度。磁层具有一定的导电性，能够稳定地传导电荷。最后，磁致伸缩应尽可能接近于零。

薄膜记录介质由基底、附加层、磁性层和保护层组成。Co 基合金是使用最广泛的磁性薄膜。蒸发镀膜一般使用单元素金属介质，也可使用合金，但合金元素应有相同的蒸气压。射频或直流溅射的合金介质种类很多，用溅射技术可以很容易地改变成分。溅射还可以生产非金属磁性薄膜。

5.5.4 其他磁功能材料

1. 磁致伸缩材料

磁性材料在磁化状态下，其长度和体积都要发生微小的变化，这种现象称为磁致伸缩。在交变磁场的作用下，物体产生与交变磁场频率相同的机械振动；或者相反，在拉伸、压缩力作用下，由于材料的长度发生变化，使材料内部磁通密度相应地发生变化，在线圈中感应电流，机械能转换为电能。

磁致伸缩材料根据成分可分为金属磁致伸缩材料和铁氧体磁致伸缩材料。金属磁致伸缩材料电阻率低，饱和磁通密度高，磁致伸缩系数 λ 大($\lambda=\Delta l/l$，l 为材料原来的长度，Δl 为在磁场 H 作用下的长度改变量)，用于低频大功率换能器，可输出较大能量。铁氧体磁致伸缩材料电阻率高，适用于高频，但磁致伸缩系数和磁通密度均小于金属磁致伸缩材料。Ni-Zn-Co 铁氧体磁致伸缩材料由于磁致伸缩系数 λ 的提高而得到普遍应用。

工程上常用磁致伸缩材料制成各种超声器件，如超声波发生器、超声接收器、超声探伤器、超声钻头、超声焊机等；回声器件，如声呐、回声探测仪等；机械滤波器、混频器、压力传感器及超声延迟线等。

2. 巨磁电阻材料

磁性金属和合金一般都有磁电阻现象。磁电阻是指在一定磁场下电阻改变的现象。巨磁阻是指在一定的磁场下电阻急剧减小，一般减小的幅度比通常磁性金属与合金材料的磁电阻数值约高 10 倍。目前已发现具有巨磁效应的材料主要有多层膜、自旋阀、颗粒膜、非连续多层膜、氧化物超巨磁电阻薄膜等五大类。巨磁效应在小型化和微型化高密度磁记录读出头、随机存储器和传感器中获得重要应用。

人们在 Fe/Cu，Fe/Al，Fe/Al，Fe/Au，Co/Cu，Co/Ag 和 Co/Au 等纳米结构的多层膜中观察到了显著的巨磁阻效应。由于巨磁阻多层膜在高密度读出磁头、磁存储元件上有广泛的应用前景，美国、日本和西欧都对发展巨磁电阻材料及其在高技术上的应用投入巨大。巨磁电阻效应在高技术领域应用的另一个重要方面是微弱磁场探测器。随着纳米电子学的飞速发展，电子元件的微型化和高度集成化要求测量系统也要微型化。在 21 世纪，超导量子相干器件、超微霍尔探测器和超微磁场探测器将成为纳米电子学中的主要角色。其中以巨磁电阻效应为基础设计超微磁场传感器，要求能探测 $10^{-6}\sim10^{-2}$ T 的磁通密度。如此低的磁通密度在过去是无法测量的，特别是在超微系统测量如此微弱的磁通密度十分困难，而纳米结构的巨磁电阻器件可以完成这个任务。

3. 磁制冷材料

磁制冷是由磁性粒子构成的固体磁性物质，在受到外磁场的作用被磁化时，系统的磁有序度加强(磁熵减小)，对外放出热量；将其去磁，则磁有序度下降(磁熵增大)，又要从外界吸收热量。这种磁性粒子系统在磁场的施加与去除过程中所呈现的热现象称为热磁效应。热磁效应是所有磁性材料的固有本质。

磁制冷工质本身为固体材料，并可用水作为传热介质，消除了传统气体压缩制冷中因使用氟利昂、氨及碳氢化合物等制冷剂所带来的破坏臭氧层、有毒、易泄漏、易燃、易爆等损害环境的缺陷；磁制冷的效率可达卡诺循环的 30%～60%，节能优势显著；此外，还具有熵密高、体积小、结构简单、噪声小、寿命长及便于维修等特点，因此磁制冷是一种高效的绿色制冷技术。

作为磁制冷技术的核心，磁制冷材料的性能直接影响到磁制冷的功率和效率等性能，因而性能优异的磁制冷材料的研究引起了人们的极大关注。居里温度和磁熵是磁制冷材料的两个重要参量。磁制冷材料根据应用温度范围可大体分为低温区(20K以下)、中温区(20～77K)和高温区(77K以上)三个温区。低温区内的磁制冷材料的研究较为成熟，该区利用磁卡诺循环进行制冷，工质材料处于顺磁状态，研究的材料主要有 $Gd_3Ga_5O_{12}$(GGG)、$Dy_3Al_5O_{12}$(DAG)、$Y_2(SO_4)_2$、$Dy_2Ti_2O_7$、$HoNi_2$ 等。中温区主要研究了 RE-Al_2、$RENi_2$ 系材料及一些重稀土元素材料。高温区内温度较高，晶格熵增大，主要为铁磁工质，包括重稀土及合金、稀土-过渡族金属化合物、过渡金属及合金、钙钛矿化合物等。

4. *磁性液体*

磁性液体是把用表面活性剂处理过的超细磁性微粒高度分散在基液中形成的一种磁性胶体溶液，同时具有磁体的磁性和液体的流动性，因而在电子、仪表、机械、化工、环境、医疗等行业具有独特而广泛的应用。单畴磁性微粒可以是金属磁性材料，也可以是铁氧体。最常用的是 Fe_3O_4 微粒，用化学共沉淀法、机械球磨法、热分解法和电解法等方法制造。一般小于10nm。基液除水外，还有二酯类、烃类、碳氟类、聚苯醚类等有机溶液，可根据用途的不同进行选择。在制成磁性液体时，磁性颗粒表面涂有界面活性剂，如油酸、脂肪酸。这些活性剂分子的一端能吸附在磁性微粒的表面，另一端能与基液溶剂化，从而可以有效地防止磁性颗粒凝聚，使磁性液体成为均匀的胶状悬浮物质。根据用途不同，可以选用不同基液的产品。磁性液体应用最广泛的是磁性密封技术，尤其在要求真空、防尘或封气体等特殊环境中的动态密封最为适用。在高保真扬声器、电机阻尼、磁性传感器等方面磁性液体均具有独特的应用。磁性液体密封与传统密封相比，具有无磨损、密封度好、无泄漏等优点。

5.6 新型能源材料

目前全球能源的基础是化石燃料，作为不可再生能源，对化石燃料的过度开发，造成了资源的枯竭，同时利用过程中伴随着污染物和温室气体的排放，严重破坏了生态环境，不利于社会和经济的可持续发展。燃料电池、生物能、核能、风能、地热、海洋能等一次能源和二次能源中的氢能被认为是最有发展前途的新型能源，新型能源的开发和利用必须依靠新材料。

新型能源材料是指实现新能源的转化和利用及发展新能源技术中所要用到的关键材料，是发展新能源的核心和基础。因此，现在的主要任务是改善已有材料的性能，开发新的环境友好材料。目前的研究热点和技术前沿包括高容量储氢材料、锂离子电池材料、质子交换膜燃料电池和中温固体氧化物燃料相关材料、薄膜太阳能电池材料等。下面对制氢、储氢、燃料电池和太阳能材料等做简要介绍。

5.6.1 制氢和储氢材料

氢被认为是人类最理想的能源。其主要优点有：燃烧热值高，每千克氢燃烧后的热量，约为汽油的3倍，酒精的3.9倍，焦炭的4.5倍；燃烧的产物是水，是世界上最干净的能源。氢气可以由水制取，而水是地球上最为丰富的资源。氢能在21世纪有望在世界能源舞台上成为一种举足轻重的二次能源。氢可利用太阳能、风能等自然资源分解水再生，也可以利用生物物质再生，或配合电网调峰电解水再生。同时，氢能应用范围广，适应性强，可作为燃料电池，也可用于氢能汽车等。开发和利用氢能需要解决两个关键问题：氢气的制备技术和高密度的安全存储，尤其是氢的存储一直是一个技术难题。

1. 制氢材料

目前，世界各国的制氢技术主要以石油、天然气的蒸汽重整和煤的部分氧化法为主。在欧美，石油和天然气的重整占制氢总量的90%以上，国内主要以煤的部分氧化法为主。蒸汽重整是目前最为经济的方法，其研究的重点是提高催化剂的寿命和热的优化利用。传统的电解水制氢也占一定的比例，其氢产量约为总产量的1%～4%。氢能源经济中，制氢是非常重要的一部分。未来制氢的发展重点是：以太阳能为一次能源的光分解水制氢；以可再生能源为一次能源的生物制氢；高级电解水制氢；以天然气为主要原料的小型重整炉制氢；以核能为一次能源的热化学循环分解水制氢。其中利用太阳能的生物制氢和半导体催化制氢成为目前研究的热点。

1）半导体催化制氢

光催化制氢发生的条件是半导体的导带电位低于水的还原电位，价带电位大于水的氧化电位。人们对半导体催化制氢已经做过大量的研究工作，目前大量使用的半导体光催化剂主要是以钛为主的过渡金属氧化物和硫化物。

(1) TiO_2 基半导体光催化材料。TiO_2 无臭、无毒、化学稳定性好，几乎无光腐蚀，是比较理想的半导体光催化剂，可以用来催化制氢。

(2) 层状金属化合物。结构类似云母、黏土的某些层状半导体金属氧化物，由于其层间可以进行修饰，使其作为反应场所，具有较高的光催化活性。层状化合物的多元素、复合结构为材料的修饰和改性提供了更为广阔的空间。

(3) 钽酸盐半导体材料。碱金属、碱土金属钽酸盐催水分解产生氢气和氧气表现出较高的活性。例如，在无任何掺杂的情况下，$LiTaO_3$ 使水分解产氢的效率可达430μmol/h，La的掺入可使 $NaLaO_3$ 的催化活性大幅度提高，量子效率可高达50%。

2）生物制氢

生物制氢是利用某些微生物代谢过程来生产氢气的一项生物工程技术，所用原料来源广泛，可以是有机废水、城市垃圾、生物质等。尤其是生物制氢可以利用工业废液和废弃物，有利于环境保护和绿色化生产，因而越来越受到人们的关注。生物制氢的方法主要有光合生物产氢、发酵细菌产氢、光合生物与发酵细菌的混合产氢及生物质制氢4种，这里主要介绍光合生物产氢。

光合生物产氢利用光合生物将太阳能转化为氢能。能产氢的光合生物包括光合细菌和藻类。目前研究较多的产氢光合细菌主要有深红螺菌、红假单胞菌、液胞外硫红螺菌、类球红细菌、夹膜红假单胞菌等。光合细菌属于原核生物，催化光合细菌产氢的酶主要是固氮酶。一般来说，光合细菌产氢需要充足的光照和严格的厌氧条件。许多藻类也可以产氢，如绿藻、红藻、蓝藻、褐藻等。目前研究较多的是绿藻。

2. 储氢材料

高压气瓶液态或固态储氢是传统成熟的方法，既不经济也不安全，采用储氢材料储氢能很好地解决这些问题。目前使用的储氢材料主要有合金、碳材料、有机液体、玻璃微球和某些络合物等。合金储氢材料主要以钛系AB型和镁系A_2B为研究热点。碳材料中的碳纳米管是最具有发展前景的。利用甲基环己烷做氢载体储氢是有机液态储氢材料的研究热点，其最大特点是储氢量大、设备简单。未来的储氢技术要既可便携使用，又可小型和大、中型化。

作为储能材料，储氢材料必须具备以下条件：

(1) 易活化、氢的吸储量大；

(2) 用于储氢时，氢化物的生成热小；

(3) 在室温附近时，氢化物的分解压为203～304kPa，具有稳定合适的平衡分解压；

(4) 氢的吸储或释放速度快，氢吸收和分解过程中的平衡压力小；

(5) 对不纯物(如氧、氮、一氧化碳、二氧化碳、水等)的耐中毒能力强；

(6) 当氢反复吸储和释放时，微粉化小，性能不会恶化；

(7) 金属氢化物的有效热导率大；

(8) 储氢材料价格适中，因为储氢材料的价格影响其产业化。

对于不向用途的储氢材料，可能还需要其他条件。

1) 金属储氢材料

金属储氢材料通常是指合金氢化物材料，其储氢密度是标准状态下氢气的1000倍以上，与液氢相同，甚至越过液氢。目前，趋于成熟和具有实用价值的金属储氢材料主要有稀上系、Laves相系、镁系和钛系。近年来，对于多相储氢合金的研究也取得了许多有意义的成果。

(1) 稀土系储氢合金。$LaNi_5$是稀土系储氢合金的典型代表，具有很高的储氢能力。$LaNi_5$合金的优点是活化容易、分解氢压适中、吸收氢平衡压差小、动力学性能优良、不易中毒。$MlNi_5$(Ml是富镧混合稀土)在室温下一次加氢100～400kPa即能活化，吸氢量可达1.5%～1.6%，室温放氢量为95%～97%，但它会在吸氢后发生晶格膨胀，合金易粉化，循环容量衰减严重。$MmNi_5$(Mm是富铈混合稀土)及其多元金属合金，即$Mm_{1-x}M_xNi_{5-y}Me_y$，其中M为Al、Cu、Mn、Si、Ca、Ti、Co等；Me为Al、Cu、Mn、Si、Ca、Ti、Co、Cr、Zr、V、Fe等(x=0.05～0.20，y=0.1～2.5)。所有取代Ni的元素都可以使合金的氢分解压降低，而置换Mm的元素M则会使氢分解压增大。

(2) 镁系储氢合金。镁具有吸氢量大(MgH_2含氢量为7.6%)、吸收氢平台好、质量轻、资源丰富、价格低等优点，但放氢温度高、吸收氢速度慢且表面容易形成一层致密的氧化膜。通过合金化可改善镁氢化物的热力学和动力学特性，进而开发出实用的镁基储氢合金。

(3) 钛系储氢合金。钛系储氢合金放氢温度低，价格适中，但不易活化、易中毒、滞后现象比较严重。钛系储氢合金包括钛铁系、钛锰系和钛镍系合金。

此外，还有锆系储氢合金、钒系固溶体合金等。

2) 碳储氢材料

储氢碳材料主要有单壁纳米碳管(SWNT)、多壁纳米碳管(MWNT)、碳纳米纤维(CNF)、碳纳米石墨、高比表面积活性炭、活性炭纤维(ACF)和纳米石墨等。目前研究的重点是MWNT、CNF和高比表面积活性炭等碳材料的储氢。

(1) 活性炭储氢材料。活性炭由于吸附能力大、表面活性高、循环使用寿命长、易实现规模化生产等优点成为一种独特的多功能吸附剂，但活性炭吸附温度较低，使其应用受到限制。例如，用比表面积高达3000m^2/g的超级活性炭储氢，在196℃、3MPa下储氢量为5%，但随着温度的升高，储氢密度降低，室温、6MPa下的储氢量仅0.4%。

(2) 碳纳米纤维储氢材料。碳纳米纤维储氢成本较高，循环使用寿命较短，但该材料具有储氢容量高等优点，因此受到了人们的广泛关注。例如，在室温、12MPa条件下，经过适当表面处理的CNF储氢量也可达到10%。

(3) 石墨纳米纤维储氢材料。石墨纳米纤维是一种截面呈十字形，面积为(30～500)$\times10^{-20}m^2$，长度为10～100μm的石墨材料，它的储氢能力取决于其直径、结构和质量。近年来，石墨纳米纤维储氢材料取得了较大的进展。1MPa氢气气氛中用机械球磨法制备的纳米石墨粉，储氢量随球磨时间的延长而增加。当球磨80h后，氢浓度可达7.4%。

(4) 碳纳米管储氢材料。碳纳米管成本较高，批量生产技术尚不成熟。其储氢机理还不清楚，无法准确测得碳纳米管的密度，但由于其具有储氢量大、释氢速度快、可在常温下释氢等优点，因此它成为一种有广阔发展前景的储氢材料。

3) 有机液体氢化物储氢材料

有机液体氢化物储氢材料是借助不饱和液体有机物与氢的加氢和脱氢反应来实现的。目前常用的有机液体氢化物的储氢剂有苯和甲苯，理论储氢虽分别为7.19%和6.16%，比高压压缩储氢量和金属氢化物储氢量都大。

4) 络合物储氢材料

一般情况下，$NaAlH_4$在加热到200℃以上时会相继发生如下的分解反应：

$$NaAlH_4 \xrightarrow{k_1} \frac{1}{3}Na_3AlH_6 + \frac{2}{3}Al + H_2\uparrow \quad (210℃)$$

$$Na_3AlH_6 \xrightarrow{k_2} 3NaH + Al + \frac{3}{2}H_2\uparrow \quad (250℃)$$

以$NaAlH_4$的起始质量为标准，上述两反应可放出5.6%的氢。如能降低其反应温度，并在较为温和的条件下实现反应的可逆化，$NaAlH_4$将是一种很好的储气材料。在$NaAlH_4$中掺入少量的Ti^{4+}、Fe^{3+}离子，可使上述反应的起始温度分别降低至100℃和160℃左右，而且加氢反应能在低于材料熔点(185℃)的固态条件下实现。以$NaAlH_4$为代表的新一代络合物储氢材料如$LiAlH_4$、$KAlH_4$和$Mg(AlH_4)_2$等的开发和研究也成为当今的热点。

储氢材料可以用于氢化物-镍电池、氢净化和分离、储氢合金氢化物热泵、氢催化剂和氢能汽车等方面。其他方面的应用包括：氢同位素分离和核反应堆重点应用，储氢材料的压力传递功能的应用，储氢材料传感器及储氢材料执行器等。据最新报道，美国科学家设计出了一种新的储氢纳米复合材料，它由金属镁和聚合物组成，能在常温下快速吸收和释放氢气。这是氢气储存和氢燃料电池等领域取得的又一个重大突破。

当前储氢材料研究工作需要解决的关键问题主要有：

(1) 开发高性能储氢材料。

(2) 加强储氢机理研究。各种纳米管材料、金属有机物多孔材料等都具有非常强的储氢潜力，但对于其吸放氢机理一直没有达成共识。

(3) 向轻元素，如Li、B、C、N或混合轻元素方向发展，以期提高储氢密度。

(4) 立足实用，发展储氢材料的大规模连续制备技术，降低储氢材料的成本。

(5) 将氢气的储存-释放系统作为整体，发展实用的储氢系统。

(6) 拓展储氢材料的应用范围，开发储氢材料的各种潜在功能。

5.6.2 太阳能电池

太阳能电池利用太阳光与材料相互作用直接产生电能，是对环境无污染的可再生能源。太阳能电池的应用范围很广，如应用于人造卫星、无人气象站、通信站、铁路信号、航标灯、计算器、手表等。太阳能电池按化学组成及产生电力的方式，可分为无机太阳能电池、有机太阳能电池和光化学电池三大类。太阳能电池材料主要包括产生光伏效应的半导体材料、薄膜用衬底材料、减发射膜材料、电极与导线材料、组件封装材料等。

太阳能电池发电的原理基于光生伏特效应，光与半导体相互作用产生光生载流子。当将所产生的电子-空穴对靠半导体内形成的势垒分开到两极时，两极间就会产生电势，称为光生伏特效应。在半导体中可以利用各种势垒PN结、肖脱基势垒、异质结势垒等形成光生伏特效应，半导体材料是决定太阳能电池的关键材料。因此，对太阳能电池有以下基本要求：①能充分利用太阳能辐射，要求半导体材料的禁带不能太宽；②有较高的光电转换效率；③对环境不造成污染。④材料性能稳定；⑤便于工业化生产，成本较低。

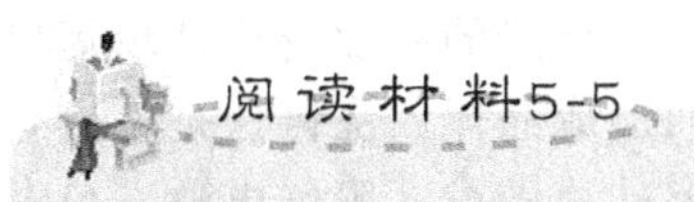

太阳能电池的起源

以太阳能发展的历史来说，光照射到材料上所引起的“光起电力”行为，早在19世纪时就已经发现。术语“光生伏特(photovoltaics)”来源于希腊语，意思是光、伏特和电气的，来源于意大利物理学家亚历山德罗·伏特的名字。在亚历山德罗·伏特以后“伏特”便作为电压的单位使用。1839年，光生伏特效应第一次由法国物理学家Becquerel发现。1883年第一块太阳电池由Charles Fritts制备成功。Charles用锗半导体上覆上一层极薄的金层形成半导体金属结，器件只有1%的效率。到了1930年，照相机的曝光计广泛地使用光起电力行为原理。1946年，Russell申请了现代太阳电池的制造专利。到了1950年，随着半导体物性的逐渐了解，以及加工技术的进步，1954年当美国的贝尔实验室在用半导体做实验发现在硅中掺入一定量的杂质后对光更加敏感这一现象后，第一个太阳能电池在1954年诞生在贝尔实验室。太阳能电池技术的时代终于到来。如今世界上许多国家正在大规模进行太阳能电池的研究开发。图5.21所示为太阳能电池的应用。

(a) 光伏发电

(b) 国际空间站太阳能电池板

图5.21 太阳能电池的应用

1. 无机太阳能电池

无机太阳能电池包括硅太阳能电池和纳米晶太阳能电池。

1）硅太阳能电池

硅太阳能电池分为单晶硅太阳能电池、多晶硅薄膜太阳能电池和非晶硅薄膜太阳能电池三种。硅太阳能电池是目前市场上的主导产品。单晶硅太阳能电池是开发得最早、使用范围最广的一种太阳能电池，其转换效率最高，技术也最为成熟，生产工艺和结构已经定型，产品已广泛应用于空间技术和其他方面。目前，商用单晶硅光伏产品的光转化率约为20%。

如图5.22(a)所示，单晶硅生长技术主要有提拉法和悬浮区熔法。提拉法是将硅材料在石英坩埚里加热熔化，使籽晶与硅液面接触，向上提升以长出柱状的晶棒。提拉法的研究方向是设法增大硅棒的直径。用悬浮区熔法生长单晶硅技术是将区熔提纯与制备单晶结合起来，可以得到纯度很高的单晶硅，但成本很高。因此，采用低成本的方式改进悬浮区熔法生长单晶硅是一个研究方向。为了进一步提高太阳能电池效率，近年来大力发展了高效化电池工艺，主要有发射极钝化及背面局部扩散工艺、埋栅工艺、双层减反射膜工艺等。

如图5.22(b)所示，多晶硅材料生长主要运用定向凝固法及浇铸法工艺。定向凝固法是将硅材料在石英坩埚中加热熔化后，使坩埚形成由上而下逐渐下降的温度场或从坩埚底部通冷源以造成温度梯度，使固液界面从坩埚底部向上移动而形成晶体。浇铸法是将熔化后的硅液倒入模具内形成晶锭，铸出的方形硅锭被切割成方形硅片做成太阳能电池。目前广泛使用的是浇铸法，其方法简单、能耗低、利于降低成本，但容易造成错位、杂质等缺陷。目前阻碍太阳能电池推广应用的最大问题是成本太高，为了进一步降低成本，基于薄膜技术开发了多晶硅薄膜和非晶硅薄膜太阳能电池。

(a) 单晶硅太阳能电池

(b) 多晶硅太阳能电池

图5.22 太阳能电池

2）纳米晶太阳能电池

纳米晶太阳能电池以纳米材料为太阳能电池材料。随着超分子技术和纳米技术日渐成熟，纳米晶太阳能电池也正在成为研究的热点。目前，纳米TiO_2晶太阳能电池研究的较多，其优点是工艺简单、性能稳定、成本廉价，载流子的产生与收集在空间上是分离的。其光电效率稳定在10%以上，制作成本仅为硅太阳电池的1/10～1/5，寿命能达到20年以上。与传统的太阳能电池不同，纳米晶TiO_2太阳能电池采用的是有机和无机的复合体系，如吸附BLACK染料(作为敏化剂)的TiO_2纳米晶，其工作电极是纳米晶半导体多孔膜。研究的电极材料除了TiO_2外，还有ZnO、Fe_2O_3、SnO_2、Nb_2O_5、WO_5、Ta_2O_5、CdS、CdSe等。

2. 有机太阳能电池

有机太阳能电池与无机太阳能电池相比，有机材料制备太阳能电池具有制造面积大、制作简单、廉价，并且可以在可卷曲折叠的衬底上制备具有柔性的太阳能电池等优点。有机太阳能电池是利用有机半导体材料的光伏效应，在太阳光的照射下，有机半导体材料吸收光子，如果该光子的能量大于有机材料的禁带宽度 E_g，就会产生激子，激子分离后产生的电子和空穴向相反的方向运动，被收集在相应的电极上，就形成光电压。

有机太阳能电池包括有机小分子化合物和有机大分子化合物两类。这些研究都还不太成熟，没有实现工业化应用，所以在此不做详细介绍，最后我们介绍一下风力发电材料。

我国“十二五”规划将新型能源材料列为发展战略之一，风能作为一种可再生的清洁能源，越来越受到世界各国的重视。其蕴涵量巨大，全球的风能约为 2.74×109MW，其中可利用的风能为 2×107MW，比地球上可开发利用的水能总量还要大 10 倍。在这个倡导低碳经济的时代，风力发电以其无需燃料、无空气污染等优势占据越来越重要的地位(图 5.23)。

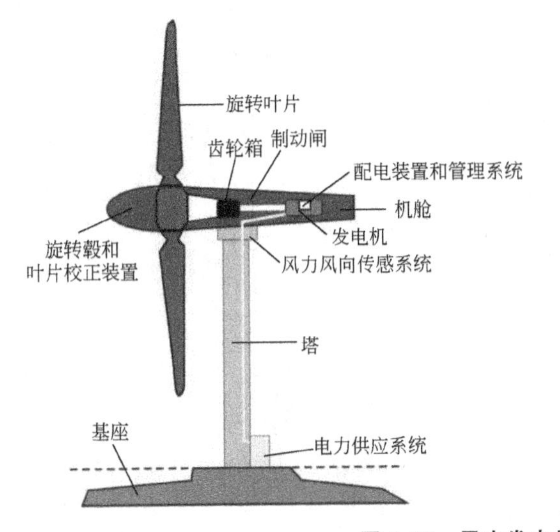

图 5.23 风力发电机原理和叶片

风力发电的原理是把风的动能转变成机械能，再把机械能转变为电能。其中风轮是把风的动能转变为机械能的重要部件，它由两只(或更多只)螺旋桨形的叶轮组成。当风吹向桨叶时，桨叶上产生气动力驱动风轮转动。桨叶的材料要求强度高、质量轻，目前已有的桨叶材料有玻璃钢(也就是玻璃纤维增韧的树脂基复合材料)和碳纤维增韧复合材料等一些复合材料。

综合习题

一、填空题

1. 所谓纳米材料，从狭义上说，是有关原子团簇、纳米颗粒、纳米线、纳米薄膜、纳米碳管和纳米固体材料的总称。从广义上说，纳米材料是指晶粒或晶界等显微构造等达到________的材料。

2. 信息材料是指与信息技术相关，用于信息收集、________、________、传输和显示的各类功能材料。

二、名词解释

1. 智能材料
2. 超导现象

三、简答题

1. 纳米材料有哪些特性？
2. 纳米隐身材料隐身的基本原理是什么？
3. 光纤如何实现信息的传输？
4. 简述新型能源材料的发展前景。
5. 简述智能材料在生活中的应用。

参考文献

[1] 穆柏春，等. 陶瓷材料的强韧化[M]. 北京：冶金工业出版社，2002.
[2] 尹衍升，陈守刚，李嘉. 先进结构陶瓷及其复合材料[M]. 北京：化学工业出版社，2006.
[3] 曲远方. 功能陶瓷材料[M]. 北京：化学工业出版社，2003.
[4] 汪朝阳. 高分子材料合成与应用中的绿色战略[J]. 化工时刊，2002(4)：7-10.
[5] 金关泰. 高分子化学的理论和应用进展[M]. 北京：中国石化出版社，1995.
[6] 何天白，胡汉杰. 海外高分子科学的新进展[M]. 北京：化学工业出版社，1997.
[7] 张洪敏，侯元雪. 活性聚合[M]. 北京：中国石化出版社，1998.
[8] (美)L E 尼尔生. 高聚物的力学性能[M]. 冯之榴，等译. 上海：上海科学技术出版社，1996.
[9] 何平笙. 高聚物的结构与性能[M]. 北京：科学出版社，2009.
[10] 金日光，华幼卿. 高分子物理[M]. 北京：化学工业出版社，1991.
[11] Doi M，Edwards S F. The Theory of Pollymer Dynamics[M]. Oxford：Clarendon Press，1986.
[12] 冯新德. 21 世纪的高分子化学进展[J]. 高分子通报，1999(3)：21-25.
[13] Sun S F. Physical chemistry of Macromolecules [M]. New York：Jone Wiley d Sons Press，1994.
[14] 周彦豪. 聚合物加工流变学基础. 西安：西安交通大学出版社，1988.
[15] L E 尼尔生. 高分子和复合材料的力学性能[M]. 北京：轻工业出版社，1981.
[16] 马德柱. 聚合物结构与性能（结构篇）[M]. 北京：科学出版社，2012.
[17] 王国建，邱军. 多组分聚合物结构与性能[M]. 北京：化学工业出版社，2010.
[18] (德)埃伦斯坦. 聚合物材料——结构、性能、应用[M]. 张萍，赵树高，译. 北京：化学工业出版社，2007.
[19] H Tadoxoro. Structure of CrytallinePolymers[M]. New York：John Wiley & Sons，1979.
[20] 董炎明，朱平平，徐世爱. 高分子结构与性能[M]. 上海：华东理工大学出版社，2010.
[21] 唐大伟，王照亮. 微纳米材料和结构热物理特性表征[M]. 北京：科学出版社，2010.
[22] (德)Gebhard Schramm. 实用流变学测量[M]. 李晓军，译. 北京：石油工业出版社，1998.
[23] 谢鸣九. 复合材料的连接[M]. 上海：上海交通大学出版社，2011.
[24] 益小苏，杜善义，张立同. 复合材料手册[M]. 北京：化学工业出版社，2009.
[25] 黄家康. 复合材料成型技术及应用[M]. 北京：化学工业出版社，2011.
[26] 杨序纲. 复合材料界面[M]. 北京：化学工业出版社，2010.
[27] 王芝国，武卫莉，谷万里. 复合材料概论[M]. 哈尔滨：哈尔滨工业大学出版社，2011.
[28] 刘万辉. 复合材料[M]. 哈尔滨：哈尔滨工业大学出版社，2011.
[29] 赵玉涛. 金属基复合材料[M]. 北京：机械工业出版社，2007.
[30] 黄发荣，周燕. 先进树脂基复合材料[M]. 北京：化学工业出版社，2008.
[31] 徐恒钧. 材料科学基础[M]. 北京：北京工业大学出版社，2001.
[32] 张联盟，黄学辉，宋晓岚. 材料科学基础[M]. 武汉：武汉理工大学出版社，2004.
[33] 李见. 材料科学基础[M]. 北京：冶金工业出版社，2000.
[34] 胡赓祥，蔡珣. 材料科学基础[M]. 2 版. 上海：上海交通大学出版社，2006.
[35] 刘国勋. 金属学原理[M]. 北京：冶金工业出版社，1983.
[36] 石德珂，沈莲. 材料科学基础[M]. 西安：西安交通大学出版社，1995.
[37] 余永宁. 金属学原理[M]. 北京：冶金工业出版社，2003.

[38] 谭毅，李敬锋．新材料概论[M]. 北京：冶金工业出版社，2004.
[39] 宋维锡．金属学[M].2 版．北京：冶金工业出版社，1989.
[40] 胡德林．金属学与热处理[M]. 西安：西北工业大学出版社，1994.
[41] 王键安．金属学与热处理[M]. 北京：机械工业出版社，1980.
[42] 胡赓祥，钱苗根. 金属学[M]. 上海：上海科学技术出版社，1980.
[43] 陈进化．位错基础[M]. 上海：上海科学技术出版社，1984.
[44] 钟家湘，郑秀华，刘颖．金属学教程[M]. 北京：北京理工大学出版社，1995.
[45] 崔忠圻. 金属学与热处理[M]. 北京：机械工业出版社，2000.
[46] 刘锡礼，王秉权．复合材料力学基础[M]. 北京：中国建筑工业出版社，1989.
[47] 郑子樵．材料科学基础[M]. 长沙：中南大学出版社，2005.
[48] 赵品，谢辅洲，孙振国. 材料科学基础教程[M]. 哈尔滨：哈尔滨工业大学出版社，2003.
[49] 杜丕一，潘颐. 材料科学基础[M]. 北京：中国建材工业出版社，2002.
[50] 侯增寿，卢光熙. 金属学原理[M]. 上海：上海科学技术出版社，1990.
[51] 施开良．化学与材料：人类文明进步的阶梯[M]. 长沙：湖南教育出版社，2000.
[52] 徐自立．工程材料[M]. 武汉：华中科技大学出版社，2003.
[53] 姚康德．智能材料[M]. 北京：化学工业出版社，2002.
[54] 林健．信息材料概论[M]. 北京：化学工业出版社，2007.
[55] 杜彦良，张光磊．现代材料概论[M]. 重庆：重庆大学出版社，2009.
[56] 雷智，李卫，张静全．信息材料[M]. 北京：国防工业出版社，2009.
[57] 徐晓虹．材料概论[M]. 北京：高等教育出版社，2006.
[58] 李俊寿．新材料概论[M]. 北京：国防工业出版社，2004.
[59] 夏立芳．金属热处理工艺学[M]. 哈尔滨：哈尔滨工业大学出版社，1986.
[60] 徐祖耀．马氏体相变与马氏体[M]. 北京：科学出版社，1980.
[61] 刘云旭．金属热处理原理[M]. 北京：机械工业出版社，1981.
[62] 崔忠圻，刘北兴．金属学与热处理原理[M]. 哈尔滨：哈尔滨工业大学出版社，1998.